2019 北京工程管理科学学会论文集

北京工程管理科学学会　主编

中国建筑工业出版社

图书在版编目（CIP）数据

2019北京工程管理科学学会论文集/北京工程管理科学学会主编. —北京：中国建筑工业出版社，2019.12
ISBN 978-7-112-16099-0

Ⅰ. ①2… Ⅱ. ①北… Ⅲ. ①建筑工程-工程管理-学术会议-文集 Ⅳ. ①TU-53

中国版本图书馆CIP数据核字（2019）第265000号

责任编辑：范业庶　徐仲莉　王砾瑶
责任校对：赵听雨

2019北京工程管理科学学会论文集
北京工程管理科学学会　主编
*
中国建筑工业出版社出版、发行（北京海淀三里河路9号）
各地新华书店、建筑书店经销
霸州市顺浩图文科技发展有限公司制版
北京建筑工业印刷厂印刷
*
开本：787×1092毫米　1/16　印张：18½　插页：4　字数：495千字
2019年12月第一版　2019年12月第一次印刷
定价：**96.00**元
ISBN 978-7-112-16099-0
（35104）

《2019 北京工程管理科学学会论文集》编委会

前　　言

北京工程管理科学学会前身是北京统筹与管理科学学会，是由北京市和在京各有关部门从事工程管理领域的教学、科研、管理和技术工作的人员等自愿联合，于1980年7月26日成立。学会宗旨是团结全体单位会员和个人会员，坚持科学发展观，加强自身建设，发扬自主创新精神，组织推进工程管理事业和科学的研究、引进、推广应用和交流，促进工程管理人员素质和管理水平的提高，努力为广大科技工作者服务，为经济社会全面可持续发展服务，为提高公众科学文化素质服务。

学会成立以来，历届理事会把工程管理科学的研究、传播和交流，服务广大工程管理者作为学会的一项核心工作，先后编辑出版了《工程建设研究与创新》《工程项目管理与科学发展》《工程建设自主创新与科学发展》《重点建设工程施工技术与管理创新》等十多册论文集，为工程管理科学发展做出了应有的贡献。2016年7月学会第八届理事会换届以来，学会举办了《建筑业信息化研讨会》《北京工程管理青年人才学术沙龙》《2018北京工程管理高峰论坛》等学术活动，有效地扩大了学会的影响力，团结聚集了大批北京工程管理者。在此基础上，去年学会理事会提出征集出版《2019北京工程管理科学学会论文集》。论文征稿通知发出后，受到学会单位会员和个人会员广泛关注。学会领导主动承担单位动员，具体指导青年工程管理者撰写论文，积极编辑和评审论文。学会共收到论文57篇，经评审46篇论文脱颖而出，被收入《2019北京工程管理科学学会论文集》。

论文集出版得到了北京建筑大学、北京未来城市设计高精尖创新中心、北京建工集团有限责任公司、北京城建集团有限责任公司、中国建筑工业出版社、北京市工程咨询公司、广联达科技股份有限公司、晨曦信息科技股份有限公司等的大力支持。值此论文集出版之际，我们对上述单位，以及为论文编审付出辛勤劳动的各位专家学者，表示真诚的感谢。由于编辑时日仓促，论文集难免有疏漏之处，敬请广大读者批评指正。

北京工程管理科学学会

2019年11月26日

目　　录

新时代工程管理理论与方法

智慧建造与可持续发展

全过程工程咨询与企业转型

城市建设管理与项目投融资

重大工程项目创新与实践

新时代工程管理理论与方法

计划、策划、科学化——打造精品工程

赵彦兵，侯煦新一，付朝静，王金忠，刘义军

摘　要： 中国民用航空局清算中心业务用房工程建设具有国际先进水平及国际性安全水准的数据机房，提供一个安全、可靠、温湿度及洁净度均符合要求的运行环境，同时为相关工作人员提供方便、快捷、舒适的工作环境。本项目以“精心策划、高效施工、降低成本”为核心，注重前期计划、策划工作，采用科学化的手段施工，为顺利交工提供坚实的基石。获得了结构长城杯金质奖，建筑长城杯银质奖，北京市绿色安全样板工地。本项目收到业主及监理的一致好评，取得了良好的经济社会效益。

关键词： 计划；策划；科学化；缩短工期

1　背景及选题

1.1　工程概况

中国民用航空局清算中心业务用房工程位于北京市朝阳区金盏乡，建筑面积 23040m^2，整体建筑呈“弓”字形；地下一层、地上五层的框架结构，楼体位于首都机场航线范围内，建筑高度 22.5m；外墙采用暗红色陶土板及玻璃幕墙；建筑的主要功能为地下一层为人防、配电室及停车库，首层为用于精密数据计算机安置及接待，二层至五层为职员办公，镂空庭院及四层屋面顶均为种植屋面，如图 1 所示。

图 1　清算中心业务用房效果图

作者简介： 赵彦兵，男，1974 年生，一级建造师，高级工程师，项目经理；侯煦新一，男，1987 年生，一级建造师，工程师，主任工程师；付朝静，女，1989 年生，经济师，经营经理；王金忠，男，1970 年生，工程师，安全总监；刘义军，男，1984 年生，一级建造师，助理工程师，执行经理。

1.2 选题理由

中国民用航空局清算中心业务用房工程为北京市2015年40项重点工程之一，对工程的安全、质量、工期及管理等方面要求高，社会影响力大、关注度高。

中国民用航空局清算中心主要职责是提供资金清算服务，清算对象涵盖了国内外400多家航空公司、机场、空管等单位。随着民用航空业的快速发展，清算中心原办公场所无法满足办公需求，急需一个新的办公环境来办理业务，因此该工程工期紧迫，业主关注度高。

北京近几年国际会议、重大政治活动频繁，造成停工，使紧迫的工期更加紧张，项目管理团队对工程做了周密、合理的计划，并精心策划施工方法，采用多种科学化手段来确保工程的质量及工期，树立住总品牌。

2 项目管理与创新特点

2.1 管理难点与重点

2.1.1 场地狭小

施工现场无法形成环形道路，地上结构北侧距用地红线处约15.41m，东侧距用地红线处约12.17m，南侧距用地红线处约9.91m，西侧距用地红线处约13.40m。

2.1.2 深基坑

本工程槽底标高为－6.3m，基坑北侧有一条地下暗河，地下承压水位为－5m，基坑边坡稳定问题将是笔者重点关注问题，如何确保土方及地下结构正常施工成为笔者需要解决的难点。

2.1.3 工期紧

中国民用航空局清算中心业务用房工期541d，但经历两个春节、国际会议、重大政治活动频繁停工，实际可施工时间仅为400d左右。

2.1.4 机电管线复杂

本工程为清算中心的机房数据中心，各种管线繁多，且吊顶内梁下最小空间仅有500mm，如何合理分配空间，协调各分包施工顺序为需要解决的难点。

2.2 创新特点

2.2.1 组织创新

计划在前：本工程采用立体施工计划管理模式，建立完善的计划体系是掌握施工管理主动权、控制施工生产局面、保证工程进度的关键一环。

精心策划：在满足合同要求条件下，充分利用先进技术，实现降低成本、加快施工进度的目标。

2.2.2 技术创新

新型钢木龙骨：本工程主体结构采用新型钢木龙骨支撑体系，以钢代木淘汰木材，既增加支撑刚度又节约木材。

2.2.3 管理创新

红外线语音提示系统：安全是一种持续性的常态化管理，加强安全意识，确保施工安全。

室外电梯指纹识别系统：给外梯也加装了指纹识别系统，有效控制非电梯操作人员使用外梯。

BIM 技术应用：采用 BIM 临时设施场地布置；一量多用；模架校验；管线碰撞等手段增加工作效率，减少管线施工拆改量。

3 项目管理分析、策划和实施

3.1 管理分析

根据该工程的特点、难点分析，确定该工程重点在于“前期的计划，过程的策划及科学化的管理应用”，来确保质量目标到达“结构长城杯”；“建筑长城杯”安全目标达到“北京市绿色安全样板工地”；按时将工程交付业主方使用，并获得最终良好的社会经济效益。

3.2 管理措施策划实施

3.2.1 技术质量管理策划实施

为确保技术质量目标的实现，项目部制定了相应的方案编制计划、样板计划、质量计划、试验计划等纲领性文件，并在施工过程中严格执行质量合署办公制度。质量的基础是原材料，严格按照厂家单位考察计划编制考察报告，根据工程特性择优选择。采用四新技术提高工程质量的品质。

（1）新型钢木龙骨应用

本工程主体结构采用新型钢木龙骨支撑体系（如图 2 所示），以钢代木淘汰木材，既增加支撑刚度保证构件截面尺寸、观感良好，如图 3 所示，又节约木材践行国家环保要求；截面 600mm 以下柱子免加穿墙螺栓，主龙骨可伸缩调节，加快支撑体系施工速度。

图 2 钢木龙骨支撑体系非结构实体样板照片

图 3 混凝土观感照片

（2）混凝土原材的确定

本工程结构期间采用小流水快节奏的施工方式，并采用天泵进行浇筑，因此从原材料的质量、原材料库存量、运距、机械设备数量、混凝土日产量等方面进行对比，来确定商品混凝土搅拌站，如图 4 所示。

图 4　商品混凝土搅拌站原材料照片

（3）BIM 应用

临时设施场地布置：使用 BIM 技术能够将施工场地内的平面元素立体直观化，更直观的帮助我们在各阶段进行场地的布置策划，综合考虑各阶段的场地转换，并结合绿色施工中节地的理念优化场地。本工程在基础施工阶段存在场地狭小，周边有高压线等问题，回填土结束后存在场地转换等问题。通过 3d 场地布置可以有效地进行危险源辨识，从而提前在模型中将安全防护工作进行完善；合理确定浇筑地点，优化摄像头布置。在之后施工过程中，分施工阶段对场地布置进行提前策划和转换预演，找出最优布置方案，合理布置材料码放区，缩短二次搬运距离，提高场地使用效率，减少二次布置所产生的费用，如图 5 所示。

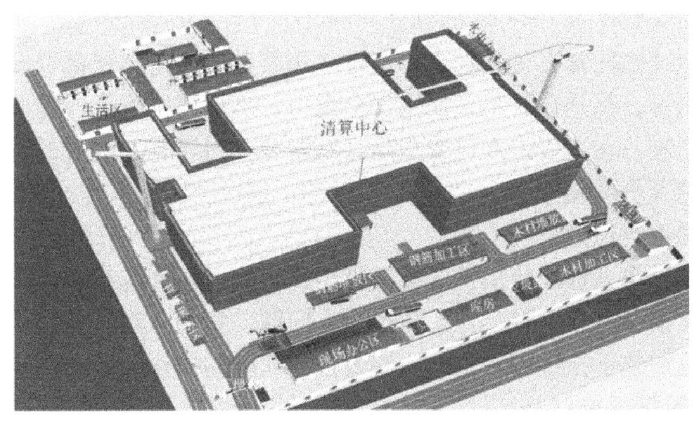

图 5　施工现场 3D 布置图

一量多用：在算量方面，项目部人员利用 Revit 建立结构及装修模型，再利用插件输出 CFG 文件，进入广联达算量软件（GCL）快速统计工程量，解放预算部门劳动力，也提高了预算、报量的准确率。

模架校验：清算中心项目地上为纯框架结构，各种梁柱截面型号几十种，且属于超过一定规模危险性较大的工程，采用广联达模架产品对支撑体系进行了安全验算，且可以直接生成节点图及计算书，方便方案编制，并通过了专家论证，保证了施工安全。

管线碰撞：本工程为清算中心的机房数据中心，各种管线繁多，且吊顶内梁下空间仅有 500mm，需要将各种管线优化进去，我们采用 Revit 建立管综模型，与结构模型合并，利用 NCW 进行模拟碰撞，发现清算中心项目机电与机电碰撞 2556 处，机电与土建碰撞 1119 处，土建与土建碰撞 73 处，如图 6 所示。

3.2.2　安全管理策划实施

为确保安全目标的实现，项目部制定了相应的风险源管控计划、安全试体验教育培训计划等纲领性文件，并在施工过程中严格执行安全合署办公制度。安全是一种常态化管理，应让安全意识深入人心，采用科学化手段代替部分人力。

（1）红外线语音提示系统

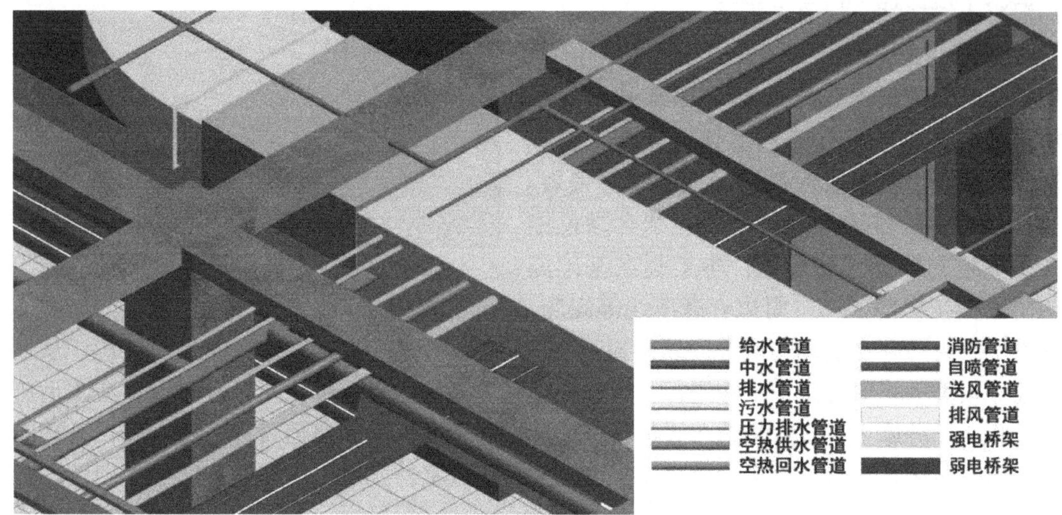

图 6　模拟碰撞

安全是一种持续性的常态化管理，不论是入场教育、安全体验区、安全技术交底、班前讲话、安全标语等，都是在让工人加强安全意识，确保施工安全。为此我项目部使用了红外线语音提示系统，在主要出入口或危险区域安装，每当有人经过的时候就发出语音提示，确保施工现场人员的安全。

(2) 室外电梯指纹识别系统

室外电梯在非操作人员的使用下非常容易出现事故，在外梯操作人员不在的时候，施工人员为了省事常常会自行驾驶。为了解决这一问题，我们从汽车的指纹识别打火系统找到灵感，给外梯也加装了指纹识别系统，有效控制非电梯操作人员使用外梯。

3.2.3　目标管理策划实施

如约完成施工任务是项目的最终目标，“人、机、料、法、环”缺一不可，首先建立完善的计划体系，采用先进的组织方法、管理手段，过程中合理划分流水段，优化施工进度计划，合理安排各工序穿插施工。利用样板间的施工经验，优化施工方法，减少各工序的施工时间，使各工序之间的衔接配合更顺畅。

本工程的计划体系由总进度控制计划和分阶段进度计划组成，总进度控制计划控制大的框架，必须保证按时完成，分阶段计划按照总进度控制计划排定，只可提前，不能超出总进度控制计划限定的完成日期，在安排施工生产时，按照分阶段目标制定日、周、月、季、年计划，在计划落实中，以确保关键线路实施为主线，制定相应保障措施，并由此派生出一系列保障计划，确保关键线路的实施。根据施工总进度计划，项目部各部门沟通协调编制了以下保障计划：方案编制计划、BIM 建模使用计划、风险源管控计划、安全试体验教育培训计划、质量验收计划、合同招标计划、样板计划、施工图纸二次深化计划、材料进场计划、实验计划等，并责任到人，定期核查计划执行情况，确保施工前具备各项条件。

本工程基础分为南侧独立基础及北侧筏板基础，由于独立基础区域桩基数量远远少于筏板基础区域，项目部将基坑验槽分为 3 次，使得基础施工提前介入。主体结构施工时，项目部考虑到竖向施工速度远远大于水平向施工，因此决定将水平构件分为 4 个流水段，竖向构件分为 8 个流水段，使得在竖向构件施工的同时可以搭设顶板支撑体系。二次结构施工时，项目部与设计沟通将图纸中的实心混凝土砌块改为空心混凝土免抹灰砌块，二次结构施工的同时将照明、空调、通风、门禁、消防、电动窗等系统的管线预埋在空心砌块中。装修、机电设备安装施工时，多个分包同时进场，错层竖向穿插施工，实现各项工程同时施工。

3.3 过程检查控制

每日召开经理部主要管理人员会议，协调内部管理事务，解决施工难题，总结日计划完成情况，发布次日计划；每周三召开有业主指定分包、监理共同参加的生产例会，总结周计划完成情况，协调解决影响施工生产的主要因素，制定下周进度计划。每周一、四召开经理部班子会，分析工程进展形势，互通信息，协调各方关系，制定工作对策。通过例会制度，使施工各方信息交流渠道通畅，问题解决及时。

根据本工程特点，在施工期间，组织进行比安全、比质量、比文明施工比进度的劳动竞赛，根据竞赛结果奖优罚劣，互相促进。项目经理部实行岗位责任制，分工明确、清晰，责任到位，并根据目标计划和分工负责的原则，建立目标奖罚制度，奖罚分明。项目经理每月组织班子成员及主要管理人员，对在施工程进行全面检查，检查纠正不合格项目，并形成检查记录。

项目部每月定期召开质量分析会，有项目经理组织，主任工程师实施，参会人员包括项目经理、主任工程师、生产经理、施工员、质检员、技术员、相关作业班组等人员。质量分析会根据工程具体质量情况进行分析，从管理、技术措施、操作机能等方面分析质量问题产生的原因，提出整改意见或解决措施。针对质量问题的整改意见或解决措施，主任工程师、施工员进行交底，明确责任人，质检员进行检查验收。

3.4 方法工具应用

借用先进、科学的管理手段（安全体验区、OV 平台、微信平台、云端监控、BIM 建模、广联达算量等）使沟通更迅速，数据更精准，工作更效率，施工更安全。

4 实施效果

4.1 获得的奖项

获得北京市结构长城杯金质奖工程；获得北京市安全文明施工样板工地；新型钢木龙骨集团科技创效一等奖；公司集团 2016 年年度十大示范工程；北京市建筑长城杯银质奖工程；北京市项目管理成果二等奖。

4.2 工期目标的实现

通过周密的计划与策划，采用科学化的手段，在短短 400d 的时间里完成了工程的施工及监督站的备案手续，确保工程的顺利使用，并且在施工过程中未发生任何安全质量问题。

4.3 经济效益

经济效益分析见表 1。

经济效益分析表 **表 1**

钢木龙骨	传统木方	经济效益
钢木龙骨总体投入 560t，金额 200 万元。以租赁方式合作；项目部支付租金 30 万元	项目需要购买木方 1200m^3，投入金额 150 万元。木方回收 70%，回收单价 800 元，残值 84 万元。综合投入 66 万元	36 万元

5 结束语

通过前期的精心策划，过程中采用科学化手段保证高效施工，通过以租代买来降低成本，圆满完成施工任务。

北京市重点建设项目管理相关问题研究

李晓波，苗长春
（北京市工程咨询公司，北京市 1001231）

摘　要：重点建设项目管理是统筹政府和社会投资，保证重点项目工程质量和按期竣工，提高投资效益的制度保障。本文系统梳理北京市重点建设项目管理机制基本情况，深入分析存在问题和主要原因。并结合深化投融资体制改革等要求，对进一步调整完善北京市重点建设项目管理机制，提升重点项目管理水平提出相关对策建议。
关键词：北京；重点建设项目；管理；问题；对策

重点建设项目是经济社会发展的重要支撑和基础，是促投资稳增长的重要抓手[1]。加强对重点建设项目的管理有利于统筹政府和社会投资，保证重点项目工程质量和按期竣工，提高全社会投资效益[2]。2006 年，北京市发布《北京市重点建设项目管理办法》（以下简称《项目管理办法》），有效规范了重点建设项目管理措施，形成了较为完善的工作机制，对促进全市经济持续健康发展发挥了重要作用。随着社会经济形势发展变化，深化投融资体制改革步伐不断加快，北京市也对重点建设项目管理提出了更高要求[6]。

1　基本情况和问题

近年来，通过建章立制、部门协作、优化管理等一系列工作，北京市重点建设项目管理取得了显著成效。制定出台了《项目管理办法》等一系列政策措施[7-10]，为全市重点建设项目的申报筛选、行政审批、招投标、建设监管、考核督查等各环节提供了有效依据。明确了市发展改革委、市住建委、市属有关委办局、各区县政府、法人单位等重点建设项目各方的管理职责分工。建立了重点工程信息管理系统平台，有效提升了项目各环节的管理效率。系统构建了重点建设项目的申报、筛选、审核、审定、审批、调度、督查等管理流程[5]。从审批管理、土地保障、资金支持、设施配套等方面进一步加强了保障措施。2008 年以来，北京市共计安排重点建设项目 2055 个[11]，完成投资 18249 亿元，投资完成率 95%，有力地推动了奥运会、北京新机场、京津冀协同发展等国家重大战略的贯彻落实。但随着重点建设项目建设持续和深入，其管理措施也暴露出了一些不足之处。

1.1　部分重大项目开工延期

由于项目论证、方案调整、手续办理、征地拆迁等前期工作原因，致使部分重大项目开工时间延期较久，尤其是新机场、轨道交通、高速公路等交通项目，造成连续多年列为新开工项目但一直无法开工建设的局面，形成项目推进的难点。重点项目延迟开工，滞留项目库时间过长，一定程度上占用了重点项目管理资源，不利于重点项目管理效率提升。

1.2 项目分类管理有待加强

从项目规模看，重点建设项目投资规模门槛较低，项目数量较多，有待进一步聚焦重大项目管理。如 2018 年公园绿化项目、公共服务提升项目投资规模都在 6000 万元至 50 亿元之间，项目规模差距很大。另外，社会投资产业类项目以核准备案为主，一般推进迅速，但近年来数量占比在 30%左右，项目管理有待进一步聚焦管理推进困难的政府投资项目。

1.3 项目管理协调举措乏力

协调机构对重点工程通常会采取现场协调、联席会议、专项调度等措施，但这些举措总体上缺乏刚性约束力，协调效率受到影响。协调会议形成的纪要是一种典型的行政协议，而行政协议的履行效力又受到多方面因素影响。同时，统筹协调机构层级较低，不少被协调对象在规格上高于处级，协调主体很难对被协调对象形成制约。

1.4 信息管理系统功能有待完善

目前北京市重点工程信息管理系统功能相对单一，仅仅能够满足日常登记、统计项目信息等功能。系统尚未实现主管部门、重点办公室、项目指挥部、项目法人单位等相关各方的接入。尚未实现信息月报的信息化、标准化报送和从项目审批至竣工的项目全生命周期的全过程管理，也无法与北京市政务平台、市区两级的审批和管理部门实现云数据共享和调度。

2 主要原因分析

2.1 项目前期管理水平有待提升

重点建设项目前期工作程序复杂、涉及环节多、规范性要求高，对规划调整等行为较敏感，成为制约项目前期进度的重要因素。目前，北京市还缺少重大项目储备培育制度，项目的筛选、评价、入库等制定还有待完善。虽然每年发改部门会针对制定前期项目工作计划，统计未来准备投入建设的重大项目，但是在项目培育、储备管理等方面还缺少具体举措。

2.2 主体责任有待进一步明晰

各部门职能与定位尚需进一步明确。重点建设项目前后期虽然分别由市发展和改革委、市住房城乡建设委牵头进行综合协调，但资源整合的难度较大，市级的统筹协调组织尚未建立。建设单位尤其是政府投资的建设单位的工程建设专业知识较为缺乏、主观能动性不强，成了项目推进中的“瓶颈”。

2.3 管理协调工作机制有待完善

目前，重点工程管理调度事权分布于行业主管部门、属地区政府、综合协调部门、市级主管领导等主体，职责边界不清晰，随意性和被动性较强。高位调度机制有待完善，市级主管领导牵头调度机制有待进一步贯彻。针对共性问题、个性问题的分头调度和协商机制有待进一步落实。对于重点区域或者重点建设项目，各个专项办、项目指挥部、行业主管部门之间的多向沟通协调机制还有待完善。

2.4 项目建设后管理虚化

重点工程协调机构对被协调单位普遍缺乏可问责的监督机制。尽管北京市自2009年起将“重点工程落实情况”纳入对区政府的考核指标体系[7]，但测评对象仅限区政府，且各区重点工程规模差异巨大也有损评价的客观性。在项目管理中，偏重于督导、考核，对于考核奖励涉及较少，导致各部门、各区项目申报积极性不高。

3 对策建议

3.1 全面加强相关管理法律法规建设

考虑到目前的管理办法是2006年制定并发布实施的，诸多条款已经不适合形势发展的需要。建议围绕项目管理的前、中、后期，构建覆盖管理全过程的法规体系，研究制定实施细则或办法，进一步规范项目在部门职责、申报审批、项目调度、手续办理、支持政策、考评办法等方面的制度措施，为项目实施过程提供依据。及时调整修订《项目管理办法》，明确重大项目管理的基本原则和主要举措，并报人大审议，形成地方法规，作为全市各部分参与项目管理的统一法律依据。

3.2 构建分工协作的高效推进机制

协调推进重大项目难道很大，牵头部门必须要有强有力的管理手段和职权作为支撑，因此建议牵头部门必须要有强有力的管理手段和职权作为支撑，建设权威的统筹协调机构。同时，职能上要厘清与相近部门相关职能的界线，并能够充分协调发挥其他统筹协调机构作用，如各行业主管部门、重大项目办、城市副中心办、新首钢办等。加强和充实管理部门力量，从承担工作角度看，市区均承担着具体协调推进服务任务，而且越往基层，协调任务越具体，任务量也越大，管理部门的人员力量是提高服务质量的保障。

3.3 充分利用专业力量科学决策管理

针对重点建设项目管理专业性强、涉及面广、环节多、程序复杂等特点[3]，建议定期加强相关工作人员和项目人员的专业培训，提升专业管理人员水平。在政府部门行政资源有限的情况下，通过政府购买服务，委托第三方专业管理机构，有效推动项目管理协调的科学性。通过政府购买服务等方式，积极引入第三方评估机构、专业化信息平台、手续办理指导、月报信息录入、科学监督考核等全方位的第三方服务机构，为行政管理部门聚焦重大项目决策、协调具体问题、解决共性问题等提供支持保障，全面提高重大项目管理的水平和效率。

3.4 严格重点建设项目前期管理

健全主责单位项目策划申报激励机制，对于项目谋划目标完成差的单位要在要素资源分配上或对其主要责任人个人发展上给予限制，对于项目谋划目标完成好的人员，要给予优先支持或考虑。建立项目评估入库制度，建立由第三方专家组成的重点建设项目评估小组。提高各部门联审管理工作效能，市发展改革委、市住建委、市规划自然委牵头，建立健全由各专业部门共同参与的重点建设项目联审会议制度，由各专业部门对项目提出意见建议，并将其作为项目是否纳入项目库的重要依据。对符合评估要求，满足评估条件的项目纳入备选项目库，持续关注和推进项目培育至成熟并启动项目建设。

3.5 打造便捷高效的项目管理平台

开发建设或升级改造项目信息管理平台，集成开发项目信息管理、项目进展情况调度、投资和项目建设形势分析、项目联合审批和协同监督、投资计划管理、投资和项目目标管理考核、投资项目要素配置、工程建设领域社会信用体系评价、信息查询和公众参与、项目数据管理等功能，建设成为项目相关各方的公共管理服务平台，实现数字管理流程全覆盖，提升管理效率和信息化水平。打造智慧移动服务平台，实现 APP 与信息平台的管理信息同步，重点项目建立 APP 智慧平台，涵盖视频监控、远程调度、数据采集应用、指挥管理、督办督察、电子政务等功能，将全市重点项目全部录入平台监管，实现项目监督调度全程“掌上管理”，大幅提升项目管理效率。

3.6 夯实项目建设责任落实体系

强化重点项目建设目标责任制管理，组织确定、分解好项目年度建设的各项责任目标任务，切实加强对各项责任目标落实情况的日常监督检查，开展年度考核，确保各项目标责任落实。年初将年度重点建设责任目标任务分解落实到各级政府、各有关部门和重点项目单位。完善分级协调制度，建立区政府、市重点办、市级领导小组三级管理协调体系，对重点建设中出现的问题实行详细调度、快速处理、分级协调。市级领导机构定期调度，研究决策全市重点项目建设的重大问题。通过分管市级领导定期召开专题调度会，集中力量协调推动分管领域项目建设。加大重点项目建设中跨区域、跨行业的重大事项的协调力度。

3.7 集成创新投资项目审批管理

改革简化审批程序，简化重点建设项目立项手续，将项目建议书和可行性研究报告合并审批。研究推进规划意见书和土地预审合并办理、建设用地批准书和建设用地规划许可证合并办理[4]。项目单位可依据建设项目设计方案的审查意见办理开标手续。规划自然部门出具建设项目设计方案审查意见后，项目单位即可申请办理施工图审查、施工登记等手续。在项目单位取得用地批准手续、规划国土部门出具的相应确认文件、公安消防机构出具的消防设计审核意见，依法确定施工单位、施工现场具备施工条件的前提下，住房城乡建设部门予以办理施工登记，并同步开展质量监督、安全监督、建筑节能设计备案工作。

参考文献

[1] 赵春明，史建玲. 组织管理环境影响项目管理的同步因素 [J] 实务，2007 (7)

[2] 崔霞. 对北京市民间投资的认识与思考 [J]. 北京人大，2016，11

[3] 朱耿洒. 建筑项目施工的协调与管理 [J]. 建筑与工程，2007 (5)

[4] 姜保平. 工程建设项目的界面管理 [J]. 苏州科技学院学报，2005 (1)

[5] 北京市重点建设项目管理办法（京发改〔2006〕215 号）

[6] 中共北京市委 北京市人民政府印发〈关于深化投融资体制改革的实施意见〉的通知（京发〔2018〕1 号）

［7］ 北京市重大建设项目稽察办法（京政发〔2014〕260 号）
［8］ 北京市公共服务类建设项目投资审批改革试点实施方案（京政发〔2016〕35 号）
［9］ 关于加快本市交通基础设施等公共服务类建设项目投资审批有关工作的意见（京审改办函〔2016〕9 号）
［10］ 关于公共服务类建设项目投资审批改革前期工作函等事项办理的通知（京发改〔2016〕1417 号）
［11］ 北京市 2008～2017 年重点工程投资完成情况明细

俄罗斯油气 EPC 承包项目管理特点分析

郭超，韩长军，杨前进，马建春，魏小平

（中国石油工程建设有限公司，北京市 100120）

摘　要：为响应国家“一带一路”建设号召，保障中国清洁能源供应安全，加速中俄两国战略伙伴建设，需要两国在油气等能源开发、建设领域不断加强合作。以中国企业在俄罗斯的第一个油气领域 EPC 承包项目 AGPP 天然气处理厂的建设为例，总结分析了项目执行过程中所遇到的问题和经验，从组织架构、许可要求、管理模式、内外部界面管理、气候影响等方面分析了俄罗斯法律法规对项目管理的基本要求、项目管理执行过程的特点、主要界面管理的策略以及气候对施工管理的影响等。

关键词：俄罗斯；EPC 承包；组织架构；管理模式；界面

1　引言

随着中国与“一带一路”国家的合作水平逐年攀升，中国与这些国家在能源、核能、航空航天等领域大项目合作也在快速增长[1]。在丝路国家当中俄罗斯是中国最重要的战略合作伙伴之一[2]，据权威数据显示从 2016 年到 2018 年，俄罗斯连续三年蝉联“国别合作度”榜首[3]。从图 1 可以看出自 2015 年以来中俄双边贸易额不断增长，其中 2018 年中俄双边贸易额达 1070.6 亿美元，创历史新高，增长 27.1%，该增速在中国前十大贸易伙伴中位列第一位。能源领域是中俄合作的重点之一[4,5]，并已结出累累硕果：去年首船亚马尔液化天然气已运抵中国[6]，中俄原油管道二线正式运营[7]，中俄东线天然气管道将于今年按期向中方供气[8] 等。

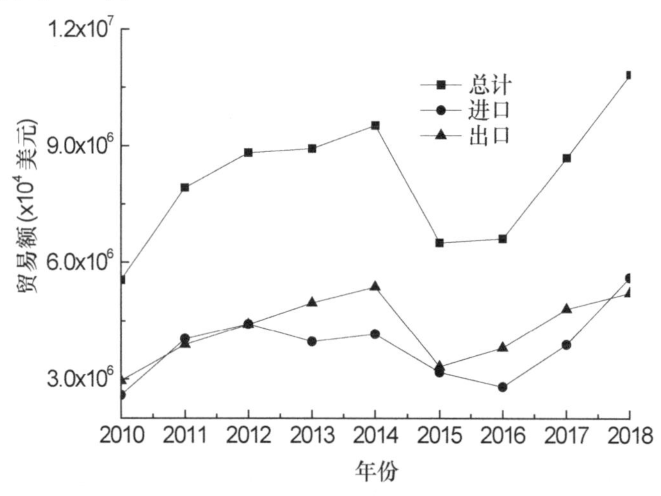

图 1　2010～2018 年中俄双边贸易额

作者简介：郭超，男，1978 年生，山东威海，高级工程师/博士，主要从事工程管理、选材防腐研究。

作为上述中俄能源合作的主要项目之一，俄罗斯天然气工业公司（简称俄气）为了保证中俄天然气供气协议（东线部分）30 年商品天然气的供应，同时也为长期满足东西伯利亚和远东地区的内部需要[9]，决定建设阿穆尔天然气处理厂（简称 AGPP）项目。该项目原料气处理量为 420 亿 m^3/年，包括 6 列天然气生产线、3 列制氮装置、3 列氦液化生产线。商品气量为 380 亿 m^3/年，全部输往中国，该气量占 2018 年全国天然气消耗量的 1/7 左右，进口量的 1/3 左右，是保障中俄天然气供气协议（东线）的大型关键项目之一，对解决国内气荒，保证中国清洁能源供应战略意义重大。

AGPP 项目是中国石油在俄承建的首个单体最大项目，也是中国油气工程企业首次在俄罗斯境内承担的 EPC 项目，第一次面临－40℃以下的极寒施工条件，极具挑战性。由于俄罗斯的项目组织架构、管理体系、规范标准、实施要求等与国内项目和其他国际项目皆有不同，因此需要结合已有的油气工程实践经验和当地的自然、文化环境，不断学习、吸收俄罗斯油气行业的项目管理要求和经验，在保障 AGPP 项目顺利推进的同时提高中国企业在俄罗斯油气建设领域的适应能力和竞争力，为两国的能源合作和国家的"一带一路"建设战略提供有力保障。

2 AGPP 项目管理的组织架构

AGPP 项目的组织架构如图 2 所示。项目业主为俄罗斯天然气工业股份公司（GAZPROM），监理公司为 Service Gazification（SG），总承包商为俄罗斯最大的石化公司西布尔公司（SIBUR）的全资子公司 NIPIGAS 公司。天然气处理厂建设工程划分为三个标段，面向国际公开 EPC 招标。其中 P2 非专利装置包 EPC 承包商将设计分别委托英国 Fluor 公

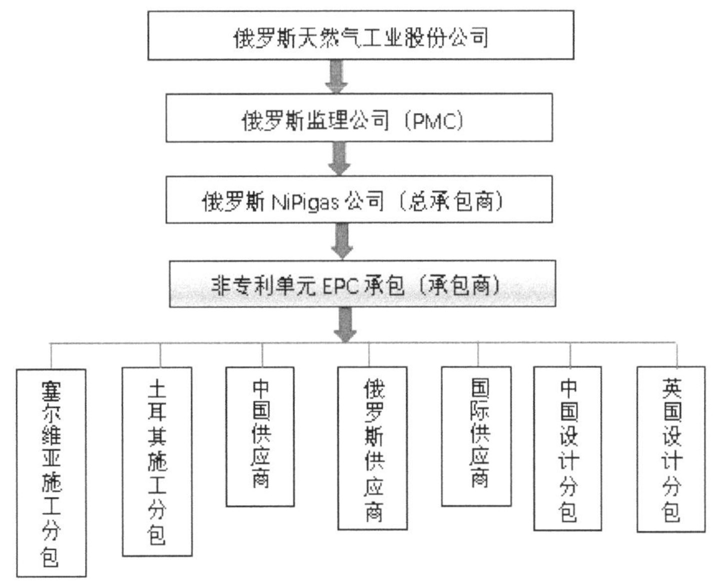

图 2　AGPP 项目 P2 标段管理组织结构示意图

司和国内设计院，在 Fluor 公司的支持下自主完成采购工作。分别将桩基施工工程分包给塞尔维亚公司 VELESSTROY，土建及工艺装置施工工程分包给土耳其公司 YAMATA。项目执行过程中，存在 P2 其他分包的工程接口界面，以及与 GAZPROM、SG、NIPIGAS、各分包商以及移民局、海关、认证机构、电力、环保、消防等政府部门之间的工程

管理界面，组织关系错综复杂。

3 油气工程建设项目的资质许可管理

俄罗斯对施工企业有健全的保障体系，同时对施工企业的资质要求十分严格，GAZPROM 在俄罗斯国家对施工企业资质要求的基础上进一步提高了部分要求。油气施工企业的基本资质包括：

（1）自律组织（SRO）证书；

（2）质量体系认证证书（ISO 系列）；

（3）营业执照和证书；

（4）当地的税务登记证书；

（5）电气、土建、探伤等试验室证书或与这些合格实验室所签署的合同；

（6）与当地工业及民用废弃物处理公司所签署的合同；

（7）废水（通常需要经过处理）的外排许可；

（8）燃料（包括发电机和交通工具、施工机具）大气排放许可；

（9）工程所涉及的特种作业证书，如工艺安全证书、登高证、电工操作证、NAKS 焊工认证证书等；

（10）可取得其他国家工人劳务签的配额信息等。

通常在进行项目投标和执行过程中还需要进一步提供如下具体信息：

（1）人员和机具拥有情况，包括主要人员的资质和简历、主要设备的性能等；

（2）主要人员（包括项目主要管理人员、来料检验、电气安全、消防、劳动保护、环境安全、起重等负责人）的任命书；

（3）用水及用电许可等；

（4）类似工程业绩；

（5）项目执行计划（PEP）；

（6）本项目所涉及的关键施工和危险作业的施工方案（MS）；

（7）特殊环境（如极寒）的施工方案（MS）；

（8）质量执行方案；

（9）HSE 执行方案；

（10）采购资源及执行方案；

（11）资产证明或银行保函等。

在获得上述所有资质和材料以后，若承担俄气的项目还需通过俄气技术部门 Gaznadzor 的认证，并需要通过 Gaznadzor 每年组织的评估。

在如上严密认证制度的控制下，油气施工企业的人力、机具等施工基本条件可以得到基本保障，而且工程实施所需的各类许可也基本就位。因此通过 Gaznadzor 认证的承包商在中标后即可快速启动项目，并为项目后续平稳运行奠定基础。

4 项目执行管理模式

在图 1 所示的组织机构图中，核心部分仍为 EPC 承包，由其牵头设计、采购和施工单位编制项目整体进度计划、质量控制计划等。在整体计划的基础上编制设计、采购、施工和开工的分解计划，并依据工作量、预算金额等分配权重，以便于计划的量化执行、评估和预警。项目执行过程中 EPC 总承包及时根据项目计划梳理各专业现场可施工工程量，对无法满足现场施工进度需求的影响因素，例如设计文件、设备材料到场、分包商人力机具、报验和交工资料提交等及时协调，保障项目执行的 EPC 各个环节畅通。

在 EPC 总承包主导项目协调的基础上，GAZPROM 和总承包商发挥其与当地供应商、海关及其他政府部门长期合作的地域优势，对部分当地供应商货物的催交催运、海关清关、政府许可办理等方面提供支持和便利。同时，为发挥 NIPIGAS 长期执行、熟悉当地标准规范方面的优势，需要 NIPIGAS 对所有设计文件、现场设计变更进行批复确认，确保设计方案满足当地要求。现场所有材料报验、施工报验都由承包商到 NIPIGAS 再到 PMC 逐级批准确认。平时工作中三方通过生产协调周会、专业周会、日会等形式及时沟通，紧密联系。

5 外部界面管理

由于本项目工程接口界面较多，又存在与当地第三方认证、检测机构、各类协会、各政府部门等诸多管理界面，因此作为承包商对外部界面管理环节多、难度大。项目管理过程中采用由近及远、由急到专、从简到繁的原则。即首先梳理与项目部能直接发生关联的单位或部门，将其分管业务查清落实后通过该单位为媒介开展与之有关系的其他单位或部门沟通工作，例如本项目通过与 EPC 承包商有直接合同关系的 NIPIGAS 建立了与 GAZPROM 之间的沟通渠道，为后续征地等相关业务提供了便利；在与 GAZPROM 和当地政府沟通过程中首先考虑对项目执行影响最大的环节和要求，抓紧落实，保证项目取得基本的运行资质可以启动运行，然后再具体到各部门、各专业的要求，逐步完善，例如土建、电气、探伤试验室只要在具体工作前实现关联即可满足项目需要；通过项目执行可以发现，部分要求烦琐的外部界面通常是以多个简单界面为基础，因此在细化外部界面管理时首先应对已具备条件或条件相对简单的环节进行确认，逐步向要求高、条件多的界面过渡，这样可以有效提高效率，避免重复工作，例如 Gaznadzor 认证过程等。

6 内部界面管理

EPC 承包商内部各分包商和部门虽然都受项目部管理，但由于这些分包商遍布多个国家和地区，各部门也同时在北京、成都、莫斯科、布市、范保罗等多地同时办公，由于文化差异、标准规范不熟悉、时区限制等因素制约，内部界面沟通有时也存在效率低下的情况。对此项目主要采用各个界面责任到人、逐级监控的升级管理制度。设计、采购、施工等部门主要专业都有负责人对各自部门监管范围内的设计分包商、采购供应商、施工分包商进行直接沟通，同时为提高沟通效率现场设计、质量、采购专业工程师都可与施工分包商技术部门和采购部门负责人直接联系。各部门内部通过口头交流、邮件、即时通信工具、信息共享平台等实现信息的共享和交流。对出现的问题按专业工程师、部门内部专业间探讨、部门间探讨、主管领导、项目经理的顺序逐级上报。在上报过程中成果解决的将结果通报上级即可，对短期内无法有效解决的形成问题清单制，不断跟踪推动，直至解决。为提高内部界面协调人员的动力和问题解决的效率需要在绩效考核制度等方面制定合理的激励措施。同时按照当地先进做法积极引入项目风险管理，采用聘请专业公司、内部头脑风暴、与 NIPIGAS 定期组织风险分析会等形式，收集、分析项目风险，并分类管理，及时预警，制定应对措施和归口跟踪管理。

7　施工顺序季节性管理

AGPP 项目所在地受海陆热力差异影响属典型大陆性季风气候，冬季冷空气来自高纬度大陆区，自 2018 年 7 月至 2019 年 7 月一年内气温变化情况如图 3 所示。从图 3 可以看出全年有 7 个月最低气温低于冰点，1～2 月份最低气温可达-40℃以下；夏季受低纬度热低压控制，降水较多，经常出现雨期连续一周降雨的情况。该地区基层土质为松软沙土，仅地表 30cm 左右为肥沃腐殖土，雨期无植被区域极易发生水土流失。由于低温、多雨、地质条件的限制，当地工程施工难度大，为提高施工效率需要根据季节特点对施工顺序进行科学管理。主要措施是将温度因素影响较大的土建、涂漆、管道、电缆安装安排在 5～9 月施工，钢结构、保温、室内安装等可在冬期进行施工。另外考虑到气温度对河运超限设备的影响，需要将主要设备在 10 月份封河以前运抵现场并安装。值得注意的是部分施工可以利用低温环境降低施工难度、提高工作效率，例如深基础基坑开挖原设计为钢板桩支撑，由于量较少材料采购、机具动迁难度都很大，但在冬期施工时由于土质在低温下承载力和结合力较大，经核算可以直接开挖不采用支撑防护，项目 1 期的 6 台闭排罐基础都采用此方案顺利完成浇筑。

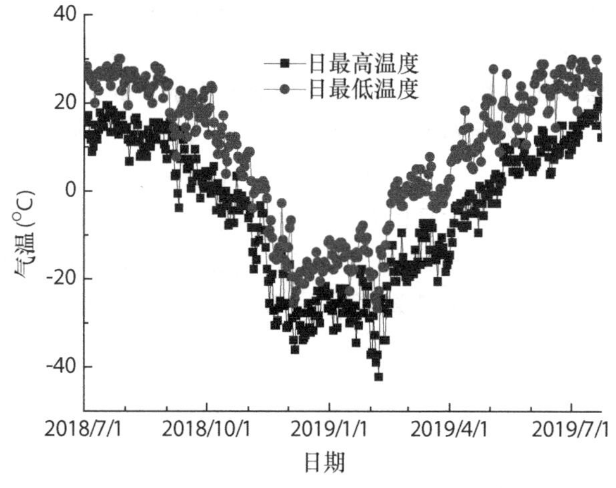

图 3　AGPP 项目所在地全年气温变化曲线

8　结语

中俄两国在“一带一路”建设倡议下，长期建设战略合作伙伴关系，在能源建设领域的合作也将不断加强。随着国内经济的发展和科技的进步，将有越来越多的中国企业参与俄罗斯的市场开发和经济建设。为此国内企业应对俄罗斯当地企业的组织架构、法律法规对企业各类许可资质的要求、项目管理执行模式、内外部界面管理特点等有适当了解。另外需注意当地气候与国内差别较大，在施工管理时需要采取相应方案避免对项目执行产生不利影响。

参考文献

[1] 王棕宝. 中央企业"一带一路"大布局 [J]. 国企管理，2015 (19)：58-61
[2] 李婧. "一带一路"背景下中国对俄投资促进战略研究 [J]. 国际贸易，2015 (8)：25-29
[3] 国家信息中心"一带一路"大数据中心，大连瀚闻资讯有限公司. "一带一路"贸易合作大数据报告 (2018) [N/OL]. 中国一带一路网，2018 (5)
https：//www. yidaiyilu. gov. cn/mydsjbg. htm
[4] 张晓涛，王淳. "一带一路"倡议下投资俄罗斯的产业选择与前景 [J]. 海外投资与出口信贷，2017 (1)：26-31
[5] 贾少学. "一带一路"倡议背景下的俄罗斯能源投资制度分析 [J]. 法学杂志，2016，37 (1)：40-47
[6] 杨晶，刘小丽. 2018 年我国天然气发展回顾及 2019 年展望 [J]. 中国能源，2019，41 (2)：13-18
[7] 宋敏涛，李元滢，奚望. 中俄原油管道二线工程正式投入商业运营 [J]. 变频器世界，2018 (1)：34-34
[8] 天工. "西伯利亚力量"管道最早将于 2019 年向中国供应天然气 [J]. 天然气工业，2016 (7)
[9] B. A. 马特维耶夫，邹秀婷. 俄罗斯与中国东部毗邻地区天然气合作分析与预测 [J]. 西伯利亚研究，2019 (1)：21-24

海外天然气处理厂工程项目三维分级施工管理方法研究

顾磊
（中国石油工程建设有限公司俄罗斯分公司，北京市 100120）

摘　要：针对具有“纯外资背景（业主/分包商）＋纯西方管理体系”鲜明特点的海外工程项目，提出了一种三维分级施工管理的方法，即从物理施工区域、职能工作流程和各方需求平衡入手，用逐级落实的管理模式，很好地解决了管理架构松散、管理链条缺失以及责任分工不明的传统施工管理问题，并最终获取了业主、总包商和施工分包商的认可和较高评价。

关键词：海外工程；三维分级；施工管理

1　引言

俄罗斯阿穆尔天然气处理厂项目自从确定施工分包商为土耳其公司以后，国内惯用的中方项目施工管理模式以及具有中资背景项目的施工管理经验，已完全无法适应及满足俄方业主国家天然气公司和俄方总包商 NIPIGAS 天然气公司的管理体系模式和管理深度要求。为了充分展示中方作为承包商角色的应有功能、实力及定位，打造一套适合纯外资背景项目的施工管理方法势在必行。

2　项目背景

俄罗斯阿穆尔天然气处理厂项目的业主为俄罗斯国家天然气公司，总包商为 NIPIGAS 天然气公司，施工分包商为土耳其私企，因此本项目具有“业主/分包纯外资背景＋纯西方管理体系”的项目特点。自 2018 年 7 月土耳其公司入场施工伊始，一度出现了管理界面模糊、管理效率低下和员工积极性不高的问题，受到了业主和总包商的批评，以及施工分包商的质疑。施工管理部在项目进行过程中和业主、总包商、分包商不断磋商研讨，先后对现场施工管理模式进行了三种管理架构及组织思路的调整及尝试：

（1）2018 年初开始的项目建设初期，执行按区域单元分工的施工管理架构，即由各个施工片区的负责人，全面负责本片区内涉及设计、采购、施工、预试运的各专业管理工作，同时兼顾质量和 HSE 协调。经过半年多的实践，发现虽然各个片区内的管理界面较为清晰，也确保了各部门间的沟通流程较为顺畅；但由于施工管理部中俄员工多数均为专业工程师，只专于本专业工作内容，且由各专业工程师担任的各片区负责人，其具备的管

作者简介：顾磊，男，1980 年生，北京，中级工程师，现任中国石油集团工程建设有限公司俄罗斯分公司施工管理部副经理，主要从事海外工程项目施工组织管理工作。

理协调能力不均衡，各片区明显出现了各自不同的管理问题（如有的片区责任分工清晰但专业深度不够，有的片区施工质量很好但进度严重滞后等），最终导致主管领导只能不断地在各片区间协调偏专业人员和偏管理人员的比例，很难做到面面俱到。参差不齐的管理成效不仅受到了业主和总包商的指责，也让施工分包商疲于应对、无所适从。

（2）针对初期管理问题，2018 年下旬项目部开始执行按项目分期的施工管理架构，即给项目一期和二期分别设置施工经理，各自配备全套专业人员，独立管理。经过几个月的实践，虽然解决了管理风格残次不齐的问题，也同时满足了专业施工深度的管理需求；但逐渐发现该管理模式不仅需要大量的管理人员，而且单一岗位让员工极易产生疲劳感，进而降低了中俄员工的工作积极性。最终结果是付出的管理成本极高，让公司非常不满。

（3）吸取上述教训后，经过反复分析研究，2018 年 12 月起项目部正式确认并执行按专业三维分级的施工管理架构。在 2019 年上半年的逐步实施过程中，该管理方式有效解决了上述各类问题，其整体架构理念和具体执行细节安排得到了中俄员工的理解、支持和落实，充分调动起了中俄员工的工作积极性和拼搏进取精神，承上启下有效地将外部力量协调并连接在一起形成闭环，在业主的俄罗斯本土化强力管理体系内打拼出了具有中方特色的管理氛围；最终实现了从整个 EPC 项目的施工管理入手，引导协调设计、采购支持现场施工需求的管理目标，获得了实际高效的管理成果，最终获得了业主、总包商和施工分包商的阶段性认可。

3 三维分级施工管理方法组成

3.1 管理架构原则

该三维分级施工管理方法采用的架构原则为从专业管理入手，以专业组为具体实施导向，分层、分级落实并执行物理区域维、流程管理维和需求协调维共三个维度的管理要求。

3.2 三维关系

该管理方法涉及的三个维度定义及关系如下（图 1）：

（1）物理区域维（X 轴向）：贯通各专业涉及的全部区域和期域的施工管理工作；

（2）流程管理维（Y 轴向）：引导、协调设计、采购和预试运管理，配合 HSE 和质量控制；

（3）需求协调维（Z 轴向）：沟通、协调并解决业主及施工分包商各方的需求及问题。

定义上述三个维度的最终目标为打造全面、立体、顺畅的施工管理网络。

3.3 管理层级划分

该管理方法的具体组织机构自下而上分为三个层级，分别为：工程师级→专业组级→部门管理级。

各层级功能描述如下：

3.3.1 工程师级

工程师级包括各专业工程师，是施工管理工作的具体执行者，主要职能如下：

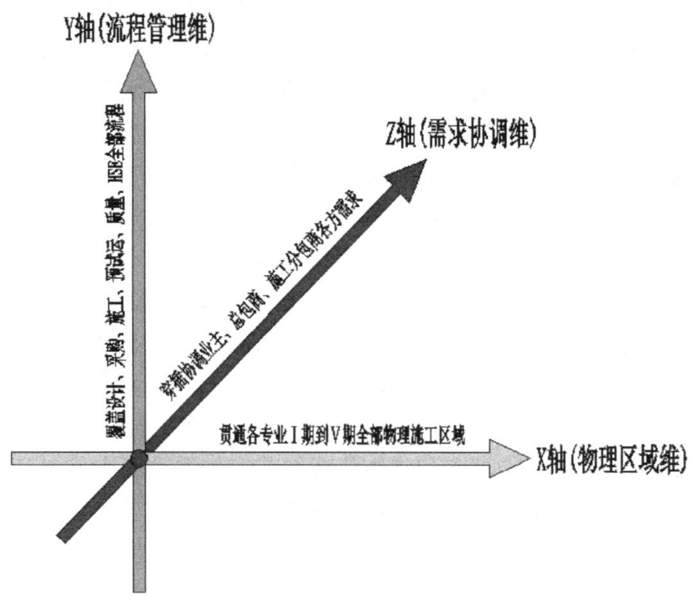

图 1　三维关系示意图

(1) 接收专业负责人分配的各项施工管理任务，逐项落实执行并反馈结果；

(2) 针对现场施工过程中发现的各类问题，及时反馈并协调项目部其他职能部门的对口工程师解决处理，并将全过程上报；

(3) 根据设计、采购反馈的本专业图纸和材料状态，结合出图计划和材料到场计划，预测并核算施工分包商的未来可施工工程量；

(4) 编制本专业施工日志及周报，登记并核对施工分包商每日实际施工进度及资源投入；

(5) 对施工过程中发现的本专业 HSE 和质量隐患，进行风险预警和通告；督促施工分包商采取措施及时整改。

3.3.2　专业组级

专业组级包括各专业负责人，是施工管理架构中的核心部分，主要职能如下：

(1) 接收部门管理层分配的各项施工管理任务，组织安排本专业工程师逐项落实执行；

(2) 全面负责本专业覆盖的施工区域/期域的施工管理；同时根据现场实际施工进展对设计和采购加以引导与协调，是本专业涉及的 HSE 和质量问题的直接责任人；并直接对口处理业主和施工分包商各专业下达、反馈的施工要求、问题、建议；

(3) 牵头组织与业主、施工分包商及项目部其他职能部门的本专业周会及专项协调会；

(4) 根据本专业工程师核算的可施工工程量，及时向设计、采购预警；并针对性的向设计、采购提出图纸和材料的优先级调整建议，组织施工分包商调整本专业施工顺序，规避窝工风险；

(5) 反馈专业组层面无法解决的问题，由部门或领导层面协调解决方案后，追踪落实；

(6) 负责本专业的人员工作分配、岗位调配、工时登记及休假考勤。

3.3.3 部门管理级

部门管理级包括部门经理（施工经理），是日常事务管理组织和内外沟通的窗口，主要职能如下：

（1）对各专业组的工作进行整体引导、监控和规划、纠偏；

（2）接收、分析业主、施工分包商及项目部领导下达、反馈的各项施工管理任务并分配到各专业组具体执行；

（3）牵头并代表部门收集汇总各类问题及信息，辅助项目领导组织并参与各种层次的现场内外施工协调会议；

（4）协调、上报、解决业主、施工分包商、项目部其他部门及本部门各专业组之间的复杂问题；

（5）对施工现场涉及的 HSE 和质量问题负主要责任。

4 三维分级施工管理方法特点

该施工管理方法和传统中式管理方法相比，具有如下鲜明特点和优势：

（1）对中外员工一视同仁，专业组以上岗位完全开放，中外员工有同等机遇参与专业组管理和部门施工管理；

（2）充分贯彻“能者为先，能上能下”的管理理念，管理部门内公开测评并及时调整员工岗位，能力突出的专业工程师，可快速晋升到专业组负责人、施工经理的岗位；同时表现不佳的施工经理和专业组负责人，将很快降级、降职甚至解聘。

（3）为积极培养后备力量，确保梯队年轻化，同时结合现场实际施工管理内容的需要，工龄和专业理论技术水平不作为岗位提升的主要依据；清晰的工作管理思路、杰出的管理协调水平和高效的解决实际问题能力才是晋升的主要考核条件。

（4）针对本项目的 EPC 分工模式特点，现场施工组织的对外沟通协调以外方员工为主，内部沟通协调以中方员工为主，尽可能发挥各自国籍及理念优势；同时每个岗位均按中外员工“背靠背”设置，交叉学习工作互补，避免出现“国籍偏科”的岗位依赖隐患。

5 管理成效

三维分级施工管理方法经过半年来的现场实际工作检验，其简洁但全面的分工安排能够很好满足项目施工管理需求，并且已经取得了如下管理成效：

（1）工作任务逐级落实到人头，具备上传下达且内外兼顾的可追溯性，避免了“工作安排停留在纸面、工作政令不出家门”的任务指令执行风险；

（2）中外员工一视同仁且用人唯才、能上能下的快速通道，对员工具有高度的刺激性和成就感，有效降低了混日子、靠工龄的消极现象，充分调动了员工的工作积极性和主观能动性；

（3）专业负责人以上岗位对本专业具有高度的自由管理权，经理只负责引导、监控和整体规划、纠偏，不干涉各专业内部分工安排；在以项目进度、完成质量、工程效益为目标的前提下，给予专业负责人以上岗位人员极大的发挥空间，其可完全将自身的管理协调能力和理念在实践工作中进行验证和提升；

（4）日常事宜逐级管理汇报，杜绝事事上报领导的面子行为，确保领导的精力只用在真正重要的事宜上；同时影响施工的关键事宜鼓励即时越级上报下达，既能加快关键事宜的落实处理效率，又能给专业工程师预留展现能力的机会和机遇。

6 结语

综上所述，该三维分级施工管理架构及管理理念尤其适合海外项目，特别是纯外资背景的项目施工管理；一方面可充分调动项目所在国家当地员工优势力量，快速与业主及分包商建立起融洽关系及合作预期；另一方面有利于内部中方员工的国际化管理水平及能力的快速提高；后续具有较高的延深、细化及推广空间。

油气 EPCC 工程项目完工管理的系统划分

李常友，刘雨波，王强
（中国石油工程建设有限公司，北京市 100120）

摘　要：为了确保 EPCC（Engineering，Procurement，Construction，Commissioning 设计，采购，施工，试运）工程项目完工管理的高效开展，实现从机械完工、静态试运、动态试运、预开车、开车到交付运行的有序推进。将系统、子系统的理念引入至完工管理，并依照系统的优先级别逐级进行完工管理。参照与 BP（Britain Petroleum 英国石油）和埃克森美孚两大国际知名公司在伊拉克多个油气 EPCC 工程项目合作中的实践，阐述了系统（或子系统）划分的时机和原则，详细说明了各专业系统（或子系统）的划分，并对跨专业交叉部分以及承包商和分包商界面等给出了说明。同时，展现了系统（或子系统）划分图的制作方法和工程应用实例。实践表明：合理的系统（或子系统）划分是机械完工、试运、开车三个关键环节顺畅衔接的保证，是 EPCC 工程项目实施系统完工管理的基石。

关键词：系统；子系统；划分；完工管理

1　引言

EPCC 工程项目完工管理需要施工、试运、设备厂家、设计及业主等众多相关方参与，且过程相互交叉，界面复杂，需要进行有效管理才能分清各相关方的责任和义务[1-4]。系统完工管理是被国内外众多工程项目证明过的现代化科学管理方式，特别是基于 WEB（网络）的信息化系统完工管理软件的出现，更是增加了工程管理的便捷性和时效性[5,6]。

系统完工管理的难点和关键是系统（或子系统）的划分，合理界定系统（或子系统）的范围和边界是实现各类系统有效移交和交付的必要条件[7,8]。通过文献检索，虽然有很多系统完工管理类的文章，但对油气 EPCC 工程项目完工管理系统（或子系统）的划分鲜有介绍。本文深入参考 BP 与中石油合作的伊拉克某天然气发电站项目完工管理资料，并结合美孚与中石油合作的伊拉克某长输管线项目和水处理项目的完工管理实践，总结了油气 EPCC 工程项目在确定系统（或子系统）边界时应遵循的原则，并详细解释了专业间交叉的难点，对后续油气 EPCC 工程项目的系统完工管理有一定的指导意义。

2　系统和子系统[9]

在定义系统和子系统范围和界限时，务必要确保机械完工和试运之间、试运和开车之间、开车和运行间移交（或交付）的无缝衔接。将一套完整装置按照一定的规则划分为不

作者简介：李常友，男，1982 年生，工程师，主要从事油气田地面工程建设管理；刘雨波，男，1986 年生，工程师，主要从事油气田地面工程建设管理；王强，男，1982 年生，高级工程师，主要从事油气田地面工程建设管理、科技研发管理工作。

同的系统和子系统，是完工准备工作的一个关键点，也是在前期设计阶段就应着手准备的。同时，系统和子系统的早期定义，也有益于设计工作的开展。例如：设备和仪表清单的编制、项目编号和标签设计，会因系统（或子系统）的定义而变得更加清晰明了。装置的系统（或子系统）的划分方案将会对后期测试和试运活动产生巨大的影响，因此，划分时首要遵循的原则是确保后期试运、装置开车以及整个装置最终交付之间的无缝衔接[8]。

3 系统（或子系统）划分图[8,10]

系统（或子系统）的划分图，通常以编码和颜色的方式标注在关键图纸上，包括但不限于：P&ID 图（Piping and Instrument Diagram 配管和仪表图）、电气单线图、仪表框图、控制系统集成图，以及相关布置图等。这些划分图通常以“层”的方式绘制在 CAD（Computer-Aided Design 计算机辅助设计）图纸上，以便于该图层的显示或隐藏；当然，也可在相应的 PDF 版本图纸上绘制系统和子系统划分图。最终版的系统划分图将置于 TCP（Turnover and Completion Package 完工移交文件包）中。

某系统划分图可能包含诸多子系统，因此，必须采用明确的颜色、编码及线型进行识别标识，以确保标识的清晰性，同时采用“标记”或“符号”的方式精准地区分边界。当系统包含供货商提供的图纸时要特别谨慎，需再清晰标识出“供货商范围”。

4 系统（或子系统）划分原则

为了便于理解和掌握系统（或子系统）的划分原则，将按专业逐个阐述，详细描述了涉及专业间的系统界限的设置，同时也对难于理解和超常规的情况给出了示例。

4.1 工艺和公用工程

4.1.1 常规工艺和公用工程

常规工艺和公用工程系统划分的界限应尽可能以隔离阀为分界点，且隔离阀应尽可能划分至试运优先级别较高的子系统中（图 1）。

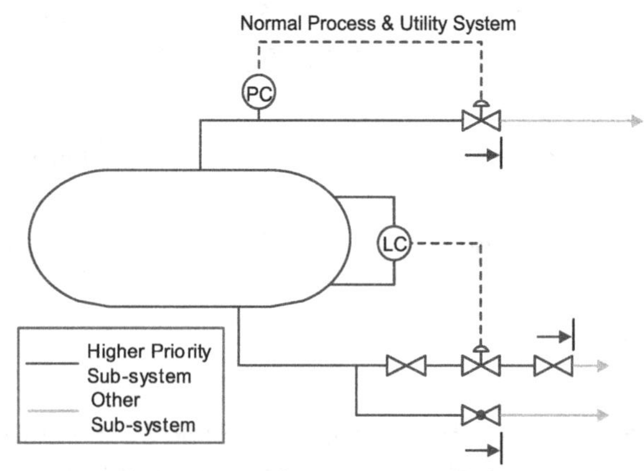

图 1 常规工艺和公用工程系统划分示例

4.1.2 火炬、泄压和封闭式排放系统

火炬、泄压和封闭式排放系统通常包括安全阀、压力控制阀、紧急排放阀、放空阀，等

等；因此，系统边界定义在相关安全阀、压力控制阀、紧急排放阀、放空阀的下游（图 2）。

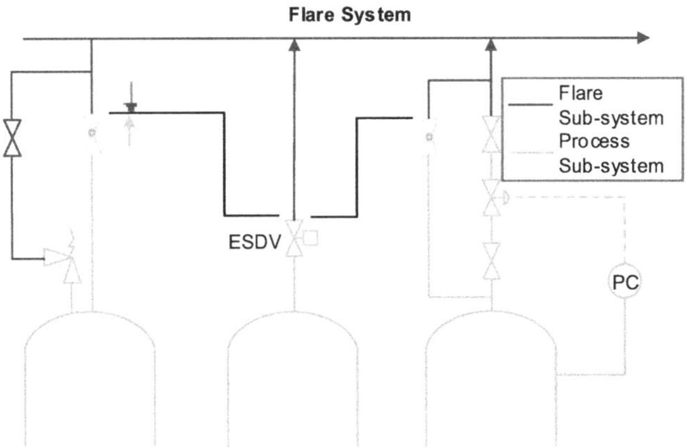

图 2　火炬系统划分示例

4.1.3　换热器

换热器是将热流体的部分热量传递给冷流体的设备，在实际工程中换热器可作为加热器、冷却器、冷凝器、蒸发器和再沸器等[11]。用于冷/热媒质热量转输的内部构件（如：管束、蛇管、折流板和板翅等）将作为公用工程系统的一部分，而非划分至换热器本体所在的工艺系统（图 3、图 4）。

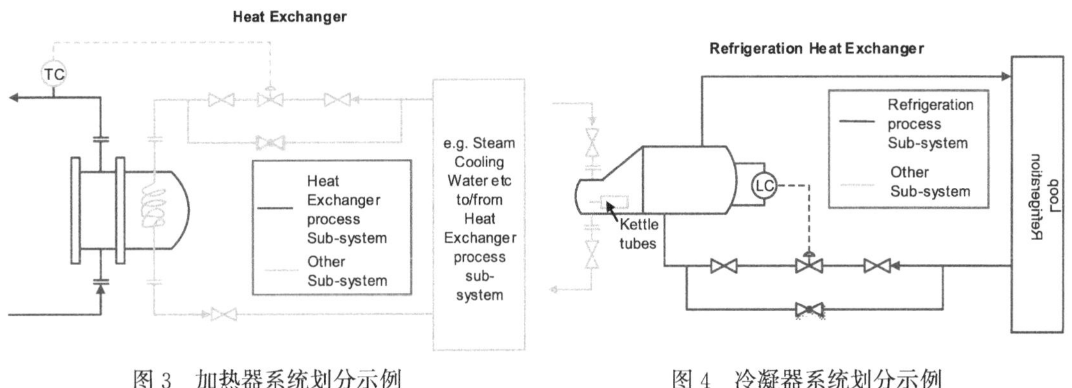

图 3　加热器系统划分示例　　　　图 4　冷凝器系统划分示例

4.1.4　仪表风

各仪表风供气子系统始于气源切断阀的下游，止于气源球阀（含气源球阀）[12]（图 5）。

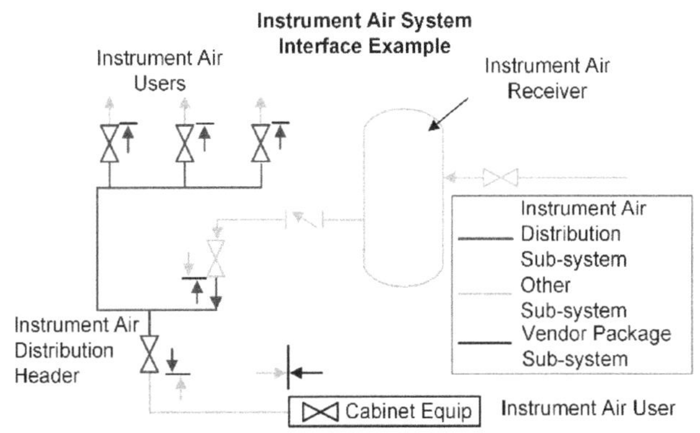

图 5　仪表风系统划分示例

其中，供货商的用风设备将单独划分为供货商子系统。

4.1.5 机械设备

机械设备按照其在 P&ID 上的位置，分配给相应的工艺或公用工程系统，其所在系统与毗连系统的分界应在隔离阀的下游；当旁路隔离阀处于两个子系统之间时，该隔离阀通常划分至进料系统。

典型的例子：

（1）主油管泵；

（2）回注气压缩机；

（3）主发电机；

（4）基座式起重机；

（5）电梯。

4.1.6 其他公用工程系统

燃料气、燃料油、化学注药、惰性气体、空气、水和制氮装置等系统的界限，设置在每个通往消耗设备的最后一个手动切断阀的下游。

敞开式排放系统的边界通常始于污水坑（集水坑）、中间罐或类似的地方，这些地方都是系统划分的理想边界。

4.2 电气

4.2.1 变配电

变配电系统按照用途分为：普通用途、重要用途和应急用途。

开关柜（配电盘）通常有其明确的服务对象，是构成变配电子系统的基础。分界点应满足试运时上电顺序要求，典型的分界点是开关柜（配电盘）的输入或输出断路器。变配电子系统应包含所有与配电网有关的项，鉴于终端电动设备被分配到与其相关的工艺或公用工程系统（或子系统），故所有与终端电动设备有关的启动器、接触器、开关、保险丝等不包括在内。

从高压配电柜到降压变压器，再到开关柜（配电盘）的供电电缆也将包含在降压变压器所在的子系统中。

与设备相连的 MCC（Motor Control Center 电机控制中心）包括：MCC 机房、动力和控制电缆以及相关的元件和仪表，属于机械设备所在的系统（例如：给泵供电的动力电缆属于泵所在的子系统）。

以上描述详见图 6 电气系统划分示例。

4.2.2 电气系统与工艺或公用工程系统

如 4.2.1 所述，终端电动装置将分配给工艺或公用工程的系统（或子系统）。例如：如果终端电动装置是电机，那么与之相对应的工艺或公用工程系统（或子系统）中还应包括：

（1）配电柜上的启动器；

（2）电缆（包括：电力电缆和控制电缆）；

（3）相关控制机构。

4.2.3 电气系统与仪表系统

当电气系统与仪表系统之间存在接口时，仪表系统的边界应根据仪表回路图定义在电气设备的接线端子处（例如：插入式继电器柜、端子柜等，详见图 8 的 MCC 机柜）。

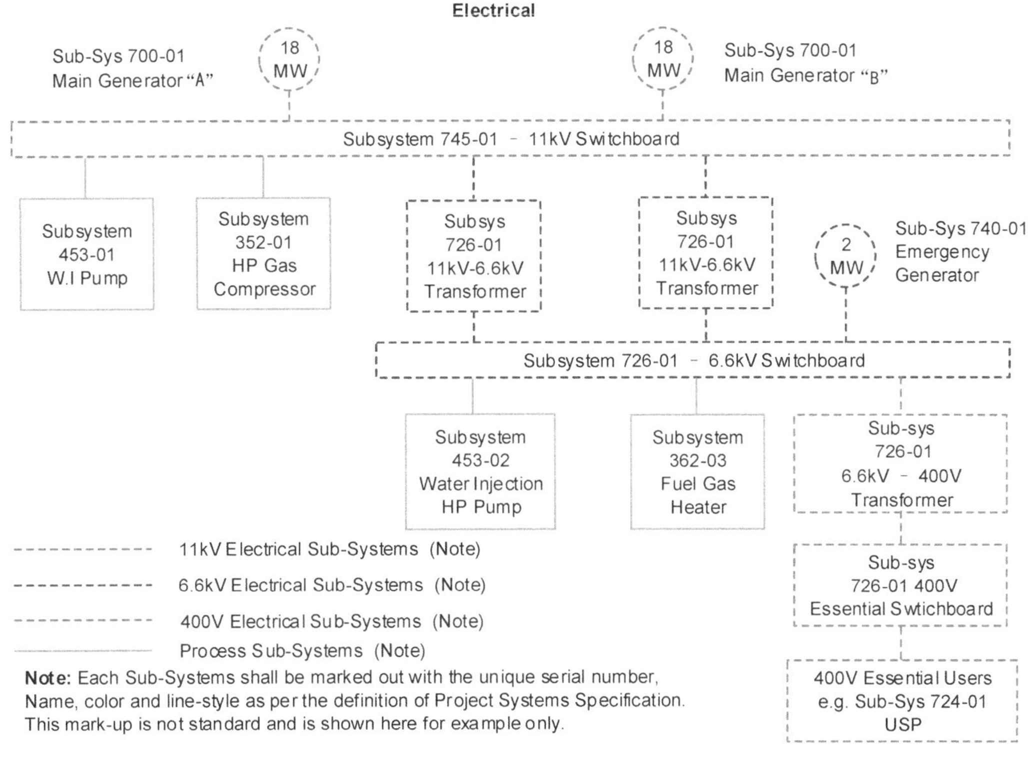

图 6 电气系统划分示例

4.2.4 电伴热

为了便于安装和调试，电伴热的系统划分原则与电气系统类似。电伴热的供电回路，配电盘等与其他电气系统类似。其馈电回路断路器、控制器、电缆及其接线箱，以及电加热带均划分到被加热的管道或设备所在的工艺或公用系统。

4.2.5 UPS（Uninterrupted Power Supply 不间断供电电源）

UPS 通常作为一个独立的系统存在，某些设备（例如：导航设备）有其专用的 UPS，这种情况的 UPS 和配电回路均隶属于该设备所在的工艺（或公用工程、仪表）系统。

4.3 仪表

4.3.1 常规仪表

通常，设备上毗连的仪表回路分配至该设备所在的工艺或公用工程系统（或子系统）。但也存在特例，若一个系统（或子系统）中的检测仪表控制着另一个系统（或子系统）中的执行设备，该检测仪表应分配给隶属于执行设备所在的系统（或子系统）（详见：图 3 加热器系统划分示例）。

4.3.2 控制系统

一般情况下，控制系统之间是相互独立的。主电缆（控制室与现场接线箱之间的多芯电缆）及其首末端相连的接线箱和控制柜均属于其所在的控制系统，与其他系统的分界线为现场接线箱中的段子排。分支电缆（现场接线箱到现场仪表之间的电缆）和直拉电缆（现场仪表直接到控制室的电缆）均属于现场仪表所在的系统，详见图 7 PCS（Process Control System 过程控制系统）系统划分示例[13]。在某些情况下，控制回路可能会超出成套设备的范围，需要基于回路测试的便利性进行灵活处理。

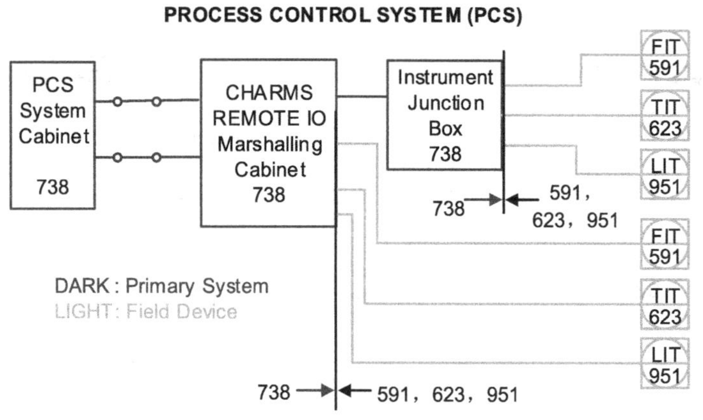

图 7　PCS 系统划分示例

此外，F&GS（Fire & Gas System 火气系统）所在的系统都是基于特定的消防区域划分的，F&GS 系统回路将被分配到各自指定的防火区域。ESD（Emergency Shut Down 紧急关断系统）的回路将被分配到 ESD 所在系统，这些回路也是基于特定的保护区域划分的，但 ESDV（Emergency Shut Down Valve 紧急关断阀）不属于 ESD 系统的一部分，而隶属于相应的工艺系统。

图 8 为某水处理项目中 SIS 系统划分示例，其中 ESD 和 FGS 共用一个放置在机柜间的控制柜，控制柜中各控制系统的控制器是相互独立的，分别连接现场机柜间的 I/O 柜和控制盘。HVAC 作为一个子系统也包含在 ESD 控制系统中，洁净气体消防系统作为一个子系统包含在火气系统中。因为项目中的回路众多，不方便在此铺开，为了便于理解给出了简化版系统划分图[14]。

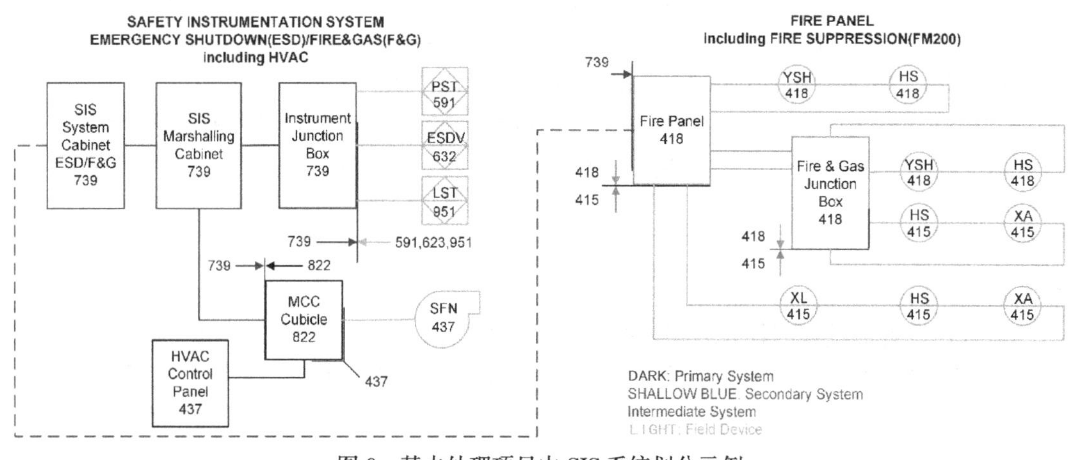

图 8　某水处理项目中 SIS 系统划分示例

4.4　通信

4.4.1　无线电

当对流层散射无线电或视线多通道技术被使用时，多路复用器将被包括在无线电系统中。多路复用设备将连接电话、计算机和电传，子系统的界限是多路复用器的输入终端。

在某些情况下，使用“电话转接”接口将公共广播系统连接到电话系统，反之亦然。

在这些情况下，“电话转接”设备既可以包含在电话系统也可以包含在无线电系统，可根据供应商的供货情况来划分。

4.4.2 电话

电话子系统将包括程控交换机、扩展、操作员控制台、传真、电传、主配线架和多路复用器以及单元无线电收发机的布线，也包括公共广播控制面板的布线[15]。

4.4.3 公共广播

公共广播子系统包括报警台、放大器、控制面板、覆盖站、扬声器和互连电缆，子系统的划分界限为控制面板上的输入（输出）端子，以及火气探测系统报警台上的输入回路端子[16]。

4.5 其他

橇装设备本身即为一子系统，原则是静态调试活动可在撬体内进行。与橇装设备相关的组件被视为与试运相关的辅助部件，将被固定在橇上（例如：泵的电机被固定在泵橇上）。

对于成套管束，其管线与各子系统相连，边界均始于主管与支管之间的隔离阀的下游（例如：火炬总管、排放管与其分支管网的连接）。

供货商子系统通常与它们的加工车间或特定的独立范围有关。因此，供货商子系统的边界通常设定在连接点或最近的隔离点（例如：阀门、开关等）。

通常把独立的建筑物视为一个独立系统。与每个独立的建筑物系统相关联的服务和公用工程（例如：配电、供暖、通风、空调、F&GS、饮用水等）均被视为建筑物系统的独立子系统。

系统（或子系统）的划分应支持项目活动，并遵循建设的程序（例如：可以在陆上全部完成的试运，尽可能在陆上完成，反之是只能在海上完成的试运）。

系统（或子系统）必须易于管理，因此必须注意范围和界限的跨度。在某些情况下，需要进一步分解成子系统，作为验证功能测试或系统试运的必要条件。

系统（或子系统）划分时还应该考虑以下情形：系统的一部分需要提前进行静态（动态）试运；系统的一个部分需要提前交付操作运行部门；操作和维护区域划分。

5 工程实践

表 1 展示了中石油与 BP 和埃克森美孚合作完成的 3 个 EPCC 项目的完工管理统计分析。从项目完工管理的优劣可以看出系统划分对完工管理的数字化跟踪及管控时效性的重要性。

工程实践对比分析 表 1

项目	系统数量	子系统数量	机械完工检查表数量	试运检查表数量	项目特点	完工管理优劣
某天然气发电站项目	10	18	2034	679	成套设备多且设备复杂；供货商多和子供货商多；工厂制造分布广；厂家协调困难尤为突出	系统划分：粗犷；后期机械完工和试运过程的跟踪困难，管控笼统

续表

项目	系统数量	子系统数量	机械完工检查表数量	试运检查表数量	项目特点	完工管理优劣
某原油处理项目及其配套变电站项目	39	65	2478	972	成套设备多；供货商数量相对较少；工厂制造和验收比较难	系统划分：良；后期机械完工和试运过程的跟踪相对简单；但优先提交的部分子系统的跟踪和统计较为困难
某水处理项目及其辅助项目	20	36	2647	526	成套设备少，供货商比较少；现场建设和管理困难；现场检测仪表相对多	系统划分：优；机械完工和试运过程的跟踪及时，管理便捷；即使后期业主原因导致的分阶段试运也没有出现子系统跟踪和统计困难的情形

6 结语

并非所有的系统（或子系统）划分情况都在本文进行了描述，不可避免会遇到一些不合常规的情况，需要根据优先级别等情况具体分析。同时，系统（或子系统）划分不仅需要丰富的 EPCC 项目管理经验，还要有开车和运行经验，同时需要设计、施工、供货商等的多方配合。本文是依据国外项目的执行经验及相关文献、总结出的油气 EPCC 项目系统划分的基本原则，希望对后续工程实践有所借鉴和参照。

参考文献

[1] 何洋，胡广田．完工控制管理体系在天然气化工项目中的应用［J］．石油化工建设，2011；1672-9323

He Yang，Hu Guangsheng. Application of completion control management system in natural gas chemical project［J］. Petroleum & Chemical Construction，2011；1672-9323

[2] 马玲，吕栩生．预调试在海工项目管理中的应用［J］．造船技术，2014：6-9

Ma Ling，Lu Xu-sheng. Application of pre-commissioning on offshore project management［J］. Shipbuilding Technology，2014：6-9

[3] 马玲．海洋钻井平台 JU2000 完工管理系统的研究和应用［D］．上海交通大学工程硕士学位论文，2014

[4] 任灿升．国际油气 EPC 工程项目完工管理［J］．石油化工建设，2018：1672-9323

[5] 董玉芳．WinPCS 在电力建设移交管理的应用分析［J］．发电技术，2013，115（32）：2095-3429

[6] ExxonMobil. Specification for upstream systems completion management database requirements［S］. IQWQ-FIT-OSPDS-00-210103，2011

[7] Martin Killcross. Chemical and Process Plant Commissioning Handbook［M］. Elsevier Ltd. 2012

[8] ExxonMobil. System boundaries definition Specification［S］. USE-ED-WBRRR-000005，2010

[9] British Petroleum. GOC Guidance on Certification［S］00096R-C-G0-G000-CO-PRO-0001，2015

[10] ExxonMobil. System Completion. WQ-1 Project Specification
[11] 史美中. 热交换器原理与设计 [M]. 南京：东南大学出版社，2018
[12] 石油化工仪表供气设计规范 SH 3020—2011 [S]
[13] 仪表配管配线设计规范 SH/T 20512—2014 [S].
[14] System architecture drawing of produced water treatment (AWQ0109-1) [Z]. IQWQ-CE1091-ID-BLK-00-0001-002，2，2018
[15] 施扬，沈平林，赵继勇. 通信工程设计 [M]. 电子工业出版社，2012
[16] 公共广播系统工程技术规范 GB 50526—2010. [S].

新时代建筑施工安全管理应用研究与创新

柳志强

（北京城建八建设发展有限责任公司，北京市 100012）

摘　要： 根据新时代建筑施工安全面临的严峻形势，得出建筑施工安全管理应用研究与创新意义重大；然后针对当前建筑施工安全管理现状及原因进行分析论述；接着理论联系实际对新时代建筑施工安全管理的重要措施进行了分析、推理及论证，提出了建筑施工安全管理新思想、新理念、新方法，以便为今后提供参考和借鉴。

关键词： 建筑；安全；创新；BIM

1　引言

随着经济的快速发展，我国建筑业取得了举世瞩目的成就，许多先进设备和施工工艺广泛应用于工程实践，并已经出现了现代智慧建造新技术，如 3D 打印、全生命期 BIM 应用等。然而由于安全意识、技术措施和监管水平落后于新时代社会发展需求，目前我国建筑施工安全事故频发不断，形势仍十分严峻。

2　新时代建筑施工安全管理应用研究与创新意义重大

在中国特色社会主义新时代，安全生产依然是企业发展的永恒基石。要认真落实“安全第一，预防为主，综合治理”方针；做好安全管理既是国家战略要求，也是对人民负责。它不仅能保障安全生产，而且能保障工程质量及延长使用寿命，受益于民。根据 2019 年 4 月、5 月全国住房和城乡建设部安全事故快报统计，4 月全国共发生安全事故 78 起，死亡人数 89 人，重伤人数 2 人；5 月全国共发生安全事故 53 起，死亡人数 61 人，重伤人数 17 人。比较 4、5 月统计数据发现，虽然事故发生总起数、死亡人数有所减少，但重伤人数增加了 15 人。况且 2019 年上半年以来安全事故接连不断发生，因此安全形势依然非常严峻，对建筑施工安全管理应用研究与创新刻不容缓、意义重大。

3　建筑施工安全管理现状及原因分析

3.1　安全意识淡薄，从源头上就发生“重心偏移”

当前与其他先进行业相比建筑施工管理相对落后，安全事故频发；虽然国家及地方主

作者简介： 柳志强，男，1970 年生，河北三河人，一级建造师、高级工程师，主要从事建筑工程技术与项目管理。

管部门对安全生产极为重视，各种关于加强安全管理的红头文件和大小会议比较频繁，但是由于种种原因，建设行业仍存在安全意识淡薄，甚至在源头上就发生“重心偏移”而不够重视安全的现象。现分析如下：

主观方面，业务素质低，安全管理思想守旧，不积极进行虚心学习，甚至麻痹大意，存在侥幸心理。思想理念跟不上时代进步及建筑施工实际需求，仍沿用传统落后的安全管理方法，造成安全意识不强[1]，思想重视不够。客观方面，面对市场竞争，迫于经济效益和生存压力，采取低价中标、垫资承揽、总价优惠[2]、BIM假象等不规范市场行为获取中标资格，造成安全投入减少，包括安全管理机构、设施、物资及科研经费等。这样使得安全管理与实际工程的客观需求不能合理匹配，结果施工安全隐患增多。可见在源头上应重视安全管理。

3.2 企业“重产值、轻安全”，即没有真正执行“安全第一”

由于施工进度及产值成效显著，而安全管理短期内成效较弱；加上建设单位工期要求紧的压力，致使施工单位将进度产值看得更加重要；所以对于安全投入包括人力、物资及资金、BIM等相对压缩。这样不安全因素就有了较大的生存空间和发展，而使建筑施工安全管理埋下了隐患。

另外，因为建筑施工安全事故的发生有其一定的隐蔽性和随机性，而施工安全管理漏洞则是其事故发生的必要条件，并不是充分条件，也使建筑企业怀有侥幸心理而不去真正执行“安全第一”的方针。当然进度产值会直接关联到企业早日回款、免于工期处罚和降低成本、增加企业效益的问题；而从表象上看，企业安全管理则会增大资金投入，所以施工企业会选择“重产值、轻安全”，没有认真执行“安全第一”的安全方针。

3.3 安全管理体系不健全，“人岗匹配度”不高，安全机制运行不畅

近年来建筑市场日益竞争激烈，迫于追求经济效益，使得企业在安全管理措施上投入较少；况且由于专职安全人员市场稀缺，其岗位权责不够对等，待遇较低；他们甚至感到迷茫而工作懈怠，对安全工作缺少主动性，责任心不强等。这样，导致项目安全管理人员短缺，及专职安全员素质较低；企业市场行为不自律；甚至现场实际履职的专职安全员与在政府监督部门备案的人员存在偏差，以及现场实际履职的安全员与其岗位所需求的资历和能力的匹配度不高，而不能更好地履职尽责。结果造成施工现场不安全人为因素和安全风险大增，施工现场安全管理体系不健全，安全管理机制运行不畅，从而埋下了安全隐患。

3.4 制度落实不到位，工人对安全教育没有“真懂、真会、真心执行”

目前我国建筑施工安全管理法规得到了较好的发展和完善，同时地方和企业也制定了相应的安全标准和各种规章制度。但是仍普遍存在有落实不到位的现象，如不按规范和已审批的方案要求去合理布置现场；对于超过一定规模的分部分项工程，不按规范要求编制专项方案及专家论证；不按规定进行安全技术交底和验收；安全生产责任制执行不力；存在把安全工作平时视作是小事，到发生安全事故时视作是偶然的侥幸心理，造成安全管理制度落实不到位。

而且，由于项目部安全管理制度落实不到位，对安全管理认识浅薄，思想觉悟差而缺乏责任感，使得安全教育不深入人心，甚至只为应付安全检查了事。项目负责人、安全总

监及施工队长对安全教育贯彻执行监督力度不够，安全教育不扎实，行业实质性监管服务体系不完善，有的存在安全教育走过场而失去意义。况且施工人员流动性较大而缺乏稳定性，自我安全教育主动性不强，专业上警惕性不够，造成安全教育不深入、不入心，工人没有“真懂、真会、真心执行”。

3.5 政府主管部门监管服务压力过大，专业机构和人员不足

由于在施工程量大、面广、专业较多，政府及行业主管部门便忙于进行施工安全例行性检查。而我国对建筑施工安全事故责任追究“实行问责制”，所以有时政府及行业主管部门人员需要承担相应法律责任。这样面对大量在施工程，需要进行安全执法检查，由于监管机构和专业人员不足而忙不过来，造成政府及行业主管部门监管服务压力过大[3]，加上人员业务水平所限，进行业务监督检查指导不能满足实际需要，使安全隐患有疏漏现象。

4 新时代建筑施工安全管理措施应用研究与创新

4.1 转变思想、提高认识，加强行业自律的“安全第一”思想教育

安全是人类永恒的追求，是人们生命的保证；安全生产是企业发展的永恒基石。新时代要认真落实“安全第一，预防为主，综合治理”的方针。认真制定并严格执行各种安全制度，加强劳动保护，改善劳动条件，减少和杜绝各类事故造成的人员伤亡和财产损失。

同样安全又是一项较复杂的系统工程，安全关联点多、面广、隐蔽性强，必须运用系统组织理论和方法进行全过程研究与创新。安全管理贯穿项目全过程，其流程多、参建方多，是最基本、最客观、最重要的系统工作。但是安全不只是施工单位的事，包括材料设备等上游安全隐患会聚集到施工中，因此应加强“行业链”安全意识教育，积极转变思想、提高认识。

因而对安全管理措施应积极研究与创新，如发挥行业专家优势；设立第三方安全评估机构、BIM＋平台、远程监控等；充分发挥行业协会对安全监督智力支持的积极作用等。引导行业转变思想、提高认识，而不是“重进度，轻安全”，应加强行业自律的“安全第一”思想教育和监督，确保安全生产。

4.2 压实各岗位履职担责，设立“专职安全信息总监”岗位

由于安全管理关联面广而复杂，且环环相扣，因此应健全安全组织机构班子建设，严格执行“市场行为”规定，压实各岗位备案人员现场履职责任，上下齐心协力抓好安全生产。根据工程体量及复杂程度，尤其大型工程，建议设立“专职安全信息总监”岗位（注册安全工程师资格），可直接向项目经理汇报工作，并对项目经理负责。通过安全组织机构分工、全员安全生产责任制，及现场拍照、微信传播、信息通信、BIM 技术等对现场安全管理及时进行信息动态跟踪整理，辅佐项目经理安全监督与落实。有利于项目经理对现场安全状态全面掌控及重点管理，有效压实各岗位对安全执行力度，为项目管理提质增效。

4.3 推行“情景化安全教育”模式，使安全意识“入脑、入心、入行”

因为人的因素对安全十分关键，则必须加强“人”的安全管理，积极调动其主观能动

性；着力解决严肃的“安全生产”与工人心中的“从简、敷衍”之间的矛盾，纠正对安全不重视的思想。利用互联网、手机APP、微信小视频进行安全教育，比如：不定期举行员工生日同庆，设立劳动竞赛奖、安全文明标兵奖等活动。推行“情景化亲情安全教育”模式，即利用投影大屏幕、手机APP视频通信等方式，让其家人能亲眼看到，共同分享生日庆祝和颁奖场景，可聚焦视频聊天及亲情嘱托和牵挂，使安全意识在工人和家人心中产生共鸣。

这样，通过情景化亲情视频融合，为了家庭幸福，使工人认识到自己是“家中的顶梁柱”；必须重视安全、自觉接受安全教育、学习安全技能，守住安全底线；使安全意识“入脑、入心，并付诸于行动”，从而增强自我管控安全的能力。

4.4 实行“接力棒式”安全管理制度，加强“闭环管理”

由于安全制度措施是做好安全工作的重要保障，所以应认真执行安全生产法，建立高效安全管理机构，严格按照“管业务必须管安全、管生产经营必须管安全”的要求，从企业安全生产负责人、项目经理到施工队长、班组长及操作工人，将各项安全管理制度和技术交底认真吃透并运用好。加强项目班子、施工队长、班组长及工人安全教育及培训，从上到下各级岗位要接准、握稳安全责任“接力棒”，并强化班组长领班对工人安全监督制，把安全制度落实到一线人员。

同时实行各栋号施工队长安全监督管理负责制，进行“PDCA循环”动态安全管控。各分包队设两名专职安全员，各作业班组设“义务安全员”两名，确保各作业面时刻有安全员监管提醒安全生产，实行“从上到下”、“横到边、竖到底、环环相扣”的安全“接力棒式、闭环管理”责任制度，树立安全为我、我要安全的思想理念，真正做到安全生产人人有责、履职尽责。

4.5 采取实名制“刷脸”准入制度，实行人性化安全管理

根据建筑施工本身的特点，施工人员操作多采用肢体劳动，受施工场地限制，携带IC门禁卡等物品不太方便且容易损坏和丢失；工人为顾及口袋而作业时精力不集中，尤其对于高处作业更为不利。建议提倡采取实名制“刷脸”准入门禁制度，只有经过安全教育考试合格后才可授权刷脸准入；并设立安全疏散快速通道。可按区域进行授权通行管理，门禁系统可记录员工考勤、信息、识别储存及预警、实时传输到云端备案，并能支持断网断电工作；也有利于履行市场行为，实行人性化信息安全管理。

同时应加快建筑企业、施工队长和班组长及工人诚信档案建设，为企业用人（包括企业和员工信息共享）及安全管理提供双向信息技术支持，也有利于企业通过信息化手段对员工、施工班组的有序流动，包括安全违章、违法和欠薪讨薪事件黑名单提前预警把控，有效规范和监督市场行为，从源头上消除不稳定安全隐患。

4.6 完善政府、协会安全监督机构及人员，使监管服务轻装上阵

由于建筑工程量大面广、偶然因素多、安全环保绿色施工任务较重，政府监管机构及人员不足而监管压力过大，有的人员业务水平不足；并且行业协会极少参与日常安全监督指导，也使安全隐患不能及时被消除。可见对此进行安全管理措施研究和创新十分必要。

建议完善政府及行业协会安全监督机构及人员，增设信息化安全监督部门和德才兼备的专业人员；实行注册安全工程师岗位资格及个人执业制度；建立“第三方安全评估验评

分级”机制及社会化安全评价信用体系，强化政府监督执法职能，将安全管理纳入“诚信体系”和“企业市场行为”标准等；建立高效的安全监督执法机制，使安全监管服务轻装上阵。

4.7 利用“信息建造技术”的安全管理措施应用研究与创新

从狭义上，新时代信息建造技术是指利用计算机、网络、可视化、传感等各种硬件终端及软件工具与数字技术等，对图文、声像、空间、时差、位移、变异等各种信息进行获取、加工、存储、传输、计算、应答与处置的智能化建造技术大全。从其模块化关联方面，主要有信息建造技术与移动互联网、BIM+、GIS、大数据、物联网、云计算等智能化融合运用，如图 1 所示。

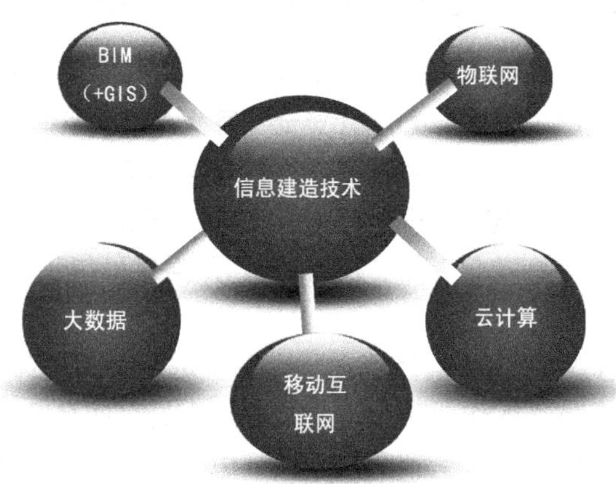

图 1 信息建造技术融合

4.7.1 基于“BIM+”技术的施工安全管理应用研究与创新

可将 BIM 设计模型与施工工艺及管理相融合，优化后形成施工 BIM 模型，可对安全关键控制点进行模拟仿真计算。利用移动设备及智能终端进行安全检查和验收、危险源标记、定位、查询分析处理[4]，例如“三宝、四口、五临边”安全防护、标识牌、消火栓、安全通道等安全警示位置，在模型中可自动查找及布置和警示，以便消除安全隐患。

而 BIM 与三维自动激光扫描和自动识别技术融合，可进行安全监控及管理。如塔吊基础沉降、垂直度、变形、超载、构造连接、摆幅、启停控制；大跨异形结构体系变形、节点连接、位移、承载力、稳定性等相关安全信息监测，可及时动态应急管理。尤其鸟巢应用效果明显。

将 BIM 与物联网技术融合，如融合传感信息可进行智能化安全隐患预警和处理；重点区域消防安全智能仿真、感知定位、分析、报警等；再如通过三维可视化动态监测系统可对安全重点部位工序，大跨度钢结构预应力构件吊装工艺，可人为操作虚拟环境中漫游来直观形象地发现结构受力和运行中未知损伤等危险源，实现结构安全与健康监测预警等。鸟巢、北京新机场取得了可喜成绩[5]。

另外，可大力发展材料科学及多学科融合创新，如将太空节能“绝热”保温涂料（导热系数 0.03W/mK 以下）与“BIM+”、智能机器人技术相融合，实现施工安全遥控勘察和事故应急处置。特别是人员无法到达的险恶环境，如有限空间、火灾等实现智能化、信息化科学处置，把复杂隐患消灭在萌芽状态。可见“BIM+”施工智慧化安全管理必将迎来美好的春天！

4.7.2 基于互联网的项目多方协调、动态安全管理应用研究与创新

通过基于互联网的项目多方协调，如进行信息采集、分析、计算及共享，满足现场多方协同需要；利用移动终端设备对安全巡检中发现的安全隐患进行音像数据采集和自动上传，通过邮件、短信、微信、网络可视电话等方式，并增设先进信号基站实现实时共享，如引入“5G”技术，将整改通知及回复文件及时告知并提醒责任人，实现多方协调、在线检查、风险分析、成果移交动态安全闭环管理。

4.7.3 基于“项目信息数据库”的安全管理应用研究与创新

由于以往项目信息数据库对于后续工程具有重要参考价值，则可通过对数据进行程序化设定、信息模块化、设备及构件编码、标准归类等，将共享平台与模型数据相融合，使项目云信息自动转化成企业云数据库资源并储存，为以后项目奠定良好数据堡垒，如城奥大厦、国家速滑馆运行良好。“项目信息数据库”的安全管理研究应用前景光明。

但是，信息技术在建筑工程管理方面还处于起步后的发展期，应积极大力推广应用，如加强 BIM、GIS、物联网、云计算与安全管理深度融合[6]，通过大数据、VR、机器人技术等不断进行安全管理研究和创新应用意义重大。

5 结语

总之，新时代建筑施工安全管理应用研究与创新意义重大，通过建立健全安全管理机构及责任制，以及“情景化安全教育”、“接力棒式”及“闭环管理”、“信息技术”等安全管理研究与创新模式，在建立集成化、数字化、智能化、信息化智慧工地的基础上，并与“5G 技术”相融合，全面建造新时代信息化“三星级”安全文明绿色建筑[7] 任重而道远，但确信指日可待。

参考文献

[1] 杨超，景园．建筑施工安全事故人为因素的分类研究．[J]．建筑学研究前沿，2018，6，(36)：441

[2] 建设工程量清单计价规范．GB 50500—2013 [S]

[3] 张凤春．BIM 工程项目管理．[M]．北京：化学工业出版社，2019

[4] 建筑业十项新技术 [M]．北京：中国建筑工业出版社，2018

[5] 李久林．智慧建造之从北京夏奥到冬奥的发展与实践．北京城建集团项目经理智慧建造专题会议报告，2019

[6] 张建平．BIM 技术与 GIS、人工智能在建筑全生命期应用．北京市住房城乡建设公益讲座第 6 期．2019

[7] 绿色建筑评价标准．GB/T 50378—2019 [S]

基于项目管理的直升机电力巡线机组管理模式研究

王彦飞
（国家电网通航有限公司，北京市 102209）

摘　要：从1981年我国第一条500kV超高压线路投入运营至今，“九交十直”的特高压工程已经完工。我国从20世纪80年代探索使用直升机参与电力巡检开始，直升机在超高压、特高压线路巡检中所占地位越来越重。提高直升机电力巡检的安全、质量和效率，对于保证全国电力系统安全运行有着重要作用。在直升机巡检项目的分解中，一个单一机组是最小单元，那么如何优化微小单元巡检方案，将成为全国电力巡检大系统是否高效的关键。本文将利用项目管理的知识，探讨如何在直升机巡检中寻求最优的巡检方案。在机组管理中有哪些因素可以进行优化，从而提升巡检项目的质量和效率。

关键词：特高压；直升机；电力巡检；项目管理

1　引言

我国对于使用直升机参与电力巡检和电力施工作业是从20世纪80年代才刚刚起步。由于当时特高压、超高压线路规模不大，直升机电力巡检的经济性并不明显。直到全国超高压、特高压线路已经形成网络，规模不断扩大，直升机电力巡检才迎来了飞速的发展，而且今后直升机电力巡检还有很大的发展空间。针对目前全国电力巡检直升机机队规模，利用项目管理知识统筹现有的直升机资源，更加有效地进行电力巡查，需要从机组这一最小的工作单元为出发点，研究巡查的安全、质量及效率的优化方案，才能最终实现全国电力航巡系统的升级。

项目是指一系列独特的、复杂的并相互关联的活动，这些活动有着一个明确的目标或目的，必须在特定的时间、预算、资源限定内，依据规范完成。从这个角度来说，一次直升机电力巡检就是一个标准的项目。

2　直升机电力巡线

直升机巡视电力线路的内容主要包括以下几种，最主要的是巡视杆塔缺陷，这里面包含螺栓螺母的缺失状况，安装是否正确，杆塔上的金具是否齐全、是否存在锈蚀的状况，绝缘子的清洁程度等。绝缘子是连接杆塔和线路的重要部件，为了避免电路的功率损耗和杆塔漏电的情况发生，保证绝缘子串的清洁是十分重要的，除了这些细节，杆塔基座是否牢固也要检查。杆塔检查完毕后，还要检查线路状况，线路巡视的内容是线路是否存在断股①，以及架空线路的周围是否存在私搭乱建的违规高大建筑和繁茂的超高植被。架空线

① 断股：是运维中较为常见的缺陷，断股会影响线路载流量、引发电晕、降低线路机械性能。

作者简介：王彦飞，1991年生，北京航空航天大学公共管理硕士研究生，国网通航有限公司，飞行员。

路的下方如果存在较高的植被随着生长存在触碰架空线路的风险的话就要通知相应的工作人员对线路下方的植被进行修剪或砍伐。

2.1 直升机在电力巡线中的优势

直升机在我国的利用率近些年来随着我国经济增长有了很大提升，但是相较欧美发达国家仍然存在很大差距，直升机相较固定翼航空器的最大优势在于，固定翼航空器根据不同翼型存在不同的失速速度②，但是即便是其中最小的失速速度，目前也无法满足电力巡线的相应要求。而直升机则不同，可以实现高空悬停，便于巡检人员细致地逐一观察特高压杆塔上的所有关键部位是否存在缺陷，这一过程大约需要直升机悬停在杆塔侧保持半分钟至一分钟左右。更为重要的是直升机可以实现垂直起落，以国内常见的直升机 Bell-206 为例，旋翼直径只有 12m 左右，一块 30m×30m 的场地就足够作为直升机起降点使用，这也符合了我国目前通用机场数量稀少的发展现状。

2.2 电力巡线项目的组织管理

通航公司常采用矩阵式的组织管理模式，即各业务部门中与某项目有关人员被临时抽调出来，机组的人员就是从飞行、机务、航检、航务、保障五个业务部门抽调出来的。机务的主要职责是在地面维修航空器，对航空器进行周期性检修，在每次飞行前保证航空器适航，对航空器放行；航检的职责是跟随航空器对塔线进行观察，寻找塔线缺陷并记录，是巡检最末的一环。航检巡查的效果直接关系到项目的质量；航务的职责是辅助飞行，了解气象情况，飞行区域的有关飞行动态，协调军民航管制单位，争取任务顺利实施；保障的职责包含为机组所有人员，安排住宿和直升机停放地点，保障直升机停放期间的安保工作及航空器的油料供应；飞行部门是机组五个职能部门的核心，除了负责驾驶航空器外，作为民航法规规定的机组负责人，机长在与机务交接航空器时，要确认航空器处于适航状态，同时要确保所有机组人员都具备工作状态。根据空域管制情况及气候条件，综合考量决策次日巡查的杆塔区段，并通知航务联系相应区段的航线。在非作业时间，及时通知保障为油车补充油料。完成起降点周围所有杆塔、线路区段的巡视前，提前通知航务和保障确认下一个巡检项目范围的住宿及直升机起降点。每日飞行前和结束后联系机务完成航空器的航前、航后维护。鉴于机长具有飞行的最终决定权，因此巡检项目的项目经理由机长兼任（图 1）。

3 直升机某电力巡线项目案例分析

以某通航公司某机组在我国江苏省巡视线路为例，各网省检修公司将关于巡检高压、超高压、特高压的需求报送通航公司，由通航公司进行初步整理，经任务的分割梳理后，制作成任务分解单。分解单的主要内容是将省内的数条巡检线路按照大致的方位进行分割，分割的目的是要在省内寻找几个距离大致相等的直升机起降点，在每个起降点，直升机机组只巡视起降点周边的杆塔及线路。

② 失速速度：当飞机速度小于失速速度时，飞机迎角增大机翼出现紊流从而无法继续产生足够的升力，飞机下降率增大，这一临界速度称为失速速度。

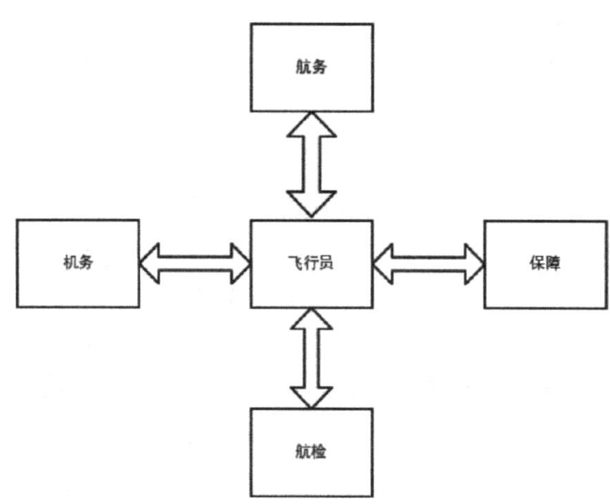

图 1　机组各专业组织模式

3.1　直升机巡检风险管理

不同于传统的项目，直升机电力巡线是一项高风险的作业模式，直升机在高压、特高压杆塔 20～50m 的距离悬停，一旦出现任何形式的航空器事故，极有可能造成航空器与高压线线路或杆塔的碰撞。在直升机电力作业的过程中面临的风险来源包括了航空器故障、气象、人为因素等多方面的因素。

3.1.1　航空器故障风险

高压线塔根据不同的电压等级及地理环境不同，也具有不同的高度。电压等级越高的杆塔高度越高，1000kV 的特高压杆塔高度可以达到真高 100～150m，要实现高压线巡检任务，直升机必须在杆塔侧悬停 30s～1min。为了避免在特高压杆塔周围悬停时航空器出现故障，机务要做好航空器的日常维护，同时飞行员和机务放行人员要认真做好航空器的飞行前检查，尤其是针对发动机及尾桨部分的检查，以做到最大限度地发动机空中停车、尾桨失效、滑油渗漏等特殊情况的发生。

3.1.2　恶劣气象及人为因素的风险

在通航统计数据中由于恶劣天气和人为因素导致的事故占比要远远高于航空器故障类航空事故的占比。而恶劣天气和人为因素往往不是单一出现，由于外界气象原因会导致飞行员的注意力被分散，飞行员心理产生波动从而导致一些航空事故的发生。这也是直升机电力巡线不同于传统项目管理的特殊之处，它比传统项目的实施更加依赖天气，而且不光是作业区域的天气，起降点及航路中的天气同样值得关注。对直升机电力巡线作业影响最大的两个气象因素是大风和低能见度。从事电力巡线的直升机飞行区域往往是高压线路密集的区域，而且为了避开军民航活动空域，直升机飞行航线的高度申请通常低于真高 150m，而特高压线路高度可能要高于 100m，为了避免直升机挂线，飞行员应该尽力保持巡航高度。直升机在特高压杆塔一侧悬停的时候，会使用较大的发动机功率，剩余功率较小，如果存在较大顺风或向塔线方向侧风的情况是十分危险的，这也是直升机电力巡线要尽力避免大风的原因。在出现大风的情况下，可以选择逆风的方向进行巡线，如果实在无法避免顺风或大侧风则应该果断放弃作业。

3.2　巡线质量管控

航检人员在航巡中运用光电吊舱、稳像仪、照相机等设备巡视，发现影响线路安全运行的缺陷，并记录导地线、引流线、挂点连接部位、杆塔、金具、绝缘子等部件的状况，以及线路走廊内的树木生长、地理环境、交叉跨越等情况。对线路平口以上金具进行重点检查，主要对绝缘子、跳线进行重点检查。检查对塔身有无风闪放电痕迹，检查导地线绝缘子金具是否有异常情况，以及导地线及其连接金具是否挂有异物，检查线路走廊内是否有与导线电气间隙小的物体导致放电等。航检人员要在直升机悬停的时间内对塔身的诸多细节拍照。巡线结束后，航检要根据照片来分析杆塔上的缺陷，所以航检人员在飞机上所拍的照片清晰度越高，越便于分析，越能发现杆塔的缺陷。航巡质量的管控主要取决于以下几个方面。

3.2.1 气候对巡线质量的影响

对杆塔照片的质量管控是整个航巡过程最重要的质量管控，影响照片拍摄的因素众多，其中最主要的就是气候的因素影响，尤其是能见度，如果能见度差，照片就会显得模糊，不利于后续的分析，除此之外光线和风也是十分重要的因素，夏季阳光较为强烈，尤其是中午逆光对杆塔拍摄会使照片偏暗。风对照片质量拍摄造成影响的原因是航检要在飞行的环境进行拍摄，由于空气和航空器都具有不稳定性所以相机会产生小幅度的抖动，但是如果风小或者风处于一个持续的稳定状态而非乱流，就会最大程度的降低直升机的抖动，直升机越稳定拍出的相片清晰度越高。

3.2.2 人员及设备对巡线质量的影响

在航巡过程中，机上人员包括了两名飞行员（其中一名机长，一名副驾驶）和两名航检员，直升机在塔侧的悬停位置取决于机长对杆塔安全距离的把握，所以不同的飞行员相对于杆塔的悬停距离存在差异化，能否更加平稳的悬停既取决于气流的稳定程度也取决于机长的飞行技巧，航检员的拍摄水准也会影响最终的成像效果，整个过程的顺利完成离不开机舱内人员的互相协作与沟通。

3.3 电力巡检项目进度控制

项目进度管理是项目管理中最为重要的环节，也是直升机电力巡检中最重要的环节。从直升机电力巡检的项目来看，人员、线路范围、成本管理都具有一定的确定性，而项目的进度管理，是考核机组的最为重要的一项指标。

与一般工程项目管理一样，电力巡检项目中安全，质量和进度三者既有联系也有矛盾，进度和安全的矛盾尤为明显。上面我们已经分析了航空电力巡检项目中航空器、气象、人员对航空安全的影响，但是并不意味着要过度地提高放飞标准。企业的本质始终是一个营利性的组织，而飞行就一定意味着有一定的风险性，如果稍有风险就放弃飞行，那么航空电力巡线也就无从实施了。放飞标准就必须在航空安全和航巡进度之间寻求一个最佳的平衡点，以期减低风险的同时提升项目的进度和质量。

3.3.1 空域环境对航巡进度安排的影响

直升机参与航巡任务，不同于常规的民航航线飞行，没有固定的航线和固定的机场，作业的航线是沿着高压线行进，航巡具有航程短、高度低、多使用临时航线和在野外起降等特点。如果遇到起降点或者作业区域距离吞吐量较大的民航机场（或者军用机场）的情况，航线申请就会十分困难。所以为了提升航巡项目进度，就要把握航线申请困难区段先飞的原则。这样一旦该区段无法申请，还可以航巡一些与军民航活动没有冲突的区段。如果是起降点距离军民航机场较近导致航空器无法起飞，也可以通过转移起降点来降低被管制的概率，但也应本着两个起降点距离作业区相近的原则。如果其他起降点距离作业区域较远则不宜转移航空器。

3.3.2 天气原因对航巡项目进度的影响

在之前分析了风及低能见度对航巡质量的影响，在实际运行中为了提升进度，在航线的选择上也要参考天气因素。因为在航巡过程中要尽量避免顺风来向，所以风向及风力也会影响线路的选择，如果地区天气状况长期处于阴雨天气，不适合飞行就要充分利用未飞时间完成补充油料等保障工作，来避免在可飞天气浪费时间在地面工作上。夏季雷暴多出现在午后，空气对流最强的时候，如果选择早上飞行也是一种提升飞行进度的手段。

4 结论

本文以项目安全、项目质量及项目进度三个考量项目的重要指标为依据，将项目管理的相关知识与直升机电力巡线相结合。探讨了航空气象、航空器以及机组人员对于项目的影响，项目安全由这三者决定。而项目的质量和项目进度则更为复杂，除了这三个重要因素外还受到了空域管制，以及拍摄装备的影响。在确保项目安全及项目质量的前提下，可以通过项目分解，来提升项目进度的监控，同时按照先飞难飞的区段，后飞好飞的区段为原则，综合判断线路区段的重要程度、空域管制因素、气象因素，从而实现航巡项目进度的最优化。

参考文献

[1] 翟瑞聪，汪勇，林俊省. 直升机电力线路自动巡检系统及其应用 [J]. 自动化技术与应用，2019，38 (05)：135-140

[2] 于洋，孟小前，王铁军，郭晓冰，王欣，王楠. 基于 GIS 的直升机电力巡检缺陷可视化技术 [J]. 电子技术与软件工程，2016 (22)：174-176

[3] 李国兴. 我国直升机电力作业的现状与发展 [J]. 电力设备，2006 (03)：41-45

[4] 汪骏. 新型直升机巡检工艺设计及管理研究 [D]. 华北电力大学，2011

[5] 刘伟东，王佳颖，赵莹，李云浩. 直升机电力作业技术研究 [J]. 电气时代，2018 (08)：68-70

智慧建造与可持续发展

论工程项目智慧建造和管理

高永祥，王军，温娟丽，刘巍
（北京市机械施工集团有限公司，北京市 100045）

摘　要： 近年来，建筑业发展速度不断加快，大型建设工程项目也越来越多，项目实施过程中信息量也越来越大，也使项目管控难度加大。建设工程项目管控是一种由多工种、多参与方协同才能完成的管理活动，在项目建设的全寿命周期各阶段都需要处理大量的信息，但随着建设项目各参与方之间信息孤立的现象越来越严重，阻碍了项目管控的有效实施。本文结合笔者的管理实践，以丰台区西三环南路 16 号项目（1＃商业楼等 4 项）为例，讨论工程项目智慧建造和管理，从劳务实名制、视频监控、质量安全管理、现场进度、绿色施工等几个管理层面进行详细剖析，并阐述量化项目数据、智慧建造管控体系在项目的实际应用。最终论述工程项目智慧建造和管理的趋势和必要性。

关键词： 智慧建造；智慧工地；量化项目数据；智慧建造管控体系

1　引言

随着信息化高速发展，贯彻党的十八大、国务院推进信息化发展相关精神，落实创新、协调、绿色、开放、共享的发展理念及国家大数据战略、“互联网＋”行动等相关要求，实施《国家信息化发展战略纲要》，增强建筑业信息化发展能力，优化建筑业信息化发展环境，加快推动信息技术与建筑业发展深度融合，充分发挥信息化的引领和支撑作用，塑造建筑业新业态。建筑行业是我国国民经济的重要支柱产业之一，随着工程建设规模的不断扩大，建筑行业工艺流程纷繁复杂，施工地点分散、施工环境恶劣、从业人员管理难、安全事故频发、物料进场管理不完善、机械安全管理难、监管效率低、环保系统不健全、成本提高等多方面的问题越来越突出。为此，需要通过运用信息化手段，增强BIM、大数据、智能化、远程互联协同、云计算、物联网等信息技术集成应用能力，并将量化后的工程项目数据进行挖掘分析，实现工程施工可视化智能管理。从而实现安全化、数字化、精细化、智能化的绿色建造和生态建造的“智慧建造”理念。

本文结合北京市丰台区西三环南路 16 号项目智慧工地的实际应用情况，重点通过该项目智慧建造管控体系中的几大管理模块，与传统工程施工过程中各个环节的对比，来阐述智慧工地的智慧建造管控体系在实际工程项目经营管理中的收益。最终论述工程项目智慧建造和管理的趋势和必要性。

作者简介： 高永祥，男，1981 年生，吉林，北京市机械施工有限公司常务副总经理，主要从事公司内部信息系统、信息资源规划和整合的工作；王军，女，1970 年生，北京，北京市机械施工有限公司副总经济师，主要从事信息化建设、运维统筹管理工作；温娟丽，女，1984 年生，山西，北京市机械施工有限公司信息化管理员，主要从事公司信息化建设、运维等工作；刘巍，男，1981 年生，北京，北京市机械施工有限公司信息化管理员，主要从事公司信息化建设、运维等工作。

2 项目智慧建造管控体系介绍

北京机械施工有限公司对智慧建造管控体系非常重视，以丰台区西三环南路 16 号项目（1♯商业楼等 4 项）作为试点项目进行落地实施，确定了建立以高水平信息科技及互联网技术为基础上的项目智能管控体系的方向。

2.1 工程概况

丰台区西三环南路 16 号项目（1 号商业楼等 4 项），总用地面积 38825.7m^2，总建筑面积 53357m^2（地下三层，建筑面积 36000m^2，地上四层，建筑面积 17357m^2）。基础结构形式为筏板基础；主体结构形式为框架—剪力墙，钢框架—中心支撑。总工期为 675 日历天，于 2019 年 4 月 22 日正式开工，预计竣工日期为 2021 年 1 月 25 日。

2.2 智慧建造管控体系的总体构架（图 1）

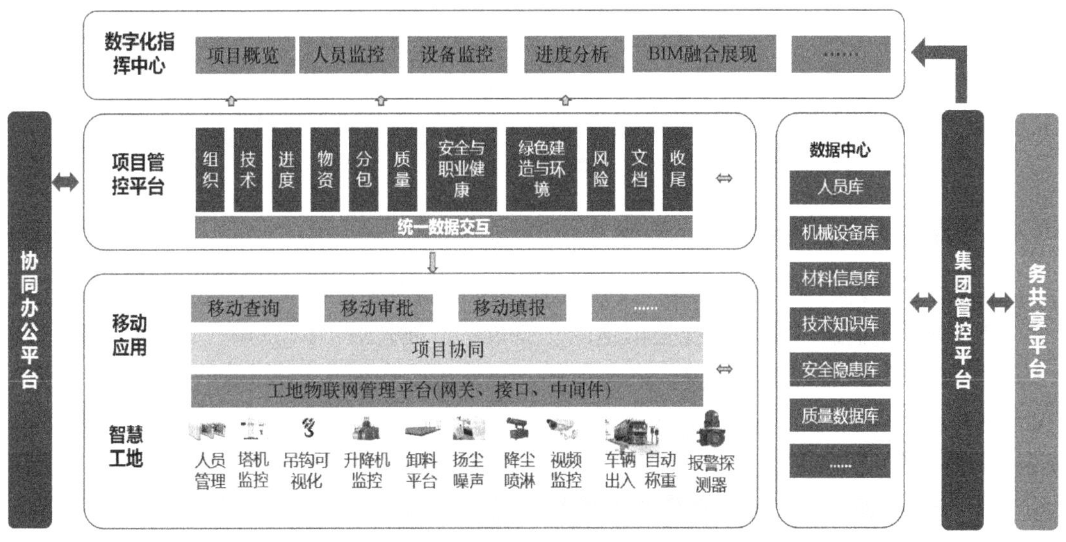

图 1　智慧建筑管控体系

2.3 智慧建造管控体系的组成

该项目的智慧建造管控体系由 BIM5D、数字星盘、建筑云、PM 项目管理系统（含移动端）四大软件管理平台和视频监控系统、车辆出入识别系统、塔机监控、升降机监控、闸机/门禁、扬尘噪声监控设备、降尘喷淋设备、烟感探测器、VR 安全体验设备等硬件设备共同组成。

3 智慧建造管控体系专项实践

3.1 劳务人员实名制系统的应用

通过安装闸机/门禁结合智能人脸识别功能，在本项目现场实现了进场人员身份识别、劳务人员工时考勤、在场工种人数统计、入场教育在线查询等功能。具体体现在以下几方面：

（1）本项目设置双闸机/门禁的管理模式，将项目施工人员与管理人员和来访人员分项管理登记，施工人员生活区闸机/门禁主要是管理施工人员进出施工现场的施工人员实名制管理。西门闸机/门禁主要负责管理人员与来访人员进入办公区域的人员实名登记管理。

（2）闸机/门禁可以通过智能人脸识别、指纹、密码、IC 卡等多种方式对进出工地人员进行实时考勤，实现本项目施工现场从业人员的资质管理、考勤和行为管理。实现异常考勤报警。

（3）闸机/门禁设备通过本地 LAN 连接系统，进行大数据分析和整理，通过智慧工地建筑云管理平台对应的“劳务管理”板块中体现出本项目进出人员的工种、姓名、部门、职位、人员归属、进出时间等详细信息。同时经过智能系统将量化后的数据进行整理分析并以图表、图形的模式直观体现出来。

（4）劳务人员实名制系统能及时准确的按设定规则按需求，选择人员、队伍、工种等，筛选，一键导出 excel、花名册、考勤表。并且可以实现人员异动信息自动推送：提供人员出勤异常数据。辅助项目进行人员调配；人员滞留提醒：提供人员进入工地现场长时间没有出来的异常提醒，辅助项目对人员安全监测。

（5）本项目劳务人员实名制系统已实现与北京市住房和城乡建设委员会市实名制管理系统端口对接，满足建委对项目的监督和管理。

3.2 车辆出入智能识别系统的应用

本项目施工现场大门安装车辆识别摄像头，智能识别系统对车辆进行抓拍和统计，便于问题追溯。车辆出入识别系统是由道闸、抓拍机、补光灯、LED 屏、喇叭车检器、防砸雷达、自动识别进出车辆号牌、自动抬杆、记录进出车辆信息等组成。主要实现以下功能：

（1）图像留存，车辆进出时摄像头会进行抓拍，便于事后问题追溯和排查。

（2）车辆进出统计，用于评估施工强度。

（3）进出语音提醒，提升工地人文关怀。

（4）通过车辆出入监控移动数据服务平台可调出统计分析后的所有进出车辆的车号、进入时间、出去时间、停留时间等。

3.3 远程视频监控系统的应用

远程视频监控模块在本项目中分为：施工现场视频监控、生活区监控、办公区监控。通过视频监控管控人员设备安全，保障施工进度及质量，实现对各个监控区域全面掌控，并支持企业领导远程查看现场施工情况、施工人员生活情况以及办公、物料、设备的情况。主要实现以下功能：

（1）通过智慧工地建筑云平台可远程监控项目相关区域的实时视频图像，可自由切换机位选择相对应的画面。

（2）塔机高位监控球型摄像机以 WIFI 数据传送模式实现远程控制项目最高点的塔机高位带云台球型摄像机进行旋转、变焦、聚焦等操作对整个施工现场进行全面的捕捉。

（3）施工现场架设以本地 LAN 为数据传送的前端视频存储设备即网络录像机，本设备支持 30 天 12 路的视频留存功能，为本项目安全、取证进行存证，还可通过智慧工地建筑云平台进行远程调取工地本地存储视频图像，同时支持远程录制施工现场视频图像。

通过实施智慧工地远程视频监控，有效地提升了工程项目的远程协同管理能力更及时有效的保障了工程进度和质量安全。

3.4 质量、安全管理系统的应用

3.4.1 塔机监控

通过传感器实时监控塔吊运行，保障作业安全及使用规范实时检测塔机的高度，幅度，吊重，力矩，回转，作业范围保护，多塔防碰撞，塔吊眼摄像机实时追踪吊钩，视频辅助司机操作，实时查看，吊钩视频可回传至项目部。工程具体实现功能如下：

(1) 通过生物识别司机身份规避非专业人员操作塔吊。(2) 通过重量、幅度等传感器，避免超载超限等不安全作业。(3) 配置不可操作的区域，进行超限区域的限速限行。(4) 通过塔吊群防碰撞系统保障群塔作业的安全防护。(5) 吊钩可视化，在大臂前端安装高清球机，可自动追踪吊钩的运行轨迹，避免盲区作业。球机自动变焦保证画面清晰，司机室中显示吊钩运行画面，项目部可远程查看视频图像。

3.4.2 升降机监控

升降机安全监控，高度，楼层，重量并通过传感器实时监控升降机运行，保障作业安全及施工效率。主要实现的功能有：(1) 司机身份认证方式可快速启动虹膜认证。(2) 超载、超员报警保障安全作业。(3) 支持远程锁车，无须到场操作。(4) 楼层、速度、重量检测。

3.4.3 VR 安全教育体验

VR 模拟安全教育培训系统利用 3D 模型结合多年从业经验，形成模拟真实安全事故的模式来提升本项目现场施工人员的安全意识。为本项目劳务人员进行亲身感受、亲身体验、亲身感悟的多样化安全教育培训。

VR 安全体验项目包括：塔吊起重伤害（房建)、临边坠落 VR 体验（房建)、塔吊吊运材料坠落 VR 虚拟体验（房建)、支模坍塌 VR 伤害（房建)、机械伤害 VR 体验、宿舍火灾逃生 VR 体验、基坑坍塌 VR 体验（房建)、吊篮伤害 VR 体验（房建)、物体打击 VR 伤害体验（房建)、工地用电 VR 体验（房建)、工地火灾消防体验 VR 体验（房建)、洞口坠落 VR 虚拟体验（房建)、电焊机高处坠落 VR 体验（房建)、挖掘机伤害 VR 体验（房建)、上支梁坠落 VR 虚拟体验（房建)、轧碎机伤害 VR 体验（房建）共计 16 个体验项目。

3.4.4 烟感探测系统

本项目在办公室走廊、卫生间、会议室、三栋工人宿舍等关键区域都安装了烟感探测器，通过系统实时监控各烟感探头的在线及报警状态，并通过电话、消息等方式提醒安全责任人。

3.4.5 质量安全现场巡检系统

质量安全现场巡检系统由检查平台和手机移动端两部分组成，项目质量安全检查人员通过手机端对现场施工情况进行检查并实时上报检查数据，系统对上报数据进行整理和分析，最终在智慧建造管控体系中的数字星盘大屏上以图表、照片、数据的形式直观体现。项目具体应用如下：

(1) 随时随地可使用移动设备进行巡检工作。(2) 实时拍摄工地现场安全隐患上传远程监控平台。(3) 使用移动设备连接打印机，打印资料进行移动办公。(4) 第一时间根据上传数据自动生成安全日志，方便快捷高效。(5) 随时随地查询、审核企业和工程信息，具有评分有依据、检查可留痕、统计自动化的特点。

高智能化、高信息化的安全、质量管理系统的应用为本项目从人员入场教育、区域安防，到现场施工的质量、安全提供了可靠的安全操作规范及监管机制。多项前端设备通过物联网实现互通互联，同时完成智能系统对项目安全、质量数据进行分析整理，最终实现项目信息的共享协同，避免了生产事故的发生提升了工作效率。

3.5 现场进度

BIM5D 全新生产模块，通过构件关联打通总月周的多级计划体系的数据传递，基于周计划维度实现生产过程精细化管控。首先计划责任人编制总计划，月度计划和周计划，BIM5D 计划责任人上传总月周计划，然后进行构件关联，随后进行任务派分工作。现场负责生产的相关责任人手机端就会收到任务派分消息，通过手机端进行任务实际进度情况的数据反馈。

后台根据数据反馈自动汇总计算任务整体完成情况，以图表形式进行展示。在召开生产例会时，通过网页端投屏模式就可以将这些数据展示在例会上，使得例会召开有数据支撑。

3.6 绿色施工

我国大气环境逐渐恶化，扬尘污染已经成为主要的污染源，根据环保部门的测算除自然原因外城市 TSP（总悬浮颗粒物）产生的主要原因之一是建筑扬尘。因此，在施工场地应用智能化喷雾降尘与环境监测系统可以有效缓解污染现状并保障施工人员的健康安全。智能化喷雾降尘与环境监测系统在智慧建造管控体系中必不可少，同时也是智慧绿色施工的具体、充分的体现。

本项目由于地理位置的敏感性和关键性绿色施工尤为重要。

3.6.1 扬尘噪声监测

扬尘噪声环境监测系统是基于前端传感器技术、嵌入式技术、数据采集技术与中层无线传输网络，后台数据处理以及远程数据监管平台为一体的新型在线监测系统，可以实时采集气象数据为绿色、文明施工提供有效的远程监管手段。具体体现以下几方面：

(1) 施工现场检测环境的 PM2.5、PM10、风向、风速、温度、湿度和现场噪声。现场在两个关键位置布置监测点进行数据的采集、存储、整理和统计分析，同时在每个监测点旁设显示大屏幕，实时显示监测数据。

(2) 监测的数据通过联通或移动的移动网络传输数据至物联网云平台量化分析最终在智慧工地建筑云管理平台以图形和数据的形式体现。

(3) 设置监测项目的报警数值，当监测数据超过设定报警数值时进行报警提醒。

(4) 与降尘喷淋系统联动。

3.6.2 降尘喷淋系统

根据本项目施工现场的环境监测数值情况，设定联动指标数值与现场扬尘监测系统实现联动，并实现施工现场喷雾及喷淋设备自动开启降尘除霾，提高施工环境。具体应用如下：

(1) 雾炮机喷淋系统利用喷头把压力水转换成水雾，保证喷头的雾化效果和雾化角度，大大减少耗水量，增加尘粒与水滴的碰撞概率和速度，提高除尘效率，使含尘气体的湿度增加，尘粒相互凝聚体积增大而沉积，达到降尘的目的和空气净化的效果。

(2) 整个降尘喷淋系统可以实现自动化启动、停止与人工手动启动、停止的自由切换，实现了节能减排、节约用水的目的。

(3) 喷淋系统可实现自动、定时、与扬尘噪声监测系统的超强联动性。

绿色施工是整个智慧建造管控系统中最具智慧联动、远程协同的体现。其中收益也是最具明显的首先改善了施工现场的环境、保障了施工人员的健康和安全，其次超强联动性有效地降低了工人的工作量，并提高施工效率。真正做到了绿色施工、文明施工。

4 结束语

工程项目智慧建造和管理是围绕施工现场中的人、机、料、法、环等关键环节，结合人和物的全面感知、施工技术全面智能、工作互通互联、信息协同共享、决策科学分析、风险智能管控等新时代信息化手段构建的智慧建造管控体系，改变了原始建筑行业中存在的各种问题并提高施工质量、生产效率、管理效率、决策能力等。做到了信息有效触达、问题及时跟进、工地有序管理、建设安全可靠、工地绿色环保，实现项目管理的安全化、数字化、精细化、集约化、智能化。智慧建造管控体系的应用也是未来建筑行业的大方向和必然趋势。

参考文献

[1] 于立.“物联网+”下的智慧工地项目发展探索 [J] 智能城市，2019
[2] 李润. 基于“互联网+智能化”的智慧工地管理系统研究 [J]. 建筑技术开发，2018

智能建造技术在北京城市副中心工程建设中的研究与应用

杨震卿

（北京建工集团有限责任公司智能建造中心，北京市 100055）

摘　要： 北京城市副中心工程是举国瞩目的国家工程。工程建设的高要求促进了先进技术的落地。智能建造概念就是在这样的条件下，通过副中心大量工程的新技术集中应用实践总结形成的。智能建造的应用是通过 BIM 等数字化技术进行前期模拟，通过感知和测量技术实现虚拟与现实的连接，再通过自动化设备将虚拟分析的结果反馈到生产实践当中去。北京城市副中心的参建单位进行了大量的技术革新和尝试，积累了经验，形成了可以实现的技术方法。开辟了建造模式的一个可能方向。

关键词： 智能建造；BIM 技术；智慧工地；工地通信保障；电箱改造

1　引言

随着社会的数字化、网络化、智能化的变革，建筑市场的竞争日趋激烈。如何应对材料成本变化，如何应对劳务总量减少，老龄化和劳务成本大幅上涨，如何给业主提供快速完成、高品质的建筑产品成为施工企业生存发展的关键。而智能建造技术通过信息化与自动化和工业化的结合，给出了一个建筑施工企业应对市场变革技术路线。

在建筑行业深刻变革背景下，2016 年启动的北京城市副中心建设给新技术、新方法提供了良好的试验环境。工程要在极短的时间完成从拆迁到建成一座容纳北京市行政机构办公、生活、功能综合和配套齐全的现代化的城市。面对这样的工程，只有在管理、技术和施工组织等方面不断创新才可能实现建设的预定目标。而基于 BIM 的智能建造技术正是这些创新中重要组成部分。

2　智能建造的概念

智能建造的概念认知是通过对 DIKW（Data to Information to Knowledge to Wisdom）模型体系从数据到智慧发展过程的研究，到大量工程的分散实践，以及北京市城市副中心 40 余个不同类工程数字化、网络化、智能化和自动化技术集中应用，而逐渐形成的。“智能建造”是设计施工阶段相关单位的智力和能力综合体现，是以创效为目标，利用信息化手段促进建造阶段的产业变革和能力提升。当今建筑行在两化融合的大背景下，可预期的技术发展可分为三个阶段。

第一是数字建造。传统施工通过 CAD、BIM、工程资料管理系统、项目部里系统等手

作者简介： 杨震卿，男，1976 年生，北京，高级工程师，主要从事工程管理、BIM、施工企业信息化研究。

段，将工程建设的相关信息数字化，并进行存储和管理。实现对施工过程的数字化虚拟建造；

第二是智能建造。是通过在虚拟仿真的基础上叠加感知、测量实现虚拟与现实融合，并利用人机交互系统。自动化系统实现虚拟建造向实体建造的反馈；

第三是智慧建造，是在智能建造基础上增加人工智能和机器人技术，实现建造过程已装备为主体，半自动化或全自动化的完成，在其过程中人只做关键决策和少量工作。这三个阶段是逐级晋升、并不能跨越的，且在发展过程中数据、技术、工具、方法将不断迭代、升级，最终驱动体制变革（图 1）。

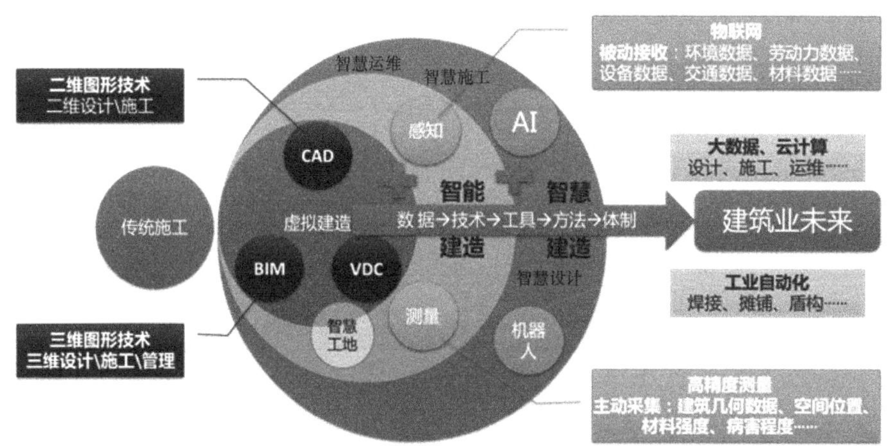

图 1　建造发展过程智能建造所处位置示意图

由于当前建筑施工行业信息化、工业化和自动化的水平较低，因此，行业整体处于数字化阶段向智能化阶段发展的过程，智能建造阶段将是一个很长的发展阶段。BIM、智慧工地等技术是智能建造的组成部分。智能建造实现创效的最终途径必然是通过提升企业管理能力。

3　智能建造关键技术与核心技术研究

智能建造技术不是单一的技术，它是以一个技术体系的方式存在，这个体系中囊括了众多先进技术。这些技术不是相互孤立存在的，他们之间通过场景化的应用形成联系，相互作用。应该说技术是对应用的支撑，应用是技术实施落地载体，最后通过统一的用户界面（平台）综合体现服务生产。

当前的 BIM、大数据、云计算、物联网、移动通信和人工智能等技术属于关键技术，因为这些技术对于建筑施工企业而言，自己不能创造只能使用，技术的发展与应用有赖于外部条件。

通过跟踪、了解、掌握和创新应用关键技术，实现施工企业自身发展的完整实施应用体系、方法和装备的综合技术体系是施工企业智能建造的核心技术。

核心技术是企业结合自身特点与先进技术的融合在生产实践过程中总结提炼不断微创新的产物，带有鲜明的企业个性化属性。这样的技术产生周期较长，但一旦形成就成为企业的核心竞争能力，其优势是竞争对手很难在短时间通过大量投入资源赶上。

4 智能建造技术应用

在北京城市副中心工程中应用了大量的智能建造技术，根据应用的层级和创效价值可以分为基础应用、价值应用和创新应用三个层级。基础应用不直接产生效益，且是必须保障的投入，是掌握关键技术的能力体现；价值应用实现创效是当前核心能力体现；创新应用是能力融合后的实验性扩展，是未来持续竞争能力的体现。

智能建造技术应用的过程都是通过建立数据数据采集体系，以新技术拓展能力，最终以赋能方式反馈到建造系统为路径的自动化生产过程，目的是实现优化改善工作流程，最终为创效服务，其中关键的应用包括以下几个方面（图 2)。

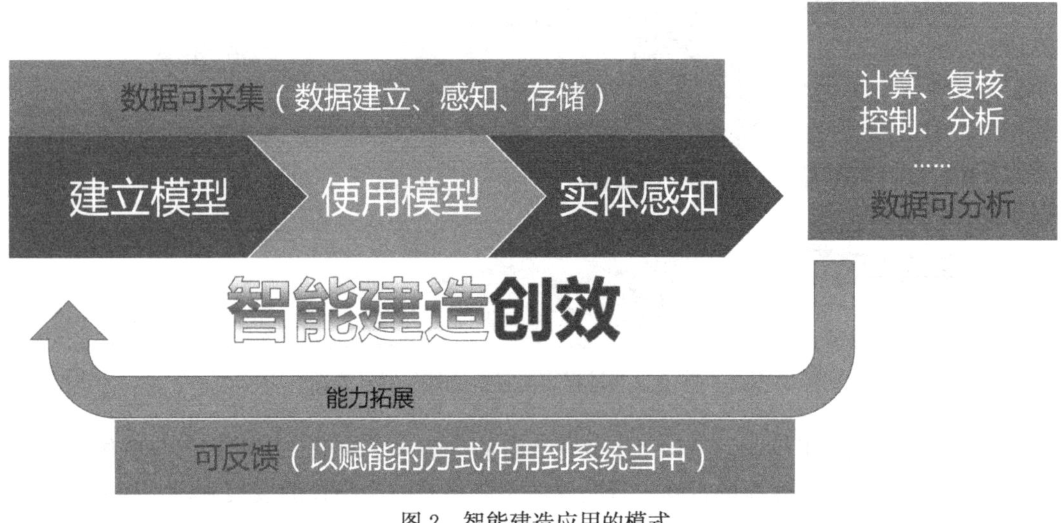

图 2　智能建造应用的模式

4.1 通信保障系统建立与应用

在施工现场部署信息化系统，主要需应对施工现场不断快速变化的环境，所有设备、设施都必须是服务生产进度的临时性设施，要求随时可以被移动。其中通信保障尤为重要，因为智能建造应用高度依赖信息及时采集、分析并反馈到生产作业当中。

在整个城市副中心建设工程中，在策划智能建造的初期就把信息化环境保障最为重点考虑，其中的核心就是通信系统的建立。

4.1.1 需求分析

在需求分析中，我们对需要传输的数据类型、数据应用范围与传输方向、数据使用者等内容与参加建设的 A、B 组团 8 个工程的北京建工、北京城建、中建一局和北京住总等单位进行了反复商讨，最终得到了以下结论：

(1) 副中心每日产生的数据总量不少于 2T；

(2) 单位体量大的数据主要在项目层级流转；

(3) 设备信号等控制检测数据只在项目层级具有较高的实时性要求；

(4) 视频监控与 BIM 模型应用同为大体量数据，但前者要求实施性高，后者实施性要求低，因此可以使用相同线路；

(5) 各项目之间没有数据通信需求，数据通信主要产生在项目和甲方之间；

（6）副中心工程具有保密要求，数据不能在公共网络上传输，其数据传输需求分析见表1。

北京城市副中心智能建造数据传输需求分析表（过程表）　　表1

数据内容	数据类型	数据主要来源	主要使用方	单位数据大小	使用频次	存储要求
工程图纸	文件:DWG、PDF	设计院 施工单位	施工为主、参建各方	一般不超过100M	每日	分散调取
工程资料、技术方案	文件:PDF、DOC、XLS、JPG…	设计院施工单位监理	甲方、施工、监理	一般不超过50M	周	分散调取
BIM模型	文件:Revit、Tekla、Su、3DS…	设计院 施工单位 BIM咨询单位	施工、甲方	几百兆一几个G	每日	分散调取
视频资料	文件:MP4 WMV…	施工方	甲方、施工	单个文件不超过1G	月	分散调取
视频监控	文件:PM4 AVI… 数据:控制数据、管理信息	监控摄像头 执法记录仪 视频机器人	施工、甲方、监理、质检站	几G至几T	实施	分散调取
劳务数据	数据:DB、二维码、刷卡记录…文件:图片、视频	闸机、刷卡器	施工方、甲方	几K—几M	实施	集中存储
机械设备运行数据	数据:二维码、控制数据、检测数据	塔吊、升降机、机械相应传感器	施工方	200K以下	实施	分散调取
物资材料数据	数据:条码、二维码、方本 文件:单据、图片	地磅、物资系统	施工方	几K—几M	每日	分散调取
工程规范标准等知识数据	文件:PDF、DOC、JPG…	建设方、施工单位	设计、施工、甲方	一般不超过50M	每月	分散调取
环境检测数据	数据:文本	环境监测仪	甲方、施工	200K以下	实施	分散调取

4.1.2 技术选择

现在施工现场用于通信的手段主要包括运营商提供的专线、内部有线局域网和内部无线局域网。

副中心的通信解决方案为：在副中心指挥部建立指挥中心，各单位通过光纤VPN组网接入。项目办公区采用有线局域网布设，且与公共网络隔离。施工现场结构在施面采用WiFi进行覆盖，重点装饰和机电安装部位通过电力载波接力实现信号回传。

4.1.3 应用情况

在实际应用过程中，副中心建设指挥部聘请了专业网络维护团队与施工项目部紧密对接，基本保证了项目生产和管理工作的顺利进行。但是由于施工现场的不确定，还是出现了一定数量的光缆被挖断，无线信号收到干扰，设备收到临电影响损坏的情况。为了解决这些问题，在副中心编制的智能建造标准中对设备布设方法、管理要求都进行了进一步的明确。工程后期相应问题发生明显减少。

4.2 机械与设备智能化改造与应用

智能建造重要的环节是通过智能化、自动化手段实现数据采集，并执行信号反馈，因此在副中心我们还对大量的设备进行了改造，适应智能建造需要。

4.2.1 临电系统改造应用

用电安全始终是副中心建设管控的要点，传统的将配电锁起来的管理办法在施工现场往往只流于形式。配合国标现在一些先进电箱已经加装了火灾探测器、智能电表等装备。但是，在实际使用中仍有如下几个问题：

（1）有线的 RS485 方式进行数据传输，线路暴露在外，易遭受破坏；

（2）现场配电箱需要经常性移动，设备、线路布设困难；

（3）配电箱开关状态无法检测，不能及时明确用电设备，排查费时；

（4）组合功能需要多模块拼装，导致电箱体积过大不好安装，数据整合难。

副中心项目通过与厂商联合开发，实现了采用 LORA 技术的配电箱智能监控装置，同一模块整合了电量、电压、电流、电量、功率因子、烟感、漏电、输出控制及开关状态的检测功能，并且实现自组网无线数据传输。改造后的电箱数据可直接上传到监管平台，并且支持电箱随时移动。

4.2.2 大型机械自动化系统应用

施工现场的大型机械是施工能力和效率的基本保障，传统的施工方式主要依靠设备操作班组控制机械进行施工。往往容易出现人员经验不足、疲劳引发的安全事故，而且不能充分发挥大型机械的运行效率。副中心工程通过引入智能化现场施工方案，正在尝试逐步改变现状。

自动化系统基于目前建筑施工中常用的施工机械及施工工艺，通过对压路机（含冲击碾）、推土机、平地机、挖掘机、摊铺机夯机和打桩机等设备加装传感器以及通信控制设备实现对设备的三维引导、自动作业与实施质量监控。

以挖掘机为例。系统通过设备改造实现北斗、GPS 双 GNSS 系统对控制系统进行引导，实时对挖斗位置进行三维自动控制及调整（图 3），摒弃传统施工中的定桩放线，可完全在无桩化环境中进行施工。大幅提高施工效率、降低安全风险。

图 3　挖掘机外业端各组成部件及现场作业图（厂商提供示意图非现场实际）

4.3 数据采集与分析系统应用

4.3.1 放线机器人与三维激光扫描仪应用

放线机器人与三维激光扫描仪是近年来在施工现场应用发展比较快的新型智能化设

备。放线机器人可以通过植入预先设计好的 BIM 模型实施施工放线和测量，其效率是人工的 5～10 倍。三维激光扫描仪则可以通过每秒上百万点的数据采集速度快速捕捉还原实体建筑，形成数字模型用于施工的虚拟拼装和校核工作。以副中心某工程为例，两名专业专业人员在一个工作日内就扫描采集了 10 万 m^2 建筑的全部信息，并建立了模型（图 4）。通过模型实体建筑的比对有效解决了钢结构拼装验证、外幕墙挂板位置调整、机电安装位置确定、精装方案确定等影响后期施工进度的问题。

图 4　北京城市副中心某工程三激光扫描点云与机器人现场放样工作图

通过实践还总结出了一套符合施工现场特点的三维激光扫描业务路程，实现了业务流程标准化。

4.3.2　无人机倾斜摄影应用

随着无人机技术的发展，现在设备成本已经非常低廉，配套软件也变得十分丰富。通过申请飞行空域，在许可的条件下，副中心建设工程使用无人机对施工现场管控进行了非常有益的尝试。主要体现在三个方面。

（1）辅助前期了解现场，制定合理施工方案，减少了对周边环境和设施的影响。

（2）航测监控土方工程。无人机倾斜摄影建立模型，根据模型可实施掌握土方情况，辅助算量和支付。

（3）掌握工程进度情况，自动生实施模型与计划 BIM 模型进行比对，掌握结构期间施工进展。

4.3.3　副中心监管平台应用

根据智能建造应用模式，通过手段采集到的数据最终都将通过平台进行数据处理，并反馈给实体工程。在北京城市副中心的实践中，我们发现采用单一的平台想对整个智能建造的各个方面都进行支撑是难以实现的。最终的解决方案是通过建立统一的数据采集和传输标准，各方根据自身需要建立分、子平台，并对数据进行存储。而建设单位则建立符合管理需要的监管平台，根据授权调取各方数据，形成整体控制信息，并指导建设决策。

5　结论

2018 年随着北京市相关机构的入住，北京城市副中心行政办公区的前期建设已经初步完成。限于篇幅，本文不能完整、全面地对工程建设过程中应用的智能建造技术进行介绍，特别是其中还存在的一些问题，主要表现在由于智能建造技术尚在发展的初期，在副中心和其他工程的实践中还存在很应用多浮于表面、与生产脱节和投入产出不清晰的问题。所以行业在讨论相关技术的时候往往出现截然相反，走向两个极端的表述，一部分人认为 BIM 技术、智能建造技术无所不能，现阶段技术已经成熟；另一部分人认为相关技术与一线业务两层皮，完全属于噱头，没有价值。

应该看到，智能建造的作用本质是实现施工建造过程从经验试凑向科学计算转化，随着技术的发展和进步，未来的建造行业一切都可以用数据推导结果，支持决策；智能建造可以实现经验标准化，提升企业产品平均水平，加速人员知识更新与技能迭代；智能建造是一种全新的产业模式，其目的是为了提高资源的效率，交付高性能的工程产品；宏观角度上能建造是以信息化为基础，通过自动化手段实现的智能规划、算法设计、数字化施工、智慧运维。但是对应建筑行业信息化水平，我们的发展必然会经历数字建造、智能建造、智慧建造三个阶段，三者的关系是递进上升的，且智能建造将是一个较为长期和不可跨越的阶段。

理顺了这个思路我们可以知道目前我们的工作都是熟悉掌握、信息化、自动化手段，完成数据采集和积累、实现能力延展的过程。以信息化的手段连接标准化与工业化最终达到建造过程的全自动控制，就是智能建造；其最终目的就是产业赋能，降本增效。

参考文献

［1］ NB-IoT 与 LoRa 技术对比．与非网（www. eefocus. com）控制器预处理器栏目

［2］ 闫复利．具有认知功能的无线数传电台设计［J］．信息通信，2018，8

装配式建筑平台管理研究

常晓颖，丁晓欣，朱韬，刘凯，张健
（吉林建筑大学经济与管理学院，吉林省长春市 130000）

摘　要：为解决装配式建筑各阶段信息化管理问题，结合 EBIM（Every-BIM）平台，论述基于 EBIM 平台的装配式建筑在成本、进度、质量管理中的优势，并对项目平台应用的需求进行分析。结合基于 EBIM 平台的装配式建筑的实例进行论述，结果表明，EBIM 平台在装配式建筑管理中功能灵活，优势显著，能够满足项目信息化管理要求。
关键词：平台管理；装配式建筑；信息化

1　引言

目前，装配式建筑发展已经将建筑行业推向一个快速发展的阶段，与现浇式混凝土等传统建筑相比，装配式建筑的设计、生产、运输、施工阶段相对分离[1]，传统的管理模式不能满足各参建方信息沟通的问题。针对装配式建筑中的这些问题建筑业提供解决方法是基于互联网的平台管理模式。建筑业作为一个资源整合型的产业，先天具备互联网改造的基因和基础。建筑工业化和信息化已经是建筑业转型的重要途径，互联网时代的产品、流量、用户、协同、数据、智能等价值思维一定是解决建筑产业离散、非标准化、信息错位等问题关键[2]。近年来，全球建筑工业互联网平台发展持续保持活跃与不断创新中，基于平台的装配式建筑管理是制造资源优化的模式创新。本文主要利用建筑工业化互联网平台 EBIM 平台对装配式建筑管理进行研究。

2　装配式建筑应用 EBIM 平台的需求分析

2.1　项目各方协同管理需求

装配式建筑中涉及深化设计阶段、构件生产阶段、构件运输阶段、施工现场物料、设备阶段等，各个阶段之间相互独立，由此造成各阶段信息传递不及时，不准确等问题。EBIM 平台充分利用互联网技术，将各个阶段统一于该平台中，项目的各个参建方、各个部门及人员均可利用该平台进行协同与信息共享[3]。EBIM 平台将项目参与单位分为设计方、深化设计方、PC 生产方、构件运输方、施工方 5 个角色进行协调各个角色的需求。

目前，装配式建筑中采用的工程管理模式主要是工程总承包模式，该模式中设计单位

作者简介：常晓颖，女，1994 年生，内蒙古赤峰，在读研究生，主要研究绿色建筑、BIM 技术；丁晓欣，女，1964 年生，吉林长春，教授，主要研究绿色建筑、BIM 技术；朱韬，男，1995 年生，在读研究生，主要研究绿色建筑、BIM 技术；刘凯，男，1993 年生，江苏徐州，在读研究生，主要研究绿色建筑、BIM 技术；张健，男，1995 年生，河南商丘，在读研究生，主要研究绿色建筑、BIM 技术。

占主导地位，EBIM 平台为设计方提供上传原有图纸，增、删、改、查深化设计后的图纸的权限。深化设计方可对原有图纸进行拆分、预制构件节点深化、各专业检测与调整等权限。PC 生产方可以查看深化设计方提供的生产信息[4]，同时要实时更新构件生产情况。构件运输方可查看构件的体量。质量与起吊方式，并在运输完成后上传构件质量数据。施工方可以通过二维码功能实时了解构件信息，同时上传施工现场中相关数据。

2.2 EBIM 平台功能介绍

EBIM 轻量化管理平台是基于 REVIT 的项目管理平台，平台包含模型轻量化浏览、材料跟踪管理、质量管理、4D 进度管理、项目资料分类管理（包括预制构件管理、BIM 资料库管理等）以及 BIM＋二维码六个主体模块。EBIM 平台将项目中所有数据进行云端储存，通过手机端进行现场模型进度、质量及数据采集[5]，PC 端进行模型集中展示与分析风险、进度、成本等来对整个项目数据进行处理，达到节约成本，提升质量，降低风险的目的。

3 基于 EBIM 的装配式建筑管理研究

3.1 EBIM 的数据架构

装配式建筑中应用轻量化平台可以解决数据分散，设备不兼容，传统电脑储存空间小等问题。应用 EBIM 平台的数据架构可以轻松实现数据共享，通过不同的权限，可以控制项目过程中应用人的使用功能，分配不同角色不同任务。EBIM 平台的数据架构模式如图 1 所示，平台数据共享通过制定项目计划分为线上已有产品与线下虚拟建造产品，同时分为人员协同与项目协同功能。协同中主要控制项目人员权限，计划于实际进度对比，实时反馈的质量、安全、材料等施工现场情况。该数据结构可以使项目中 BIM 应用工作量减少，增加透明度与标准度，项目信息一目了然。

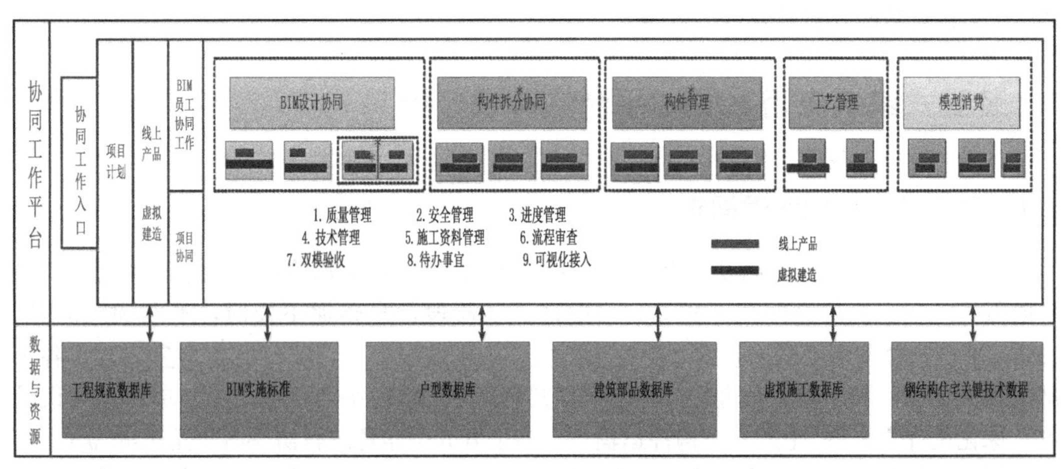

图 1　EBIM 数据协同数据构架

3.2 成本节约

EBIM 平台中自带国家清单定额算量规则，通过平台中已有的项目信息与厂家信息，可以得出设备信息，价格信息，人员使用信息，时间控制信息等，利用平台中给出的信息进行材料采购，构件生产、运输，设备吊装，人工雇佣等直接进行成本控制。

基于平台的装配式建筑成本控制包括构件、材料、运输、模板、人工等费用。PC构件生产主要通过自动筛选厂商数据库进行价格对比，选择出性价比最高的单位进行加工，同时设计单位会上传各类构件的二维与三维图纸，辅助供应商进行构件制作，减少构件不适用率。构件运输难度大，费用高，平台通国生产商上传的构件尺寸、数量、体量等数据直接推荐运输设备于运输队伍。施工现场中材料适用浪费现象严重，主要问题在于每部分用料数量不清晰，平台会提供部品部件的用量，减少材料费用支出，如图2所示是某装配式建筑物部分材料节约成本。人工费用是传统施工重要支出的一部分，人员最大化使用，人员协调，工作位置信息，均可通过平台模拟。基于EBIM平台的装配式建筑成本节约效果显著，实际成本支出与策划成本对比如图3所示。

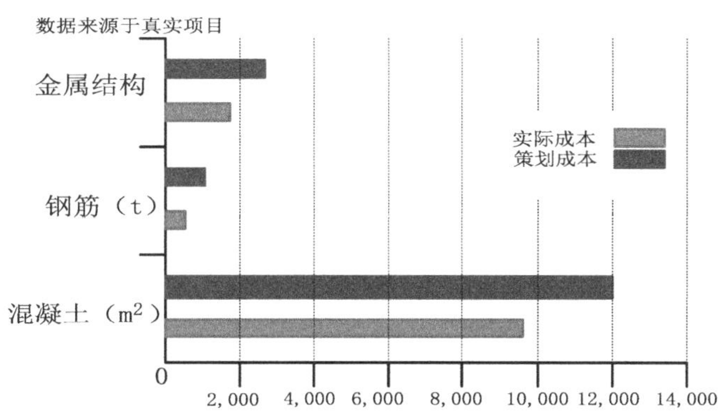

图2　某装配式建筑材料成本控制图

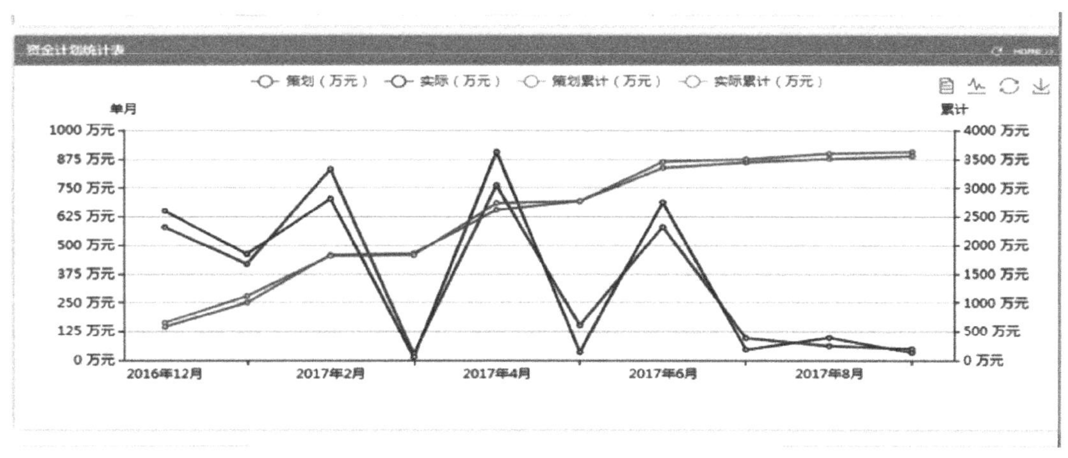

图3　实际成本与策划成本对比

3.3　进度控制

装配式建筑进度控制是保证施工中人、材、机合理安排，有序施工的关键。进度控制主要对工程计划进度与实际进度进行对比分析得出施工现场进度情况，并进行相应措施。材料跟踪功能可以即时监控每个构件所处的状态，根据现场安装进度可随时修改，能直观反映施工进度，EBIM平台可通过“选择集”功能统计模型工程量，并且可以自定义不同构件类型的统计依据和统计方式。EBIM 平台中包含 4D 施工模拟，直接模拟施工过程，施工节点施工重难点关键要素均可完成，施工人员会根据模拟情况，在相应节点部位进行标记并由技术人员给出建议，直接上传至平台，施工现场人员通过手机端直接进行施工，降低了信息传递速度。施工现场出现问题会直接拍照上传云平台，技术人员实时进行解决问题，在平台中还提供了众多施工常见问题解决方法，节约了问题解决时间。平台提供实时施工进度查看功能，通过现场视频、图片，平台会直接显示建筑物进程，并有相应横道图，显示计划于实际差别，现场用料情况，材料不足时会产生报告，采购人员也可实时监控。

基于 EBIM 平台的装配式建筑进度控制大大缩短了施工工期，某装配式建筑施工中应用 EBIM 平台管理与传统装配式建筑施工进度对比。结果表明，EBIM 平台通过各方实时信息交互，实时解决现场问题，实时查看施工进度的功能缩短了装配式建筑施工工期。

3.4 质量控制

装配式建筑质量管理至关重要。EBIM 平台质量管理系统分为施工端与质监端，施工端是通过现场移动端进行拍照记录上传至云资料平台，由客户端进行项目数据整理，根据项目情况划分流水段和检验批，并与施工模型挂接；质监端通过在 EBIM 平台上调取数据，查看项目模型，施工端的数据资料自动检验，根据结果进行整改，也可以直接在平台模型中调取视频监控资料。

基于 EBIM 平台的装配式建筑质量管理重点在于项目流程中的构件质量控制阶段。构件从生产加工、堆放安置、运输进场到最后的使用前检测均可在平台中提取数据[6]。生产加工阶段通过手机端对构件模具尺寸核查、预埋钢筋检测、混凝土振捣后检测以及预留线管孔洞尺寸复查等信息进行录入上传至云平台中[7]，预制构件验收人员可以直接在平台中了解构件质量数据。堆放安置阶段运用的是二维码技术与 EBIM 相结合，构件出模后要进行混凝土养护同时预埋 RFID 芯片，构件上二维码与平台直接链接。运输进场阶段在平台端直接进行叠合板标记，避免运输错误或再次运输出现差错。使用前最后检测直接用手机扫描构件上传平台，质监端会根据实际情况给出使用建议。

基于 EBIM 平台的装配式建筑质量管理是有严格的操作流程，在平台中利用新技术、新工艺，对项目质量进行实时监控，实现了装配式建筑质量从实时检测到可控的目标。

4 基于 EBIM 平台的装配式建筑运维管理

装配式建筑在我国迅速发展，为满足社会日益增长的对建筑物后期运营维护的需求，建筑业的发展重点逐渐向工程全过程的后期延伸。基于可持续发展的国情，装配式建筑运维管理是当前最需要创新的一环。

EBIM 平台中运维阶段将设计、施工阶段的模型与部品信息，人、材、机信息，质量信息等进行复盘，达到模型与信息连接，如图 4 所示。运维管理人员会通过平台中提供的数据进行后期管理，各个设备上也会通过二维码技术与平台进行链接，建筑物出现问题，维修人员可以立即找出问题部位进行维修。平台自动将该项目进行云储存，作为下一个类似项目的参考建筑，节约新建筑物平台应用费用，减少工作量（图 4）。

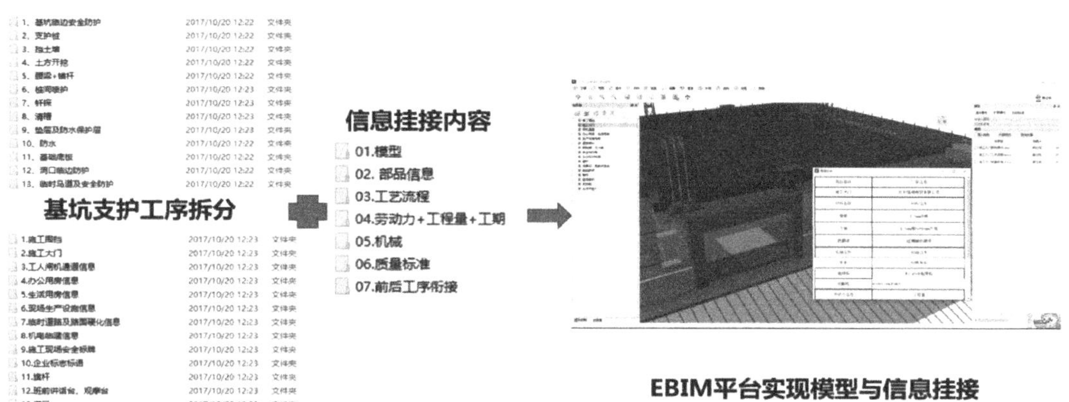

图 4　EBIM 平台运维复盘

5　结语

平台模式下，装配式建筑中涉及的成本、进度、质量以及运营维护等管理体现出极大优势，通过平台应用，装配式建筑设计、生产、运输、施工、运维等阶段的信息管理完成融合。信息化技术的协同、数据和一体化是装配式建筑发展的趋势，平台模式、平台经济正在颠覆传统建筑行业形态。

参考文献

[1]　王琛，吴杰. 基于 JSP 的装配式建筑信息化管理平台［J］. 东华大学学报（自然科学版），2018，44（04）：602-607

[2]　李建全，王孟进，李铂涵. 基于移动终端的 BIM 技术在工程管理中的应用研究［J］. 建筑设计管理，2017，34（10）：70-73

[3]　郑娇君，陈剑，闫浩. EPC 模式下 BIM 信息化管理平台在装配式建筑中的应用研究［J］. 项目管理技术，2019，17（01）：117-121

[4]　王召新. 混凝土装配式住宅施工技术研究［D］. 北京工业大学，2012

[5]　胡博. EBIM 与二维码技术在钢结构施工管理中的应用研究［A］. 装配式钢结构建筑工程技术应用［C］. 中国建筑金属结构协会，2018：4

[6]　吕庆吉，刘艳，张亚运，梅权斌，王轶多. 基于 BIM 与物联网的装配式建筑预制构件管控探索［J］. 浙江建筑，2018，35（09）：62-64

[7]　裴卓非. BIM 技术与物联网在施工阶段的应用［J］. 建材技术与应用，2013（01）：60-62

基于BIM+GIS的高山滑雪智慧工地研究及应用

田军，[1] 孟阳[2]，金大春[2]，张洁[2]，王生文[2]
（1. 北京城建勘测设计研究院有限责任公司，北京市 100000；
2. 北京城建集团有限责任公司，北京市 100000）

摘　要：本文将BIM、物联网以及GIS的应用充分结合高山滑雪项目的建设管理，结合安全、质量、进度、环境以及人机料等进行研究，通过智慧化手段提升精细化水平，降低风险概率，减少成本。本文以BIM+GIS数据为依托，接入各专业应用系统海量异构数据，为各层次业务需求提供数据融合和数据分析，结合项目的实际，对项目建设中的工序、流程和环节进行事先计划、过程控制和事后分析，实现高山滑雪项目的智慧化建设及管控。
关键词：BIM；物联网；GIS；智慧工地

1　引言

随着云计算、大数据、物联网、移动互联和人工智能等新技术的高速发展，已经逐步颠覆了施工行业传统的管理方式，工地生产需要智慧化的支撑，高山滑雪项目的管理需要趋于智慧化。依托BIM+GIS，充分利用“云大物移智”等高新技术，围绕现场人机料等实际生产要素，辅助项目高效实现安全质量进度等方面的生产管控，充分结合项目的实际管理需求，监控施工全过程每一个成产流程和环节，最终实现高山项目的智慧化、精细化管控，提升项目的管理品质。

2　现状分析

2.1　管理难点突出

项目位于某自然保护区内，山体海拔高、地形起伏大、滑雪赛道落差大，地形复杂、信号极差，并且对防火有严格要求，使得项目建设过程中的施工和管理都增加了很大的难度，工程建设环境复杂、网络通信不顺畅，人员复杂，存在施工地点分散、施工安全管理难、文明施工监管难、人员管理难、物资机械保障难等特点。

2.2　管理智慧化需求

集团公司及项目对工地的智慧化管理都有迫切的需求，基于BIM+GIS的智慧建设，

作者简介：田军，男，1987年生，山东青岛，工程师，主要从事智慧工地、智慧建造、智慧城市；孟阳，男，1991年生，河北衡水，工程师，主要从事施工管理，工程技术管理，BIM应用。

能辅助企业和项目更高效地解决工地现场事故多发，扬尘噪声污染大，重点部位生产操作过程不规范、隐患未及时消除等，人员施工范围大并且分散，管理精力有限，无法全方位检查监管，施工进度、施工质量得不到保障等问题，亟待提高工地的安全生产监管和建筑质量监管水平。

2.3 新型技术发展

随着 BIM、GIS、云计算、大数据、物联网、移动互联、人工智能（云大物移智）等高新技术的发展，使传统行业的智慧化有了可能，智慧化在建筑领域有了持续发展的广阔空间，基于以上高新技术，与施工现场的管理进行充分融合，实时动态监管现场的人机料和安全技术质量进度等，所以通过新技术提高工程项目管理的智慧化水平，实现智慧建造具有重大意义。

3 智慧工地研究体系

本项目智慧工地以 BIM+GIS 引擎作为数据动态可视化展示的技术支撑，将 GIS 环境信息、BIM 数据以及各类物联网信息等多源数据充分结合，同时充分利用 AI 机器视觉、互联网等先进技术与工地现场管理有机整合，依托现有管理体系和技术支撑，梳理工地管理关键业务需求，建立智慧工地管理体系和技术标准，形成“采集融合—动态展示—分析预警—决策反馈”闭环业务流，以信息化手段支撑工地现场管理。

3.1 智慧实景

融合 BIM+GIS 技术，以三维实景模型为数据基础，集成雪道、支护、管线、附属设施等二维设计图纸、BIM 设计模型、三维地质模型，结合定位数据、物联网数据，辅助项目进行智慧化管控，成果汇报和指导施工等，确保工程地上地下环境的全面掌控。辅助项目进行工程全局展示、工程筹划、工程进度巡视等。将属性、业务等信息与场景模型关联，展示实时数据，辅助决策；在可视化场景下可进行工程指挥调度，减少重复性工作，节约人力，提高工作效率。

3.2 人员管理

由于项目特殊性，本项目人员管理包括：(1) 入口处人脸识别，在出入口安装人脸识别闸机，所有劳务人员通过多人证比对通过后，刷脸进出现场，实时读取闸机数据信息，现场人员数量，考勤等情况。(2) 施工区人员定位和行为分析，施工区通过定位，实时获取人员所在位置以及工种等相关信息，确保人员及作业区域满足进度需要。通过人工智能手段，实时获取人员行为，对未佩戴安全帽等违规行为进行预警。(3) 生活区安全教育，工人生活区将 WIFI 与安全教育相结合，通过安全教育答题，通过方可上网，利用碎片化时间满足对工人的安全教育。

3.3 物料管理

显示物资库中物资的种类、规格、数量、入库、验收、出库、库存等情况。依据每天出入库所上传的数据，自动计算仓库材料库存，方便物资部门及时补充缺少物料。通过智慧工地平台或手机智慧工地 APP，录入入库物料信息，将数据上传到数据库，由数据库进行处理，提高数据的可靠性。更加迅速的实现材料的入库，节省工作时间，提高工作效率，避免了遗漏、书写错误等人为所造成的问题。物料出库，通过平台或手机 APP 对出库物料进行记录，数据自动上传平台，使物料的出库更加快速，相比人工盘点出库材料减少了误差及登记的问题。

3.4 安全质量管理

（1）安全质量巡检，安全质量巡检主要是对现场进行巡检，当发现问题时，通过手机拍照、问题填报提交给系统，系统提醒相关负责人处理，确保整个流程形成处置闭环。对问题能够进行分类统计和历史追溯。

（2）VR 安全教育体验馆，VR 安全教育体验馆，就是通过虚拟现实技术，将“VR＋互联网技术”和安全教育培训相结合，将以往的“说教式”教育转变为“体验式”教育，让人在 VR 体验中“感同身受”，从而增强安全意识。

3.5 安防监控

以物联网、互联网技术为核心，组建远程视频监控系统，以 BIM＋GIS 虚拟现实平台三维实景模型为场景基础，进行二、三维联动。实现对建筑施工现场的实时监控。便于项目管理人员随时掌握建筑工地施工现场的施工进度，远程监控现场生产操作过程，远程监控现场人身和财产的安全。视频监控功能主要包括管理实时监测摄像头，包括对摄像头进行编号、编组、删除、添加、查询信息等功能，同时通过智慧工地平台，可以按摄像头编号、时间、事件等信息对监控图像进行备份、查询和回放功能。

3.6 设备管理

利用卫星定位终端（北斗）、手持终端设备等硬件设备，以 BIM＋GIS 为场景数据基础，实现场内重要设备的实时定位，进出场时间查询，实际工作时间查询，规定时间内车辆设备位置轨迹复现，运行状态监测等应用，实现场内机械设备的有效管理，提升机械设备管理水平。

3.7 进度管理

进度管理将 GIS/BIM 数据进行有效融合，并将计划进度与模型相关联，提供施工进度上报功能，后台提取进度数据，将计划和实际进度进行对比，直观的通过三维模型将施工过程划分为“已完工—正在施工—未进行”三类进行直观展示。通过平台将 BIM 和 GIS 模型进行剖切，按照流水段时间节点，动态进度体现建筑工地生长。

3.8 环境管理

结合项目的特殊性，本项目不仅对 PM2.5、PM10、噪声进行监测，还需增加降水量、水土监测。所有监测数据上传数据库，保存历史相关环境数据。当粉尘、噪声、降水量等观测值超过定值后就会实时提醒当值人员对施工情况进行处理，逾期不处理即将报警数据上传到管理平台。此外，项目对森林防火有严格要求，通过特殊设备，对现场重点监测区域进行火源监测，一旦具有隐情通过平台和声光报警。

3.9 防洪防汛

通过平台和 GIS 手段，对淹没，洪涝灾害等进行模拟，能够真实地反馈模拟受灾情况，并在真实三维场景中模拟逃生路线。针对性地提出应急预案和预防措施，对项目进行决策具有重要意义。

3.10 日报管理

对项目日报进行标准化管理，结合数据库字段属性，制定标准日报格式，项目人员每日对工程生产的实际情况进行填报，人机料、安全质量进度生产等要素按照标准要求进行填报并上传相关附件，平台能够通过关键字提取重要数据，并对数据进行统计分析。

4 关键技术

4.1 多源数据融合技术

高山项目在施工生产过程中，应用到 BIM、GIS、物联网、人工智能等技术，产生大量多源数据，包括 BIM 数据、GIS 数据、物联网数据、视频数据、文档数据、流程数据等，收集并统计分析获取的所有数据信息，对数据类型格式进行分析处理，通过后台数据库，结合相关物联网设备的数据规范与接口技术，实现多源数据融合，在统一的平台或者终端中进行融合分析，消除信息孤岛。

4.2 基于 BIM+GIS 的三维可视化技术

BIM 是微观层面的空间三维数据，以项目的各类和设计施工相关的信息作为模型的基础；GIS 是宏观层面的空间三维数据，以项目的所在空间环境和倾斜摄影作为模型的基础。通过数字信息仿真模拟工程项目所具有的真实信息，是一种可以用于设计、建造、管理的数字化方法。不仅反应工程的三维真实形态，还需要和施工过程相结合，与施工中产生的大数据进行充分结合，深层次挖掘数据价值。通过 MVC 网络技术，结合项目施工管理的要求，建立基于 BIM+GIS 的三维可视化平台，实现 BIM 和 GIS 数据融入平台，充分结合安防监控、人员管理、物料管理、进度管理、安全质量管理、设备管理、环境管理等，直观展示项目周边环境信息、项目实际情景、项目 BIM 模型、各种物联网信息等，基于数据融合进行大数据分析等。

4.3 新型测绘技术

探索北斗技术、无人机摄影测量、测量机器人、机载 LiDAR 扫描、地基三维激光扫描、近景摄影测量等新型测绘技术在施工管理中的应用，包括：大范围内人员和设备的精准定位和管控；重点陡坡的边坡监测；工程大范围三维场景快速获取与建立；工作面进度实景三维建立与进度对比；基于 LiDAR 技术的高精度工程量、土方量的量测与管控等。

5 结语

本文通过对 BIM、GIS、“云大物移智”等高新技术的研究，调研项目管理的难点和痛点，充分结合项目生产的实际情况和管理需求，研究智慧建造下的具体应用点在项目上的落地应用和价值体现，通过智慧化手段辅助项目的生产管理，在一定程度上最终实现了智慧建造。

参考文献

[1] 杨德钦，岳奥博，杨瑞佳. 智慧建造下工程项目信息集成管理研究——基于区块链技术的应用[J]. 建筑经济，2019，40（02）：80-85
[2] 田宝吉，王保栋，邓磊. 智慧工地管理实践与应用 [J]. 施工技术，2018，47（S4）：1063-1066
[3] 庄琳. 物联网技术下的智慧工地的构建研究 [J]. 信息与电脑（理论版），2019（09）：165-167
[4] 周祖禹. 深圳市建筑工地智慧监管平台的建设与实践 [D]. 华南理工大学，2018
[5] 沈洋. GIS 技术在建设工程质量安全监管中的应用 [D]. 浙江工业大学，2017

BIM＋物联网＋技术在智慧工地建设中的应用

刘丙宇，孙文志
（北京建工路桥集团有限公司，北京市 100123）

摘　要：智慧工地系统是指综合运用云计算、大数据、物联网、手机移动端和智能设备等信息化手段，聚焦工地施工现场管理，紧紧围绕人、机、料、法、环等关键要素，建立信息智能采集、管理高效协同、数据科学分析、过程智慧预测的施工现场立体化信息系统。以 BIM＋物联网为核心，以云技术为支撑的智能化应用，以提高管理大数据的准确性、及时性和可应用性，提升综合管理协同效率，提高科学分析和决策能力为目标，最终实现工程质量、安全、各项指标的高品质完成。本文分别介绍了 BIM 技术、互联网、移动端、物联网、云技术、大数据以及人工智能在智慧工地建设中的具体应用点和成熟的应用技术，具有技术推广价值，也为今后工程智慧化管理提供借鉴。
关键词：BIM；物联网；智慧工地；大数据；云计算；人工智能

当今社会飞速发展，信息化逐步融入各行各业。随着数字中国、数字雄安的提出，智慧工地建设也成了一个“新宠儿”，它将数字化与建筑行业结合，替代传统的作业管理模式，辅助项目提高效能，强化管理。智慧工地是一种崭新的工程建设全生命周期管理理念，立足于“互联网＋建筑大数据”的服务模式，采用云计算、大数据和物联网等技术，整合相关核心资源，以可控化、数据化以及可视化的智能系统对项目管理进行全方位立体化的实时监管，并根据实际做出智能响应。这不仅对安全文明施工意义重大，同时也有助于推动建造方式变革、提升建筑业科技创新能力、促进建筑产业提质增效、推进建筑产业转型升级。

1　智慧工地建设的必要性

智慧工地就是借助“互联网＋”，采用云计算、大数据、物联网、手机移动端等技术手段，结合施工现场的管理需求，构建信息化、智能化的施工现场管控平台，从而解决监管手段落后，提升人员管理效能，实现对在施工程的精细化管理。目前，建筑行业已开始应用人工智慧、传感技术、虚拟现实等高科技技术辅助项目施工管理，应用和发展智慧工地建设是行业发展的需要。

在实际的安全管理中，对施工作业面广、战线长、危险区域多、作业面零散不易集中、有限空间作业等施工项目，如何提高风险管控效能，更好发挥实时监控的辅助管理功

作者简介：刘丙宇，男，1970 年生，汉族，辽宁新民人，教授级高级工程师，北京建工路桥集团有限公司总工程师，全国建筑业企业优秀总工程师。主要从事土建施工技术、结构加固、防水保温以及 BIM 技术应用、智慧工地建设等。

能，解决管理信息的共建共享，避免重复劳动，提高业务管理效率，逐步减少对人的依赖，使工地管理智慧起来，显得尤为重要。

北京建工路桥集团 2018 年开启智慧建造之旅，倡导“BIM＋物联网＋互联网，让建筑工地智慧起来”，从智慧工地的架构策划到试点的应用，从试点的总结到企业平台的上线，从标准方案制定到智慧系统全面推广，取得了多项应用成果。

2　传统管理方式与智慧化管理方式对比

工程管理的传统方式主要依托日常检查验收，靠纸面记录、口头传达、会议决策的方式来进行管控；智慧工地系统的管理方式则是充分利用新一代信息技术来改变施工项目现场参建各方的交互方式、工作方式和管理模式，利用手机 APP、摄像头等采集端＋物联网的方式进行数据采集，然后传入到云平台进行数据分析处理，见表 1。

传统管理方式与智慧化管理方式对比　　表 1

分类	日常检查	数据存储	管理数据分析	特　点
传统的管理方式	人为检查，口头传达	纸版存储	人为分析	责任分工不清晰，人为分析偏差较大
智慧工地系统信息化管理方式	人为检查，APP 留存记录推送问题	电子版存储，云存储可下载	自动分析、统计	岗位推送，数据自动分析，自动统计减少人工的使用

采用智慧工地管理系统，能有效地对施工过程中日常检查发现问题收集 APP 进行拍照录入，问题推送后直接推送给责任人，并设有差别预警的功能，实现层级预警，多层管控的功能。借助智慧工地平台工具帮助现场岗位作业人员提高工作效率，不额外增加工作量，且自下而上自动采集、留存有效的项目管理数据，为公司建立数据平台，积累数据资产提供了信息化、智慧化的解决方案。

3　BIM 技术在智慧工地建设中的应用

BIM 技术的应用是智慧工地建设的基础，一切智能化、智慧化的应用都建立在模型信息系统之上。工程的数字化建筑信息模型将在施工模拟、施工方案模拟、方案比选、可视化交底、成本管控、构件跟踪、场地布置、模拟运输路线、样板展示、安全 VR 教育、智慧建造信息交付等方面深度应用。

4　移动互联网技术在智慧工地建设中的应用

在安全管理和质量管理中普遍采用手机 APP 数据采集功能，在施工过程中安全或质量巡检过程中现问题，手机拍照录入隐患区域、内容、说明、整改时限等，选择整改责任人进行问题推送，由整改人员整改完成后推送巡检人员复查，复查合格形成资料保存后台，可直接打印形成正式的验收记录，整改通知单、罚款单等单据一键生成，无须重复输入，安全质量检查整改流程如图 1 所示。重要安全、质量问题按设置的层级预警分级推送到上一级主管领导，上升管理高度，加大整改力度。

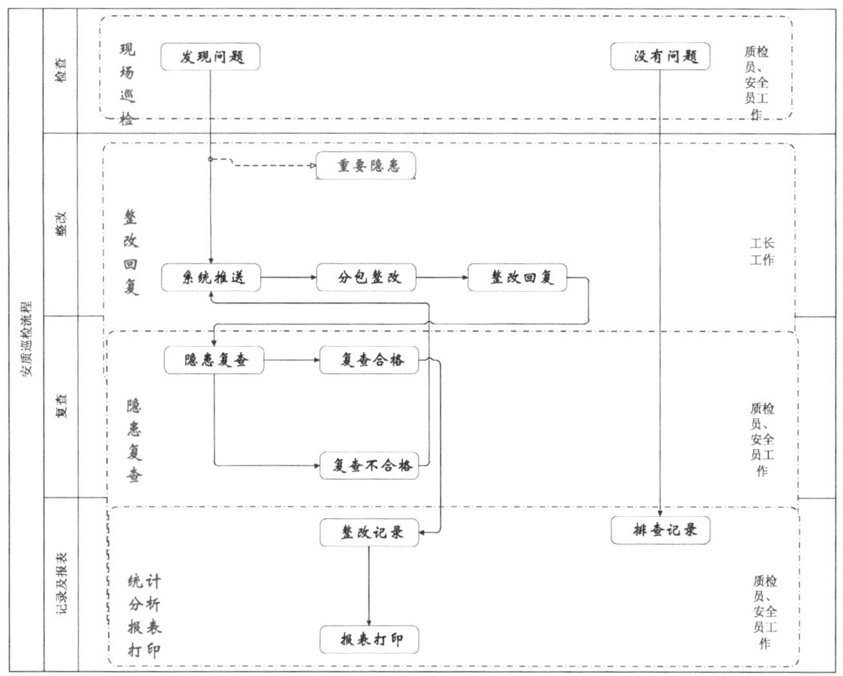

图1 安全、质量检查整改流程

5 物联网技术在智慧工地建设中的应用

使用物联网技术，利用智能代替传统手工作业，可使劳务管理通过工人进场过闸机与人脸识别系统时进行身份阅读器读取身份证信息进行实名登记，实现关联数据采集，包括人员识别、人员信息、劳务队伍信息记录，进行后台分析，自动形成劳务管理系统的各项报表统计、工资发放监管和黑名单等功能的应用，结合智能安全帽系统，人员定位、行动轨迹等数据实现实时查看、便于管理；物资管理则是利用现场进车通道内的地泵采集，对进场出场车辆满载空载的对比，直接后台与物资库管部门关联，形成记录计量台账，实现精细化管控；群塔作业防碰撞、力矩监测、超重监测及报警等预警功能的应用对提升施工现场的大型设备的安全管理具有借鉴意义；通过对温度、湿度、风速、空气质量等进行实时监控统计分析实现环境监测的智能化应用，有效解决自动养护、洒水降尘，实现作业预警功能，也可以称为工期索赔积累数据依据。

6 云技术在智慧工地建设中的应用

智慧工地系统的所有数据都可以上传至云端，实现移动端和PC端资源整合，而数据的整合再利用可以有效地提升管理；针对重点部位进行危险源重点排查管理，以现场扫码的形式对重点部位进行精细化管控；管理人员通过智慧工地云建造采用手机APP扫码以“二维码+照片”的形式进行排查、基本信息内置，快速生成排查记录，所有在场人员都可以通过扫码对危险源情况进行学习，从而减小发生危险概率；危大工程专项方案也可以应用二维码，将危大工程施工过程中需要检查的项目录入系统中并将每项工作对应到人，从而责任明确、分工明确、确保实时掌握危大工程的落实过程。

7 大数据在智慧工地建设中的应用

工程施工过程中根据质检员、安全员等各岗位管理人员的日常检查记录，通过手机APP的数据采集汇总到智慧工地平台进行统计，统计出安全隐患的常发问题，质量通病的统计等，以饼状图、柱状图的形式为管理者做出明显的数据区分，实现质量、安全问题的提前预警提示功能，实时掌握整改情况。通过分阶段的数据整理分析，判断隐患趋势、级别、分布等情况，为公司以及项目的下一阶段管理重点调整、专项治理做决策的数据支撑（图2）。

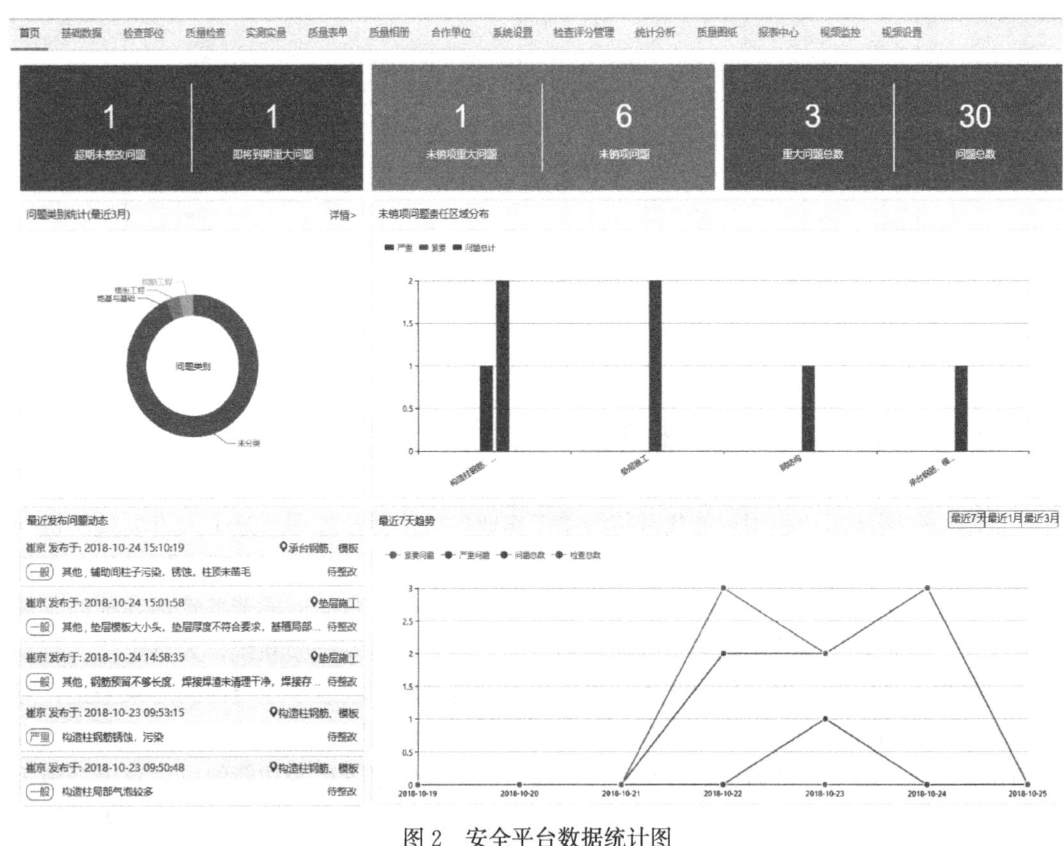

图2 安全平台数据统计图

8 人工智能在智慧工地建设中的应用

应用视频监控＋AI技术一方面实现人脸识别，实时监控及保存数据，为劳务管理做数据支撑，实现对人员行为轨迹进行监控、对陌生人闯入预警。另一方面还可以对吸烟、摘安全帽、未穿反光衣、翻越护栏、工地现场地面裸露等违规行为后台进行AI识别报警，使安全管理更全面、更有效。

9 智慧工地建设的实施效果

（1）智慧工地建设可以提高施工现场管理的工作效率；

（2）有助于实现各关键要素实时、全面、智能的监控和管理；

（3）及时发现安全隐患，规范质量检查、检测行为，提升公司的监管和服务能力；

（4）通过对人材机的精细化管控可以节省建造费用；

（5）可以带动建筑业市场的蝴蝶效应。

10 结语

建立以云平台为基础、以数据为核心、以 BIM+物联网智能终端工具全面应用的智慧工地的建设，实现了工程施工可视化智能管理，提高工程管理信息化水平，从而逐步实现绿色建造、智慧建造；让施工现场的管理由“人防”逐渐转变到“技防”，改变了传统施工管理模式，节约了协调联络的时间，很大程度上避免了返工浪费；实现进出工地“刷一刷”，安质检查“照一照”，管理审核“点一点”，以一种“更智慧”的方法来改进工程各级组织和岗位人员相互交互的方式，提高明确性、高效性、灵活性和响应速度；以在线化、可视化的决策分析为表现，使公司施工实现精准管理、精确调度；同时保障了项目的质量、安全与工期；大力推广了建筑业信息化的实施，具有良好的推广价值和借鉴意义。

基于BIM技术的复杂公建项目施工管理

王尧，李超刚，刘鑫，魏磊，周政，罗军
（北京城建远东建设投资集团有限公司，北京市 102209）

摘　要：针对2020世界休闲大会主会场项目，运用BIM技术对各阶段施工进行模拟比选方案，确定各阶段施工部署。对工程场地布置、基础施工、主体施工、二次结构施工、外立面装修、机电管线安装阶段进行全过程应用及精细化管理。创新各阶段BIM应用，提高参建各方协同效率。

关键词：复杂工程；方案模拟比选；建筑信息模型；平面布置；施工管理

1　工程概况

2020世界休闲大会主会场项目，如图1所示，位于北京市平谷区金海镇，总建筑面积65460m²，会展中心部分地下一层，地上一层，主要功能为展示展览。门厅部分地下一层，地上一层，主要功能为人员出入口，会议中心部分地下一层，地上两层，主要功能为新闻发布及大型会议举办。该项目服务于2020年世界休闲大会的召开，建成后将成为平谷区新地标。

整个项目钢结构工程总用钢量达到8000t，屋面异形结构复杂，幕墙结构多样，大跨度钢结构安装，复杂基础坑开挖，梁柱节点钢筋排布复杂，高大模板支撑体系烦琐、工期紧张，施工组织难度大。

图1　2020世界休闲大会主会场BIM模型

2　工程重难点

2.1　基础施工阶段

本工程处于卵石层，基坑形状不规则，护坡锚杆安装要求高，特别是阳角锚杆碰撞植

作者简介：王尧，男，1993年生，北京，助理工程师，主要从事工程技术管理；李超刚，男，1971年生，北京，高级工程师，主要从事工程项目管理；刘鑫，男，1979年生，高级工程师，主要从事工程项目管理。

入过程容易造成土体滑坡，降低施工效率，开挖存在几十个集水坑与基础坑重叠，易造成错挖、超挖、小范围塌方等现象，影响施工质量。并且本工程土方开挖量大，持续时间长，对施工过程中的扬尘治理要求高。

2.2 主体施工阶段

本工程主体施工的重难点是钢结构工程，主要包括钢桁架结构（管桁架跨度67.2m，单榀重量达76t、H形钢桁架50.4m，单榀重量达54t）、钢网架结构（焊接球网架，跨度33.4m）、劲性结构、屈曲支撑及其他异形结构。本工程构件数量众多，其中异形结构的图纸深化，构件尺寸的误差控制，原材全过程的质量控制，异形、大跨度钢结构吊装过程的合理安全，劲性节点钢筋的合理排布及钢柱钢梁的预留穿筋洞深化皆为施工过程中控制的重难点，增加了施工组织的难度。

本工程结构形式复杂，超高超限梁板，特别是1—20轴/C—F轴72条20.5m的大跨度预应力梁及会展中心东侧、北侧大量独立梁柱（一侧无结构板），对模架体系的整体设计要求高。

2.3 幕墙及屋面安装阶段

本工程屋面面积合计约17120m^2，其中会议中心约5910m^2，会展中心约11210m^2，结构形式多样，对施工部署组织造成了较大的困难。幕墙施工体量大，由竖明横隐玻璃幕墙系统、装饰混凝土幕墙系统、幕墙铝合金格栅系统、铝合金弹簧门系统（含门斗）、玻璃雨篷系统、铝板雨篷系统、铝板幕墙系统、铝合金百叶系统、断桥铝合金门窗系统、玻璃采光顶及格栅系统等组成，结构形式复杂，幕墙与结构实体的连接埋件位置不合理或直接进行埋件后植，不但影响整体施工质量更影响施工进度，对埋件的安装位置精准定位埋设要求高。

2.4 机电管线安装阶段

本工程机电管线安装体量大，专业多且使用材料规格较大，多施工单位交叉作业，对管线综合排布、专业之间碰撞及标高控制，特别是公共区域标高控制都需要提前进行模拟规划。

3 BIM技术应用

3.1 BIM技术在施工平面布置中的应用

3.1.1 场地布置及塔吊方案比选

根据施工流水段划分，依据BIM结构模型对各区域内主体工程量进行统计，结合现场实际情况确定主要材料堆放、加工场地及塔吊布置方案。塔吊初始方案概况：三台80塔均匀布置场区内，但根据主体结构工程量分布发现，第四、五流水段（会议中心）工程量占总工程量的55%，从吊装效率、经济性，并根据场布模型模拟优化后方案定为一台70塔，四台60塔，提高吊次效率1.7倍，降低了塔吊租赁成本。

3.1.2 泵车站位布置模拟

本工程利用BIM场布模型对所有结构浇筑划分区域进行对应泵车占位及泵车型号选

择，共确定 15 处泵车站位及每次浇筑区域对应泵车型号，如图 2 所示。每次浇筑均按预设位置进行支设，未出现泵车二次移动现象（一次泵车支设时长约 30min），特别是冬施期间，保证连续浇筑，节约工期，并得到了良好的混凝土成型质量。

图 2　泵车占位布置模拟

3.1.3　大型机械行走路径

对地面拼装场地和 450t 履带吊行走路线及站位进行设计，经过 BIM 模型对比分析，桁架采用原位拼装，网架采用原位拼装和场外拼装结合的方案，保证后期施工的可行性。

3.1.4　边框加强型预制路面及环场自动喷淋降尘系统

由于工程中将会频繁使用大型机械车辆，现场道路采用预制道路。应用 BIM 技术进行方案设计，减少后期破除混凝土工程量及降低固体废弃物排放，达到绿色环保施工的目的。

基础开挖阶段一大问题为扬尘治理，根据场布模型优化，进行环场自动喷淋降尘系统方案设计、方案模拟、方案优化。最终确定一套自动化喷淋系统，取得良好降尘效果的同时实现节水、节电及自动化喷淋。

3.2　土建施工的应用

3.2.1　复杂基础坑开挖、基坑放样

基础开挖阶段，问题主要存在于 45 处基础坑与集水坑、电梯坑重叠的现象。依据图纸信息将基坑开挖形状进行 BIM 模型三维直观展示，并将尺寸、深度、坡度等信息全部直观展示在施工人员眼中，指导现场施工。同时应用基础开挖模型与放样机器人结合，进行现场精准放线。减少错挖、超挖等现象的发生，并便于后期工程量的精确统计。

3.2.2　锚杆布置应用

由于基坑阳角处锚杆按同一角度施工，会造成锚杆相互干扰，如图 3 所示。利用 BIM 建模对锚杆竖向角度进行优化调整，最终确定锚杆角度范围将控制在 15°～20°之间，易碰撞位置竖向将错开 40cm，后通过锚杆碰撞分析，最终锚杆现场施工均一次成型，避免返工现象的发生。

3.2.3　模架体系优化

本工程有大量高大模架体系，超高、超长、超限，应用 BIM 技术进行高大模架设计的方案模拟及比选，加强架体整体性排布，减少架体用量。加固方式的优化，提高大尺寸混凝土构件的成型效果。进车门洞特殊部位架体设计解决了实际需求。形成三维技术交底，向架体搭设人员直观展示搭设方案及注意要点，减少架体安全隐患，确保安全、质量达到预期效果，如图 4 所示。

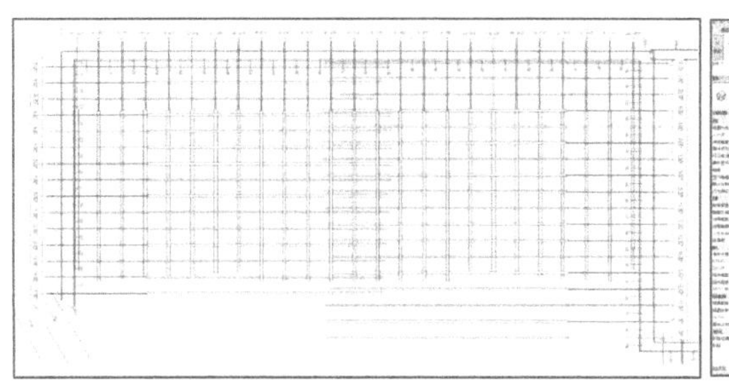
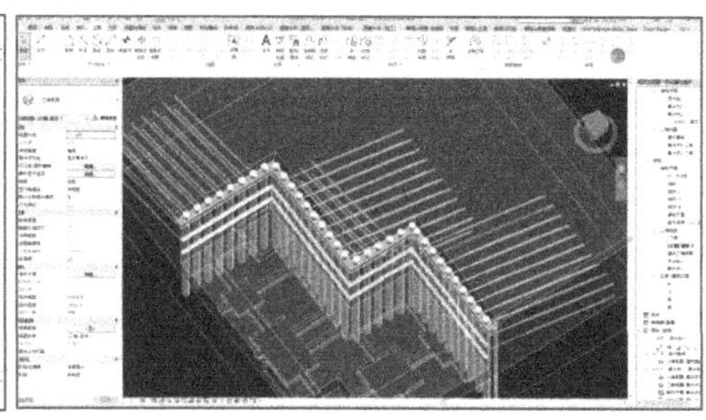

图3　锚杆布置应用

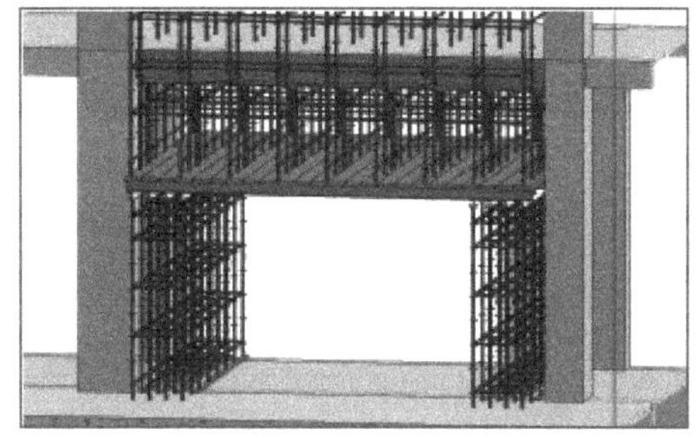
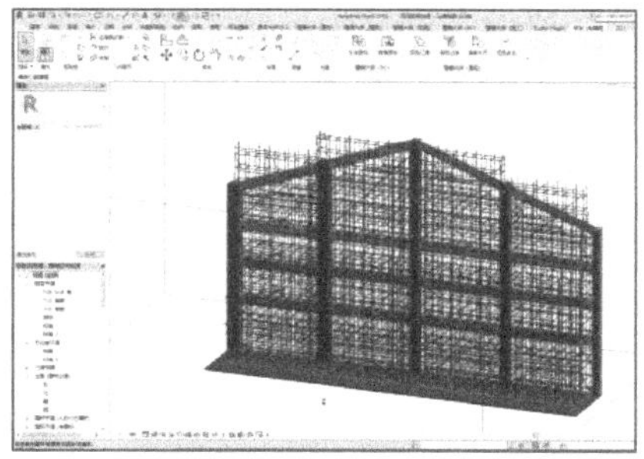

图4　模架体系优化

3.3　钢结构施工应用

3.3.1　深化设计

通过BIM技术对劲性结构梁柱核心区仿真排布，提高钢结构下料精度及现场穿筋准确性。通过可视化三维交底，提高了施工效率。通过BIM技术应用，下料精度达到100%，现场穿筋准确率达到了100%。

对钢网架结构进行深化，解决了混凝土结构梁、柱出现与钢网架杆件及焊接球的碰撞问题，如图5所示。全工程共计16986根杆件下料精度达到100%。

通过对钢桁架进行深化，将50.4m的钢桁架分为三段加工运输，在现场拼接整体吊装，提高安装效率。并且通过深化设计解决了桁架相贯口拼装精度的问题。现场实测精度达到99.8%。

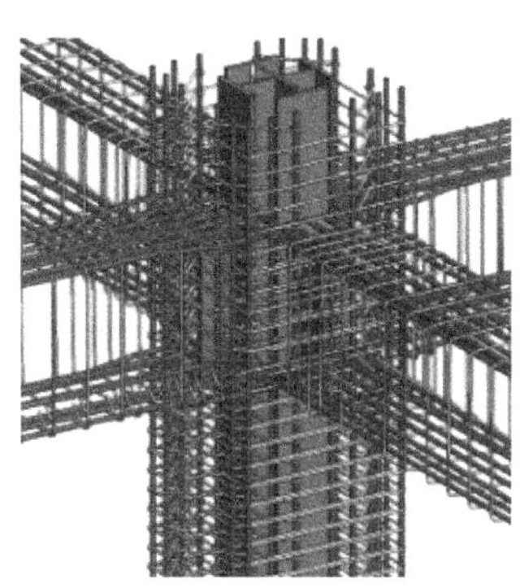
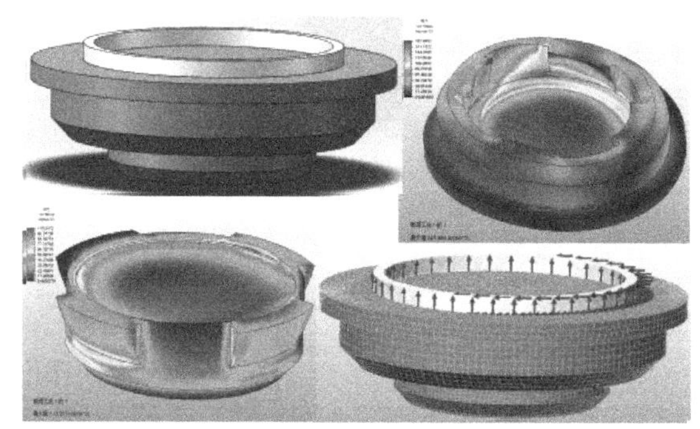

图5　节点优化设计及仿真计算

3.3.2　仿真计算

通过BIM技术的模拟性预判性，对钢结构吊点、吊装方式，桁架胎架位置、网架单梠最大尺寸等进行了力学分析，防止吊装失稳引发的安全事故，为安全生产保驾护航。

3.3.3 施工方案模拟及吊装工况分析

根据模型进行吊装工况模拟结合履带吊吊装性能进行综合分析，保证施工方案的安全性及可行性，同时对吊车行走路线提前进行模拟，保留对应结构部位支撑体系，提高施工安全性。

优化会展中心钢结构吊装方案，由原始方案 400t 履带吊分 40 片吊装，通过方案重新模拟计算，优化为 450t 履带吊分 20 片吊装，减少吊装分片数量，减少吊装次数及补杆次数 20 次，减少了补杆次数 2452 根，提高现场吊装效率，加快施工进度，节约工期 30d，整体经济效益提升，同时也减少人员高空作业的时长。

优化会议中心钢结构吊装方案，将原计划每层随主体结构分层安装优化为主体结构完成后，再分层安装。调整为集中安装，如图 6 所示。减少吊车租赁费用，并加快施工进度。

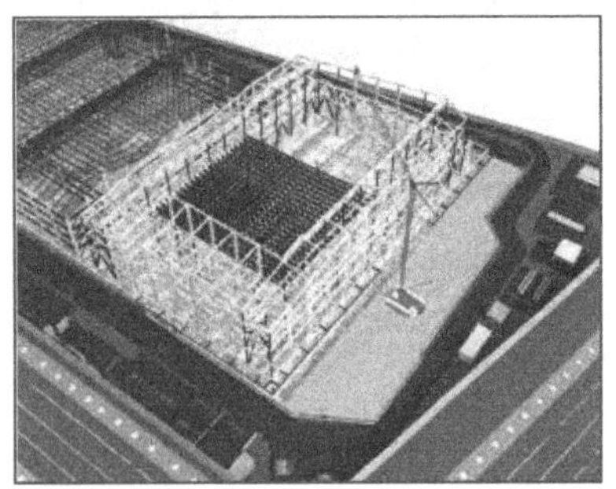

图 6 吊装工况模拟

3.4 BIM 技术在幕墙与屋面工程应用

系统深化：

屋面造型高低起伏，高差达到 6m。通过对部分虹吸雨水口位置优化达到工程排水系统能保障建筑的使用功能要求。

对金属屋面安装进行深化，同时对金属板安装角度进行仿真分析。减少金属板直立锁边对屋面排水的影响，如图 7 所示。

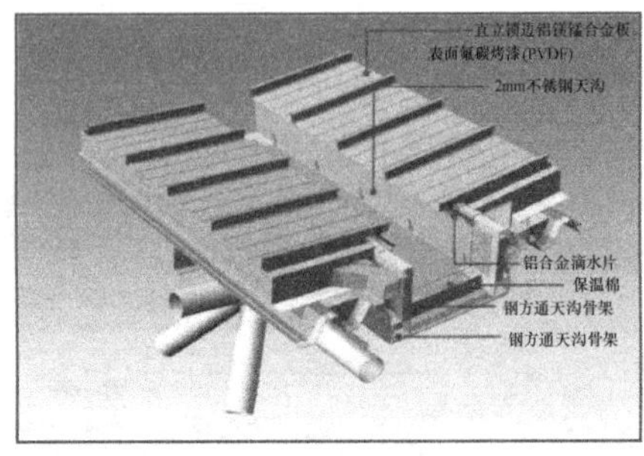

图 7 屋面系统深化设计

3.5 机电管线综合应用

碰撞检查与净高分析及优化：

对管综进行碰撞检查及净高分析，提前发现碰撞问题、净高达不到使用功能等问题，通过净高优化，保证图纸要求的前提下，提高空间利用率，减少返工。

3.6 施工BIM管理平台应用

3.6.1 安全质量应用

本工程应用管理平台，对现场安全质量问题进行管控，安全质量问题的全员可见性，问题照片及问题记录的永久留存，不但可以避免扯皮现象的发生，同时也起到督促、警示作用，从而减少安全质量问题的出现，BIM平台作为本工程项目管理的重要手段之一。

本工程BIM管理平台对安全质量问题进行统计汇总。从每周、每月的安全质量问题数据统计表中，分析安全质量问题的主要存在点和造成安全质量问题的主要原因，确定下阶段施工过程中安全质量的工作重点内容，为项目安全质量管控提供切实的数据分析依据，加强项目安全质量管理。从现阶段应用过程中总结，项目安全质量问题逐渐减少。

3.6.2 资料协同管理

本工程部分资料应用管理平台进行管理，平台管理员有上传内容的权限，其余平台内人员只有下载阅读的权限，这样保证上传内容不会被随意修改。通过平台资料上传，可以保证内容的及时性，同时也是无纸化办公的一部分，节约资源，避免浪费。

3.6.3 其他管理方面应用

通过二维及三维技术交底，对装修做法、节点做法、墙面排砖、地面排砖等进行直观展示，特别是本工程存在同一房间内不同墙面多种做法，利用三维交底直观展示，减少错误现象的发生。

本工程BIM管理平台具有安全定点巡视功能，对现场容易出现安全隐患的部位，如塔吊、外架等部位，每天进行安全排查，通过每个检查部位张贴的二维码扫描，对每天一次的安全定点巡查工作进行记录，漏查忘查部位会提醒监督人，通过严密的排查，减少现场的安全事故隐患。

在施工过程当中，现场进度管理人员每天还可以通过管理平台手机端拍照将现场进度照片上传到平台并对现场施工进度进行详细描述，通过WEB进度照片与施工模拟对比相结合能够清晰掌握现场进度情况，并且为进度管理人员每周提交周报提供了强大的数据支撑。

4 结语

本工程BIM技术主要应用点包括钢结构设计、施工深化，幕墙深化，机电排布，施工仿真，工程出量，平台管理等。尤其在钢结构仿真分析、BIM5D+云平台协调综合应用方面，进行了重点的分析应用，整个BIM应用有系统、有重点、有难点有序进行。BIM技术的成功应用，大大提高了项目团队的协作效率，为项目管理提供有力的支持，为类似工程提供了成熟的经验。

参考文献

[1] 马少雄等. BIM技术在某工程施工管理中的应用 [J]. 施工技术. 2016，45（11）：126-129

[2] 包剑剑等. 精益建造体系下BIM协同应用的机制及价值流 [J]. 建筑经济，2013（6）：94-97

[3] 魏晨康等. 基于BIM技术的复杂劲性结构钢筋优化设计 [J]. 施工技术，2017，46（9）：11-13，125

[4] 王剑阁等基于BIM技术的项目数据在质量控制方面的应用 [J]. 施工技术，2017，46（9）：98-102

“互联网+”在EPC企业采购中的应用前景分析

王宇
（中国石油工程建设有限公司，北京市100010）

摘　要：“互联网+”就是“互联网+各个传统行业”，但这并不是简单的一加一的结合，而是利用信息通信技术以及互联网平台，让互联网与传统行业进行深度融合，创造新的发展生态。这是互联网思维发展的进一步实践成果。

互联网是推动产业加速发展的新兴力量，目前，互联网战略已经上升到国家战略层面，如何利用互联网的优势，与传统产业进行融合升级，才能让“互联网+”变得更有意义。采购作为EPC中的重要一环，如何利用互联网技术去引领和适应新常态，推动传统采购工作的改革创新，以加速提高效率和提升服务，更好地实现“物有所值”的采购宗旨是值得行业思考和研究的。

关键词：EPC企业；互联网+

1　引言

从2016年到2019年，国际原油市场价格不断震荡，2016年国际油价最低位时每桶价格不足30美元，而到了2019年，纽约商品交易所9月交货的轻质原油期货价格已经超过每桶50美元。A公司作为一家石油石化行业的EPC企业，近几年所承接的EPC项目数量随着油价的逐步回升，呈现出明显的上升趋势。采购作为EPC的中间环节，是成本构成的最主要部分，又处于承上启下的环节，具有十分重要的作用。通常认为，采购成本在合同份额中占比往往要超过50%，如何有效降低采购成本，提高效率，将直接影响到工程项目的利润。

本文通过A公司在EPC项目采购中遇到的一些实际问题，探讨“互联网+”在EPC采购中能够发挥的作用。

2　A公司目前EPC采购中遇到的问题

随着EPC项目的增多，A公司的多品种、小批量采购越来越多，给采购工作带来了很大难度。这是因为A公司所承接的项目种类较多。如承接的项目为管道项目，涉及的采购物资种类相对较少，如承接炼厂、油田地面设施等项目，物资种类则会相对较多，也给采购带来了挑战。

面临的挑战主要有：

作者简介：王宇，男，1988年生，北京市东城区，硕士，经济师，主要从事项目管理，物资采购研究。

2.1 越来越多的种类，耗费了采购人员的大量精力

以大宗材料为例，2018 年 A 公司无缝钢管采购总量 2 万余吨，涉及的规格近 150 个，钢管尺寸从 1/2 寸到 36 寸，相同尺寸下还包含多种不同壁厚规格。钢管标准涉及国标、美标等多种标准。其中单个订单采购量不足 100t 的订单占比接近 50％。

无论采购量大小，采购人员都需要将采购流程完整的执行一遍，大量的小批量采购订单使得采购人员的精力和时间被约束在了很多流程性的工作中。同时，繁多的规格使得澄清工作量巨大，采购人员在协调厂家和设计人员的过程花费了更多的时间。

2.2 供应商参与积极性不高，无法发挥集中采购优势

由于 A 公司的项目多为海外项目，采购无缝钢管所用标准以国外标准居多，有的采购订单中规格多，但单个规格的采购数量很少，造成在采购过程中，制造厂家往往缺乏参与积极性，为了满足采购需求，A 公司在供应商寻源方面耗费了很大时间和精力，很多订单都是由贸易商或库存商参与投标，难以发挥规模集中采购优势，但由于项目需求的紧迫性，不得不向贸易商进行购买。

由于供应商为贸易商或库存商，加之单次购买数量少，规格繁杂，没有规模优势，在价格方面很难取得优惠，采购价格高于市场平均水平不少。

2.3 缺乏海外供应商资源

海外 EPC 项目业主对于关键设备采购往往有原产地限制，例如，A 公司承接的伊拉克某水处理项目，业主所要求的物资原产地局限在欧美日韩，有很多国外供应商之前并没有业务往来，给采购带来了很多困难。很多不熟悉的国外供应商，很难给出有诚意有竞争力的报价。

2.4 海外 EPC 采购的规范化工作难度大

A 公司的海外分子公司众多，对各个分子公司的采购工作进行监督难度很大，尤其在海外项目当地开展的采购工作，很难采取规范化的采购操作。

3 “互联网＋”采购深度融合方式

3.1 发展电子化招标采购

国家发展改革委员会、住房城乡建设部、工信部等六部门联合印发的《“互联网＋”招标采购行动方案（2017—2019 年）》中明确，《行动方案》指导各地区、各行业全面推行电子化招标采购，改革创新招标采购交易机制、信用体系和监督方式，以实现招标采购市场健康可持续发展。

通过开展电子化采购方式，将集中采购与零星采购相结合。对于大宗材料而言，可选供应商较多、能够为买家带来较高利润的采购项目，备选供应商较多，且具有标准化的产品质量标准，例如钢材，电缆等。通过签订框架协议，对标准化的产品采取定商定价等方式，将供应商寻源、资格审查、商务条款、价格谈判等在采购工作开始之前进行明确，并

与供应商签订框架协议。利用电子化采购平台，用类似网络购物的方式，对所需物资进行点选，能够大量减少各种供应筛选和比价环节，快速响应订单采购，满足项目需求。同时，利用集中采购优势，有效降低采购成本。

当采购的一方具有信息优势时，例如拥有更多的供应商信息、多档次的可筛选的供应商等，将在对这些信息进行统计分析后，得出在市场环境中最优质、最廉价的供应商和产品，那么在提高采购效益、提高采购货品的性价比方面就会拥有重大优势。

建立集中与分散采购相结合的采购模式，处于互联网环境下的 EPC 公司，更加易于通过信息中心汇集各个项目的物资采购需求，并进行分类整合，由公司层面的采购执行机构进行订单的采购任务，部分适合在当地进行的零星采购需求可以经采购执行机构确认后则由各项目采购部自行采购，以提高采购效率。

3.2 通过“互联网+”完善电子招标采购平台功能

通过建立电子采购平台，完善供应商登记和准入信息系统，通过互联网的公开和便利性，利用企业自身的知名度，吸引国内外优秀供应商主动通过采购平台，提交准入申请资料，完善国内国际供应商资源库，更好的应对世界各地的 EPC 项目采购工作。

电子化招标可以有效地对招标采购过程进行规范化，招标公告发布，开标，报审等等一系列程度都在电子化平台上实现，避免了人为干预的可能性。

扩展电子化招标采购平台功能，通过互联网平台将物资需求信息采集反馈、供应商寻源、发布招标信息、在线付款、开具发票、库存盘点、物流信息跟踪等功能整合到一起，提高采购人员工作效率，同时降低了公司在采购过程中的成本和时间消耗。

3.3 通过“互联网+”和电子平台规范采购工作流程

运用“互联网+”和大数据理念、技术和资源，通过电子化招标采购平台所产生的采购信息和数据，收集后进行统计分析和整理，为公司的采购决策提供大数据支持，通过对信息和数据进行分析，对市场的动态进行跟踪，对物资的价格走势进行分析预测，甚至通过数据的支撑，对公司采购方面的规章制度的修改和制定提供帮助。

采购工作不应只局限于采购部门，运用电子化平台，将企业内部的经营计划、财务、法务、市场和技术等部门有机结合起来，提高跨部门流程的反应速度，从而更好地提高采购职能效率。同时，线上平台所产生的数据，为相关管理部门和上级组织进行监督提供了依据，对于采购过程中的违法违规行为，可以第一时间进行预警，使得监督更加高效和智能。

3.4 通过构建电子化采购平台，加强供应商寻源工作

举例来说，目前 A 公司针对供应商库的入库审核方面，建立了一套完整的审批流程，将供应商入围可能涉及的企业内部各个部门都涵盖在流程中，例如，新供应商入围时要求提交近三年的财务审计报告，在审批流程中由财务部门进行专业审查并在系统中提供意见。

详细流程请见图 1。

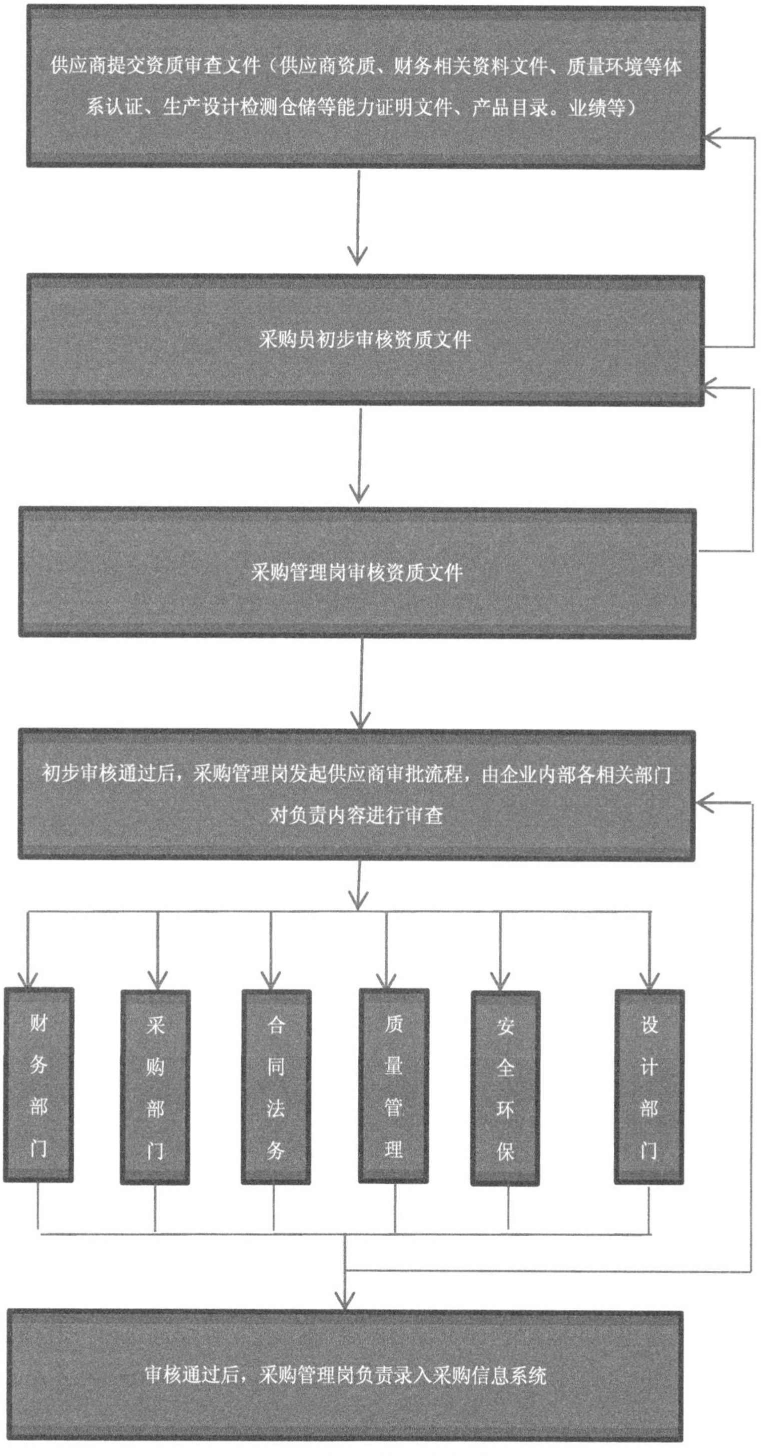

图1　供应商审核流程

3.5　利用社会资源建立电子商务平台

目前，基于第三方的大型电子商务平台已经相当成熟，为企业间的采购交易提供信息化的专业服务。例如A公司与京东慧采平台合作，利用京东慧采进行办公用品采购，A公司的办公用品采购需求特点是频次多，单次采购量相对较小，需求紧急等特点。在之前的采购中，并未对办公用品采用单独的采购方式，审批流程烦琐，采购周期长，不能满足公司需求。引入京东平台后，相比传统的采购方式具有很大优势。与普通网络购物平台相比，京东平台增加了审批权限，符合集中采购审批环节的要求。在功能上，满足采购要求。并且，“京东慧采”平台有下单快、时效准、透明度高等优势，能够很好地满足办公用品采购的需要。

4 应用前景及展望

已经有很多企业在互联网的飞速发展中建立了具有企业特色的电子商务平台，例如中国石化的电子化采购经过多年发展，建立了中国最大的工业品电子商务平台——易派客。在平台上购买物资，就像个人用户使用淘宝一样，在线点选，挑选规格型号，选择中意的厂家。平台上的供应商，都是中国石化通过多年的采购活动积累的优质厂家，通过了供应商审查流程，可靠程度更有保障。电子化采购对于中国石化对优质资源的获取能力提升有了很大的帮助，对内继续服务中国石化生产建设物资需求，推动企业提质增效升级，而且对外全力满足社会有效需求，为国内外企业提供物资采购解决方案。

对于A公司来说，一方面利用已有的成熟第三方采购平台为自身所用，可以让资源的利用效率最大化；同时，对现有的采购平台进行改革优化，利用互联网优势，建立符合企业自身采购需求，具有自身特色的招标采购电子平台。只有勇于直面和认真分析采购工作中出现的问题，同时借鉴同行业公司的成功经验，找出对应的解决措施，才能利用互联网优势提升采购工作的效率和公司的竞争优势。

参考文献

[1] 李国忠. 互联网+环境下公司采购管理变革研究 [D]. 北京：北京交通大学，2016
[2] 吴健. 海外石油 EPC 项目风险管理研究 [D]. 山东：青岛理工大学，2015.
[3] 刘吉鹏. 浅议“互联网+”在工程招标采购中的运用 [J]. 价值工程 2015，(12)：66-67
[4] 国际工程建设项目采购管理. 国际工程建设项目采购管理 [M]. 北京：石油工业出版社，2016

基于广联达 AI 技术平台的工程项目管理

李明霏，刘昕宇
（北京建筑大学经济与管理工程学院，北京市 102616）

摘　要：本文研究了广联达 AI 技术在工地中的具体应用。例如身份信息识别、安全检测、实时监控等方面的技术原理以及该技术所应用的场地。通过这些研究又加了自己的创新，最终得出了在项目施工管理中最节省人力、物力的几个 AI 技术。

关键词：AI；深度学习；计算机视觉；工程项目；广联达

1　引言

当代中国，建筑行业正经历着信息化的快速变革。在项目工程管理过程中，越来越倾向于通过 AI 技术来全面调整施工进程。因此本文重点对广联达 AI 技术平台进行研究以及分析。AI（人工智能），是由不同的技术领域组成，如机器学习、语言识别、图像识别、自然语言处理等。[1] 同时，它也是一门交叉学科，属于自然科学和社会科学的交叉，涉及哲学和认知科学、数学、神经生理学、心理学、计算机科学、信息论、控制论、不定性论等学科。因此人工智能领域的技术壁垒是比较高的，并且会涉及多学科协作的问题。本文对 AI 技术在工地施工中所应用的各个环节都做了详细的分析，并对不完善的地方加以适当的创新。

2　车牌识别技术

2.1　信息识别

采用高清车牌识别技术，使出入工地大门口的车辆能够实现自动识别，不必停车，避免了因为停车而造成路面拥堵的现象。并且此系统可以设置本工地车辆优先进入，外部车辆限制，在车位紧缺的情况下保证了内部车辆可以进入工地[2]。

该系统可根据车牌，显示出车主相关信息以及进入工地时长。未登记信息的车辆进行现场登记，保证了工地现场的安全。

2.2　技术实现方式——深度学习

初步设计完成系统之后，进行实地测试。在系统监控范围内，不断出入不同车型，不同车牌的汽车，使系统不断对其进行检测或使用大量工地视频进行训练，对数据进行分类

作者简介：李明霏，女，1999 年生，北京，目前就读于北京建筑大学工程管理专业本科；刘昕宇，男，1999 年生，北京，目前在北京建筑大学工程管理专业本科。

处理，最后进行系统自我完善。重复上述步骤，使系统不断更新，更加智能、高效、规范[3]。

2.3 应用场景

2.3.1 工地出入口

在工地出入口设置监控摄像头，对进出工地的车辆进行识别并且可以监控工地一天的车流量，如图 1 所示。对可疑车辆进行监控以及报警、记录等。

图 1 工地出入口监控

图 2 地磅系统

2.3.2 地磅系统

在地磅处实行无人值守称重，如图 2 所示。在地磅处设置三台摄像机、两套红外线检测器、一台自动识别标签阅读器、两台信号灯。当受检车辆上到地磅上时，标签阅读器自动识别车主信息，调出系统预制信息（皮重、材料、车牌号等）并进行核查。若核查无误后，摄像机抓拍三组照片上传至计算机，存入数据库中。

用过与 AI 技术相结合，使该系统算法不断更新，以达到更加高效、更加精准的目的。

3 安全帽检测

3.1 概述

安全帽识别技术，通过对工人的系统性分析得出工人头像的位置，以此检测出工人是否佩戴安全帽；通过对工地现场监控视频的动态捕捉，实现对工地现场工人的动态检测，以实现施工过程的实时检测。

3.2 检测技术作用机理

计算机可以将捕捉到的图像进行分类，以达到目的。在建筑工地的摄像头中计算机可以检测到安全帽，同时计算机可以进行数据清洗，将工地中类似于安全帽的图像清除，以达到更加精准的效果。该技术也可不断自我更新，进行深度学习，使之更智能。

3.3 应用场景

3.3.1 工地出入口

在工地出入口设置闸机，对进出人员进行人脸识别以及安全帽佩戴检测，若未佩戴安全帽则闸机发出预警提醒，并不予通过；在佩戴好安全帽之后才可放行，如图 3 所示。

图 3 工地出入口

图 4 作业面

3.3.2 作业面

在作业面设置视频检测系统，对未按照规定佩戴安全帽的工人发出预警提示，以保证作业面工人的人身安全，如图 4 所示。

3.4 展望

应用物联网技术，我们可以将信息包括人脸录入至安全帽中，以实现安全帽实名制，达到一人一帽。通过特定的手机软件扫描安全帽上的二维码，可以了解到该工人的个人资料（如姓名、性别、身高、体重、职位、近期工作、履历等），身体状况（心率、体温、疲劳程度等）及工作状态（工作专注度：若在身体疲劳等级良好的状态下，无工作 15min，安全帽可响铃发出适当警告）。

4 物料盘点

4.1 概述

对摄像头捕捉到的画面中的钢筋或圆形物件进行定位检测，之后快速返回至检测物体的坐标，并标记、计数。此技术大大减轻了人工数钢筋的工作量。

由于钢筋同种规格大小、形状、颜色存在偏差，因此此技术需要通过对现场图片的大量学习，提高其准确度。

4.2 技术核查场景

4.2.1 钢筋进场核查

在钢筋进场处应用此技术，对需要盘点的钢筋根数进行核查。此技术可以解决传统人工数筋方式速度慢、效率低、易错率高等突出特点，如图 5 所示。

图 5 钢筋进场核查

图 6 钢筋库存盘点

4.2.2 钢筋库存盘点

钢筋库存需日常进行盘点，然而传统人工数筋方式存在多种突出缺点，在日常库存盘点过程中，应用此技术不仅可以使盘点工作更加高效且精准，也可大大减轻专项工作人员的工作负担和难度，如图 6 所示。

5 姿态检测

5.1 概述

姿态检测算法可根据检测到的人体 18 个关节点，返回关节点的高精度坐标，以此来绘制出该工人实时的人物姿态[4]。

5.2 技术原理——专人专用

该技术可根据不同人的不同行为习惯进行大数据分析，根据检测出的每一个人特有的常用姿势的关节点，以此制定出每一个人一系列的常用姿势。之后根据工地实时检测出的关节点，结合数据库中该工人常用姿势，判断出该工人的行为动作，从而得知工人正在做什么，或者正处于何种状态。

5.3 应用场景

5.3.1 违规操作

前期把特定操作所用姿势录入至系统中，在工地施工过程中，应用系统算法把工人实时姿势与事先录入至系统中的标准姿势做比对，以此判断该姿势是否违规，如图 7 所示。比如搬运化工用品的操作、安装重要零部件的操作等。

图 7 违规操作

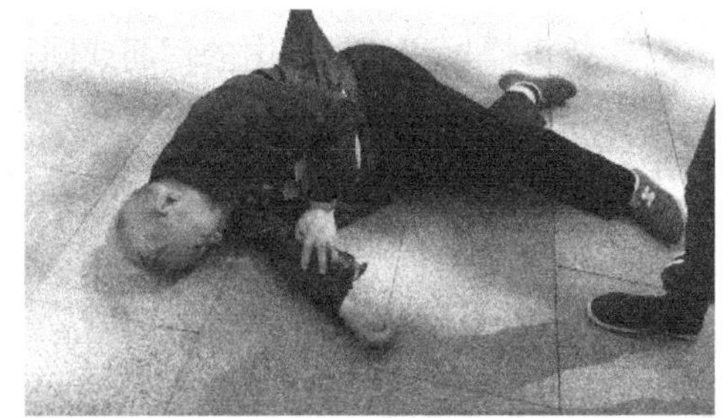

图 8 可疑人员的识别

5.3.2 可疑人员的识别

算法通过对视频捕捉到的人员进行分析，可检测出其出现的可疑行为并及时警报，比如走路摇晃、长时间没有移动等，以此确保施工人员的安全，如图 8 所示。

6 检测跟踪

6.1 概述

检测跟踪算法可以在视频或图片中定位人和车辆，之后返回物体的个数及高精度坐标，从而实现跟踪人和车的轨迹。该技术不仅可针对人和车进行检测跟踪，还可以在视频中自定义物体位置，或训练识别其他类别物体，从而进行该物体的轨迹跟踪检测。另外计算机可以针对所跟踪的图像进行预判，如判断某工人的行进路线前方是否有工人没注意的危险等。

6.2 应用场景

6.2.1 工地用车或工地机械驾驶舱

在工地用车或工地机械驾驶舱中可以安装摄像头，通过跟踪计算工人的眨眼频率和眼睑盖上瞳孔时间所占比例可以判断此时工人的疲劳程度；通过追踪工人作业时的姿势是否与培训时要求的姿势一致，来判断工人是否在安全作业。

6.2.2 重要物料放置处

在重要物料（比如电缆，钢材等贵重物资）放置地点安装红外摄像头，可实现对物料的 24h 监控。运用该技术大大增强了贵重物料的监管能力以及提高了工地的防盗系数。

6.2.3 危险区域处

一旦有人接近工地中的危险区域（比如现场的高压变压器，深坑，未及拆除的危墙等），该技术就可通过对该人员的轨迹跟踪，发出适当的警报铃声，从而提醒相关人员注意安全，避免工地中的人员因靠近危险区域而发生不必要的伤害。

7 安全检测

7.1 概述

安全监测技术可对大量现场照片进行深度学习，然后将其中的安全隐患进行分类并汇总，最后将检测结果上传至数据库中进行标记和反馈。该技术的显著特点是可以与现场监控视频相结合，及时发现施工现场不规范操作及安全隐患，降低安全隐患，保障施工安全。

7.2 应用场景

7.2.1 路面积水处

该技术可即使检测出路面是否积水。若发现路面积水，则立即进行适当提醒，如图 9 所示，以保证工地现场路面环境符合施工要求。

图 9 路面积水处

图 10 临边防护处

7.2.2 临边防护处

安全检测技术可以实时自动检测楼层中临边防护设施完整情况，如图 10 所示。若发现临边防护处存在设施不完整现象（如有缺口或不符合要求的临边），则予以提醒，从而保证防护措施到位，提升施工现场的整体安全性。

8 结语

本文主要研究了广联达 AI 技术平台在工地中的具体应用。AI 技术在项目管理中的应用使施工过程更加高效、简洁。应用 AI 技术极大地减轻了工地人员的工地负担，是当代工地施工有别于以前工地施工的主要内容。在不久的将来，AI 技术一定会在工地施工中拥有更大的施展空间。

参考文献

[1] 李开复 王咏刚. 人工智能 [M]. 北京：文化发展出版社，2017

[2] 广联达科技股份有限公司. 广联达 AI 技术研发平台 [DB/OL]. https：//deep. glodon. com/index. html，2019-06-08.

[3] 李金洪. 深度学习之 TensorFlow [M]. 北京：机械工业出版社，2018

[4] Simon J. D. Prince. 苗启广 刘凯 孔韦韦 许鹏飞. 计算机视觉 [M]. 北京：机械工业出版社，2017

基于BIM技术的低碳建设项目评价指标体系的探讨

李杏[1]，汤旸[2]，罗福周[1]，彭聪[3]
(1. 西安建筑科技大学管理学院，陕西省西安市710055；
2. 大连理工大学工程管理学部，辽宁省大连市116024；
3. 广西水利电力职业技术学院建筑工程系，广西壮族自治区南宁市530023)

摘　要：党的十八大以来，在国家大力倡导低碳建筑的政策下，作为国民经济支柱产业之一的建筑业，亟须向低碳建设之路转型。本文在结合BIM技术的低碳数据分析功能的基础上，以全生命周期的视角，将建设项目全过程的低碳相关数据通过AHP法对评价体系内相关指标进行权重分配，从而能够更全面地反映建设项目低碳水平，也能够更好地实现建设项目全生命周期低碳管理。

关键词：BIM技术；低碳建设项目；绿色建筑

1　引言

我国早在20世纪90年代就提出了可持续发展的战略，经过了近三十年的发展，已经取得了显著的成效，我国可持续发展能力不断增强，在产业结构方面也进一步提出了从“高消耗、高污染、低效益”向“低消耗、低污染、高效益”转变的目标。而后在2010年由联合国环境署可持续建筑促进会（SBCI）的“可持续建筑和气候”论坛中，发布的中文版《建筑与气候变化：决策者摘要》报告中明确指出，建筑已经成为全球气温温室气体排放的三大来源之一[1]。其占全球年温室气体排放总量的三分之一，并且其消耗了四成以上的全球能源。与此同时，相关专家也提出，目前建筑的建设过程并不是最主要的，对于气体排放和能源消耗而言，大量的排放是在“建筑的漫长使用过程中”。党的十八大以来，习近平同志发表了一系列关于建设社会主义生态文明建设的重要论述，国家也在大力推行低碳建设，逐步在建筑领域开展了一系列的低碳标准制定与技术推广的工作，如2015年发布了《绿色建筑评价标准》、2016年《公共建筑节能（绿色建筑）设计标准》等都对绿色建筑及低碳建筑提出了技术性及规范化的要求。

作者简介：李杏，女，1988年生，广西南宁，讲师/在读博士，主要从事工程管理、资源经济研究；汤旸，女，1988年生，吉林长春，在读博士，主要从事工程管理、土地资源承载力研究；罗福周，男，1963年生，陕西铜川，教授/博导，主要从事项目管理、资源管理研究；彭聪，女，1989年生，广西南宁，讲师，主要从事工程管理研究。

基金项目：2017年陕西省社科基金年度项目：“陕南循环经济产业集群发展模式与补偿机制研究（2017S14）
陕西省软科学研究计划——联合项目：“努力推进全产业链建设，加快构建绿色循环产业体系（2018KRLY20）
2018年广西壮族自治区中青年教师基础能力提升项目：BIM在装配式建筑施工质量管控信息化处理的应用实践探索（2018KY1010）

2 文献综述

国外学者更多关注低碳管理，Arsalan Heydarian[2] 从技术上研究建筑施工过程中建筑场地的低碳管理模式，Leila Hajibabai[3] 将建设过程通过 GIS 及设计软件分析建筑各部分及各阶段的碳排放量，从而提出减少碳排放的措施。Marsono[4] 认为 BIM 模型可以获取建筑施工过程中的全部数据，因此具备碳排放测算的技术可行性。国内学者主要从管理模式入手，运用 BIM 的低碳管理数据建模，从而建立数据之间的联系形成施工过程的低碳管理系统[5]。赵伟卓提出将 BIM 技术与低碳绿色建筑评价指标体系进行结合，通过不同灰类等级的评估来对绿色建筑设计方案进行评价[6]。

王玥运用了 BIM 技术进行建筑碳排量测算，并结合 CDM 碳交易机制探讨了低碳管理的可行性[7]。武昊以建筑产品物化阶段的碳排放边界进行界定，参考了工程量清单计价原则建立了建筑产品物化阶段的碳排放计量模型，从而形成施工过程中的成本控制与低碳管理[8]。李纪平从低碳生态城市的角度出发，结合绿色建筑的理念，探讨了基于 BIM 技术的绿色建筑体系的构建[9]。李超骕运用了 PSR 模型，为低碳城市的评价指标体系的构建提供了可借鉴的方法[10]。

国内外相关专家学者的研究成果中都关注于以建设全生命周期来对碳排放量进行持续的观测及分析，并且通过与 BIM 技术的结合实现了对数据的采集和分析，从而更好地指导建设项目全生命周期的低碳管理。

3 基于 BIM 技术对项目全生命周期低碳测算

目前 BIM 技术与低碳建筑有了大量的深度合作，并且也在部分项目的施工过程中实现了 BIM 模型数据与碳排放测算的融合，目前碳排放测算的思路为首先构建基于 BIM 的信息模型，其次将模型与建设项目全生命周期关联，然后代入公式，最后核算出碳排放数据（图 1）。

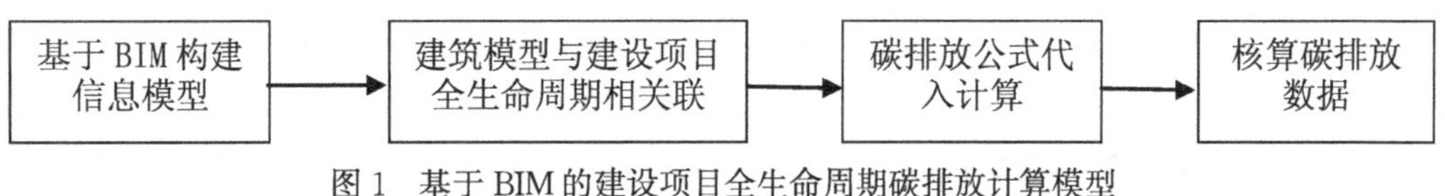

图 1 基于 BIM 的建设项目全生命周期碳排放计算模型

3.1 BIM 技术中使用的低碳测算平台

为实现基于 BIM 的建设项目全生命周期的低碳测算，主要通过 Revit 和 GBS（Green Building Studio）平台进行计算。Revit 作为 BIM 技术实现的成熟平台，其主要优势是对后续做能耗分析，并且可以导入其他相关软件；GBS 是国际上对绿色建筑分析的主要软件。将 Revit 中建立的模型导出 gbxml 的格式文件进行建筑物能耗模拟的计算，并对建筑物的运维期的碳排放量进行预测。

3.2 建设项目全生命周期界定

根据国内外对建筑生命周期的阶段划分有二阶段到六阶段不等，本文构建的碳排放测算的全生命周期按照《建筑碳排放计量标准》CECS374—2014的划分，将建筑全生命周期碳排放划分为设计阶段、实施阶段（其中包括材料生产加工阶段即施工阶段）、运维阶段以及拆除清理阶段。

在建设项目的全生命周期期间，计算碳排放量的方法采用《建筑碳排放计量标准》CECS374—2014中的清单统计法，其中运用到的碳排放因子数据库见表1。

清单统计法中碳排放因子数据库节选　　表1

种类	名称	碳排放因子
能源	无烟煤	98.3kgCO_2/GJ
	焦炭	107kgCO_2/GJ
	原油	73.3kgCO_2/GJ
	天然气	56.1kgCO_2/GJ
	……	……
建筑材料	石料	2.212kgCO_2/t
	水泥P.I.52.5	1350 kgCO_2/t
	C25预拌普通混凝土	389 kgCO_2/t
	大型钢材	2800 kgCO_2/t
	……	……
运输	铁路(内燃机车)	110 kgCO_2/106t·km
	公路(汽油货车)	29.9kgCO_2/100t·km
	……	……
机械	履带式推土机	170.636 kgCO_2/台班
	混凝土振捣器	2.856 kgCO_2/台班
	……	……

4 基于BIM技术的建设项目全生命周期低碳评价指标体系

4.1 低碳评价指标的确定

在《绿色建筑评价标准》GB/T 50378中对绿色建筑（Green building）的定义界定为在全寿命期内，具体的评价只分为了设计评价和运行评价，其中设计评价为5项指标，而运行评价分为7项指标，指标权重见表2。

绿色建筑各类评价指标的权重　　表2

		节地与室外环境ω_1	节能与能源利用ω_2	节水与水资源利用ω_3	节材与材料资源利用ω_4	室内环境质量ω_5	施工管理ω_6	运营管理ω_7
设计评价	居住建筑	0.21	0.24	0.20	0.17	0.18	—	—
	公共建筑	0.16	0.28	0.18	0.19	0.19	—	—
运行评价	居住建筑	0.17	0.19	0.16	0.14	0.14	0.10	0.10
	公共建筑	0.13	0.23	0.14	0.15	0.15	0.10	0.10

注：1. 表中“—”表示施工管理和运营管理两类指标不参与设计评价。
2. 对于同时居住和公共功能的单体建筑，各类评价指标权重取为居住建筑和公共建筑所对应权重的平均值。

从以上指标中可以发现，目前绿色建筑评价的阶段虽然涵盖了设计及运行阶段，但是缺少项目寿命终端的拆除清理阶段的评价，另外评价指标仅限于从节材、节水等五个大指标中进行控制项的评价及评分项的评分，没有从低碳角度出发考虑碳排放量指标对绿色建筑的影响程度，因此，在现有绿色建筑评价指标体系中，基于过程及因素两方面的考虑，应加入拆除清理阶段的评价以及所有评价项目中加入碳排放量的数据作为评分计算。由于原评价标准中运用 BIM 模型为加分项之一，但是优化后的评价指标中碳排放的数据计算要给予 BIM 模型中提供的数据，因此在新构的评价指标体系中去除 BIM 的加分项，据此建立基于 BIM 技术的低碳建设项目评价体系。该体系与绿色建筑评价指标体系的区别在于其从建设项目全生命周期的视角对建筑物进行碳排放的观测与计量，为进行建设项目低碳管理提供更全面的依据，也符合建筑业向可持续发展转型的目标。

4.2 评价指标权重的确定

根据建设项目全生命周期的定义及阶段，对于建设项目的低碳水平评价重点在于其运行评价，即在运行评价中加入对碳排量的评价及拆除清理阶段的指标进行赋权。

根据上述建立的一级指标及二级指标体系，运用 AHP 方法进行权重的计算，在赋分环节邀请了相关专家及系统分析人员，通过网络问卷调查的方式获取了相关领域人员[1] 对建设项目全生命周期各阶段及二级指标的关键程度排序并按照 1～9 分标度法进行赋分，获取相对应的判断矩阵。以居住建筑的运行评价为例：

$$
\text{矩阵 } A = X_i = \begin{bmatrix}
1 & 2/3 & 1 & 2 & 2 & 9/2 & 9/2 & 9/2 \\
3/2 & 1 & 2 & 5/2 & 5/2 & 5 & 5 & 5 \\
1 & 1/2 & 1 & 3/2 & 3/2 & 4 & 4 & 4 \\
1/2 & 2/5 & 2/3 & 1 & 1 & 3 & 3 & 3 \\
1/2 & 2/5 & 2/3 & 1 & 1 & 3 & 3 & 3 \\
2/9 & 1/5 & 1/4 & 1/3 & 1/3 & 1 & 1 & 1 \\
2/9 & 1/5 & 1/4 & 1/3 & 1/3 & 1 & 1 & 1 \\
2/9 & 1/5 & 1/4 & 1/3 & 1/3 & 1 & 1 & 1
\end{bmatrix}
$$

选用和积法求解最大特征根 $\lambda_{\max}$ 与权重向量 W，具体计算过程如下：

（1）将矩阵的每一列元素进行归一化处理，计算公式为 $a_{ij} = \dfrac{a_{ij}}{\sum a_{ij}}$ $(i，j=1，2，3\cdots n)$；

（2）将每一列归一化后的矩阵按行相加为 $w_i = \sum_{j=1}^{n} a_{ij}(i=1，2\cdots n)$；

（3）对向量 $W=(W_1，W_2\cdots W_n)^T$ 进行归一化处理，计算公式为 $w_i = \dfrac{w_i}{\sum_{j=1}^{n} w_j}(i=1，2\cdots n)$，则 $W=(W_1，W_2\cdots W_n)^T$ 即为所求的特征向量的近似解；

（4）计算矩阵最大特征根 $\lambda_{\max}$，计算公式为 $\lambda_{\max} = \sum_{i=1}^{n} \dfrac{(AW)_J}{n w_i}$。

[1] 本次网络问卷调查参与者为政府相关部门专家 18 人、建筑相关企业从业人员 64 人及高校建工类专业教师 28 人，共发放问卷 100 份，回收问卷 100 份，有效问卷 92 份，赋分值在去除一个最高分及一个最低分后取算术平均数。

通过上述计算，可得出矩阵的最大特征根为$\lambda_{max}=8.086$，为了判断权值分配的合理性，需要进行判断矩阵的一致性检验，运用判断矩阵一致性指标CI（Consistency Index），计算公式为$CI=\frac{\lambda_{max}-n}{n-1}$，根据此公式计算出的$CI=0.012$，该值越大，说明矩阵偏离程度越大，该值越小，标明矩阵越接近于完全一致性。由于上述建立的矩阵为多阶判断矩阵，还要进一步引入平均随机一致性指标RI（Random Index），该值定义阶数$n<3$时，矩阵永远具有完全一致性，而当$n\geqslant 3$时，RI的取值会随阶数的不同而变化（表3）。

1～8阶正互反矩阵计算1000次得到的平均随机一致性指标（*RI*） **表3**

n	1	2	3	4	5	6	7	8
RI	0	0	0.58	0.90	1.12	1.24	1.32	1.41

通过矩阵一致性指标CI与同阶RI的比值得出的结果称为随机一致性比率CR（Consistency Ratio），$CR=\frac{CI}{RI}$，该值小于0.10时，认为矩阵具有可以接受的一致性，当其大于等于0.10时，则需要对判断矩阵进行调整，直至$CR<0.10$为止。

根据上述计算，由于判断矩阵为8阶，取$RI=1.41$，则依此计算出的$CR=0.009$，小于0.1，故可认为该判断矩阵可以达到令人满意的一致性（表4）。

AHP优化后绿色建筑运行评价指标的权重 **表4**

		节地与室外环境 ω_1	节能与能源利用 ω_2	节水与水资源利用 ω_3	节材与材料资源利用 ω_4	室内环境质量 ω_5	施工管理 ω_6	运营管理 ω_7	拆除清理 ω_8	平均随机一致性检验 CR
运行评价	居住建筑	0.20	0.27	0.17	0.12	0.12	0.04	0.05	0.04	0.008
	公共建筑	0.12	0.21	0.13	0.16	0.16	0.07	0.08	0.07	0.009

根据《绿色建筑评价标准》GB/T 50378中对于节地与室外环境、节能与能源利用、节水与水资源利用、节材与材料资源利用、室内环境质量、施工管理、运营管理的评价，其中分为控制项及评分项，控制项要求必须满足，而评分项根据具体细则设置不同分值，由于在各项二级评价指标中均加入了碳排放量的评分，因此通过AHP法分配二级指标权重，并且均通过了一致性检验，证明二级指标的赋分判断矩阵达到了一致性，得到如下一级及二级指标评分项权重，见表5。

建设项目低碳评价一级指标及二级指标权重分配 **表5**

一级指标	项目	二级指标	评分值	权重	λ_{max}	CI	CR
节地与室外环境X_1	评分项	土地利用X_{11}	34	0.36	5.044	0.011	0.010
		室外环境X_{12}	18	0.15			
		交通设施与公共服务X_{13}	24	0.21			
		场地设计与场地生态X_{14}	24	0.21			
		（碳排放量X_{15}）	(10)	0.07			
节能与能源利用X_2	评分项	建筑与维护结构X_{21}	22	0.21	5.083	0.021	0.019
		供暖、通风与空调X_{22}	37	0.36			
		照明与电气X_{23}	21	0.19			
		能量综合利用X_{24}	20	0.16			
		碳排放量X_{25}	(10)	0.08			

续表

一级指标	项目	二级指标	评分值	权重	λ_{max}	CI	CR
节水与水资源利用 X_3	评分项	节水系统 X_{31}	35	0.36	4.028	0.009	0.010
		节水器具与设备 X_{32}	35	0.36			
		非传统水源利用 X_{33}	30	0.21			
		(碳排放量 X_{34})	(10)	0.07			
节材与材料资源利用 X_4	评分项	节材设计 X_{41}	40	0.31	3.004	0.002	0.003
		材料选用 X_{42}	60	0.58			
		碳排放量 X_{43}	(10)	0.11			
室内环境质量 X_5	评分项	室内声环境 X_{51}	22	0.17	5.29	0.072	0.064
		室内光环境与视野 X_{52}	25	0.22			
		室内热湿环境 X_{53}	20	0.16			
		室内空气质量 X_{54}	33	0.37			
		(碳排放量 X_{55})	(10)	0.09			
施工管理 X_6	评分项	环境保护 X_{61}	22	0.22	4.024	0.008	0.009
		资源节约 X_{62}	40	0.35			
		过程管理 X_{63}	38	0.31			
		(碳排放量 X_{64})	(10)	0.12			
运营管理 X_7	评分项	管理制度 X_{71}	30	0.24	4.11	0.037	0.041
		技术管理 X_{72}	42	0.45			
		环境管理 X_{73}	28	0.23			
		(碳排放量 X_{74})	(10)	0.07			
(拆除清理 X_8)	评分项	(拆除过程碳排放量 X_{81})	(50)	0.5	—	—	—
		(废弃物处置碳排放量 X_{82})	(50)	0.5			

注：根据国内外关于拆除清理阶段碳排量的相关研究，将此阶段的碳排量分为拆除过程中的碳排放（包括拆除机械等）以及废弃物处置（包括非回收废弃物的运输以及可回收的建材处置）的碳排放，因此在权重分配上按照平均分配确定，不列判断矩阵计算。

根据《绿色建筑评价标准》GB/T 50378 中 3.2.8 条规定，将绿色建筑分为三个等级，分别为一星级、二星级及三星级，对应的总得分分别为 50 分、60 分、80 分。通过上述综合碳排量及拆除清理阶段的评价指标体系，可以对建设项目的低碳情况依照上述评分标准进行评价。

5 结语

通过 AHP 法将建设项目低碳评价指标分成一级指标与二级指标两个层次，并构建了判断矩阵得出了各级指标的权重分布，均通过了一致性检验。通过构建新的评价指标体系对建设项目的低碳水平进行评价，一方面将建筑拆除阶段纳入到了低碳项目评价，另一方面将全寿命周期中产生的碳排放量作为评分项纳入各个一级指标中参与评分，使得建设项目的低碳评价更为全面及科学。但是为了实现上述评价，必须要结合 BIM 技术将建设全过程中产生的各类能耗及碳排放计算相结合，因此还需要深化 BIM 技术与低碳评价的结合程度，并提高对于碳排放量计算的准确性及全面性。

参考文献

[1] 杨鹏. 基于 BIM 技术的建筑生命周期碳排放研究 [D]. 武汉工程大学，2016

[2] Aralan Heydarian, Mani Golparvar-Fard. A visual monitoring framework for integrated productivity and carbon footprint control of construction operations. In : R. Raymond Issa, Yimin Zhu. Computing in Civil Engineering [R]. United States: American Society of Civil Engineers, 2011: 504-511
[3] Leila Hajibabai, Zeeshan Aziz, Feniosky Pena-Mora. Visualizing greenhouse gas emissions from construction activities [J]. Construction Innovation. 2011, 11 (3): 356-370
[4] Marsono, Abdul Kadir. Influence of construction material on energy consumption, lifecycle energy cost and carbon emission based on BIM technology. International Graduate Research Symposium on the Built Environment [J]. 2010
[5] 许劼. 基于 BIM 的施工过程低碳管理数据建模 [D]. 华中科技大学，2013
[6] 赵伟卓. 建筑信息模型技术与低碳绿色建筑评价指标体系的动态融合机制 [J]. 科学技术与工程，2019，19 (03)：196-201
[7] 王玥. 基于 BIM 的建筑项目 CDM 碳交易机制研究 [D]. 重庆大学，2015
[8] 武昊. 基于 BIM 技术的建筑产品物化阶段的碳排放计量研究 [D]. 哈尔滨工业大学，2015
[9] 李纪平. 低碳生态城市下基于 BIM 技术构建绿色建筑体系的探讨 [J]. 建材与装饰，2019 (03)：178-179
[10] 李超骕，田莉. 基于 PSR 模型的低碳城市评估指标体系研究 [J]. 城市建筑，2018 (12)：13-17

BIM 技术在实际工程项目中的应用研究

朱圣梅
指导老师：李旭，俞剑龙
（浙江理工大学科技与艺术学院，浙江省绍兴市 312300）

摘　要： 随着工程技术的发展，BIM 技术已经在实际项目工程中得到了广泛的应用和发展。本文在以多个实际工程项目为研究对象，通过理论与实际分析的方法，简要归纳了BIM 技术在实际工程项目中相较于传统设计和施工模式的优势，并发现 BIM 技术在现存建筑行业体制内的一些问题所在，给出一定的建议和意见，以促进 BIM 技术在我国的推广和发展。

关键词： BIM 技术；BIM 模型；实际工程；应用分析

1　引言

近年来随着建筑技术的不断发展，BIM 技术在实际工程项目得到了广泛的运用，并日趋占据重要地位，其相较于传统建筑技术的优势在实际工程项目中被不断体现。本文以此为研究内容，通过 BIM 技术在实际工程项目中的应用优势的分析总结，发现 BIM 技术能够深化发展的方向以及现今 BIM 技术应用过程存在的问题，使 BIM 技术能够在建筑行业中得到更好的发展与应用。本文具有一定的理论价值和实践意义，为 BIM 技术未来发展方向和完善所存在问题提供一定的参考。

2　BIM 技术概念

BIM（Building Information Modeling）技术概念最早于 20 世纪 80 年代提出，并随着时间推移不断被发展与完善。BIM 技术是在 BIM 模型（Building Information Model）上加载信息数据的过程及运用，是基于三维建筑模型的信息集成和管理技术。其中信息是 BIM 技术的核心，BIM 模型是 BIM 技术信息承载的载体。本文主要以狭义上的 BIM 技术为研究对象，侧重于“信息模型”的概念。

作者简介　朱圣梅，女，1997 年生，浙江桐乡，工程管理专业本科在读；李旭，男，副教授，从事高等教育和科研工作三十二年，研究方向为项目投融资、工程造价和项目管理；俞剑龙，男，1981 年生，浙江金华，高级工程师，从事岩土工程教学科研以及研究 BIM 方向。

基金项目：《浙江省生态水环境治理 PPP 项目风险管控模式创新研究》（KY2019001）《互联网＋任务驱动”背景下建筑类专业英语教改实践研究》（KYJG2019014）。

3 BIM 技术在实际工程项目中的应用

3.1 三维可视化

BIM 技术不仅用于二维平面设计，还可以进行三维可视化模型的构建，激发设计师的设计灵感，完成建筑造型较为复杂的形体设计，同时在设计、施工和运维等全寿命周期中得到更为深入地运用。[1]

3.1.1 有效避免设计失误

现阶段的主流设计仍是采用 CAD 软件的二维设计模式，但是相较于三维设计，二维设计模式下各专业相对独立，信息沟通以人为主，设计往往存在着一定程度上的专业协同和精度缺陷。传统的二维设计模式图纸的平面性和信息传达不及时性容易造成各专业之间设计上的冲突矛盾，其中土建和机电、暖通专业之间的冲突最为显著。

而通过 BIM 模型的建立，使图纸三维可视化，更为直观明了。通过进行碰撞模拟检查以及优化调整，不仅能及时排除项目施工环节中可能遇到的碰撞，显著减少由此产生的变更申请单，还大大提高了后期施工阶段的工作效率。

3.1.2 简化复杂构件空间定位工作

为突出建筑美观性，现代工程对于建筑外观及其构件外观要求越来越复杂，产生了许多外观独特的建筑以及构件，而复杂异型结构在传统实际施工过程中定位难度大，定位工作复杂烦琐，常常无法实现精确定位。

宁波奥体中心游泳馆工程位于宁波市江北区洪塘街道，总面积约为 $82366m^2$。该工程中的跳塔，就是一个典型的复杂外观构件，施工难度较大。

该工程的跳塔为空间多曲面清水混凝土结构，空间感极强。跳塔轮廓面的空间定位需要借助多根空间定位曲线才能得以实现，传统二维图纸很难在实际工程中将该构件定位信息表达简单明确。该工程施工阶段采用了 BIM 技术，针对跳塔设计了多曲面模板模型并通过横截面控制框架以及竖向曲面控制框架进行横向、竖向双向定位，模板示意图如图 1、图 2 所示，再进行实地放样以实现跳塔实际工程中的空间定位[2]。

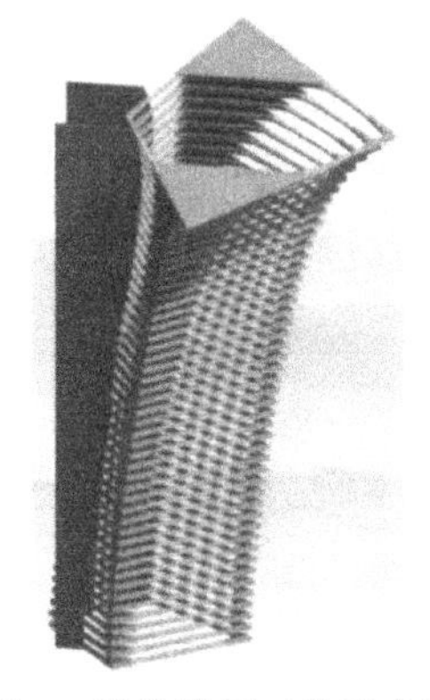

图 1 跳塔模板三维示意图

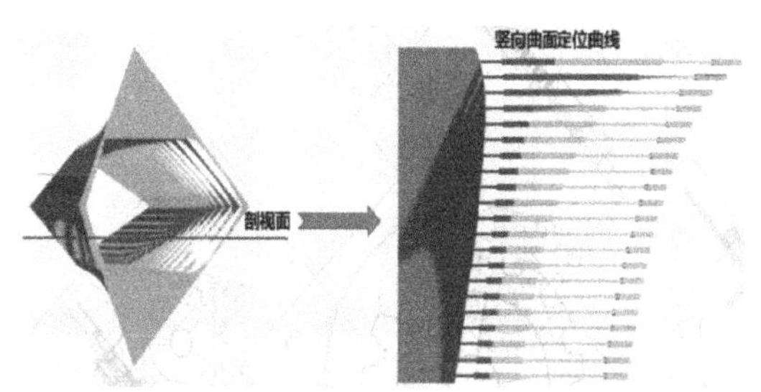

图 2 跳塔模板俯视、主视剖面示意图

该工程的实际施工实际体现了 BIM 技术在施工中的重要地位。通过 BIM 技术进行三维可视化建模，根据模型导出的空间坐标信息能有效简化复杂构件空间定位工作，使空间定位更加简单方便，提高了构件模板制作的精确性，有利于达到准确现场施工定位的目的。在多曲面构件、幕墙和钢结构等施工过程中得到了广泛应用。

3.2 信息数据化

BIM 模型的建立就是将建筑及其构件实际信息数据化的过程，并在工程的全寿命周期过程中信息数据不断叠加，承载建筑从设计到施工，再到交付使用运营的所有信息[3]，贯穿整个全寿命周期。

3.2.1 设计阶段

BIM 技术的最终目标是实现 BIM 三维正向设计。北京华茂 BIM 提出了“全过程”、“全专业”、“全时段”和“全应用”的 BIM 三维正向设计模式，即设计阶段全程使用 BIM 设计，全专业（除结构外）运用 BIM 技术协同设计，设计中应用模型及时检测与优化，以实现 BIM 出图的正向设计[4]。

BIM 三维正向设计是对于传统二维 CAD 设计的又一大颠覆，可以不通过 CAD 图纸翻模，直接采用建模软件进行模型设计，将传统二维图纸信息最大数据化，并且在设计完成后可直接运用于施工阶段，从而更为快速地衔接了设计阶段与施工阶段。

3.2.2 施工阶段

BIM 技术信息数据化同样体现在施工阶段的信息管理中，包括施工进度、工期和造价等方面的管理。

碧桂园上海的浦东星作项目位于上海市浦东泥城镇，由上海碧桂园物业发展有限公司建成，建筑类型为高层板楼，总建筑面积 53050m^2，总占地面积 33156m^2，于 2018 年 8 月 20 日竣工完成。

该项目是碧桂园首次在 PC 项目中全过程应用 BIM 技术，共计房屋 400 户使用 Revit 进行建模与 PC 深化，通过 EBIM 云平台这样的网络云平台进行模型数据管理，并在 PC 件加工、运输、进场、堆场、吊装和验收全程使用二维码的方式进行数据采集。通过二维码从 PC 加工厂、运输和项目部进行构件全流程跟踪，如图 3 所示，施工各参与方可以通过 PC 构件上的二维码获取相应构件设计、加工、运输和施工全流程信息，实现了施工阶段的各参与方协同。

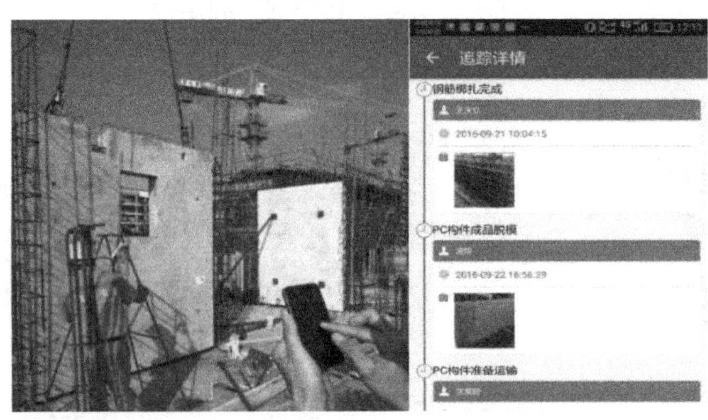

图 3 浦东星作项目构件施工安装过程二维码扫描

该项目很好地诠释了 BIM 模型承载的构件数据在施工过程中的运用，将互联网和手机通信等新型的信息技术应用到传统的施工现场，实现了信息实时传输，为掌握施工进度状况及时调整施工方案，缩短工期和控制造价提供了依据。

3.2.3 运营维护阶段

随着设计、施工阶段对于 BIM 模型数据的不断叠加和完善，在建筑及其构件的运营维护阶段，BIM 技术能够起到了巨大的运营维护管理作用。

武汉国际博览中心项目规划总占地面积为 6253 亩。净用地面积为 4270 亩，中心核心区规划建筑面积约为 120 万 m^2，总投资达到 500 亿左右，该项目面积且结构复杂，设备管理相对复杂，难度较大。

该项目采用的设备维护系统是 BIM 的机电设备智能管理系统，在此系统上构建了基于 BIM 的建筑设备运行维护的可视化管理模型。以建模、动画、注册和扫描的方式，采用手机端为媒介，能够及时找到需要维修的设备，分派人员检修，极大程度地减少了因无法发现设备故障而导致的损失[5]。

从该项目实例可以看出，BIM 技术在实际工程运营维护阶段运用的可行性，能够构建更加系统和精确的管理模式，将建筑及其构件信息通过移动端的方式传递，从而可以及时发现问题所在，减少不必要的损失。

3.3 成本经济化

BIM 技术可以说正是为了迎合建筑业的大背景下成本经济化的大趋势而提出的。在上述多个案例中，BIM 技术的运用都在一定程度上达到了成本经济化的目标。在设计阶段若实现 BIM 三维正向设计，各专业协同，可减少设计周期，降低设计阶段的成本投入，同时又能提高图纸质量。施工阶段运用 BIM 技术信息管理可有效缩短工期，节约施工成本。运营维护阶段利用 BIM 模型承载的数据化信息可以很大程度上降低建筑及其构件的运营维护成本。

总而言之，不论是设计阶段、施工阶段和运营维护阶段，合理运用 BIM 模型及其数据化信息都可以很大程度上节约人力、材料和时间成本，以达到成本经济化的目的。

4 BIM 技术在应用过程中存在的问题

4.1 BIM 软件传递之间的数据流失

现行业中有着如 Autodesk Revit，Archi CAD，Bentley 建筑、结构和设备等一系列的建模软件，但在各专业之间，由于专业的特性不同，建模软件仍无法完全统一。在软件到软件传递与加载过程中，虽然有统一的 IFC 标准文件格式支持，但仍不可避免地还会发生数据流失的现象。一个项目采用的建模软件越多，数据的缺失将越多，增加了建模过程中完善数据的工作量，也可能导致由于数据缺失引起的设计失误。因此建模软件作为 BIM 技术建模的重要建模工具，各软件开发者应考虑该数据流失问题，开发和完善各软件以使软件具有兼容的模型数据“传递轨道”。

4.2 缺乏 BIM 技术人才及团队

要想运用好 BIM 技术，必须要有专业技术人才及团队的技术支撑[6]，但现阶段建筑行业中 BIM 技术的专业技术人才及团队面临着严重的缺乏。虽然近年来各大建筑企业、相关单位以及各大高校不断加强对 BIM 技术专业人才及团队的重视和培养，但由于专业实践性不足和高校还没有形成完善的 BIM 技术教育体系，BIM 技术专业人才及团队仍处于缺失状态。因此相关建筑企业单位应加强培养 BIM 技术专业人才及团队的项目实践性，各高校要加强和完善 BIM 专业知识的教育体系，为建筑项目工程输出更多的专业人才及团队。

4.3 行业中 BIM 技术的滥用现象

随着我国对 BIM 技术运用的大力支持，先后出台了一系列有利于其发展的相关政策，但在促进 BIM 技术发展的同时也促使了一批“急功近利”的开发者，在项目施工过程中建立粗略 BIM 模型，没有深入运用 BIM 技术，反而以谋取国家政策上的“优惠”为目的。BIM 技术的滥用现象不仅不利于 BIM 技术的发展，而且容易导致行业对于 BIM 技术的错误认知。因此相关政府部门应加强对于利用 BIM 技术项目工程的监督和管理，以遏止 BIM 技术滥用现象。

4.4 缺乏统一的行业 BIM 技术标准

BIM 技术发展至今，建筑行业中各地方、各专业和各企业之间 BIM 标准诸多[7]。这些标准对于 BIM 模型的侧重点各有不同，导致在实际工程中存在 BIM 模型交付标准上的冲突。如果没有统一的 BIM 技术行业标准，数据的格式、交付内容和呈现形式将复杂多样杂乱无章[6]，也无法体现 BIM 技术在建筑行业的真正价值。因此相关部门应完善行业中 BIM 技术相关标准，统一 BIM 技术行业技术标准，使 BIM 技术得以更长远的发展。

5 总结

上述多个实际项目工程的分析解读，体现了 BIM 技术在建筑全寿命周期过程中所呈现的极大优势。虽然现下行业体制和国家法规不够完善，缺乏 BIM 技术专业人才及团队，但相信未来随着技术不断成熟，行业标准以及高校 BIM 技术教育体系的不断完善，BIM 技术将会带来更大的生产效益，有效解决更多传统工程项目过程中出现的难题。

参考文献

[1] 陈建国，周兴. 基于 BIM 的建设工程多维集成管理的实现基础 [J]. 科学进步与对策，2008，25 (10)：150-153

[2] 许必强，汪焱卫，吴文奎，孙青山. 空间多曲面清水混凝土全木模板施工工艺研究 [J]. 施工技术，2017，46 (14)：54-57，78

[3] 胡弘毅. 对施工各阶段 BIM 模型转换的研究 [A]. 中国图学学会建筑信息模型 (BIM) 专业委员会. 第三届全国 BIM 学术会议论文集 [C]. 中国图学学会建筑信息模型 (BIM) 专业委员会：中国建筑工业出版社数字出版中心，2017：6

[4] 华茂 BIM 设计服务专题 帮助设计院真正实现 BIM“正向”设计 [J]. 建筑设计管理，2019 (03)：97

[5] 陈丽娟，骆汉宾，辛宏妍. 增强现实技术在武汉国际博览中心设备维护系统中的应用 [J]. 施工技术，2016，45 (06)：37-40

[6] 汤政. BIM 在建筑工业化中面临的问题及对策分析 [J]. 山西建筑，20 19，45 (10)：246-247

[7] 高崧，李卫东. 建筑信息模型标准在我国的发展现状及思考 [J]. 工业建筑，2018，48 (02)：1-7

建筑企业BIM技术应用及人才培养状况调研分析

李明，侯晓蓉

摘　要：本文通过对我国一些一流建筑企业的问卷调查，考察了当前我国BIM技术应用及人才培养的相关情况。通过调研数据分析发现，建筑企业对BIM技术的应用仍处于初步探索阶段，阻碍BIM技术深入推广应用的主要因素在于应用型人才的缺乏。我国建筑企业对BIM技术人才存在巨大的需求，现有人才培养状况无法满足企业的实际需求，校企合作是解决这一问题的有效途径。

关键词：BIM技术应用；BIM技术人才需求；BIM技术人才培养

1　引言

2017年3月，住房与城乡建设部发布的《工程质量安全提升行动方案》中强调：要加快推进建筑信息模型（BIM技术）在规划、勘察、设计、施工与运营维护这一建设项目全生命周期中的集成应用，以实现项目建设全过程的信息化管理，为项目方案优化和科学决策提供依据，促进建筑业的提质增效[1]。BIM技术作为一种在设计、施工和项目管理过程仿真模拟的技术与管理方法，正广泛应用于国内外建筑业各个领域。

相较于BIM技术应用较为成熟的美国、德国、法国等发达国家，我国BIM技术应用虽然起步较晚，但正以积极态势加速推进，在最能体现BIM技术应用价值的大中型企业尤其如此。BIM技术的快速发展也推动了当前社会对BIM技术人才的需求，众多专家学者纷纷预测，未来几年我国BIM技术人才需求将呈井喷式的增长。本研究以我国建筑企业为样本，通过问卷调查的形式了解BIM技术在建筑业中的应用现状，分析企业BIM技术应用的问题，揭示BIM技术人才需求特征及培养现状，从而为BIM技术在我国建筑业中的推广应用及人才培养等方面提供参考。

2　调查对象与方法

本次调研的24家建筑企业绝大多数是位于我国中东部及北上广深等直辖市或省会城市的享有特级或甲级资质的大型国有企业，其中建筑施工企业居多，共有20家，另有建筑设计及建设监理企业各2家。这与我国建筑企业BIM技术应用状况相适应：由于大型企业经常承接最能体现BIM技术应用价值的复杂项目，因此，一般是大型企业率先采用BIM技术，之后，中小型企业逐步尝试应用。施工企业通过应用BIM技术，在投标阶段为发包方模拟展示施工过程，在施工阶段进一步深化设计，通过精细化管理工程项目获得

基金项目：江西省教育科学“十三五”规划项目2018课题“建筑信息化背景下BIM技术人才培养模式与实施路径研究（18YB056）”

实际效益，应用 BIM 技术较为普遍[2]。

3 调查结果分析

3.1 企业对 BIM 技术的总体应用情况

3.1.1 企业对 BIM 技术的认知及应用程度

调查结果显示：超过 95%的企业均对 BIM 技术有一定了解，更有 54.17%的企业认为引入 BIM 技术对企业自身发展十分重要，33.33%的企业认为将 BIM 技术引入企业较为重要。此外，在所调查的 24 家建筑企业中，准备及已经在应用 BIM 技术的企业达到了 50%以上。其中，超过半数的企业有三年及三年以上的 BIM 技术应用经验（图 1）。由此可见，在当前国家政策措施的大力推动、建筑业对精细化及信息化要求的不断提升、BIM 技术日益发展成熟的背景下[3]，越来越多的企业开始认识到 BIM 技术应用价值，纷纷尝试将 BIM 技术引入企业的项目建设之中。

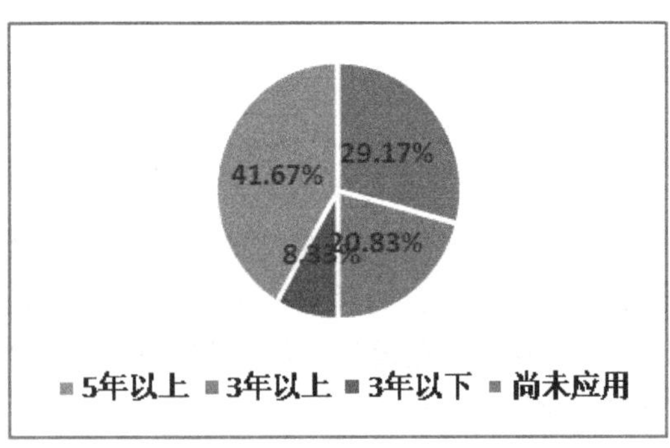

图 1 建筑企业对 BIM 技术的应用程度

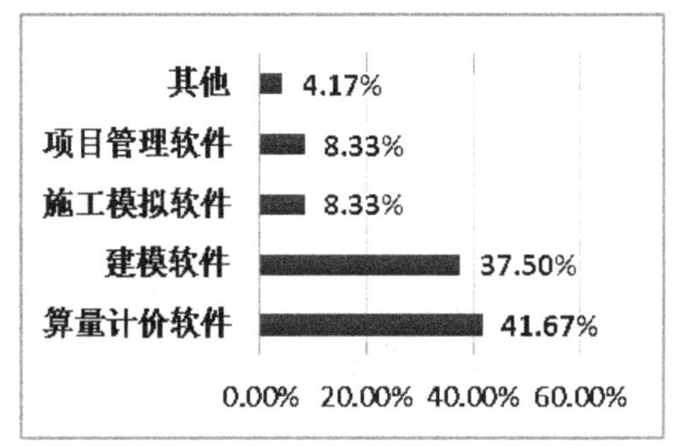

图 2 建筑企业购置 BIM 技术软件情况

3.1.2 企业购置 BIM 技术软件情况

在对我国建筑企业主要购置 BIM 技术相关软件情况进行调查时，结合当前 BIM 技术在建筑业中的主要应用领域，本题设置了五个选项：算量计价软件，建模软件，施工模拟软件，项目管理软件，其他。调查结果如图 2 所示，41.67%的企业主要购置了算量计价软件，37.50%的企业主要购置了建模软件，主要购置施工模拟软件及项目管理软件的企业所占比率均为 8.33%。由以上数据可知，我国对 BIM 技术软件的使用主要集中在算量计价和工程建模等领域，其他类型的 BIM 技术相关软件在我国还未得到很好的普及。

3.1.3 企业运用 BIM 技术从事的业务范围

对我国建筑企业运用 BIM 技术从事业务范围的研究发现，50%的企业主要将 BIM 技术应用于工程施工领域，20.83%的企业主要将 BIM 技术应用于工程估价领域，将 BIM 技术应用于项目管理、合同与招投标及其他领域的企业所占比率分别为 16.67%、4.17%、8.33%（图 3）。这表明，目前我国建筑企业仅将 BIM 技术应用于项目的部分建设过程，还不能实现在规划、设计、施工、运营维护等整个生命周期内的协同应用。

3.2 企业对 BIM 技术应用的看法

3.2.1 企业对 BIM 技术应用的效果评价

调查显示，仅有 37.50%的企业认为 BIM 技术应用提高了企业的综合效益，41.67%

的企业认为 BIM 技术应用所带来的效益并不显著或未产生效益，4.17%的企业表示 BIM 技术应用不仅没有给企业带来显著的效益，反而增加了企业的成本（图 4）。这种情况的出现主要是由于行业体制不健全、标准不完善、软件本土化程度不够、企业之间缺乏协同集成管理等问题，BIM 技术在我国推广应用的大环境有待成熟[4]；其次，由于我国企业对 BIM 技术价值认知不够深入，容易出现部分间断运用与被动认同运用等情况，从而造成 BIM 技术应用的投入与产出失衡，实施效果不尽如人意。

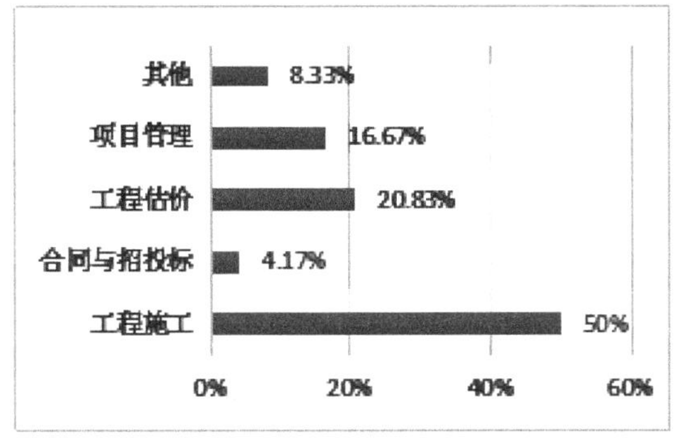

图 3 建筑企业运用 BIM 技术从事业务范围

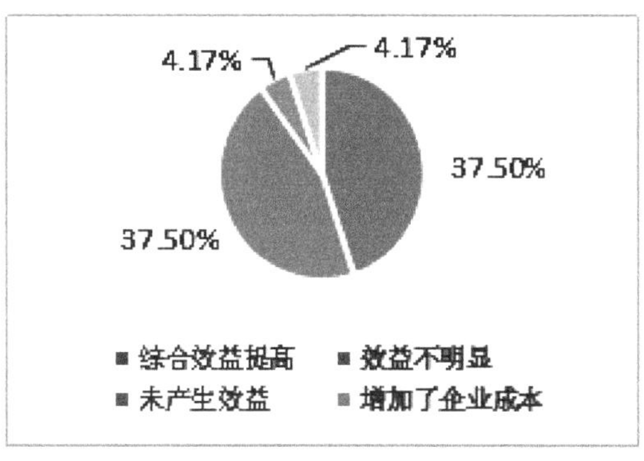

图 4 企业对 BIM 技术应用的效果评价

3.2.2 影响企业 BIM 技术应用的障碍因素

影响我国 BIM 技术不断发展与深入应用的主要障碍调查表明（图 5），75%的企业认为 BIM 技术应用人才的缺乏是阻碍企业 BIM 技术应用的主要障碍，将缺乏相应的规范标准、应用成本较高、技术环节复杂视为主要应用障碍的企业所占比率仅为 8.33%、8.33%、4.17%。这表明，在当前 BIM 技术推广应用的过程中，缺乏相应的规范标准、技术环节复杂、应用成本较高、应用人才缺乏等是主要障碍。

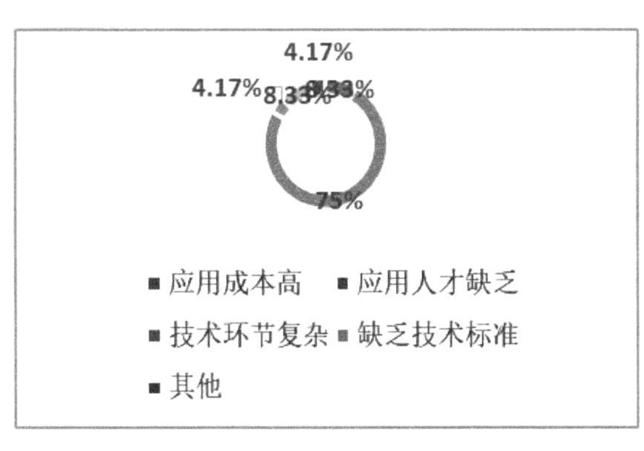

图 5 影响企业 BIM 技术应用的障碍因素

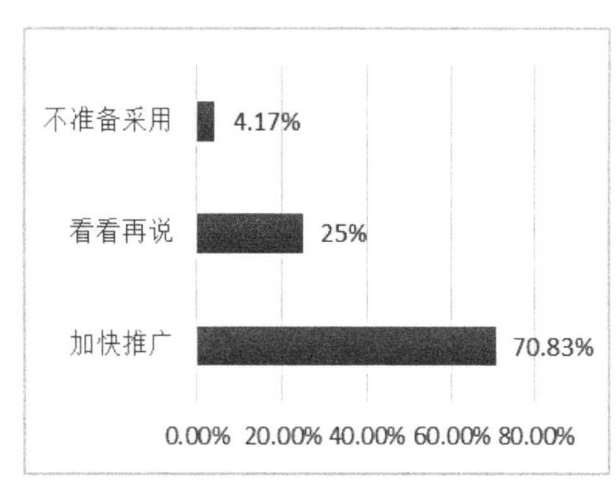

图 6 未来企业对 BIM 技术应用的态度

3.2.3 未来企业对 BIM 技术应用的态度

调查结果（图 6）：70.83%的企业表示将会加快对 BIM 技术的推广应用；25%的企业对 BIM 技术的应用持中立态度，表示将会在进一步评估 BIM 技术的基础上决定是否对其进行应用；仅有 4.17%的企业对 BIM 技术应用完全持否定态度。这表明，我国 BIM 技术应用具有巨大的增长潜力，未来随着 BIM 技术的不断发展与深入推广，我国 BIM 技术应用水平会得到进一步提升，BIM 技术应用价值也会得到进一步凸显。

3.3 企业 BIM 技术人员基本情况

3.3.1 人员数量、来源、专业及学历背景

调查显示，目前 BIM 技术人员数量在 10 人以上的企业所占比例达到 50%，人员数量在 5～10 人的企业所占比例为 12.50%，人员数量在 5 人以下的企业所占比例达到了 37.50%。这表明当前我国企业 BIM 技术人员数量规模呈两极化趋势，各企业的 BIM 技术应用水平存在较大差异。

就来源而言，54.17%的 BIM 技术人员为企业内部培训所得，来自本科院校和高职院校的比例分别为 29.17%和 4.17%，其余为其他企业调入（图 7）。这与我国当前 BIM 技术人才培养的两种主流模式相吻合：企业自行培养与高校自行培养。

此外，BIM 技术人员所具有的专业背景主要是“土木工程类”的企业所占比例超过 80%。这其中，具有本科学历与研究生学历的人员所占比例分别为 70.83%和 12.50%。这反映出 BIM 技术对人员专业性要求较强、素质要求较高（图 8）。

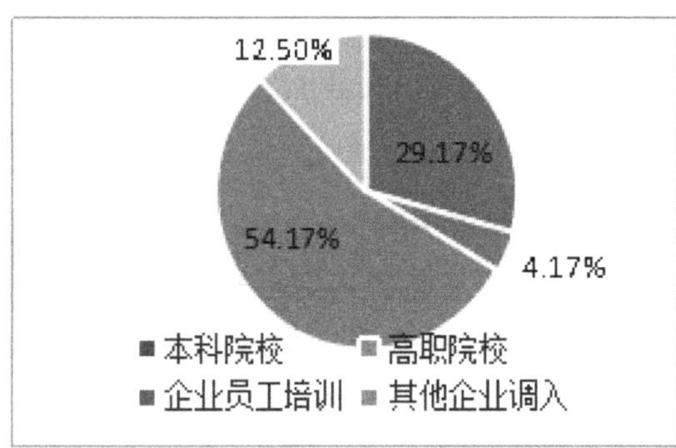

图 7 企业 BIM 技术人员来源

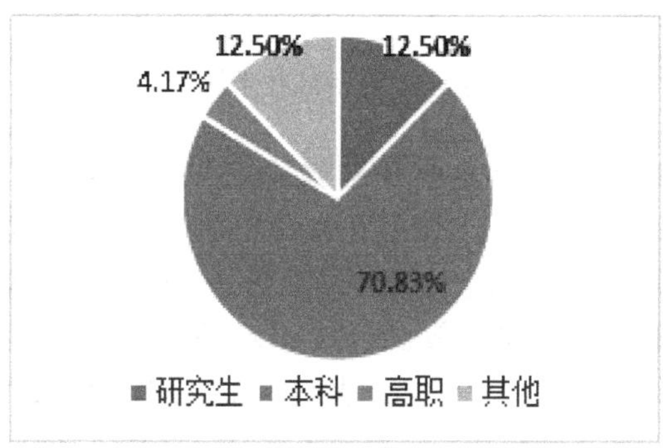

图 8 企业 BIM 技术人员学历背景

3.3.2 人员每年接受的 BIM 技术技能培训次数

在对企业 BIM 技术人员每年接受 BIM 技术技能培训的次数调查中，29.17%的企业表示本企业 BIM 技术人员从未接受过相关技能培训，BIM 技术人员接受过 1 次和 2 次技能培训的企业所占比例分别为 33.33%和 12.50%，接受过 2 次以上的企业所占比例仅为 25%。这显示出 BIM 技术人员接受相应技能培训情况不容乐观，我国企业对 BIM 技术人员技能培训的投入相对不足。

3.3.3 人员 BIM 技术熟练程度及所获 BIM 技术等级证书比例

本研究将我国建筑企业 BIM 技术人员的技术熟练程度划分为以下四个等级：很熟练、较为熟练、基本熟练和不熟练，调查显示这四个等级所占比例依次为：12.50%、33.33%、16.67%、37.50%（图 9）。同时，本研究将企业 BIM 技术人员所获各类 BIM 技术等级证书的比例划分为 100%、80%～100%、50%～80%、50%以下这四个层次，调查显示这四个层次所占比重分别为：8.33%、12.50%、37.50%、41.67%（图 10）。

以上数据表明，当前我国建筑企业 BIM 技术人员的素质普遍不高，对 BIM 技术的熟练程度与精通程度有待加强。

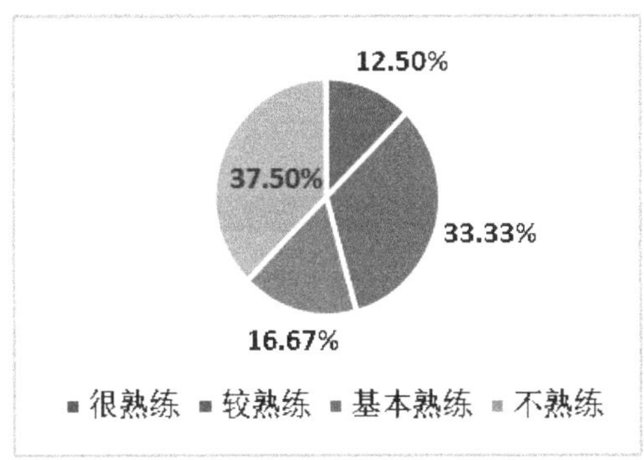

图 9 企业 BIM 技术人员技术熟练程度

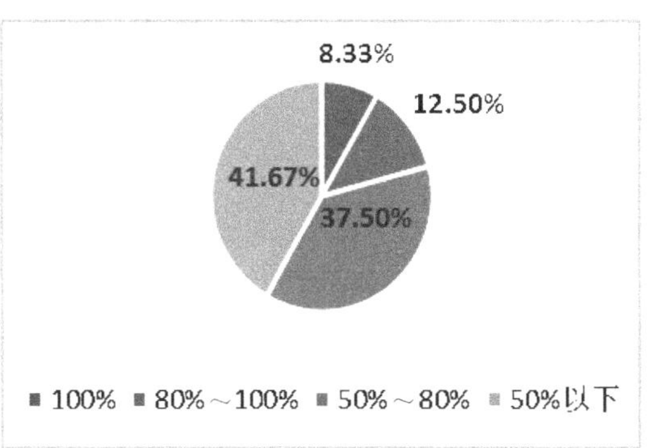

图 10 企业 BIM 技术人员所获证书比例

3.3.4 在 BIM 技术应用中存在的主要问题

对企业 BIM 技术人员在应用中存在主要问题的调查显示：41.67%的企业认为本企业 BIM 技术人员存在的主要问题在于基础知识的薄弱，29.17%的企业认为主要问题在于应用能力较差，20.83%的企业认为主要问题在于研发能力不强，其余 8.33%的企业认为主要问题在其他方面（图 11）。

结合以上研究可知，目前我国建筑企业 BIM 技术人员大多来自企业内部培训，几乎未接受过系统的 BIM 技术专业知识的学习，基础知识较为薄弱；此外，接受培训次数较少、技术操作的熟练度与精通度不够等原因导致了人员的实际应用能力不强。

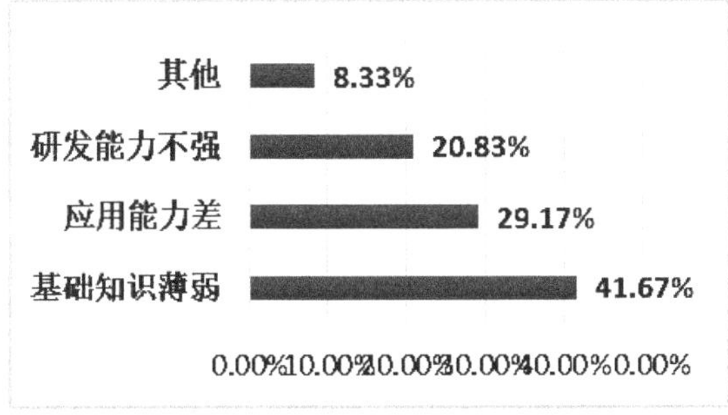

图 11 企业 BIM 技术人员存在的主要问题

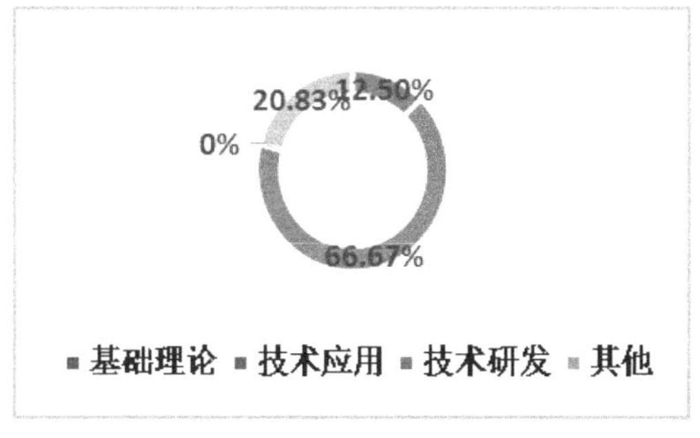

图 12 企业关注 BIM 技术重点

3.4 企业 BIM 技术人才需求特征

3.4.1 企业关注 BIM 技术重点

调查结果（图 12）：66.67%的企业目前关注的 BIM 技术重点在于技术应用，12.50%的企业关注的重点在于基础理论，而没有企业将 BIM 技术重点放在技术研发上。由此可见，目前我国大部分建筑企业关注的 BIM 技术重点在技术应用层面，技术应用是未来我国建筑行业 BIM 技术发展的主流趋势。

3.4.2 企业对 BIM 技术人才的核心要求

与企业关注的 BIM 技术重点的调查结果相适应，66.67%的企业认为对 BIM 技术人才的核心要求在于应用能力强，20.83%的企业认为对 BIM 技术人才的核心要求在于基础知识扎实，此外认为 BIM 技术人才核心要求在于研发能力强和具有等级证书的企业所占比例分别为 8.33%和 4.17%（图 13）。以上数据表明，目前我国建筑企业对 BIM 技术应用型人才的需求量很大，这与其适应性强、完成 BIM 技术业务价值高、发展潜力巨大等因素密不可分。

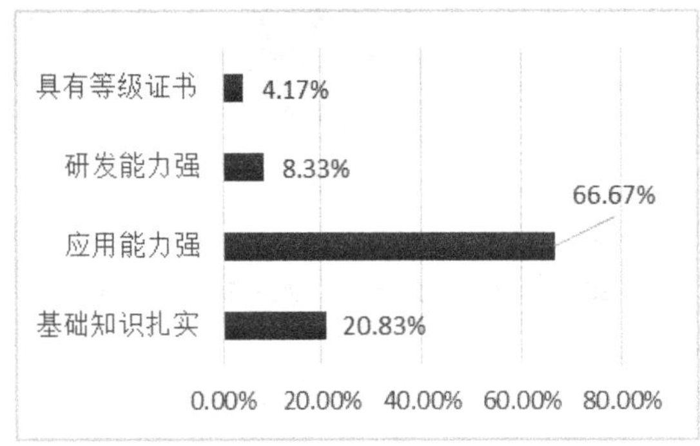

图 13　企业对 BIM 技术人才的核心要求

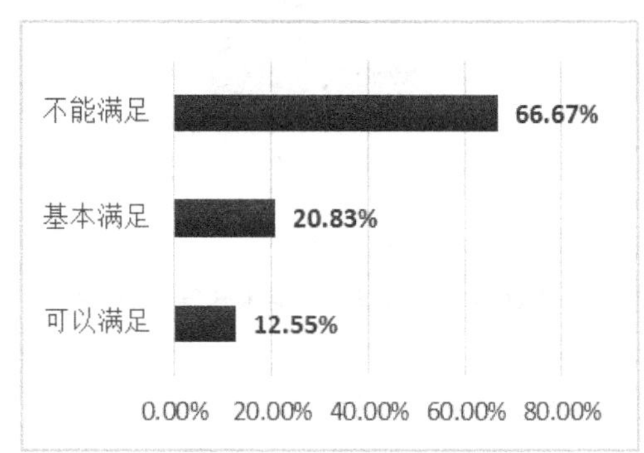

图 14　BIM 技术人才满足企业需求状况

3.4.3　BIM 技术人才满足企业需求的状况

在对目前 BIM 技术人才是否满足企业需求的调查中，66.67％的企业表示目前 BIM 技术人才不能满足企业需求，20.83％的企业表示目前 BIM 技术人才基本满足企业需求，仅有 12.50％的企业表示目前 BIM 技术人才完全满足企业需求（图 14）。这表明，BIM 技术的深入应用与现有 BIM 技术人才之间存在巨大矛盾，无法满足企业的需求。如何培养更多的高素质 BIM 技术应用型人才，以适应 BIM 技术在工程项目中的应用步伐是亟待解决的问题。

3.4.4　未来企业对 BIM 技术人才需求的趋势

调查显示，83.33％的企业认为未来对 BIM 技术人才的需求会越来越大，12.50％的企业表示无法判断未来的 BIM 技术人才需求，仅有 4.17％的企业认为未来对 BIM 技术人才的需求会越来越少（图 15）。以上数据表明：随着 BIM 技术的不断推广与深入应用，BIM 技术所具有的独特优势也日益凸显，各企业普遍看好 BIM 技术的发展前景，而 BIM 技术的快速发展势必会推动社会对 BIM 技术人才的需求。因此，未来企业对 BIM 技术人才的需求将呈不断增长的趋势。

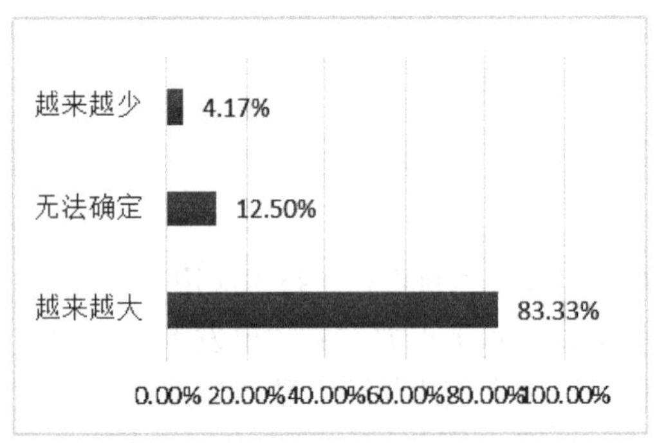

图 15　未来企业对 BIM 技术人才需求趋势

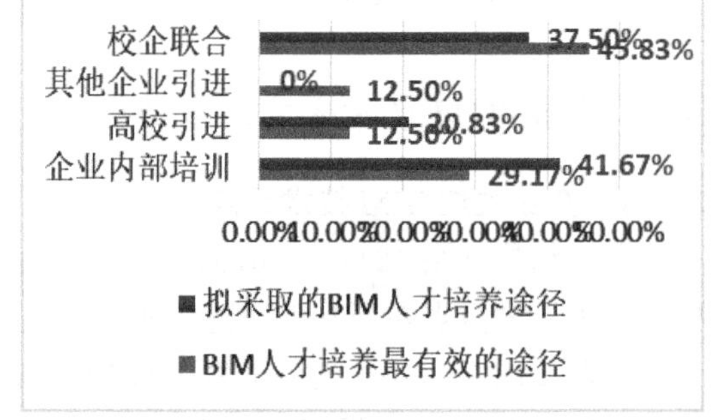

图 16　BIM 技术人才培养企业所认为最有效的途径

3.5　BIM 技术人才培养现状

3.5.1　人才培养的主要途径

在对企业今后拟采用的 BIM 技术人才培养途径的调查中，41.67％的企业表示将会选择内部培训，37.50%的企业表示将会选择校企联合，另有 20.83%的企业表示将会选择从高校引进人才，没有企业打算采用从其他企业引进的方式（图 16）。

而在对当前实际应用背景下最为有效的 BIM 技术人才培养途径的调查中，相关数据发生了很大的变化：45.83%的企业认为最为有效的 BIM 技术人才培养途径为校企联合，29.17%的企业认为最为有效的途径是企业内部培训，将高校引进与其他企业引进视为最有效途径的企业所占比例均为 12.50%。

以上数据表明：由于企业内部培训所具有的便利性、及时性、集中性等特点，企业自行培养仍是当前 BIM 技术人才培养的主流模式。然而随着我国市场经济发展与教育体制改革的不断深化，校企合作日益密切，校企联合培养人才能有效实现校企双方双赢互惠、优势互补与共同发展的优势，是我国大多数企业的共识。

3.5.2 对高校人才培养的满意程度

调查显示，从当前 BIM 技术应用的实际情况出发，仅有 12.50%的企业对高校 BIM 技术人才培养表示满意，41.67%的企业对高校 BIM 技术人才培养基本满意，剩余 45.83%的企业并不满意高校的人才培养状况（图 17）。这表明，我国高校 BIM 技术人才培养效果不能满足当前企业的需求。

3.5.3 高校人才培养存在的主要问题

对高校 BIM 技术人才培养存在的主要问题，问卷对此问题采用多选题的形式，相应的设置了 4 个选项：（1）基础知识薄弱；（2）应用能力不强；（3）学习能力不足；（4）其他。调查结果（图 18）：从当前应用的实际情况出发，认为高校 BIM 技术人才培养存在的主要问题在于应用能力不强、基础知识薄弱、学习能力不足的观点所占比例分别为 87.50%、45.83%、29.17%。以上数据表明，应用能力不强是我国高校培养人才的主要问题，未来高校的 BIM 技术人才培养应重点加强学生应用能力的提升。

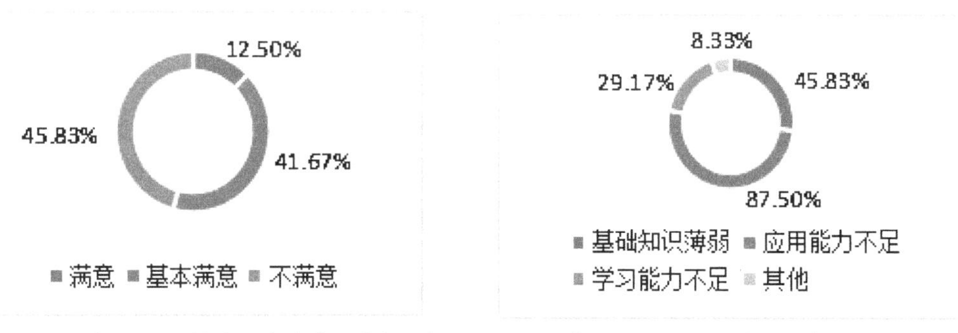

图 17 企业对高校 BIM 技术人才培养的满意程度　　图 18 高校 BIM 技术人才培养存在的主要问题

3.6 校企合作开展现状

3.6.1 目前开展校企合作情况

在对当前企业与高校开展 BIM 技术人才培养合作的调查中，83.33%的企业表示目前本企业尚未与高校开展相关合作，仅有 16.67%的企业开始了与高校开展相关合作的尝试。这表明，校企合作模式在 BIM 技术人才培养领域的应用仍处于初步探索实践阶段，尚未广泛推广应用。

3.6.2 拟开展校企合作情况

调查显示，仅有 29.16%的企业表示未来将会与相关高校开展 BIM 技术人才培养合作，16.67%的企业仍坚持通过内部培训来获得所需的技术人才，超过半数的企业对与相关高校开展 BIM 技术人才培养合作持观望态度（图 19）。目前，政策机制有待健全，校企合作在合作模式、利益分配等方面缺乏经验，合作动力不足，制约了其发展。

3.6.3 校企合作开展方式选择

在对企业开展校企合作拟采取方式的调查中，37.50%的企业准备对高校学生进行 BIM 技术集中培训，33.33%的企业准备与高校联合培养人才，另有 8.33%的企业准备采取外聘师资送教企业的培训模式（图 20）。以上数据表明，目前我国建筑企业在校企合作开展方式的选取上意见不一，这与校企合作人才培养模式在我国的应用处于初级阶段且尚未形成成熟的运用经验相关。

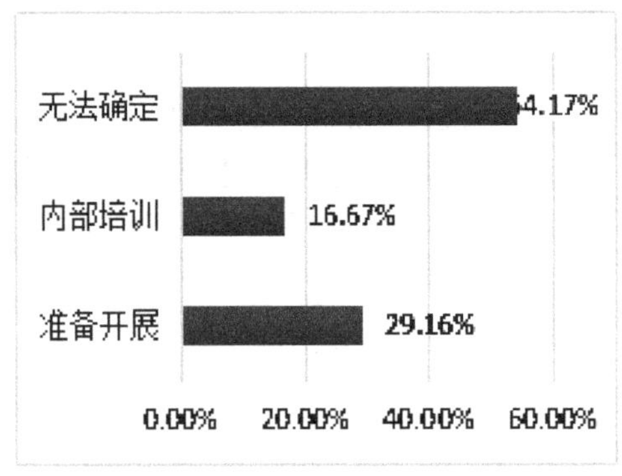

图 19 企业拟与高校开展校企合作情况

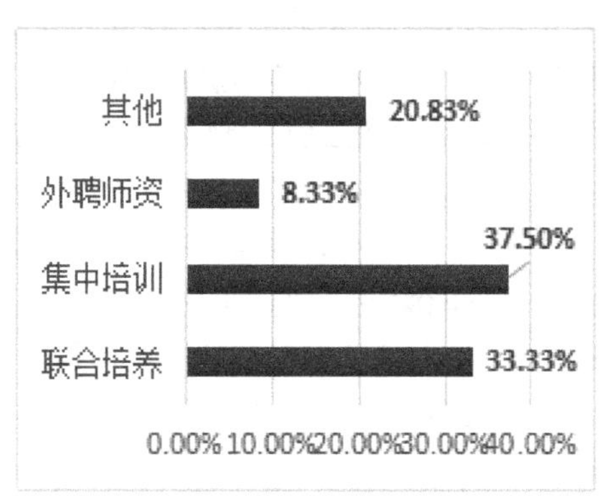

图 20 企业开展校企合作拟采取方式

4 结论与建议

4.1 结论

（1）我国建筑企业对 BIM 技术的认知程度较高，但应用程度不足，仍处于初步探索阶段。绝大多数企业对 BIM 技术应用价值有一定的认识，BIM 技术普及应用已经成为全行业的普遍共识。但 BIM 技术在我国的应用程度还有很大差距。

（2）现阶段阻碍我国建筑企业 BIM 技术推广应用的主要因素在于应用型人才的缺乏。在当前人才需求呈现井喷式增长格局的背景下，培养出适应社会需要、满足行业需求的应用型人才是突破我国 BIM 技术发展瓶颈的主要驱动力之一。而现有的 BIM 技术人才培养模式和效果都不能满足社会的需求。

（3）校企合作模式在我国 BIM 技术人才培养领域的应用尚不普遍。众多实践表明，校企合作的良好开展可以在整合协调校企资源的基础上显著提高专业人才培养质量，从而实现校企双方合作共赢、优势互补与共同发展，是一种颇具应用价值的新型人才培养方式[5]。因此，可以结合我国建筑业人才培养的实际情况，积极推进校企合作在 BIM 技术人才培养领域的运用。

4.2 建议

（1）改善 BIM 技术在我国推广应用的大环境，提高 BIM 技术在我国建筑企业中的应用效率与效果。完善 BIM 技术标准，发布符合我国国情的 BIM 技术应用指南；加快 BIM

技术研发，开发符合我国建筑业实际情况的国产 BIM 技术产品；实行政策扶持，解决企业应用成本较高、实施效益不佳的问题；鼓励各企业之间展开 BIM 技术协同化、集成化、综合化应用。

(2) 加大人才培养力度，提高人才培养质量，弥补我国建筑企业对高素质 BIM 技术人才的巨大缺口。高校应改革相应教学体系，加强 BIM 技术综合实训，将真实 BIM 技术项目引入课堂教学，锻炼学生的 BIM 技术实践应用能力；企业应加强 BIM 技术软件及相关技术的引进，增加 BIM 技术人才培养投入成本，定期安排员工接受 BIM 技术技能培训，以增强企业 BIM 技术应用潜力。

(3) 加强学校与企业之间的深度合作，在整合校企资源的基础上提高 BIM 技术人才培养质量，实现多方共赢。学校应加强探索适应企业需求的 BIM 人才培养模式和课程体系内容，打破传统单一的 BIM 技术人才培养途径，促进社会资源的优化配置。

参考文献

[1] 中华人民共和国住房与城乡建设部．工程质量与安全提升行动方案 [Z]．2017-3-3

[2] 中国 BIM 技术应用价值研究报告 [R]．上海：Dodge Data & Analytics. 2015：8-10

[3] 张俊，雷雨．BIM 技术在施工企业中的应用现状及价值分析 [J]．价值工程，2015 (17)：136-138

[4] 高殿民．建筑施工企业 BIM 技术应用影响因素的研究 [J]．中国标准化，2017 (11)：121-122

[5] 颜丽娟，羡晓东，位翠霞．基于土建类专业 BIM 技术应用型人才培养模式研究 [J]．人力资源，2018 (3)：96-97

工程建设监理信息管酷云台的构建与应用

张毅
（北京诺士诚国际工程项目管理有限公司，北京市 102446）

摘 要：建设工程监理经过30年的发展，对监理管理水平要求不断提高，迫切需要一套行之有效的监理信息管理平台体系，在国家大力推广传统行业与互联网技术的融合发展的大环境下，结合住房城乡建设部《建筑业10项新技术（2017版）》推广应用的通知，北京诺士诚国际工程项目管理有限公司构建了以管酷云台为核心的工程建设监理信息管理平台体系，本文就这方面的应用成果及体会介绍给大家，供大家参考指正。

关键词：工程监理；信息管理平台体系；管酷云台

1 引言

监理行业发展至今，尚未形成行业认可的信息管理平台体系，很多有远见及实力雄厚的监理企业已经致力于这方面的研究与研发，以提高公司的管理水平，北京诺士诚国际工程项目管理公司也一直致力于这方面的探索及尝试，通过多年摸索形成了一套自有的监理信息管理平台体系，该体系由监理企业项目的内部管理（管酷云台）系统、以BIM技术为基础的项目实体现场管理系统、跨方协同项目管理系统三部分组成。笔者有幸参与平台的开发与建设，并通过三年的项目实践，认为这套建设监理信息管理体系具有如下优点：可以提高监理管理工作效率，减轻监理人员工作负担，记录工作痕迹并可追溯，对发现的问题可以闭环处理，文档资料电子化并全员共享，降低公司管理成本，可实现公司对分散的各个项目进行远程实时动态管理，通过信息管理体系，提高后台信息化管理的比重，实现公司对所有监理部的精细化管理，加强对项目上传至平台的内容实时监督检查，及时发现项目的问题，通过平台对监理人员及监理部进行考核，减少因现场巡回检查频次及深度不足而引起的发现问题滞后情况，使公司管理部门对项目的巡回检查变成平台检查的辅助手段，验证现场的实际情况与上传的信息是否相符合，减少现场监理内业审核工作。

监理工作产生的信息碎片化特征非常明显，该体系充分发掘碎片化工作内容的价值，并加以收集、整合形成工作成果数据来源，减轻监理人员的工作负担，提高监理工作效率，增加监理工作的乐趣。

为了降低公司开发成本及开发周期，采取自主研发（管酷云台）与第三方应用软件相结合方式（广联达BIM5D及协筑），如图1所示。

2 监理单位项目内部管理系统

监理单位的内部管理系统采用北京诺士诚国际工程项目管理有限公司自主研发的专业监理管理系统“管酷云台”进行管理。主要功能是对监理企业内部日常工作进行管理，目

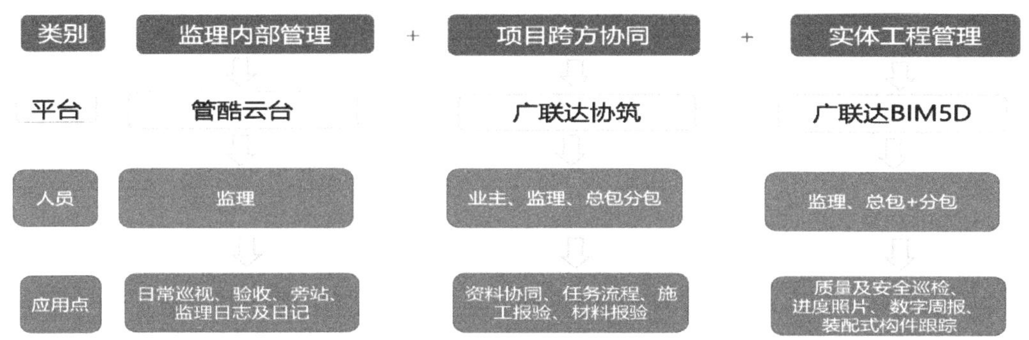

图 1　工程建设监理信息管理体系构成

的是使监理自身工作模块化、流程化、规范化、标准化，减轻监理工程师工作负担，信息一次录入多次使用并全员共享，并最终可实行无纸化办公。

（1）该系统目前具有监理人员智能考勤打卡、监理旁站管理、现场质量及安全问题跟进与督办、监理日常巡视工作记录、监理工作督办、二维码物料跟踪、见证取样、质量安全进度等数据分析及风险预控等，上述功能均可在手机端操作；

（2）对巡视记录（安全巡视记录）、监理旁站记录、监理见证取样等规程、规范用有明确内容要求的工作，系统提供了标准化表单，减少个人原因引起的监理管理水平波动的问题。

① 巡视记录利用手机端采取随时记、随手拍、即时发送形式，减轻监理工程师繁重的内业整理及统计汇总工作，一天工作结束后根据工作记录自动生成监理日记，项目监理部的日记自动汇总一键生成监理日志，如图 2 所示。

图 2　巡视记录、日记、日志应用示意图

② 监理工程师的现场质量及安全问题跟进与督办功能，可以对现场发现的问题，通过本系统指定整改单位及责任人，发出整改通知并附加问题照片，改变原来需要事先记录问题然后再当面通知责任人的传统工作方式，提高了问题解决得及时性及工作效率，当整改责任人在线收到信息提示后，根据收到的问题内容进行整改并回复，并可根据严重程度

生成监理工作联系单或监理通知。

3 跨方协同项目管理系统

制度管人，流程管事，跨方协同项目管理系统采用任务流程管理模式，对参加各方工作行为进行约束，各方同一个平台共同互动，达到提高工作效率的目的。

《建筑业 10 项新技术（2017 版）》中 10.4 条“基于互联网的项目多方协同管理技术”内容：“①工作任务协同。在项目实施过程中，将总包方发布的任务清单及工作任务完成情况的统计分析结果实时分享给投资建设方、分包方、监理方等项目相关参与方，实现多参与方对项目施工任务的协同管理和实时监控。②质量和安全管理协同。能够实现总包方对质量、安全的动态管理和限期整改问题自动提醒。利用大数据进行缺陷事件分析，通过订阅和推送的方式为多参与方提供服务。③项目图档协同。项目各参与方基于统一的平台进行图档审批、修订、分发、借阅，施工图纸文件与相应 BIM 构件进行关联，实现可视化管理。对图档文件进行版本管理，项目相关人员通过移动终端设备可以随时随地查看最新的图档。”

通过对市场上具有此功能的软件进行筛选，选择了比较符合我们要求的第三方管理软件——广联达协筑，进行了部分拓展，以适应监理管理的要求。

（1）参建各方协同管理，随时关注项目任务进展情况。将参建各方集中在一个平台上，统一进行管理。其优势是将工作内容用任务方式作载体，以工作流程的形式加以约束，任务分工明确，责任清晰，工作状态有据可查（图 3）。

图 3　任务工作界面示例

（2）所有工作采用标准化的流程管理，提高项目的管理水平。采用在线审批的工作模式，解决了文件传统流转审批模式耗时长、效率低下的问题，可以有效提高责任心和工作效率。在试点使用过程中，把检验批施工验收纳入流程管理，效果非常好，解决了报验资料与现场不同步及资料数据弄虚作假的问题。安全监理工作联系单管理流程如图 4 所示。

（3）项目管理资料各方共享，形成统一的电子化资料库。

由于所有工作通过任务流程实现，与之相关的文档以附件的形式与任务相关联，任务流程结束后，与任务相关的附件文档自动归档在文档目录下，实现文件存档电子化。对项目信息的集中管理，便捷共享，解决了项目信息管理离散、版本混乱等问题，当项目信息

图 4　安全监理联系单流程应用示例

发生变更时，可即时通知相关方查收。保障了项目信息的统一性、唯一性和准确性。同时参建单位可以通过平台随时随地查看和获取项目信息，了解项目动态，如图 5 所示。

图 5　文档库界面示例

4　现场项目实体管理系统

考虑到新管理技术的开发与应用现阶段条件及监理企业的实际情况，宜采取循序渐进的方式逐步完善，所以对项目的实体管理先从质量及安全方面开展，积累经验后逐步过渡到进度及造价方面管理。

住房城乡建设部《建筑业 10 项新技术（2017 版）》推广应用的通知“10.5 条基于移动互联网的项目动态管理信息技术”中的（3）条提出：“安全质量管理。利用移动终端设备，对质量、安全巡查中发现的质量问题和安全隐患进行影音数据采集和自动上传，整改通知、整改回复自动推送到责任人员，实现闭环管理。”

基于上述要求，通过对市场上现有成熟管理软件筛选，广联达 BIM5D 基本满足上述要求。

（1）改变了监理工作方式。以前现场出现问题大部分是靠吼或者电话、微信管理，现在通过手机平台解决了质量及安全问题的跟踪管理。对现场出现问题进行互动管理，发现问题随手拍、随手记、即时发送给相关责任人，形成从问题的发现到问题整改回复闭环管理，如图 6 所示。

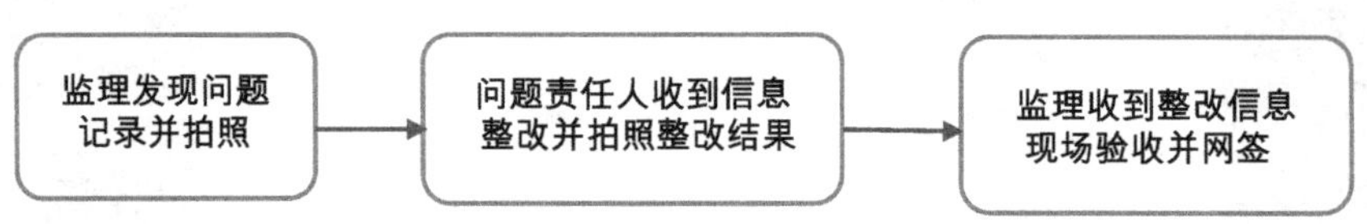

图 6　监理现场发现实体问题跟踪管理示意

（2）提高了监理管理深度。在日常工作中经常出现监理提出问题，没有达到工作联系单或监理通知的标准，以口头或微信、现场指出的方式告知施工单位，但上述内容由于没有跟踪的手段，施工单位没有及时回复并验证，很多时候不了了之，采用本系统对上述问题采取《质量（安全）整改单》形式予以解决（图 7）。这些问题处理完成以后，系统会根据问题的内容、责任单位、问题性质、发生的部位进行汇总统计（图 8），根据分析的结果，为监理例会及监理月报提供质量、安全、进度数据，为项目预控工作提供有力的数据支撑，提高项目管理水平。特别是对装配式建筑，该系统实现了构配件生产、运输、安装跟踪管理功能，满足国家大力推广装配式建筑的需求。

（3）提高工作效率。由于采取流程管理的形式，问题接收单位及责任人在收到信息后，只有处理合格才能结束此流程，回应的周期影响该单位及责任人的绩效考核，因此也成为提高工作效率的一种手段。

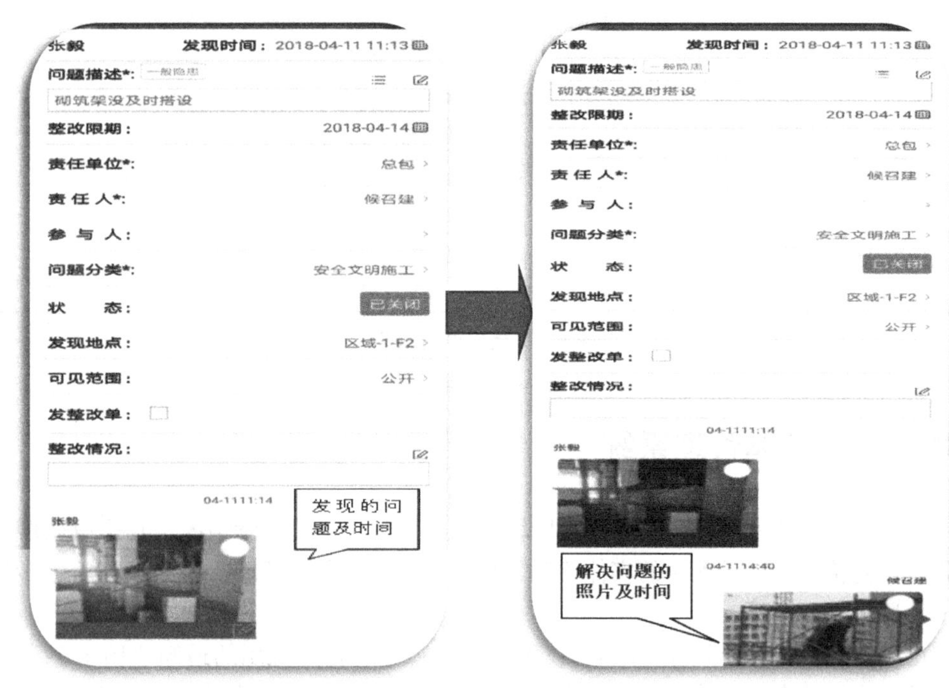

图 7　监理现场发现实体问题跟踪管理示例

5　结束语

由于诸多因素，关于监理信息管理体系的开发单位较少，软件研发投入和推广不足，没有形成统一的信息管理体系。本文介绍的监理信息管理体系，为了达到管理的效果，采取不同企业的产品组合，每个产品独立性较强，缺点是产品之间的数据接口没有打开，数据无法在不同系统之间共享，还需要引起同行的关注与引导，以提高监理信息管理水平。

图 8　手机端质量管理应用示例

油田地面工程建设总承包企业采购数据管理的研究与实践

卢英辰[1]，史玉峰[2]，秦寰宇[3]，聂顶[3]，刘莉[1]

（1. 中国石油工程建设有限公司采购管理处，北京市100120；
2. 中国石油工程建设有限公司西非分公司，北京市100120；
3. 中国石油工程建设有限公司采购中心，北京市100120）

摘　要：本文以油田地面工程建设总承包企业为研究对象，运用经验总结法、实证研究法、调查法等作为研究方法，以该类企业的物资采购现状及问题为切入点，详细阐述其在建立数据分析体系的主要做法及分层方式，并以采购数据库在该企业的建立方式方法及可视化应用效果为例，从而得出该类企业在数据库体系建设方面提供经验参考及借鉴。

关键词：数据管理；采购数据库分析；数据集市；可视化应用

1　引言

随着当今社会不断高速发展，以及“云技术”不断成熟演变，各类信息化办公系统给企业带来的不仅是合规高效的办公手段及方式，更重要的是其正逐步引领我们进入大数据时代。

油田地面工程建设总承包企业的采购业务不同于其他工程建设企业的最大特点在于其追求在更短的采购周期中，最大限度满足业主个性化需求，并保证较高的物资质量。这使得其决策者往往面临着要做出不能完全依靠其自身经验，且无法独立完成的采购决策。因此如何运用好该类企业复杂而庞大的采购数据，以此来对其决策提供更多可靠、科学的外部支持是今后一个时期内该类企业铸就其核心竞争力的关键所在。

该类企业应当充分认识到，在这个“数据为王”的时代，如何将具体业务所产生的数据进行深度挖潜并提炼更多有效信息，把握其中内在逻辑与关键，为企业建立更多科学创效、有的放矢的决策依据，是在当今不断变化的市场大形势下该类企业脱颖而出的最佳途径。本文所研究探讨的问题是，油田地面建设总承包工程中采购业务所产生的大量非结构化和半结构化数据管理问题。

本文以前期调研数据为依据，试图在构建该类企业采购大数据管理体系的方式方法及具体实践问题上予以解读。

作者简介：卢英辰，男，1988年生，山东诸城，高级主管，主要从事采购管理、人事管理、绩效考核等工作；史玉峰，男，1966年生，山西临汾，高级经济师，西非分公司党委书记；秦寰宇，男，1983年生，青海西宁，主管，主要从事数据分析，采购执行等工作；聂顶，男，1990年生，湖北石首，主要从事招标采购管理工作；刘莉，1980年生，陕西西安，主要从事供应链管理、采购数据管理等工作。

2 前期调研与问题探究

笔者调研的某公司作为典型的油田地面工程建设总承包企业，其业务覆盖亚非美三大洲。在集团公司60大类物资品类中，该企业采购范围涵盖其中56大类。据统计，2018年其物资采购额达100亿元以上，集中采购度为98%左右，限额以上总招标率为90%以上。因此，在油田地面工程建设总承包企业中具有一定代表意义。

从数据上看，该企业已经拥有了较大的规模优势，对物资提供者应已具备较强的议价能力，能够自由选择质优价廉供应商。但通过深挖其供应商数据分析可以看出，其供货资源并不匹配采购规模。甚至在某些物资种类上，存在“被捆绑”现象存在。

单就数据管理角度分析其原因有以下三点：一是对现有数据挖潜力度不足。各级管理组织对数据统计的认识只停留在收集、归档层面，没有深度挖掘数据内在逻辑关系，对实际业务执行未能提供更多的可视化指导；二是现有数据信息普及范围受限。由于该企业大部分业务聚焦海外市场，具有各自独特性，且多数地区网络配给不佳，这对数据管理普及工作提出了更多挑战；三是供应市场去中心化趋势日益明显。伴随网络经济的日益成熟，供应市场拥有比以往更多的自由选择权利与信息支持，供应商能够通过以自身为中心快速分析得出参与某标段的可能性与赢利点，具备更多的选择权利。

综上所述，在当今市场形势的博弈中企业能从规模效益里获得的话语权与决定权正在逐步消耗殆尽，因此该企业通过各类管理举措与手段，对数据管理进行了重新定位：建立健全以“获取、储存、搜索、共享、指导”为核心，提出“数据就是最优新能源”的总体采购数据管理思想，通过充分挖掘以往数据，推导得出最优采购趋势与策略，以此来化解企业市场风险。

3 数据管理方式

为确保对现有数据整理以及新数据录入的规范性，该企业通过整合组建公司级数据仓库，确定建立涵盖投标、采购、财务、安环、设计、合同、党建、纪检等十四个数据集市，并逐步形成“大数据反腐”、“大数据采购”、“大数据投标”等若干个数据应用平台的总体构架，并通过供应商维度、时间维度、地理维度、物资品类维度等多个角度，将数据仓库中的信息进行结构化分解、系统化组合，初步实现了大数据的可视化应用。本文将通过逐层分析的方式，详述该企业在整体数据管理上的具体实践、措施，并以其采购系统作为落脚点，详述建立过程、方式方法及应用[1]。

第一层：数据仓库（Data Warahouse）。数据仓库是一个集成的、时变的、非易失的数据集合，其涵盖了企业所有部门的现有以及历史数据，并作为各职能部门及业务开展的决策支持来源库，通过把握各类数据之间的逻辑关系，形成数据集，是数据挖掘、在线分析、查询，以及生成报表的基础，某公司采购系统数据仓库如图1所示。该企业采购系统在历史数据收集的基础上，以物资编码及订单号为核心关联字段，侧重供应商名称、类型、技术规格等关键信息，形成涵盖自公司成立以来所有物资采购数据仓库，并设专业管理、实时更新，有效确保了该企业在采购决策、谈判主动权、议价权。

第二层：数据集市（Data Mart）。数据集市是数据仓库的演变、升华，关注于某个特别业务或部门，例如采购系统集市、投标系统集市、企业运营集市等。每个集市都并非独

询价单编号	询价单描述	订单编号	中标供应商名称	物资大类代	物资大类（筛选）	物资大类	物资中类代	物资中类
R-KCE-	20#无缝钢管，预制保温管，DN25 API-5L-GR.B无P-		江西	03	03普通钢材	03普通钢材	0309	0309
R-KCE-	20#无缝钢管，预制保温管，DN25 API-5L-GR.B无P-		江西	03	03普通钢材	03普通钢材	0309	0309
R-KCE-	20#无缝钢管，预制保温管，DN25 API-5L-GR.B无P-		江西	03	03普通钢材	03普通钢材	0309	0309
R-KCE-	20#无缝钢管，预制保温管，DN25 API-5L-GR.B无P-		江西	03	03普通钢材	03普通钢材	0309	0309
R-KCE-	20#无缝钢管，预制保温管，DN25 API-5L-GR.B无P-		江西	03	03普通钢材	03普通钢材	0309	0309
R-KCE-	20#无缝钢管，预制保温管，DN25 API-5L-GR.B无P-		江西	03	03普通钢材	03普通钢材	0309	0309
R-KCE-	20#无缝钢管，预制保温管，DN25 API-5L-GR.B无P-		江西	03	03普通钢材	03普通钢材	0309	0309
R-KCE-	20#无缝钢管，预制保温管，DN25 API-5L-GR.B无P-		江西	03	03普通钢材	03普通钢材	0309	0309
R-KCE-	20#无缝钢管，预制保温管，DN25 API-5L-GR.B无P-		江西	03	03普通钢材	03普通钢材	0309	0309
R-KCE-	20#无缝钢管，预制保温管，DN25 API-5L-GR.B无P-		江西	03	03普通钢材	03普通钢材	0309	0309
R-KCE-	20#无缝钢管，预制保温管，DN25 API-5L-GR.B无P-		江西	03	03普通钢材	03普通钢材	0309	0309
R-KCE-	20#无缝钢管，预制保温管，DN25 API-5L-GR.B无P-		江西	03	03普通钢材	03普通钢材	0309	0309
R-KCE-	20#无缝钢管，预制保温管，DN25 API-5L-GR.B无P-		江西	03	03普通钢材	03普通钢材	0309	0309
R-KCE-	20#无缝钢管，预制保温管，DN25 API-5L-GR.B无P-		江西	03	03普通钢材	03普通钢材	0309	0309
R-KCE-	20#无缝钢管，预制保温管，DN25 API-5L-GR.B无P-		江西	03	03普通钢材	03普通钢材	0309	0309

图 1　某公司采购系统数据仓库示例图

立存在的，每个子集市均是在编程的逻辑关系的基础上，将所有相关数据提炼出来的集合，简单来说，在各集市中职能部门可以自由提取所需数据，并可查询到其他部门的相关支持数据。某企业采购系统在数据仓库的基础上，横向把握“采买项目数量”、“采购订单数量”、“供应商数量”、“购买次数”等信息，纵向把控物资品名大类，实现了企业采购物资的精准查找，能够快速得出某一类或几类物资在一定时间段内的采购总量，协助企业实现预先采买，有效规避价格波动风险，该企业采购集市效果如图 2 所示。

采购金额单位：CNY
数据来源：PMIS历史价格查询模块

采购执行结果数据库

Based On PMIS & 5497

项目名称（筛选）	All
采购类型	All
物资类别2	All
定商定价	All
定商	All
带量采购	All

		应用项目数	采购订单数	采购种类（品名）	供应商数量
32电工材料	¥				
38通用仪器、仪表					
36电子工业产品					
33电工元器件					
35通信设备					
37石油专用仪器、仪表					
总计	¥				

图 2　某公司采购集市效果展示图

第三层：可视化应用（Visualization App）。可视化应用是数据管理的最终意识形态，是展现全部数据整合、分析的最佳实践，是企业决策者制定相关策略以及实操人员执行具体工作的最终依据。具体可分为远程业务报表、相关数据集合、在线数据分析、价格预测仪表盘及其他定制化应用。某公司采购系统可视化应用如图 3 所示，该企业在上述层级基础上，实现了“物资价格走势趋势”、“供应商分布及采购金额”、“某类物资价格趋势预测”等多角度查询及展示功能，为企业管理人员、采购执行人员在处理具体业务时，提供了翔实、严谨的参考实例。

第四层：联机分析处理（OLAP）。联机分析处理是在上述总体数据框架的基础上，专门用于满足操作人员以及高层管理人员的决策支持而开发的专业处理程序。该处理程序最核心的优势就是能够在大数据基础上，根据工作需求快速抓取数据之间内在联系，以易读易懂且客观可靠的查询结果提供给企业决策人员进行参考或掌握企业经营状况。在某公司实际应用中，通过将存在互通、参考价值的实际操作业务集市进行了系统“切片”及“切块”处理，形成了如采购-投标-投产“区域块”；市场-经营-财务“区域块”等多个切块链，并实现了有效的上、下钻取处理功能，使得用户在实际操作中能够根据业务处理的需要进行上、下层级读取，有效增强了彼此间业务连接、沟通（图 4）。

该企业通过对大数据的深度清洗搭建起一座连接全部主要业务的桥梁，通过数据挖潜抓取关键核心，使得所有业务能够优势互补、协同发展[2]。本文将以该企业采购系统为例，详述其建立经验及效果。

。

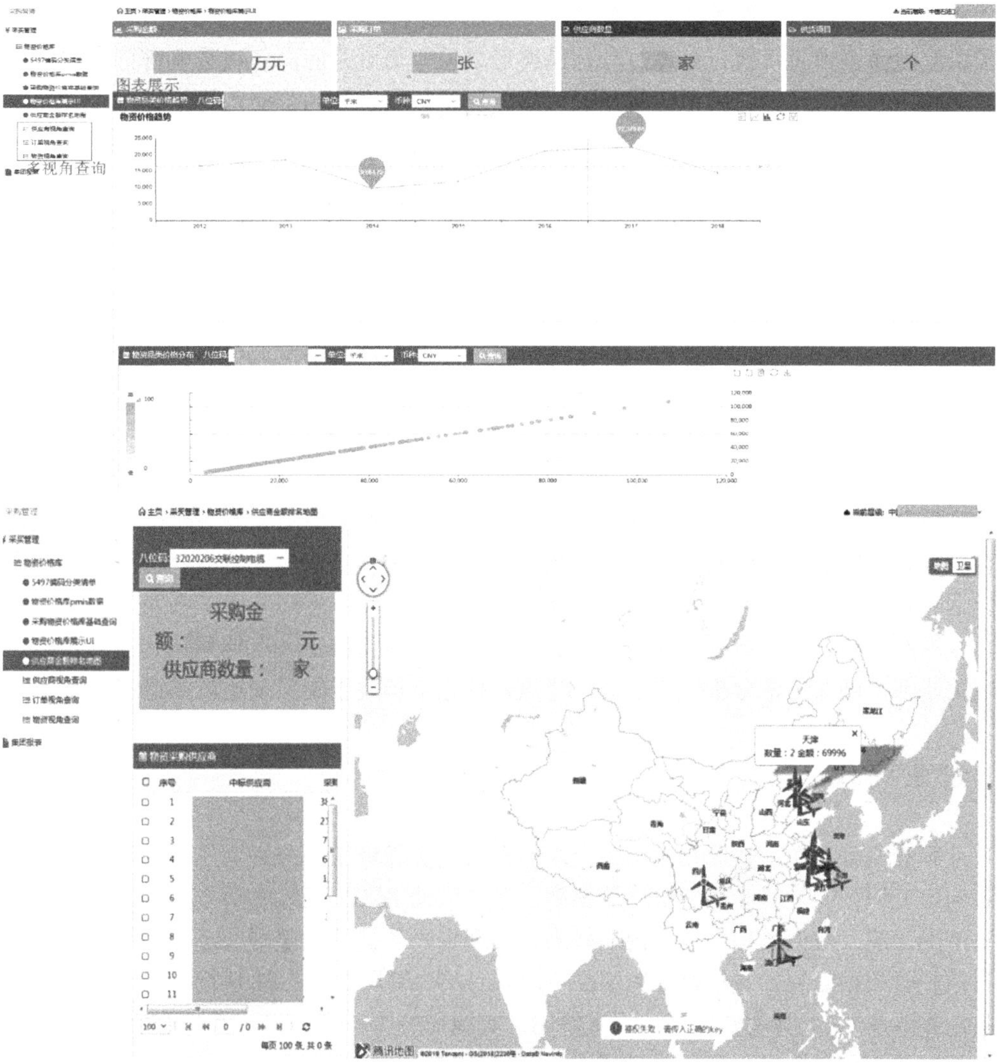

图 3　某公司采购系统可视化应用展示

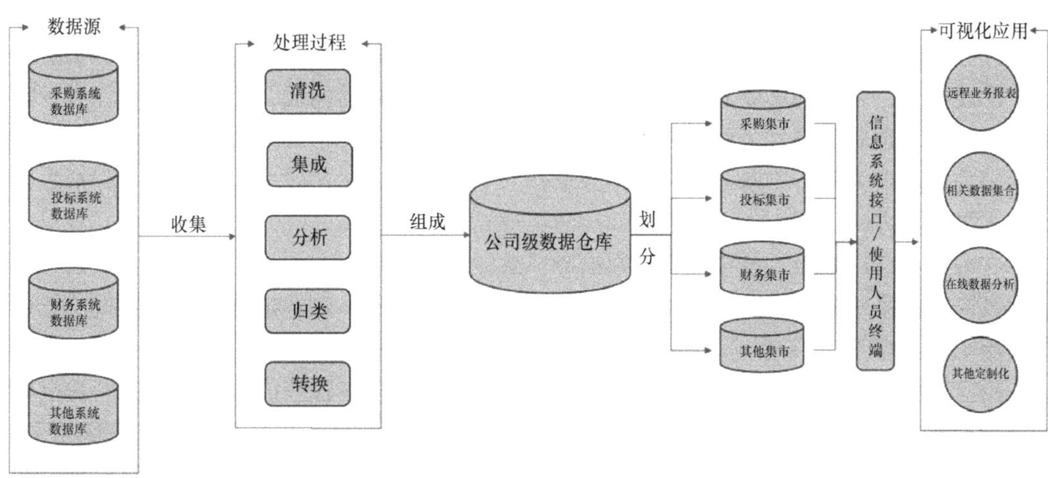

图 4　某公司信息化数据运用结构图

总体来看，该企业采购系统的数据管理以系统性、层次性、合理性、合规性为根本原则，通过 PMIS 系统提取关键数据形成历史价格数据库，并以结合集团公司 5497 编码的方式抓取内在逻辑关系执行处理过程，最终形成采购集市并面向各级采购部门提供数据支持。同时，根据数据内在关系向投标报价集市提供翔实客观的价格趋势预测。

系统性原则。对于采购数据管理工作，其本质就是针对采购历史经验数据的进行系统定量分析。但在建立之初，由于大量数据遗存，分析对象具有分散、复杂等特点。因此在搭建采购数据管理分析体系中，应充分考虑系统性并整合所有采购关键步骤，采用“先总体”、“后局部”；“先分析”、“再归拢”的工作原则，把握输出结果对采购决策的整体影响。

层次性原则。各类采购数据内部衔接紧密，在体系建设中应充分重视所有数据的可追溯性，将采购数据细分为大类物资层级、中类物资层级、小类物资层级、品名物资层级以及详细物资层级。在数据提取中，可由大类物资层级入手，逐步下沉分析数据至详细物资层级。

合理性原则。采购数据管理体系的输出结果应保证业务决策及商务沟通的准确性为出发点。因此，应最大限度确保采购经验数据客观、结构统一、简明有效，分析结果输出要求详尽客观、精确、切合实际、可视化强。

合规性原则。采购数据管理是企业的核心资源和商业秘密，在体系构建过程中，合规是基础原则。确保价格分析过程合规、严谨，杜绝工作过程中出现违规或泄密的情况。

4 企业实践

采购数据管理在上述原则的基础上，结合系统实际将工作分解为三个主要阶段，逐步开展构建工程：一是建立历史价格数据库。通过借助 PMIS 系统将历史采购价格数据进行数据清洗，统一数据结构，梳理内在联系，实现采购数据结构整合。形成可用性强、清晰度高的底层数据库。二是结合集团 5497 编码。5497 编码是中石油现行、通用的物资编码体系，共涉及 60 大类物资，具有层级鲜明、查找简便等特点，该体系呈金字塔状，大类、中类、小类、品名依次延展石油工业物资的自然属性和使用属性，为物资采购数据的汇总、统计与分析的核心和支柱。该公司通过对底层数据库与集团 5497 编码规则相结合的方式，建立健全以基于 60 大类物资的分类价格报表，并确认价格数据编码前 8 位为系统性统计分析数据统计的最小单元，即品名物资。根据实际需要，在品名下再细分物资型号及技术规格。三是合理选取分析方向及方法，确定分析结果的构成。根据企业实际业务需求，通过确定选取价格（金额）分布、价格（金额）趋势、价格均值、价格众值、价格中位值等关键内容为分析方向；采用线性分析作为主要分析方法；将图表、报表及分析报告作为主要输出方式（图 5）。

在可视化应用方面，该企业采购数据库体系能够对系统内部的供应商管理、采购策略管理及宏观市场价格趋势、采购品类管理提供客观决策支持，对系统外部的投标报价管理提供历史数据参考（图 6）。

供应商管理支持。采购数据库体系中，将与企业有过合作往来的全部供应商所提供的产品进行细分，分别列举物资价格、技术规格、交货日期及现场服务率等多种关键信息。并根据企业物资使用量进行统计分级，确定关键物资及关键供应商，便于供应商管理工作人员加强供应链协作能力、签订框架协议提供了详实的数据支持；另外通过分析，可以为

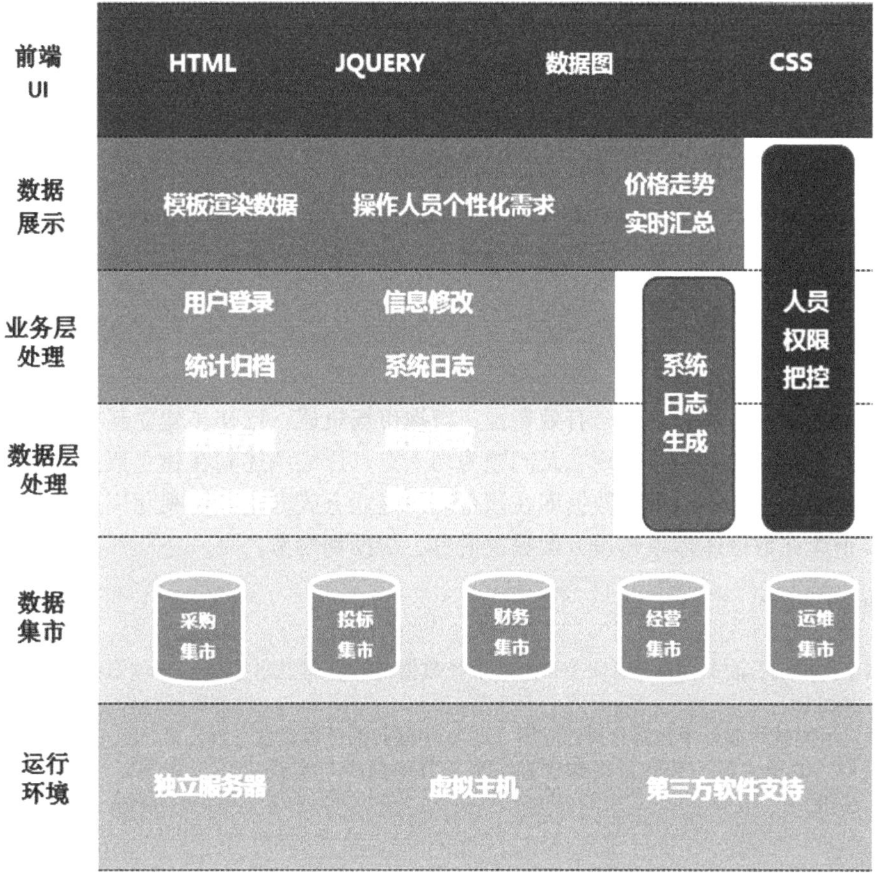

图 5　某公司信息系统架构图

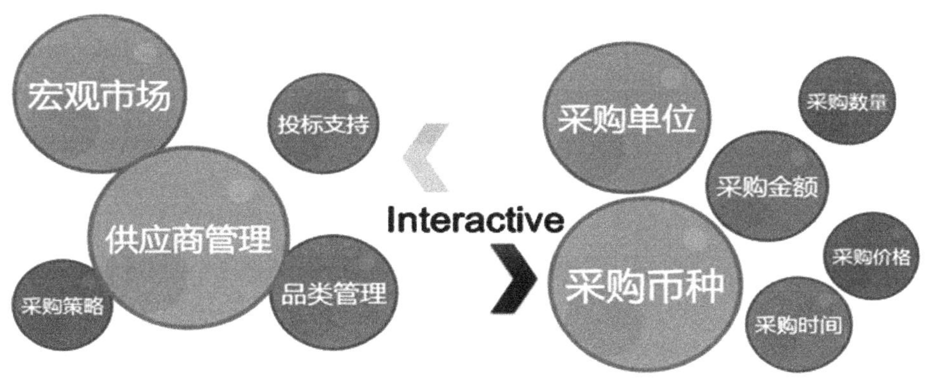

图 6　某公司可视化应用效果图

对需要补充的某种物资供应商进行有针对性的寻源及开发。

采购策略管理支持。采购数据库体系根据采购策略岗位人员需求，按照使用项目类型、产品规格、采购方式、供应商名单、历史价格、采购执行情况、交货情况等多个维度对现有供应商进行系统分析，在将分析结果提炼归纳后形成可视化图表提供给岗位人员及企业决策人员进行参考。

采购品类管理支持。通过对某一类项目采购管理的跟踪统计，采购数据库体系能够满足对该类项目在所需物资种类、历史采购情况、采购需求趋势等关键信息的抓取，从而有针对性地对品类物资实施动态管理。

宏观市场信息分析。在采购数据库体系中，通过设立重点物资价格走势分析机制，确定如无缝管、钢管、普中板、电缆、阀门等物资作为公司重点监测对象，在此基础上对市场公开信息进行整理、归档，以所列举的工程物资的主要原材料价格走势为切入点，以其主要交易产地的价格数据为抓手，汇总形成监测[3]。

投标报价管理支持。采购数据库体系，能够根据投标报价部门需求，在物资的历史价格分析统计以及对价格走势分析预测的基础上，为其提供所需物资的投标支持。

5 结论

综上所述，该企业通过整合有效资源、把握市场机遇，已初步建立起整体数据分析体系。本文以该企业的物资采购现状及问题为切入点，详细阐述其在建立数据分析体系的主要做法及分层方式，并以采购数据库在该企业的建立方式方法及可视化应用效果为例，力图对该类企业在数据库体系建设方面提供借鉴、帮助和参考。

参考文献

[1] 秦寰宇. 中国石油工程建设有限公司采购系统数据统计管理程序［Z］. 中国石油工程建设有限公司，2019

[2] 聂顶. 采购执行业务中数据分析的应用［Z］. 中国石油工程建设有限公司，2019

[3] 卢英辰. 油田工程企业物资采购管理水平提升的探析与实践［Z］. 中国石油工程建设有限公司，2019

全过程工程咨询与企业转型

虎门港沙田港区建设的全过程工程咨询管理实践

牛健荣

(北京市工程咨询公司，北京市 100124)

摘　要：提升建设工程的投资决策科学化水平，提高投资效益、工程建设质量和运营效率，是深化建设体制改革的需要，也是推进全过程工程咨询服务发展的意义。本文总结了虎门港沙田港区工程建设案例的经验，提出发展全过程工程咨询管理的建议。

关键词：大型港口；工程建设；全过程工程咨询

1　引言

随着的社会主义市场经济体制的不断完善，投资主体多元化，建筑市场国际化，促使工程咨询行业向社会化、市场化、专业化方向发展。推动工程咨询行业转型升级，提升工程建设质量和效益，发展全过程工程咨询具有重要的现实意义。特别是国家推行“一带一路”的发展战略，需要培育一批具有国际水平的全过程工程咨询企业，给行业发展注入了新活力、带来了新机遇。

虎门港沙田港区“5＃～8＃”泊位工程于 2006 年 3 月 1 日开工，工程分两期建设和运营，该项目是国内首个委托进行项目管理的大型港口工程。码头岸线长 1356m，建设用地 1500 亩，建设规模为 4 个 5 万吨集装箱泊位。项目经济效益显著，2014～2016 年集装箱吞吐量增幅连续三年位列全国第一，工程 2016 年完成集装箱吞吐量 364 万标箱，集装箱吞吐量位列全国第 11 位，全球第 40 位[1]。总结虎门港项目的建设管理经验，对提高投资项目决策的科学化、规范化水平，进一步完善我国工程建设组织模式；借鉴国际规则，推进全过程工程咨询服务发展，完善中国工程咨询制度建设；推动建设管理进一步融入国际市场，都具有良好的示范意义。

2　以市场为依据，科学地把握可研评审

东莞市位于珠三角经济区，是世界级的制造业基地和重要进出口基地，有“世界工厂”之称，作为国家一类口岸，由于上有广州港，下有深圳港口群，东莞市一直没有自己的大型港口设施。

20 世纪 80 年代初，东莞市政府开始积极推动虎门港建设，但是一直没有取得理想成效。主要原因是在大型建设项目的可研评审中，存在一些行政体制方面的限制，严重制约了这类市场经济发育比较充分地区的基础工程建设。2004 年中国国际工程咨询公司（以下简称“中咨”公司）承担该项目的可研评审工作，项目评审组经过深入研究，认为在市

作者简介：牛健荣，男，1966 年生，北京，教授级高级工程师，长期从事项目管理工作。

场经济下，该项目的建设具有必要性。只要明确责任权利，采用市场化的运作，对于设计、实施和运营阶段潜在的风险是能够控制的。在评审中，专家对建设方案进行深入分析，并全面优化，不仅考虑如何建设，而且对港口运营进行了科学推演，良好的服务得到建设方认可，东莞市政府聘请“中咨”公司承担该项目的招标代理和工程管理工作，为虎门港沙田港区项目的全过程工程咨询提供了依据。

3 项目管理的模式和管理团队建设

3.1 合理设定项目的管理方式

在我国工程建设管理领域，全过程项目管理模式是个新生事物，国家积极试点和推行的新管理方法。在虎门港的项目管理中，合理划分建设方与管理方的责权是双方合作的关键。经过双方协商：“中咨”公司发挥其工程技术和管理经验方面的优势，在业主授权范围内，对项目的投资、招标以及安全、质量、环保、工期进行有效控制，组织实施监督、检查、协调等活动；业主负责协调外部关系，并保留在工程款支付和重大设计变更的最后决定权。

3.2 加强项目管理团队建设

在探索一条项目管理的新思路上，如何做到让业主满意，是体现专业工程咨询水平重要指标。对于该项目管理，需要首要解决的课题是项目管理团队建设。“中咨”公司针对项目特点，将工程咨询工作分为项目前期管理和施工期管理两个阶段，根据不同阶段的特点，采取不同的管理方法。第一阶段主要任务是组建项目部，编制工程项目管理规划，完成工程招标，做好开工前的各项准备工作；第二阶段是通过对工程施工过程的控制，实现项目建设目标。

项目经理是管理的核心，“中咨”公司特别选用一位复合型专家负责该项目，项目经理具有高级工程师职称，而且还有一级建造师（港航、建筑、市政等专业）和监理工程师资格。保证在组织实施过程中，项目经理熟悉工程所包含的码头、堆场、房建等建设内容，有较强的专业管理能力。其他项目部成员既有“中咨”公司派出人员，也有从社会聘请的优秀专业技术人员和管理专家，并根据项目进展的不同阶段，确保专业配套，按工作需要进行调整。并做好建章立制工作，编制项目管理手册，建立健全各项管理制度和工作流程，对全体人员进行岗前培训，规范工作行为，将“央企”的先进文化延伸至虎门港项目经理部。

4 工程建设过程的项目管理

4.1 工程招投标的管理

工程招标是政策性较强的工作，在实施过程中，既要符合国家政策，又要遵守地方的管理规定。由于项目涉及监理、施工（码头、房建、机电安装等）、设备采购等多专业的招标，不仅是国内招标，还有国际设备采购招标；招标工作既使用交通部招标平台，也有广州建设工程招标中心和东莞建设工程招标中心，各地招标管理有一些差别，给招标工作带来较大的难度。

“中咨”公司项目部按照“手续齐全，程序合法”的原则，严格遵守国家、地方的法律法规，以及廉政的各项规定，招标工作团队始终警钟长鸣。负责招标工作的同志深入了解和掌握当地招标政策、管理规定，主动与有关管理部门沟通解决问题。工程管理项目部与业主分工明确，如：招标文件的编制、评标组织等业务工作，由工程管理项目部负责文件的准备，提交业主审定；业主代表列席评标会议，不发表任何有可能影响评标结果的意见，完全尊重依法、按程序确定的评标结果。在招标过程中，按属地的规定邀请东莞市纪委、交通局、监察局等单位，派人现场监督评标工作。项目先后组织了 24 次各类招标，未发生任何投诉。

由于项目部在编写招标文件时，充分考虑工程建设计划的要求，招标文件的目标明确、条款约束性强，因此，保障了所签订的合同能达到预期效果。

4.2 工程施工期的管理

4.2.1 工程安全管理

“中咨”项目部始终把安全放在工程管理的首位，认真落实“预防为主，安全第一”的方针，通过制定《虎门港工程安全管理制度》，明确参建各方的安全管理职责，将安全管理工作规范化、制度化。设立项目安全领导小组，统筹安全管理工作，建立三级安全管理体系，组织定期和不定期的安全大检查，发现安全隐患，及时纠正，并进行适当的经济处罚。

对于工程重要工作，建立专项安全方案，落实管理措施。例如，虎门港工程吹填造地，需抽取河沙 400 万 m^3，绞吸船施工监控和防洪堤的观测是重点，项目部管理人员在巡查时，发现绞吸船存在靠近河岸过度抽砂，可能造成珠江大提的坍塌。由于及时发出警示，并采取措施，避免了重大险情发生。

由于树立了“安全也是生产力”的理念，安全管理责任明确，工作落实到位，在虎门港工程建设期间，未发生任何重大安全事故。

4.2.2 施工进度管理

在进度管理上，“中咨”项目部首先是抓各参建单位的“班子建设”，对个别单位的管理班子工作不力、影响工程进度的，在业主的支持下，坚决更换其主要领导，使参建各方形成一个高效运行的建设团队。其次，做好进度计划的制定和落实工作，并通过例会制度，跟踪进度计划的执行情况，采取有效纠偏措施。第三，对工程重点和难点问题，积极与有关方面沟通和协调。如：受设计变更、征地拆迁等影响，工程一度进展缓慢。对此，“中咨”项目部通过进度专题会，调整施工方向，实行精细化管理，狠抓计划的落实等一系列措施，较圆满地解决工程进度问题。工程取得了在 35 天内完成 11 万延米砂桩施工，10 天完成铺砌 3 万 m^2 联锁块，单月安装完成 10 件沉箱等施工进度业绩。

4.2.3 质量控制

在质量管理上，“中咨”项目部明确创优目标，制定了创优计划；围绕着业主的质量方针和管理目标，形成覆盖项目建设的质量保证体系；加强全过程监控，对重要控制点，制订详细技术质量标准、控制措施、责任人。如：项目部组织完成“重力式码头质量通病的防治”、“质量奖罚制度”等管理文件。在实施过程中，发现问题，及时处理，如：堆载的监测数据是软基处理施工的依据，“中咨”项目部提出“淤泥厚度不同，初期日沉降会大于规范 10mm 的标准，可以按实际情况控制”。该建议征得设计的同意，解决了堆载施工沉降量控制标准的问题。

虎门港（一期）工程参与质量等级评定的8个单位工程为优良，防洪堤工程获评“水利优质工程”。码头（一期）实体尺寸控制精确，码头理论长度678.00m，实测长度678.016m；码头最大沉降量为1.9cm，最大位移量2.3cm；钢轨设计轨距30.480m，实测轨距偏差±2mm。在2007年交通部组织的工程质量检查中，综合评分为地方项目第一名。

4.2.4 投资管理

投资控制是项目管理最重要的工作之一，“中咨”项目部通过优化设计方案，有效地降低工程投资。如：通过调整原供电方案，经设计同意，利用政府建设的公共电力专线，节省工程造价1500万元。主动排查出现的问题，及时纠偏，如：业主原定的办公楼装修方案存在结构安全隐患，恰逢总经理变更，经过多次与新、旧总经理沟通，避免了可能发生的重大经济损失。建立健全投资控制体系，分级控制；严格审核工程计量、支付，避免超付和欠付情况发生；对工程变更、价格调整等因素严格控制；做好索赔的预防控制工作。由于预防工作到位，本工程未发生任何索赔事件，工程投资控制达到业主的目标。

4.2.5 项目管理风险控制

任何项目管理都有一定的风险。“中咨”项目部通过分析项目的主要影响因素，采取技术措施，调整施工方案，排查隐患、控制风险的发生；加强内部管理，建立工作互相审核制度；重大问题集体讨论决定，杜绝工作失误，以降低项目管理的风险。如：在招标时，对影响工程的钢材、水泥等主材，要求投标人承诺预订储备，因此，降低了2007年突发的建材上涨对本工程的影响。

5 对全工程项目管理发展的建议

5.1 抓好全过程咨询业务的人才建设

在全过程咨询业务中，人才结构和素质与传统设计咨询业务不同。在人才配置上，更强调人才的专业广度和综合能力。对于传统工程咨询、设计、监理、施工团队的人员，专业相对狭窄，当涉及各阶段前后延伸的许多工作，缺乏工作经验。现阶段，全过程咨询业务需要通过团队的综合配置，以弥补人员知识和经验的不足。在今后的工作中，必须进一步培养和优化整体的人才构成，吸纳复合型、跨专业的人才，以适应全工程工程咨询业务的发展需要。

5.2 推进全过程项目管理的技术水平

对全过程工程咨询的成果评价标准，应该以能否实现业主的最大化效益，真正的体现工程咨询服务中的价值工程。不仅涉及设计方案，也与施工技术和运营管理成本有关。推进咨询行业的发展，首先，应该完善全过程工程咨询的法规、标准的建设，使咨询服务走向集中、系统化；其次，加快现有的咨询企业转型，建立与全咨相匹配的组织架构、技术解决方案的储备、工程造价数据库；第三，积极采用现代计算机辅助管理手段，加快管理平台建设、BIM技术的应用。将传统咨询服务中，分阶段、流程式的服务，提升到围绕业主目标，前后统一的全过程管理咨询，把咨询技术资源集成的优势前置，以求全过程管理咨询的价值体现，获取更多业主对于全过程管理咨询的信心。

5.3 探索创新精细化管理方法

在我国，全过程工程咨询是一个新生事物，没有现成的经验可供参考，必须面对新环境、新要求，深入研究以往管理模式的优劣，正确处理好继承、创新与发展的关系，建立起一套具有中国特色的工程管理体系和科学方法。通过树立先进的管理理念，建立、完善各项管理制度、方法，并且不断改进，形成规范、长效的项目管理体系，搞好项目的管理精细化，为我国工程建设提供了可靠的解决方案。

5.4 坚持顾客第一的理念，创造共赢的局面

“让用户满意”始终是全过程工程咨询中的重要准则。必须正确理解全过程工程咨询在工程建设中的位置，做到“不缺位，不越位”。即：在工程的日常管理中，敢于承担起责任，起到工程“指挥中心”的作用，以实现项目的计划目标。在重大设计变更和进度款支付等问题上，充分尊重业主决策权，提出自己的意见，做好参谋。其次，要以维护业主利益为出发点，严格控制工程投资，做到“不变、少变、变少”，即在过程中，做好事前控制，减少设计变更、争取做到少变、尽量为负变更，减少工程投资。只有用户信任、满意了，全过程工程咨询才有发展的空间，达到共赢的结果。

6 结束语

在“一带一路”的国家发展战略实施过程中，积极参与沿线国家的基础工程建设，是我国对外经济工作的重点工作之一。改革开放以来，我国在工程建设领域取得的成绩举世瞩目，作为世界经济增长的火车头，让世界分享中国改革发展红利，推广中国发展的经验，将中国拥有的巨大产能优势、技术和资金优势、经验及模式优势，尽快转化为市场与合作优势，为世界经济发展提出中国方案。将我国传统的对外建设劳务输出，改变为提供工程建设的解决方案，提高全过程工程咨询服务水平是对外经济工作的重要一环。

港口建设是“一带一路”基础工程的重要组成部分，回顾虎门港项目建设历程，“中咨”项目部承担了虎门港工程“可研评审、招投标代理、项目管理”等工作，是对全过程工程咨询业务进行的有益实践，也取得丰富的经验。“中咨”项目部结合典型工程，组织编写《工程项目代建管理实务与操作》、《工程项目管理实务与操作》等专著，笔者有幸参与了部分章节的撰写。随着我国全过程工程咨询不断地深入发展，中国工程咨询企业应该有信心走向国际市场，推广中国的技术标准、设备、融资、施工、建设管理、运营维护为一体的全流程工程解决方案，开创新时期国际互利合作的新模式。

参考文献

[1] 《英国劳氏日报》2016 世界集装箱港口 100 强榜单

多实施主体条件下 PPP 项目设计管理研究

罗恒亮，马振梅，许梦璇，周雨，高振宇

（北京市工程咨询公司，北京市 100124）

摘　要：本文以通州区水环境治理 PPP 项目建设为背景，论述了多实施主体条件下 PPP 项目推进过程中，针对各主体利益诉求各异、前期基础条件薄弱、工程类型复杂等问题，引入第三方项目咨询管理公司开展设计管理的实操做法和经验。管理实践表明，设计管理是全过程咨询管理的重要支撑环节，通过规范管理流程、统一技术标准、组织方案评估等措施，有利于技术经济方案优化，确保项目进度、投资、功能等多方面目标的实现，可为类似项目设计管理提供借鉴经验。

关键词：多实施主体；PPP 项目；设计管理

1　引言

PPP 模式是公共服务供给机制的重大创新，能解决政府发展公共服务、基础设施补短板等资金不足的瓶颈问题，通过市场机制的灵活运作对社会资源进行优化配置[1]。目前，PPP 模式已广泛应用于各类公共服务与基础设施类项目。

本文中所指的多实施主体，指在综合、大型的 PPP 项目中，涉及的负责组织工程实施的多家 SPV 项目公司。以通州区水环境治理 PPP 项目为例，在项目包装初期，结合通州区镇域及流域界线，划分为六大片区，分别组建了 6 家 SPV 项目公司，按片区组织各自范围内的项目实施，且涉及的项目类型多样，包含黑臭水体治理、农村生活污水治理、建成区雨污合流改造、再生水厂、河道水网、海绵城市建设及蓄滞洪区等多项工程；项目投资渠道复杂，有市政府固定资产投资、财政资金及社会资本资金等；项目参与方众多，有 PPP 项目公司、属地乡镇、区水务局及区属相关委办局、市水务局及市属相关委办局等。此外，通州水环境 PPP 项目还存在项目实施与规划编制同步推进、工程界面复杂的问题。如何稳定规划设计方案，加快项目落地，最大程度防范 PPP 项目推进的风险，实现 PPP 项目公共服务效益的最优化，是项目推进面临的关键制约问题。

通州水环境治理 PPP 项目在多实施主体条件下，通过引入第三方项目咨询管理公司，开展全过程项目咨询管理服务（包括设计管理），为业主方提供科学、专业的技术支持，填补业主方能力短板，可有效整合各方资源，协调各方利益，有利于项目的顺利实施。

作者简介：罗恒亮，女，1990 年生，山西忻州，助理工程师，主要从事项目设计管理；马振梅，女，1977 年生，黑龙江东宁，高级工程师，主要从事项目设计管理；许梦璇，女，1985 年生，河北张家口，工程师，主要从事项目设计管理；周雨，男，1985 年生，北京顺义，工程师，主要从事项目设计管理；高振宇，男，1965 年生，内蒙古呼和浩特，教授级高级工程师，主要从事水务规划设计咨询。

2 多实施主体条件下 PPP 项目设计管理及面临的主要问题

项目咨询管理按服务范围，可分为全过程咨询和阶段性咨询管理[2]。全过程咨询管理是从规划设计、前期手续、招采合约、投资控制、质量安全、工期进度及运营维护等各方面对项目进行全面咨询管理。对一些复杂的实施难度较大的项目，目前项目咨询管理服务已不仅局限在项目实施阶段，而向上游规划设计阶段、向下游运营维护阶段扩展。其中设计管理为项目全过程咨询管理的重要内容，指在项目前期规划、设计方案、初步设计、施工图及实施等不同阶段，受业主方委托，对设计文件进行审核把关，同时协调解决制约项目推进过程中出现的设计重难点问题，推进设计成果的落地，确保项目进度、投资、功能等多方面目标的实现。

2.1 设计管理的目标

设计管理的目标为确保工程技术经济方案合理，符合相关政策、法规和技术标准，工程功能定位与建设成效符合预期要求。

2.2 设计管理的主要内容

设计管理贯穿项目始终。在前期规划阶段，管理内容为调查了解项目前期规划及建设情况，全面掌握业主方功能需求及建设目标；设计方案阶段，管理内容为推动设计方案稳定，统一技术标准，组织开展方案评估，形成技术经济最优方案；施工图阶段，管理内容为在前期设计方案基础上，开展施工图审查工作，指导工程实施；项目具体实施阶段，协调处理因各类原因产生的工程变更，推进工程实施（图 1）。

2.3 设计管理面临的主要问题及需求

多实施主体 PPP 项目存在各方利益博弈、前期基础条件薄弱、工程类型复杂等问题，其设计管理工作面临更多问题和挑战。以通州水环境治理 PPP 项目为例，对设计管理面临的问题及需求进行具体分析。

2.3.1 涉及实施主体多，需统筹建设内容和标准

水环境治理 PPP 项目涉及实施主体较多，为区域性 PPP 项目群管理，各项目公司从自身利益出发，存在在设计过程中增加项目建设内容、加大投资的问题，方案及投资较难控制；同一类型项目由多个片区组织实施，如农村生活污水治理工程涉及 6 片区、水网工程涉及 5 个片区，需要统一明确不同片区间同类项目的技术标准及建设内容；项目公司人员配置及水平上存在差异，针对同类工作，可能存在不同的反应行为，需管理单位来统一规范，以从整体上推进项目实施。

2.3.2 项目前期工作薄弱，需结合规划及时调整工程设计方案

通州区按最先进理念、最高标准、最好质量的要求推进副中心规划建设，启动了总规、控规、镇域规划及雨污水排除等专项规划编制，因工程建设任务紧迫，工程设计与规划编制基本同步，规划编制工作相对滞后，需要尽快稳定规划方案，同步推进规划编制及方案设计工作。

2.3.3 工程类型复杂，需规范审查流程提高工作效率

项目基本涵盖除供水、农田灌溉外的所有水务工程，且分别执行发改委固定资产审批

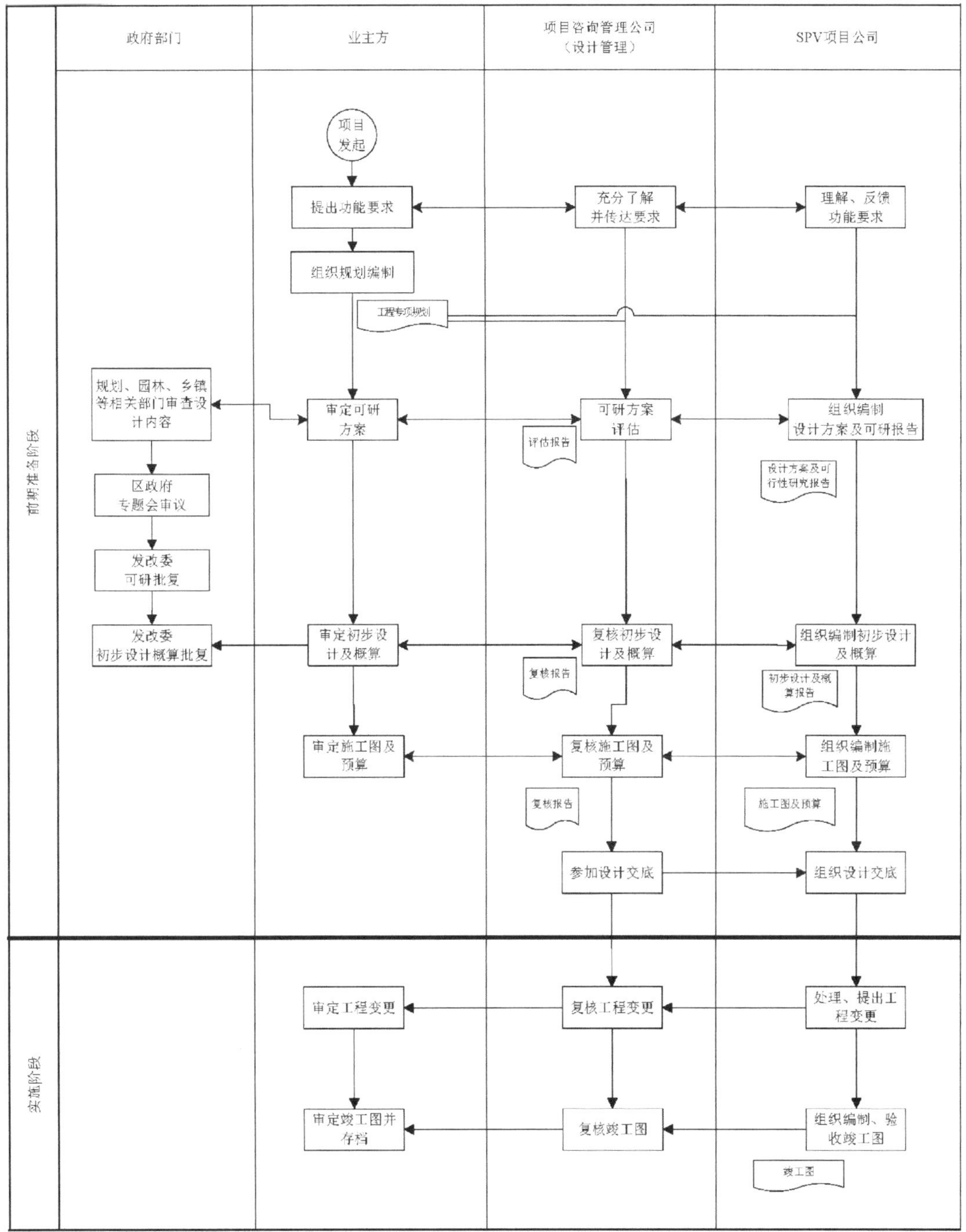

图 1　通州区水环境治理 PPP 项目设计管理流程图（固定资产投资类）

流程或财政专项资金审批流程；线性、点状工程较多，项目分散覆盖通州区全境。需要具备市政、水利、环境等多专业资质，可研方案、施工图设计等多阶段的专业人员，且需明确发改、财政项目设计方案的不同审查流程。

2.3.4　项目界面复杂，需反复沟通以保证项目顺利实施

河道水网类项目，规划蓝、绿线范围内与园林绿化、公路等部门现有及新建项目交叉较多，且 PPP 项目包内不同工程存在建设时序衔接问题。需要明确不同部门间界面划分，

稳定项目实施范围，统筹解决时序衔接问题，确保项目能够顺利实施。

3 管控措施研究

为确保项目顺利推进，解决多实施主体条件下 PPP 项目参与方多、投资大、工程界面复杂等问题，引入第三方项目咨询管理公司进行全过程管理是必要的。第三方项目咨询管理公司可以组建专业设计管理团队，通过明确的工作流程，规范各项目公司相关行为动作，确保项目高效执行。

3.1 引入第三方项目咨询管理公司

引入第三方项目咨询管理公司对多实施主体 PPP 项目进行全过程项目管理，具有以下优势：一是提供科学、专业的技术支持，填补业主方（多为政府行政部门）短板，是业主方监管工作的有力支撑；二是有利于协调联动各方积极性，有效整合各方资源；三是有利于合法、合规推进项目顺利开展。

3.2 明确工作流程规范各方行为

多实施主体条件下，PPP 项目涉及工程类别众多、界面复杂、工程体量大，不同项目公司实施同一类型项目，规范、固化设计管理工作中的方案设计、施工图设计、设计变更等重要节点流程尤为重要。依据国家、地方及行业规范标准要求，结合实际操作经验，明确设计方案审查、施工图复核、占拆图复核及工程设计变更处理等具体工作流程，可规范各方动作，提高工作效率。如针对工程设计变更处理工作，由项目咨询管理公司编制工程设计变更管理办法及变更程序文件，从设计变更缘由、变更要件、变更分类及变更流程等方面做出明确要求，规范各项目公司变更行为，确保变更工作合理、合规推进。

3.3 通过发送管理文件强化信息沟通效果

在管理过程中通过管理意见、工作联系单等管理文件，提出管理公司的建议及要求。管理意见主要发送给业主方，通常为影响工程实施的重要综合性意见，为政府提供智力支持，在编写管理意见的同时，同步为业主方代拟相关函件；工作联系单主要发送给 PPP 项目公司，通常为督促或要求 PPP 项目公司完成某项工作、解决某项问题。通过发送上述管理文件，明确表达项目咨询管理公司的意见及要求，使管理过程可追溯、操作性更强。

4 设计管理要点

4.1 开展技术评估优化方案

在规划条件不稳定情况下，第三方项目管理咨询公司提出“以规划的理念开展工程设计”，组织项目公司、设计单位与专业规划院对接，梳理规划需求，同步推进工程治理规划落地与设计方案稳定。同时，通过内部审核与聘请专家外审相结合的方式，组织开展技术评估工作优化设计，从设计方案的技术经济合理性、实施可行性等方面考虑，确保项目功能定位与建设成效达到预期要求。

内部审核需充分利用设计、造价、现场监管等部门技术力量，在项目的设计方案阶段进行审核。在多专业、高水平人员配备不足的情况，也可聘请专家外审，采取临时聘请、固定聘请两种形式，保持与外部专家的沟通顺畅，多方位、多角度评估设计方案，避免因前期论证不深入、不细致导致后期实施较大调整或难以实施等问题。

4.2 严格执行限额设计

根据近期出台的政府投资管理相关条例、规定及通知，明确提出“建设投资原则上不得超过经核定的投资概算”、“初步设计概算超过经批准的可行性研究报告投资估算 10%的，必须重新编制和报批可行性研究报告”等要求，设计管理时要加强对 PPP 项目实施纵向、横向维度的投资管控[3]，在实现项目目标前提下，督促社会资本方做好初步设计、施工图等阶段限额设计，合理优化各阶段设计方案，做好安全性、可行性和经济合理性的协调，确保项目建设成本不超过投资总额，推进项目合法合规开展。项目咨询管理公司通过组织社会资本方优化水环境 PPP 项目黑臭水体治理、农村生活污水治理实施方案及调整概算，将工程概算控制在 PPP 批复金额范围内，核减率达到 40%以上。

4.3 统一技术标准

针对多实施主体同步开展水网工程、农村生活污水治理工程设计情况，为统一技术标准，第三方项目咨询管理公司组织编制了水网工程、村污工程设计指导意见。其中，水网工程设计指导意见，从治理标准、设计原则、建设内容、实施及征拆范围、景观设计、水工建筑物、巡河路、景观绿化投资控制等方面指导水网工程前期及设计工作；农村生活污水治理工程设计指导意见，从踏勘调研、勘测、设计原则、设计方案、投资控制等方面指导村污工程前期调研及设计工作，有力推动了水网、村污工程设计方案的稳定。

5 结论

本文以通州水环境 PPP 项目建设为背景，论述了多实施主体条件下 PPP 项目设计管理面临的问题、设计管理相关做法及经验，得出以下结论：

（1）多实施主体条件下通州水环境 PPP 项目具有参与方众多、工程类型复杂、前期基础条件薄弱等特点，通过引入第三方管理公司既是创新举措，也是成功实践，有利于项目综合效益的实现及公共服务质量的提升。

（2）设计管理是项目管理过程的重要环节，通过规范工作流程、使用管理文件等措施，强化技术经济评估、限额设计及技术标准统一等要点，有助于项目方案优化、投资可控和风险防范，可为后续类似项目设计管理提供借鉴经验。

参考文献

[1] 甘琳. PPP 模式在农村水利基础设施建设中的应用研究 [D]. 重庆大学：管理科学与工程，2011

[2] 丰景春. 论我国水利工程咨询公司的模式与发展趋势 [J]. 河海大学学报（哲学社会科学版）. 2002，(04)：29-32

[3] 康抗. 水环境设计项目管理研究. [J] 智库时代. 2018，(40)：286-287

国际总承包商设计管理的重要工具

沈全锋

（中国石油工程建设有限公司，北京市 100120）

摘　要：本文从油气领域工程总承包项目的内在运作规律出发，归纳出总包商设计管理的典型特征、基本要求、原则和内容。研究总承包商设计管理与范围管理的关系，建议改进需求跟踪矩阵 RTM，作为总包商设计管理的一种工具。

关键词：工程总承包；总包商设计管理；范围管理；需求跟踪矩阵

1　引言

项目是工程公司组织存在的必要条件，工程公司一切组织活动都源于项目并且服务于其最终目标。项目全生命周期中各项活动在公司的组织行为中占据主导地位，公司组织结构理应围绕项目执行过程进行搭建，这是公司以项目为运营中心的客观需求。

配置相对稳定的专业项目管理团队体现了对"项目为主导"基本原则的尊重，也有利于企业积累项目管理专业人才和经验。工程设计咨询公司由优秀的"知识工作者"组成，他们既是项目执行所需的主体资源，又是科技创新的主导力量。项目执行情况受多种因素影响，但人员素质决定产品质量，其质量对客户投资的成败影响巨大。

本论文合理利用设计分包商的可交付成果和项目范围说明书，找到一个适合总包商设计管理的工具包。系统研究总包商设计管理与项目管理知识体系（PMBOK）指南范围管理的关系后，笔者认为需求跟踪矩阵等工具较适合总包商设计管理。

2　油气领域工程总承包项目内在运作规律

2.1　控制是项目管理的核心活动

能源领域大型工程的设计成果种类繁多、数量巨大，设计控制内容一般包含计划、进度、成本、质量和文件等若干方面，应按照管理专业化要求为每种职能配置专业人员。目前多数总包商依靠从设计单位协调过来的少数经理，如果没有合适的管理工具，设计管理难度较大。

设计管理团队是总包商管理团队的一部分，既是管理设计的直接人员，又扮演着设计团队和其他项目管理人员的桥梁作用，比如与施工、试运、计划、成本、质量和 HSE。一个好的设计管理团队，要具备良好的专业素养，基本的管理知识，还要对 EPC 执行有

作者简介：沈全锋，男，1968 年生，湖北，现任中国石油工程建设有限公司阿尔及利亚分公司总经理，教授级高级工程师。主要从事石油天然气地面工程总承包和项目管理。

广泛的了解，才能有效保证设计与其他环节的界面清晰又协作顺畅，形成管理合力。

2.2 设计公司组织结构

油气能源项目呈现明显的地域特性，不同国家、地区在能源政策、项目数量和类型、投资规模等方面存在差异。根据国际大型设计公司的发展历程可知，单个工程设计公司覆盖一定地域范围内的业务之后，可通过快速复制成功经验组建多个类似的设计公司，形成位于不同区域的利润中心。它们具有相对独立的经营权，实行单独核算以激励经营。很明显，符合“区域事业部制组织结构”的基本特征。

总部的职能机构和管理人员负责对各事业部进行考核、监督和指导；横向事业部之间通过设置公司级别的专家中心实现核心人力资源的灵活共享[1]。

2.3 设计分包商可能存在的问题

投标阶段设计团队对ITB文件、技术方案和标准的研判，对中标项目的成本控制至关重要。

首先是设计标准问题。阿尔及利亚水泵站项目[2] ITB中明确要求首先采用当地标准或经业主同意的标准、条例和指令，其次ISO/欧标，再是业主批准的特殊标准。设计分包商因长期从事油气行业，习惯使用美标，工程初期考虑采用美标。其次是其内部质量控制措施监管力度不够。从设计分包商提交的资料看，许多问题是设计分包商专业内部会签不认真，缺少协调造成的。再次是与厂家沟通不畅。设计人员与厂家直接沟通，但技术交流往往会引起商务方面的变更，同时还要考虑商务方面的变化来确定技术变更方案。

3 总包商设计管理的典型特征

3.1 资源配置集中化

哈法亚二期项目，被伊拉克政府誉为“速度最快、执行最好的项目”。花大力气加强前期项目策划和EPC阶段设计管理是其制胜法宝。“工程项目的80%约束性成本在设计阶段就已经确定”。

总包商和设计分包商在对项目风险控制点进行分析后决定，提前介入，内部启动了详细设计和长线设备的采购工作，比项目正式授标整整提前了半年。总承包商设计管理团队随之成立，设计管理人员与业主、PMC、设计、采购联合办公，融为一个完整的项目执行团队，从设计进度控制、问题协调、方案优化，以及采购、施工、试运等环节全程管控，各环节深度交叉无缝衔接。

3.2 项目管理专业化

阿尔及利亚水泵站项目[3] 在提前介入设计分包商管理的同时，编制了设计程序文件和管理手册，确定了总包商、设计分包商及业主监理文件提交、流转和批复的文件管理程序。我们与监理建立了FTP文件共享平台。处理各类设计技术文件13775份，供货商技术文件1827份，提交业主监理文件6215份。

各专业工程师跟踪每个技术文件和采购文件的状态以及存在的问题，及时协调；遇到大的问题或专业之间的技术界面问题，反馈至设计经理，设计经理再与设计分包商沟通，组织相关专业进行小型专题会议讨论并解决。项目设计管理团队通过内部周会，建立一个高效率的综合性设计管理团队。

3.3 严把质量和成本关

始终坚持将质量和成本作为设计管理主题的关键问题，深入各专业设计的前期阶段，组织技术方案讨论，力争将技术问题消除在设计文件正式提交前，优化设计以缩短设计周期，为项目后续工作争取时间和利益空间。

在设计执行过程中，设计分包商经常有过度设计或保守设计的现象。水泵站项目[3]设计管理严格按照管理手册和技术监督工作范围，明确了各专业工程师的工作职责内容。虽然设计工程师分散在不同的国家和地区，但能够紧密配合，克服了与业主监理、设计分包商和供货商之间的沟通不畅的诸多问题，深入讨论和协调不同专业、不同层次的技术问题澄清。

4 总承包商设计管理的原则和内容

控制是项目管理的核心活动，对产品生产过程的控制符合生产制造企业的一般性特征，配置专业控制团队是项目产品生产的客观要求。总包商设计管理应延伸到投标报价阶段，因为如果对业主 ITB 中某个技术方案理解偏差，对整个项目成本就可能会有很大影响。

4.1 深度开展与设计分包商、厂家及业主的技术交流

EPC 总承包商，在前期的基础设计以及详细设计审查过程中，充分利用项目专业技术人员在施工方面的经验优势，重点在材料选择、可施工性审查、总体布置等技术方案与业主和设计进行沟通交流。

在保证满足现场使用需要和 ITB 技术要求的前提下，尽量降低设备采购和施工成本是项目成本控制的重要环节。明确供货商与设计院的分工界面，是保证货到现场安装不出问题的最关键环节。设备厂家资料的返回准确性，直接影响设计出图的准确性，这点最难控制。

厂家与设计院之间的分工界面，要求生产厂家对自己产品的参数与设计院所提供的数据表之间的一致性进行技术确认；并把有参数和供货偏离的部分做成技术偏离表，然后根据自己产品特点做出技术协议。在交流的过程中重点对偏离部分进行审查，确保不出现设计和厂家之间的界面盲区；需要专业设计人员对厂家具体数据、标准和规范等逐条逐项确认，多家招标时应采用一致的标准规范。

4.2 组织施工单位图纸会审是解决现场施工问题的有效方式

通过组织各专业图纸会审，将图纸中的漏项、错项一一明确，并对今后陆续将出的图纸进行统一修改。利用专业技术人员和施工单位的施工经验，与设计人员进行沟通，在大宗材料的开料和安装图的合理性方面进行充分的讨论，尽量避免现场的缺料现象。

先由施工单位提物资需用计划，通过结合设计院的图纸实物量与施工单位的需求量进行平衡，最终确定大宗材料的申报量，既考虑到了设计的要求，施工单位的施工习惯，也减少现场因为设计的习惯和施工单位的习惯所造成的材料浪费。通过组织研讨现场施工与

设计图纸理想化之间差距的形式，确定设计的开料原则以及如何考虑施工损耗和材料备用量，从而从源头上尽量减少在现场的材料增补，减少变更。

4.3 设计管理要有国际化思维，沟通体现艺术性和专业性

在国际 EPC 项目实施过程中，总承包商、设计分包商、供货商、业主、监理等项目各关联方往往来自不同国家，不同的文化、标准、语言、习惯、思维、理念等交织在一个项目上，而这些特征往往具有隐藏性（多以一种含蓄的方式影响到项目实施）、广泛性（几乎涉及项目实施每个环节）、强势性（业主强势意识影响到项目沟通各环节），这些因素也成为国际 EPC 项目执行包括设计管理最困难的一个环节。要克服这些因素对项目执行的影响，项目管理不但要有国际化的思维，也要与项目所在地本土文化进行融合，讲究沟通的艺术性、专业性，在理解对方的基础上寻找切入点，方能推动项目的进展。

5 总承包商设计管理的工具

国际工程设计公司开发如下形式的信息体：报告、各种图表、演示文稿、文件、视频或音频文件等，可广义定义为项目产品，本质为知识集合，最终被定义为“最优技术解决方案”提供给客户。

总承包商设计管理的重点在于合同范围管理和不断复核 ITB 技术要求，因此范围管理适合总包商设计管理。范围管理首先要定义和控制在项目内包括什么、不包括什么。项目范围确认是项目关系人正式接受已完成的项目范围的过程。范围确认需要审查可交付物和工作成果，以保证项目中所有工作都能准确、满意地完成。

5.1 需求跟踪矩阵

在软件行业，需求跟踪矩阵的编写是为了更好的管理需求和需求变更，在需求和工作产品之间维护双向可跟踪性。这种双向可跟踪性有助于确定是否所有源需求都完全得到处理，是否所有底层需求都可以跟踪到有效的来源。需求的可跟踪性还可以覆盖与其他实体的关系，例如与产品、设计文档的变更、测试计划等的关系。需求跟踪矩阵分两种形式（图 1）：

（1）纵向跟踪：需求之间的派生关系；需求与设计 \ 编码 \ 测试用例之间的实现与验证关系；需求实现的责任分配关系（WBS，人员）。

（2）横向跟踪：需求之间的接口影响关系。

REQUIREMENTS TRACEABILITY MATRIX							
Project Name:		<optional>					
National Center:		<required>					
Project Manager Na		<required>					
Project Description:		<required>					
ID	Assoc ID	Technical Assumption(s) and/or Customer Need(s)	Functional Requirement	Status	Architectural/Design Document	Technical Specification	System Component(s)
001	1.1.1						
002	2.2.2						
003	3.3.3						
004	4.4.4						
005	5.5.5						
006							
007							

图 1　需求跟踪矩阵 RTM 示例

5.2 需求跟踪矩阵的填写

纵向矩阵根据软件项目生命周期中的各个关键工作产品进行需求的跟踪，主要工作产品有：《用户需求说明书》、《产品需求规格说明书》、《系统测试用例》、《概要设计说明书》、《集成测试用例》、《详细设计说明书》以及软件源程序（图 2）。

REQUIREMENTS TRACEABILITY MATRIX					
Project Name:		<optional>			
National Center:		<required>			
Project Manager Name:		<required>			
Project Description:		<required>			
Software Module(s)	Test Case Number	Tested In	Implemented In	Verification	Additional Comments

图 2　需求跟踪矩阵 RTM 填写

维护矩阵时，需要进行完整性检查：（1）浏览矩阵中的需求数目与需求文档中的需求，确保矩阵中列出了所有的需求；（2）为确保矩阵中列出的所有程序在最终的软件中都是必要的并且没有冗余的，必须在矩阵中指出每个程序、类和其他单元；（3）通过确保功能需求后面的设计和用例没有空白列来检查需求的实现。

5.3 需求跟踪矩阵的更新

在项目进行期间，需求会由于各种各样的原因而发生变更，有效的管理这些需求和需求变更是很重要的，有必要去了解每个需求的来源以及对项目的影响。随着项目集的发展为确保项目集成功完成，重要的是项目集经理关注和控制范围[4]。范围控制是监控项目状态如项目的工作范围状态和产品范围状态的过程，也是控制变更的过程。经常把不受控制的变更称为项目“范围蔓延”。项目外部环境发生变化、项目范围的计划编制不周密详细，有一定的错误或遗漏、市场上出现了或是设计人员提出了新技术，新手段或新方案、项目实施本身发生变化、客户对项目，项目产品或服务的要求发生变化等都将会引起范围变更的产生。

6 结论

设计管理团队是总包商项目管理团队的一部分，既是管理设计的直接人员，又扮演这设计团队和其他项目管理人员的桥梁作用，比如与施工、试运、计划、成本、质量、HSE。

一个好的设计管理团队，要具备良好的专业素养，系统的管理，还有对 EPC 执行有广泛的了解，才能有效保证设计与其他环节的界面可以理顺。

基于项目管理知识体系 PMBOK，研究总承包商设计管理与范围管理的关系，建议改进需求跟踪矩阵 RTM 作为总包商设计管理的一种工具。

参考文献

[1] 李昊，张涛，沈全锋. 石油天然气行业工程设计公司组织结构研究 [J]，工程建设与设计，2014，12

[2] 李小宁，程鲁丰，沈全锋，罗军. 泉涌撒哈拉——阿尔及利亚水泵站项目历程回顾，[M]. 北京：石油工业出版社，2015

[3] 沈全锋，何兆洋. 整合管理在国际工程项目集的应用实践 [J]. 项目管理技术，2016，14 (6)

[4] PMI，The Standard For Program Management，2013 年 2 月

工程建设企业“五化”模式提升核心竞争力的实践和建议

李海润[1]，徐嘉爽[2]
（1. 中国石油工程建设有限公司，北京市 100120；
2. 中国石油工程建设有限公司西南分公司，四川省成都市 610041）

摘　要：当前工业化和信息化深度融合，传统粗放的工程建设模式已经不具备比较优势，创新实施“标准化设计、工厂化预制、模块化施工、机械化作业、信息化管理”的“五化”建设模式已势在必行。通过调研国内外油气相关行业“五化”发展水平，分析“五化”建设模式成本情况及发展趋势，提出了工程建设企业下一步“五化”工作建议：坚持技术引领，发挥标准化设计龙头作用；全面对标先进，提升工厂化预制专业能力；创新施工模式，凸显模块化施工高效优势；研发引进并举，推广机械化作业广泛应用；融合产业升级，实现信息化管理贯穿始终。

关键词：标准化设计；工厂化预制；模块化施工；机械化作业；信息化管理

1　引言

“五化”是指标准化设计、工厂化预制、模块化施工、机械化作业、信息化管理，是石油工程建设模式的一种创新。传统的工程建设模式以人海战术、大量现场作业为特点，在相当长一段时间内，为我国的石油石化行业发展做出了巨大的贡献。但在当前全球工业化和信息化技术高度发展和深度融合的背景下，传统的建设模式已经不具备优势，如果延续采用传统建设模式，工程建设企业将很快在行业竞争中处于劣势，甚至淘汰出局。“五化”则是对传统工程建设理念的一次变革，是对传统建设模式的一种颠覆。

2　“五化”的内涵及优势

2.1　“五化”的内涵

标准化设计，是在统一的设计标准规范、设计数据标准基础上，通过统一的设计作业平台，针对具体项目，将数据库中标准模块进行组合，实现装配式设计，达到设计成果的快速标准化输出，包括图纸文件、三维模型等。

工厂化预制，即根据标准化设计形成的成果和模型，最大限度地将现场的预制工作转移到工厂内进行预制，在工厂内完成橇块、模块和组件的加工制造工作，实现模块虚拟模

作者简介：李海润，男，1988 年生，北京，高级工程师/硕士研究生，主要从事石油工程建设管理；徐嘉爽，女，1986 年生，四川成都，工程师/硕士研究生，主要从事石油工程建设管理。

型向模块实体的转化。

模块化施工，是在工厂化预制完成单个模块制造后，将所有模块拉运至现场，利用大型模块组装技术，把一个装置或者一个产品的多个组成模块按照流程要求进行“搭积木”式的模块组合安装，快速完成工程项目的现场施工工作。

机械化作业，即利用技术先进、性能优越和经济可行的施工设备、机械、机具，例如自动焊接、自动无损检测设备等，来代替传统的人工作业模式，降低劳动强度，同时提高工作效率和施工质量。

信息化管理，就是运用云计算、互联网、大数据和移动应用等先进信息技术，建立统一的信息管理平台，实施工程建设项目设计、采购、施工、监理、交付、运维的全生命周期管理、工程建设项目的全数字化移交、项目的全智能化运行。

“五化”之间紧密相连，环环相扣，是一个有机的整体。标准化设计是基础和龙头，工厂化预制是标准化设计的延伸，模块化施工是工厂化预制成果的实现方式，机械化作业是实现工厂化预制和模块化施工的手段，信息化管理是各环节协调统一、高效运转的保障。

2.2 “五化”的主要优势

一是工人工作效率大幅提高。模块化建造把更多的工作从现场转移到工厂环境中，能够大幅提升工人工作效率，根据测算，一般情况下是现场工作效率的2倍以上，与此同时就降低了项目对现场人员的大量需求，大幅减少现场工人的工作量。

二是更易于项目的组织和管理。工厂根据模块的划分情况进行工作分解，界面清晰，每个小组仅负责各自的模块建造，组织区域和管理范围简单，有利于项目的高效执行和管理。

三是工作的安全性更高。施工现场普遍存在自然环境恶劣，作业面广、安全风险点多的问题，在工厂内工作极大限度降低环境影响，大量的工作也都在地面或者较低层脚手架上完成，安全性更高。

四是工程建设质量更可靠。工厂内预制和建造，承包商可以将散布在各地的优势技术人员和工人集中到工厂内开展模块制造工作，同时质量控制能够得到更顺利的执行。

五是工程建设的工期更短。模块化建设能够实现现场土建施工工作与工厂模块建造工作同步进行，交叉作业，能够最大限度缩短工期。一般来说，针对同一类项目的建设工期可以缩短10%～40%之间。

六是项目的总体成本更加可控。现场作业面临着人力成本高、自然灾害等不可抗力、设计变更多等问题，导致项目成本控制难度大，经常出现费用控制不住的问题。模块化建造大部分成本都发生工厂内，更加容易控制。

七是减少项目占地。通过模块化的建造模式，将传统的平面展开式总图布置升级成更加高效的立体布局方式，大幅降低项目占地，减少征地费用。据估计，同一类项目的占地面积最多可以节约70%。

3 “五化”的成本分析

与传统建设模式，模块化建造模式针对不同的子项，存在成本增加或减少两种现象，具体如下。

3.1 成本减少

一是现场劳动力成本降低。大量的工作在车间内开展，可以最大限度地减少现场劳动力，同时可以在劳动力成本较低、效率更高的预制厂内开展工作。二是降低现场运行和管理成本。较少的现场作业人员可以降低营地建设成本，降低对人员的管理成本。针对社会安全风险高的地区，还可以减少相当比例的安保费用。三是减少征地和土方成本。“五化”模式可以最大限度降低占地面积，永久占地和临时占地面积都会大幅减少，降低征地成本。针对山区等土方量大的地方，尤其能够降低土方场坪这一部分费用。四是缩短工期带来的成本减少。多场地同时作业能够大幅缩短工期，一方面可以为承包商减少现场工人、机具的使用成本，同时降低合同工期的违约风险，避免违约费用，另一方面可以实现业主提前投产带来的成本回收，降低建设期利息等。模块化建造模式工期更容易保证。五是三维精准设计减少材料浪费。全面采用三维设计手段，能够自动统计设备材料用量，实现精准开料，避免传统设计手段的估料方法，同时将错、漏、碰、缺等问题通过模型检查在设计阶段就提前暴露，减少施工现场的材料浪费。

3.2 成本增加

一是钢结构成本增加。由于模块制造所需钢结构导致钢材用量大量增加，导致钢材的成本增加。二是增加了工程设计成本。模块设计相对于传统的设计模式，需要更多的工时来完成前期设计策划、模型搭建、模拟分析，前期设计成本较高，但是随着模块库中标准模块的日趋丰富和完善，设计效率会越来越高，成本将逐渐下降。三是预制场运行和管理成本增加。大型模块工厂预制用工高峰可能达到上千人甚至更多，运行和管理成本显著增加。四是运输包装成本增加。大量模块在预制厂制造完成后需要拉运至现场，运输工作量大幅增加，同时模块运输过程中为了避免损坏，通常都需要制定专门的包装防护方案，包装费用会有所增加。五是信息化成本增加。我们应用的设计软件、管理平台等先进的信息化工具，都增加了我们软件购买以及软件运行维护费用。

总体来说，随着模块化建造技术的日趋成熟，总体建造成本更加可控，相对于传统建设模式呈现持平或者降低的态势。

4 工程建设企业下一步“五化”工作建议

4.1 坚持技术引领，发挥标准化设计龙头作用

标准化设计是“五化”的龙头和灵魂。标准化设计的水平直接影响一个产品的最终质量，工厂化预制和模块化施工只是对标准化设计成果的实体展现。

第一，制定统一的数据标准。设计的源头是数据，只有建立统一的数据标准，才能够保证不同项目同类数据的不断积累、传递以及调用。需要建立统一的三维等级数据库、元件库、材料编码库等，当所有设计数据都进行统一后，就为后续的设计工作奠定了共同的基础。第二，建立统一的设计体系和作业平台。设计体系规定了设计的管理程序、作业流程、作业模板等，能够保证设计文件格式、深度、表达方式的一致，实现设计成果的标准化。作业平台主要指工艺设计平台和三维设计平台，统一的平台作业能够保证设计数据的顺利流转和各专业的协同作业，提升设计效率和质量。第三，坚持不断优化标准化设计成

果。针对已经成功应用的标准化设计成果，例如流程图、三维模型等，我们在固化成果、加大复用的基础上，要结合实践经验和新技术、新成果进行不断优化，让标准化设计成果成为典范和标杆，能够始终具备先进性。第四，重点掌握模块化设计关键技术。充分考虑模块制造、拆分、吊装、运输、包装、复装、调试全过程，确保流程优化、配重平衡、布局紧凑、复装快速、便于操作。第五，实现快速装配式设计。建设适应不同规模、不同条件下的标准模块库，同时通过项目经验不断补充、积累和完善，最后实现针对特定项目，可以快速在标准模块库中选择标准模块进行组合，实现快速装配式设计。

4.2 全面对标先进，提升工厂化预制专业能力

相比较于专业的工厂预制模块厂家，国内各工程建设企业的工厂预制能力就显得相对薄弱，更多的时候只是承担一些较为简单的管件预制、非标设备制造以及小型橇块的组撬工作，工厂化预制的优势难以显现。

一是要规范预制工厂的作业和管理。需要尽快规范管理程序和作业流程，明确划清职责，理清岗位分工，尤其在大型模块预制过程中，上千人进厂工作时更能体现出优势。二是提高工厂预制的二次加工设计能力。需要加大人才培养和引进力度，逐步具备大型模块的二次加工设计能力。三是提高工厂预制的加工深度和精度。要进一步加大管道、钢结构、模橇块的预制深度，实现模块内设备、仪表、电气等多专业的工厂内安装，尽可能达到现场快速复装后就具备使用条件。四是要尽快掌握大型复杂模块的核心技术。大型复杂模块的预制建造能力是预制工厂的核心竞争力，要加大自主研发和合作力度，力争在甲板片组装与调整就位、设备布置与安装、电仪控制总线、模块总装成型、激光扫描三维成像等方面不断突破，逐步具备大型复杂模块制造能力。五是要加快配套深水码头建设。码头的装载能力限制着模块的大小和尺寸，大型模块制造厂家一般都选址在海岸线附近设厂，同时建设有自己配套的深水码头，以便大型模块建成后直接通过船舶运到工程所在地附近海域。

4.3 创新施工模式，凸显模块化施工高效优势

模块化施工是对传统施工模式的一种创新，传统的施工组织模式已经不再适用，需要紧密结合工厂化预制，建立新的模块化施工标准规范、作业程序及工法。一是建立适应模块化施工的管理和作业程序。深入研究模块化施工的特点，需要针对不同模块类型的运输、吊装、就位、安装、测试和试运等各环节施工工艺、工法进行研究，形成科学的工艺流程和管理程序，保证施工作业有章可循、有规可依。二是充分发挥工厂化预制和模块化施工的异地协同优势。模块在工厂预制的同时，可以同步开展现场的场坪、地下管网等作业，最大限度缩短施工工期。同时模块预制的进度与现场施工计划要紧密结合，做到模块运到现场，立刻具备安装条件，实现工厂预制和模块施工的无缝衔接。三是推行模块无土化施工和不落地安装。针对大型炼厂等场站内工程，努力做到地坪、道路与地下工程同时完工，为模块的吊装和施工做好场地准备。同时提前做好模块施工策划，做到模块运抵施工现场后直接安装就位，避免二次倒运，有效降低运输成本，减小模块在再次运输过程中的损坏风险。

4.4 研发引进并举，推广机械化作业广泛应用

目前，自动焊接、机械化补口、自动无损检测和机械化整体下沟等机械化作业水平已

经得到显著提升。智能型、多功能施工装备及经济实用的小型工具、器具的技术研发、应用推广已经成为提高机械化作业水平的重要途径。今后在进一步机械化方面，第一，加大研发力度，提升现有机械化设备的作业水平和能力。在我们已经装备大型吊装设备、热处理设备、焊接设备的基础上，进一步挖掘改造升级的可能性，提升设备性能，改善作业效率和质量。第二，引进国外先进机械化作业设备。借鉴国外智能化机械设备的成熟经验，引进行业亟须的设备和机具，提升在机械化作业环节的竞争力。第三，普及先进小型工机具的应用。推动坡口加工机、液压力矩扳手、法兰分离器等小型先进机具的全面普及和应用，降低人工作业强度，提高工作效率。第四，更加注重现场吊装的组织和管理。模块吊装相对于普通设备材料吊装的难度更大，需要提前做好吊装方案进行整体策划，按照区域对吊装作业进行统一组织和管理；配置先进的吊装设备，满足大型模块吊装要求；加强吊装人员专业技能的培训，提高对作业半径、模块重心等操作和控制，保证作业安全，提高作业效率。

4.5 融合产业升级，实现信息化管理贯穿始终

信息化管理贯穿工程建设的始终，是各环节协调统一、高效运转的保障。随着信息化和工业化的深度融合，信息化管理手段得到越来越广泛的应用，对工程建设的管理模式影响深远。

第一，要建立适应项目全生命周期的信息管理平台。运用云计算、互联网、大数据和移动应用等先进信息技术，建立企业统一的信息管理平台，实施工程建设项目设计、采购、施工、监理、交付、运维的全生命周期可视化管理，实现数据的实时流转和项目管理的全球异地多方协同，避免信息孤岛的出现。第二，实现项目的数字化移交。统一的信息化管理平台实现了项目建设全生命周期所有数据、文件、模型的无纸化和数字化，为数字化移交奠定了基础。在此基础上，我们需要建立统一的数字化移交标准，对移交范围、移交深度、移交方式进行规定，同时建立数字化移交平台，与信息管理平台打通数据接口，实现实体工厂与虚拟工厂的同步交付。第三，实现项目的智能化运营。应用先进的自动控制、智能模拟技术，结合数字化移交所形成的信息化数据和模型，达到建设阶段与运营阶段信息化管理的无缝衔接，做到建造运营一体化，实现项目运营过程中的实时自控控制、智能检测巡检、工况模拟优化、辅助决策等智能化应用，保证项目全生命周期效益最大化。

5 结语

“五化”工作是一项长期系统工程，实施难度大、工作任务重，真正实现需要相当长一段时间，必须要有打攻坚战的决心和打持久战的恒心，坚持以项目为载体，全面转变观念，坚决实施“五化”建设模式，着力打造精品优质工程，在工程建设模式变革的大潮中永葆企业生机和竞争力。

参考文献

[1] 林时东. 2018 建筑业发展趋势预测：模块化将成主导趋势. http：//blog. vsharing. com/Article/A1916078. html

[2] 刘宏斌. 坚定不移推进“五化”，提高建设管理水平 [J]. 中国石油企业，2016，10：15-18

[3] 崔燕. 海工装备模块化建造的未来挑战 [J]. 中国船检，2013，9：78-81

“三师联合”咨询服务在全过程跟踪项目的应用研究与探讨——某上市公司工程项目 N6 案例分析

杨轶彬
（瑞华会计师事务所、中竞发工程管理咨询有限公司）

摘　要： 在全过程管理咨询试点推广的背景下，中竞发工程管理咨询有限公司和瑞华会计师事务所组成联合体，注册造价师、注册会计师、注册税务师“三师联合”咨询服务，在全过程跟踪项目取得了广泛的应用。“三师联合”咨询服务代替上市公司行使监督、管理、服务职能。为上市公司委托单位提供咨询服务，实现控制成本、减少税务风险；创造利润和现金流；提高效率与效益；满足上市公司会计信息披露真实、合法。“三师联合”咨询服务是对全过程跟踪项目的完善和创新。本文诠释了“三师联合”咨询服务的定义，阐述了“三师联合”咨询服务的业务内容从建设期延伸到运营期，介绍了“三师联合”咨询服务在某上市公司工程项目的应用。推广“三师联合”咨询服务的经验，为上市公司工程项目或其他行业工程项目提供指导和借鉴。

关键词： 三师联合；全过程跟踪项目；咨询服务；案例分析

1　研究背景

《中国制造 2025》是中国政府实施“制造强国”战略的首个十年纲领[1]，加快了上市公司工程建设步伐，工程建设项目在建设过程中会涉及财务与工程造价的咨询服务，而大多上市公司专业胜任能力不足，一般会把财务与造价咨询服务业务委托给会计师事务所与造价咨询公司组成的联合体。

“三师联合”咨询服务既是上市公司工程项目管理的客观需要，又响应我国政府“全过程工程造价咨询”的推广和应用。

2　研究的意义

理论创新意义：“三师联合”既分工又协作，克服传统审计各自为政、低效率、重复工作、协调成本高、单一团队功能缺位、仅有审计，无咨询服务等弊端。“三师联合”在工程成本控制、在建工程转固、税务筹划等方面既能发挥各自的专业特长，又密切合作，将有助于完善和丰富工程项目全过程跟踪审计的理论体系。

现实意义：“三师”分工合作，节约资金、控制成本、提高效率和质量、降低税务风

作者简介： 杨轶彬，男，北京大学硕士研究生，瑞华会计师事务所合伙人、高级会计师、注册会计师、注册税务师。

险、筹划利润和现金流、减少权力寻租、及时完成在建工程转固和财务竣工决算。其工作结果，既可以满足上市公司监管机构的要求，又能提升上市公司会计信息披露的真实性、准确性和及时性，有利于上市公司社会价值最大化。

3 “三师联合”咨询服务与审计有机结合更好地提供一站式服务

3.1 “三师联合”的定义

工程管理咨询有限公司和会计师事务所组成联合体，派出项目小组，项目小组由注册会计师、注册税务所、注册造价师三师为骨干的专业技术人员组成，依据委托方及相关法律法规的要求，对建设项目从立项到竣工决算，为上市公司投资工程项目进行全范围、全过程的跟踪咨询服务。[2] 以绩效为导向，咨询服务与代为行使监督责任相结合，及时发现问题并处理问题，更好地为上市公司提供一站式服务，控制成本、提高效率和质量、实现边际效率最大化。

3.2 “三师联合”咨询服务的内容

工程造价咨询公司和会计师事务所组成联合体，三师分工合作。咨询服务与审核监督相结合，传统的监督职能又增加咨询服务职能。其主要内容包括：(1) 咨询服务：为上市公司工程项目设计内部控制制度；固定资产台账与转固提供咨询服务；为税务、利润、现金流、财务管理提供咨询服务。(2) 审计并出具审计报告：出具前期费用审计报告；施工过程中各阶段审计报告；工程竣工结算报告、财务竣工决算报告；后评价审计报告等。“三师联合”的原则：最终目标与建设目标一致原则、技术与经济手段相结合原则、成本效益相匹配原则。

3.3 “三师联合”咨询服务和传统审计的联系与区别

3.3.1 二者的联系

传统审计主要为竣工结算审核，是对已完工结算资料进行审核，发现从立项到竣工结算整个过程存在的问题，找到相对应的原因。对已经存在各种违法违纪问题或弊端，只能为业主未来提供预警作用。

“三师联合”包含传统审计的上述职能，是咨询服务与审计的完美结合。咨询服务目标：规范项目管理、控制项目成本、纠正项目偏差、评价项目效益、减少贪污舞弊；审计目标：对工程项目的真实性、合法和效益进行审查。

3.3.2 二者的区别

传统全过程审计无法解决工程项目可能存在的内控缺陷、在建工程转固核算不规范、资产清单账实不相符、转固资料缺失、资产清单缺少详细信息等问题，从而给企业日后的资产实物管理、资产评估、资产价值确认、固定资产审计等造成重大影响。

传统全过程审计无法为企业建设工程项目进行税务筹划，无法降低税务成本和涉税风险。

无法识别上市公司舞弊风险：上市公司为了增加利润，通过虚增工程成本，将资金转移至体外循环，支付材料供应商采购款，从而达到减少营业成本、虚增利润的目的。

“三师联合”从工程项目可研阶段开始便开始深入参与整个项目建设全过程，深度结合财务、税务与造价三师的专业与管理，在源头开始至决算转固全过程提供一站式监督与咨询服务，及时、高效解决过程中遇到的各种问题。协助上市公司内生规范行为。

3.4 "三师联合"咨询服务优势和特点

利用造价工程师专业知识，结合会计师对会计准则、税务师对税法政策的研读，对工程项目予以精确的归类，进行利润、税务、财务、现金流筹划。内部控制制度、固定资产管理和税务筹划等还从建设期延伸到运营期。

全面解读与工程项目相关的各项税收优惠政策、行业优惠政策，合理安排，享受优惠条件。减少虚增成本，保证资金使用合法、合规，客观真实地反映项目投资。

确保工程建安成本准确，减少年报审计风险。

解决每项固定资产的原值难题，准确、科学、及时地完成工程转固工作。

完善内控制度，降低内控风险。各环节内部控制设计的健全性、有效性进行评价，并为建设项目管理提出建议。[3]

为企业提供一站式服务，减少成本，提高效率，实现边际效率最大化。

3.5 "三师联合"分工合作

"三师联合"，在项目经理统一领导下，组织、指挥、协调，开展各项工作。

3.5.1 把好资金关

把好资金来源关、合法关、合规关、效益关；重点关注是否存在贪污挪用等违法违纪行为。

审查施工单位往来款与合同，审查是否存在分包、转包等问题。对"建安投资"等科目的检查，是否超概预算。

3.5.2 把好税务筹划、降低税务风险关

降低税务风险，建设期与运营期整体税务筹划。

3.5.3 把好进度款审批关

按工程进度依次支付，造价师与会计师紧密合作，按合同支付，工程进度款不超过合同总额的85%。

3.5.4 把好结算关

工程开始时，就要综合规划未来的工程结算和决算。要对即将发生的一切费用，进行真实性、合法性、合规性审计。

4 "三师联合"咨询服务与审计在某上市公司N6项目应用

委托方委托业务内容：

N6项目全过程跟踪造价审计、工程质量评审、审计资料管理。包括但不限于工程概算、工程预算、工程结算、工程决算，接受有关部门委托对工程造价纠纷进行鉴定，建设项目各阶段的工程造价控制等建设工程造价咨询业务，出具工程造价成果文件等。

对跟踪项目过程中的财务费用和成本归集提出合理化建议和咨询。

完成固定资产转固，负责建立固定资产清册和固定资产卡片。

对重大合同（金额超一千万元以上）按甲方要求参与审计咨询，并提出意见。

对项目内部控制制度设计的健全性与执行的有效性进行评价并为项目管理提出建议。关注工程过程中的重大事项或潜在风险，及时向业主或上级审计部门汇报。

对与工程项目相关的各项税收政策提供咨询。

本工程由瑞华会计师事务所与中竞发工程管理咨询有限公司组成联合体，在项目经理统一领导下开展各项工作。以下为“三师联合”咨询服务与审计在工程项目各期间的应用。

4.1 “三师联合”咨询服务与审计前期阶段应用

4.1.1 决策阶段应用

对可研报告进行核实；审计财务估算成本、投资回报期、动态及静态资金盈亏平衡点，估算投资风险，审核项目报批程序，评判投资风险。

4.1.2 项目前期费用应用

审计前期费用支出的真实性、合法合规性和会计核算的规范性，对形成的投资效果进行审计与评估。

审核前期费用，各种费率和计取标准是否符合国家、行业及地方建设行政主管部门有关规定；建设单位日常管理费用要剔除。

4.1.3 固定资产目录和费用分配原则应用

基于税收筹划的角度，需要合理区分建安工程和设备，固定资产目录和费用分配原则。确定固定资产目录将是一个把在建工程所有支出转化为固定资产单个实体的过程，需要三师、项目业主财务、项目管理、资产管理等部门的人员共同参加。

费用分配，对应固定资产有关联的支出，计入该固定资产的成本；不能辨别的共同费用，由确认的固定资产实体价值金额按比例分配。[4]

4.1.4 制订税筹方案

针对工程项目特点，提供详细的税务筹划内容及处理方式，确保经营期公司总收入不变的前提下，实现税务成本最低化，税后利润最大化。

施工期和运营期税收筹划；流转税、企业所得税、个人所得税、土地增值税、印花税等为筹划主要内容。

4.1.5 招标方面的应用

招投标阶段对工程造价起着决定性作用，准确编制招标控制价，审核招标程序合法、合规。

4.2 “三师联合”咨询服务施工阶段应用

4.2.1 隐蔽工程应用

重点审计送审资料的真实、完整，是否按质按量执行施工图施工。检查施工现场的拍照与录像，与送审资料是否存在差异。

4.2.2 设计变更与现场签证应用

造价师审计审批手续的合法、合规，对变更金额审核。

设计变更和签证，审批程序是否合规，审计证据是否合法有效。

4.2.3 施工索赔与反索赔应用

索赔是否符合合同条款、国家法律法规，审核索赔的数量及单价。

4.2.4 工程进度款应用

造价师重点关注工程量和综合单价的审核；会计师从合同、施工进度审核。

工程量审核：审核施工图、设计变更图、隐蔽工程验收工作底稿等。

综合单价审核；工程措施费审核；设备投资审核；工程建设其他费审核。

4.2.5 工程管理费及利润应用

三师通力协作，审核管理费及利润是否正确，规费的内容是否重复计算。

4.2.6 工程措施费的审计应用

是否存在扩大措施项目范围的情况、数量和价格取定是否准确、合理。

4.2.7 设备投资应用

设备投资审核采用的主要方式是市场询价，包括设备原价及其他费用。

4.2.8 工程建设其他费应用

特殊施工措施费是一项巨大的费用，应根据不同的施工方案，最终选择最优的合理方案，并将费用计入工程造价。

4.2.9 工程建设质量应用

会同建设单位、工程监理单位，加强对大宗材料的审验监督，定期参与工程建设监理例会和质量安全检查，协助项目建设单位完善质量控制制度。

4.2.10 现场计量审核应用

在施工过程中，根据现场施工项目内容，进行现场计量，计量结果与施工图纸计算的工程量进行对比，找出差距，并查找原因，更正错误。

4.2.11 工程造价审核与财务应用

在工程造价审核过程中及时与财务审计就审核问题进行沟通，共享基础资料，整合资源，达到更好的审计效果，提高审计效率。

4.2.12 税收的筹划应用

大型设备土建基础及待摊投资分配具有很高的技术性和难度，其合理与否直接影响公司房屋建筑物及机器设备的造价，公司未来期间的利润水平和税收负担。

4.3 “三师联合”咨询服务与审计竣工阶段应用

4.3.1 竣工结算阶段应用

根据每个合同文件分别制定造价审核原则，进行工程造价咨询，及时对造价审计结果、问题按照梳理的合同结构进行整理汇总，实现造价审计目标。

4.3.2 工程造价审核与财务审计协作应用

工程造价审核人员要与财务审计人员互相沟通，审核各种费用。两者分工协作，使建设项目投资得到有效的控制。

4.3.3 竣工财务决算阶段应用

编制财务竣工决算报表。

审计竣工结算表与概算，对二者的内容进行比较，分析节约与超支的数额并分析原因。

及时获取全面、完整的各种审计资料。需要业主财务部门、工程管理部门、资产管理部门等多方面相关人员的协调与配合。

三师要对前期拟定的固定资产目录，配合业主单位建立固定资产明细账、卡片，固定资产会计核算，财政部2016年6月30日503号文要求竣工验收六个月内完成在建工程转固。[5]

4.4 咨询服务与审核成果

4.4.1 招标控制价评审

送审工程造价4，983，784，665.92元，审定工程造价4，540，210，330.04元，核

减工程造价 443，574，335.87 元。

4.4.2 设计变更审核

审定设计变更工程造价 215，092，797.23 元，核减额：35，561，489.65 元。

4.4.3 工程竣工结算审核

项目管理公司送审造价 3，474，962，925.89 元，审定造价 3，386，862，444.34 元，核减造价 88，100，481.55 元，核减率为 2.53%，同行业第二次审核平均核减率为 1.23%。

4.4.4 财务税务筹划成果

编制工程建设项目内部控制度成果文件一套，提前十个工作日完成财务竣工决算审计报告；节省各类税金 6，856.23 万元。[6]

5 总结与展望

"三师联合"咨询服务与审计是一种新型的审计模式。三师分工合作，以达到审计和咨询服务紧密结合，是传统审计内容和服务的延伸和拓展。该模式应用与研究尚处于初级阶段，相关的理论仍需在今后不断完善。

参考文献

[1] 中国制造 2025（2015 年 3 月 25 日）
[2] 曹慧明．建设项目跟踪审计若干问题研究［J］．审计研究，2009（5）：45-50
[3] 中国内部审计准则（第 2201 号内部审计具体准则—内部控制审计）2014-01-01
[4] 胡蕾．基于税法会计分离的税收筹划空间分析［D］．重庆大学硕士论文．2004
[5] 基本建设项目竣工财务决算管理暂行办法（财政部 503 号文）
[6] 所有财务数据取自中竞发工程管理咨询有限公司工程造价结算审计报告和瑞华会计师事务所工程财务竣工决算审计报告

城市建设管理与项目投融资

全面推进低碳发展　共建和谐宜居之都
——北京市低碳城市建设路径探索

米宏伟
（北京北咨城市规划设计研究院，北京市 100031）

摘　要：本文运用碳排放量统计分析方法，系统测算了近年来北京市各类能耗所带来的碳排放量，并对碳排放来源、结构、特点与趋势进行了分析，归纳介绍了世界范围内低碳城市建设经验，以上述内容为基础，提出包括城市规划、清洁能源利用、生产生活方式变革、资源循环利用体系建设等在内的北京低碳城市建设的维度与建议，最后得出北京低碳城市建设的核心论点。
关键词：碳排放；低碳城市；和谐宜居之都；节能减排；循环再利用

在全球气候变暖、极端天气频现的背景下，减少温室气体排放、发展低碳经济已经成为全球共识，受到了各国政府的高度重视。城市是低碳经济发展之路上最重要的实施平台，据国际能源机构（IEA）预测，到2030年，城市能耗将占全球总能耗的3/4，把握城市这一碳排放主体，实现城市的低碳化发展，是实现绿色发展的关键。

近年来，我国对低碳城市的建设也在不断地进行探索和努力。自2010年国家发展和改革委员会发布《关于开展低碳省区和低碳城市试点工作的通知》，到2017年初，我国已经有87个省市分三批陆续成为低碳试点省区和试点城市，北京是第二批入选城市。作为超大型城市，北京市践行低碳发展，是新时期生态文明建设和和谐宜居之都建设的必由之路，符合人民群众对于绿色发展的期待，必将为世界气候变化做出卓越贡献，也必将引领世界范围内城市的可持续发展。

1　理论基础

1.1　低碳化发展定义

二氧化碳全球排放量大、增温效应高、生命周期长，是对气候变化影响最大的温室气体，因此，低碳也可以认为是二氧化碳的低排放。低碳化发展是指在可持续发展理念指导下，通过技术创新、制度创新、产业转型、新能源开发等多种手段，尽可能地减少煤炭石油等高碳能源消耗，减少温室气体排放，达到经济社会发展与生态环境保护双赢经济社会发展形态。

1.2　低碳城市定义

根据世界自然基金会的定义，低碳城市是指城市在经济高速发展的前提下，保持能源

作者简介：米宏伟，女，1983年生，山西太原，统计师/经济学博士，主要从事世界经济、低碳经济研究。

消耗和二氧化碳排放处于较低的水平。作为经济社会发展和人们生活的空间载体，低碳城市不仅要通过创新的低碳技术发展低碳经济，还需要居民改变生活理念和方式，最大限度减少城市的温室气体排放。

1.3　碳排放来源

《联合国气候变化框架公约的京都议定书》附件 A 中列出了二氧化碳排放（简称碳排放）的来源，包括能源消费（燃料燃烧等）、工业生产（矿产品、化工业、金属生产等）、农业（堆肥发酵、水稻种植、田间燃烧等）和废物处理（固体废物处置、废水处理、废物焚化等）等方面。

2　北京市碳排放量总体情况、结构特征与趋势

2.1　碳排放量测算方法

本文综合碳排放来源和可获得数据，以《北京统计年鉴》公布的能源平衡表为基础，拟通过碳排放系数[1] 测算各类能源消费产生的碳排放量进行分析。根据北京市生态环保局发布的《北京市企业（单位）二氧化碳排放核算和报告指南（2018 版）》，按照使用化石燃料还是发电产生能量分为直接排放和间接排放，城市总碳排放量就是两者之和。

2.1.1　直接排放

化石燃料燃烧二氧化碳排放量按公式（1）计算。

$$E=\sum_{i=1}^{l} A_i F_i \tag{1}$$

式中，E 是化石燃料燃烧二氧化碳排放量，单位为 tCO_2；A_i 是第 i 种化石燃料的单位热量，单位 TJ；F_i 是第 i 种燃料的排放因子，单位为 tCO_2/TJ；i 是燃料类型；I 是化石燃料类型数量。

2.1.2　间接排放

发电生产企业电力消耗隐含的二氧化碳间接排放按公式（2）计算。

$$E_d=D\times f_g \tag{2}$$

式中，E_d 是二氧化碳排放量，单位为 tCO_2；D 是企业的净购入电量，单位为 MWh；f_g 是电力消耗间接排放系数。采用最近年份排放系数。

2.2　碳排放量总量、结构与趋势

2017 年全市各类能源消耗共排放二氧化碳 5.8 亿 t，其中终端消费量为 1.6 亿 t，加工转换碳排放量 4.2 亿 t[2]。见表 1。

[1]系数计算数据来源为《省级温室气体清单指南（试行）》、《2006 年 IPCC 国家温室气体清单指南》、行业经验数据。

[2]为提高能源的利用价值和效率，对原有能源进行加工、转换，产出适合生产和生活需要的更高级的能源产品，这一过程中产生的碳排放量为加工转换消费碳排放量。

2017 年北京市各类能耗碳排放量水平　　单位：$ktCO_2$　表 1

项　目	煤炭类	油类	气类	热力	电力	其他	合计
消费量合计	13187.3	434040.0	42513.8	18799.4	65090.3	2772.1	576402.9
加工转换消费	4714.1	383988.1	22910.6	0.0	4115.1	1452.5	417180.4
终端消费	8473.2	50051.9	19603.2	18799.4	60975.2	1319.6	159222.4
第一产业	348.8	162.2	0.0	0.0	1217.1	0.0	1728.2
第二产业	1653.8	10052.6	3754.8	4390.2	15421.5	106.5	35379.4
建筑业	14.3	1055.6	140.5	123.8	1331.2	5.8	2671.3
第三产业	1604.0	29078.6	12309.1	9302.8	31033.3	615.4	83943.2
生活消费	4866.5	10758.7	3543.8	5106.3	13303.2	597.8	38176.3
城镇	1634.7	10516.9	3362.2	5106.3	11307.0	45.2	31972.3
乡村	3231.8	241.8	183.8	0.0	1996.2	552.6	6206.2

2.2.1　总体碳排量趋于上升，加工转换投入贡献大

2013～2017 年，城市能源碳排量在波动中有所上升，2017 年碳排放总量为 5.8 亿 t，较 2013 年增长 78.3%，年均增速为 17.0%。其中，终端碳排放量保持在 1.5 亿 t 左右，加工转换消费碳排放自 2015 年首次超过终端消费量，并达到 4.6 亿 t 的高点。加工转换对 2013 年到 2017 年期间碳排放量增加的贡献率达 99%，其中，油类加工占加工投入碳排放量的 92.0%。从终端消费碳排放量看，近年来，包括一、二、三产在内的生产能源消费的碳排放量比重逐渐下降，而生活消费碳排放量所占比重则逐渐上升，2013 年二者占比分别为 76%和 24%。见图 1。

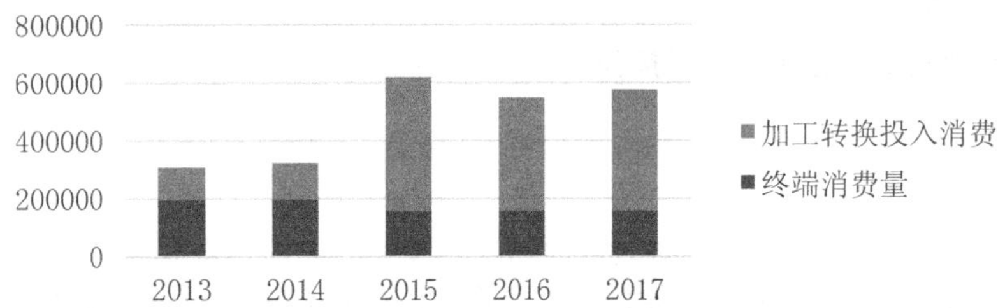

图 1　2013～2017 年北京市加工转换和终端消费碳排放量　单位：kt CO_2

2.2.2　单位 GDP 增加值逐年下降，三产排放强度最低

近几年，随着北京市经济调结构及减排政策的实施，万元 GDP 碳排量呈逐年下降趋势，其中，二产碳排放量下降显著，三产呈缓慢下降趋势，一产总体保持平稳。2017 年生产消费碳排放量中，一、二、三产所占的比重分别为 1.4%、29.2%和 69.3%，尽管三产二氧化碳总排放量较高，但这与北京市第三产业为主的经济结构有关，三产实际上是碳排放强度最低的，一、二、三产万元增加值碳排放量分别为 1.43t、0.66t 和 0.37t。从能源结构看，二、三产使用能源类别广泛，电力和油类排放合计占比在七成以上，一产能耗排放只有电力、煤炭和油类。见图 2。

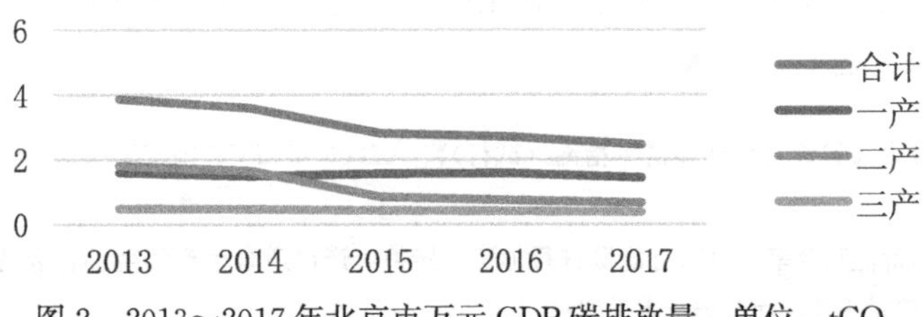

图 2　2013～2017 年北京市万元 GDP 碳排放量　单位：tCO_2

2.2.3 需关注城镇碳排放量的上升趋势，生活方式待改善

从生活消费人均碳排放量情况看，北京人均碳排放量总体呈下降趋势，2017 年人均排放 3.8kt，较 2013 年减排 6.9%，煤改电政策减排效应明显，2017 年乡镇人均碳排放量较 2013 年下降 14.5%，但值得关注的是，城镇人口人均碳排量自 2015 年降至低点后，近年来有上升趋势，2017 年人均排放量较 2013 年上升 4.6%。见图 3。

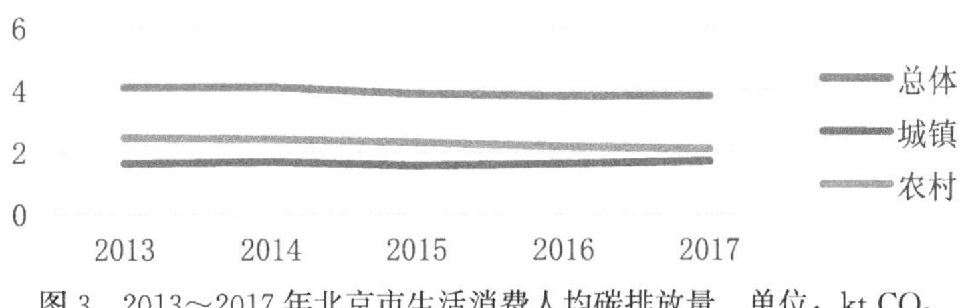

图 3 2013～2017 年北京市生活消费人均碳排放量 单位：kt CO_2

城镇碳排放总量是农村的 5 倍，人均排放量为农村的 80.7%。从利用能源结构来看，城镇碳排量最大的是油类和电力，占比分别为 32.9%和 35.4%；乡村占比最大的则为煤炭和电力，占比分别为 52.1%和 32.2%，乡镇燃煤造成的碳排放量是乡镇人均碳排放量居高不下的主要原因。城镇与乡村碳排放量特征的显著差异体现出城镇生活方式带来的能耗消费的差异，城镇在汽车出行、夜间照明等方面能耗较大，而乡村仍依赖原始的煤炭供能，生活方式均有待完善。

3 低碳城市建设国际经验

实践中各国城市低碳发展都基本包含生产生活各方面的政策，本文选出各城市低碳发展体系中有代表性、有特点的方面予以总结。

3.1 经济发展向低碳模式转型

通过经济发展方式向低碳排放量的产业转型，实现经济发展和保护环境的双赢局面。典型的是美国的波特兰市，良好的人居环境吸引了大批人才前来创业，软件、体育户外、清洁能源三大支柱产业带来了产业和就业的快速增长，包括耐克和哥伦比亚公司也都选址在波特兰。坚持可持续发展的引领，也让传统制造业获得了蓬勃生机，波特兰的卡车基地在北美具有较高的知名度和影响力。该市正向全世界推广绿色城市建设经验，并大量输出清洁技术。

3.2 以社区为基础的低碳生活方式转型

以社区为基本单元实践低碳发展，遵循零碳、零废弃物、可持续交通与建材、本地食品、低水耗以及动植物保护等原则。伦敦贝丁顿零碳社区，设计利用节能建筑、太阳能装置、雨水收集设施等，成为全世界环保社区的典范。伦敦市长提出的“都市种植”项目，通过增加新的种植空间，改造屋顶、废弃建筑物工地、公园为社区菜园等实现蔬菜种植的本地化，旨在减少长途运输和包装带来的碳排放量。

3.3 多措施推进低碳交通出行方式

典型的是“自行车之都”丹麦首都哥本哈根，其 50 万常住市民中有 36%选择自行车

作为上下班交通工具，其中包括政府部长的上下班和办公出行。一是铁路公交保障远距离出行。铁路是远距离出行的最重要公共交通工具，部分地段还保留着有轨电车。城市公交管理良好，几乎按运营时间表准确到站。二是重视自行车规划配套。全市设置了数百公里的自行车专行道和众多免费公共自行车站点。三是限制私家车使用。通过征收购置税、环保费、牌照费、高油价等措施，提高私家车使用成本。《哥本哈根气候规划 2009》进一步促进自行车推广，减少私家车使用，鼓励出租车、公交系统采用新能源。

3.4 重视资源回收与循环利用

建立有利于资源回收利用的体制机制，典型的是日本。一是建立健全法律法规体系。2000 年日本制定了《循环型社会形成推进基本法》，在此基础上，先后制订了《容器包装再循环法》《家电再循环法》《建筑再循环法》《食品再循环法》《汽车再循环法》，对《废弃物处理法》先后修订 20 次。二是有效推进垃圾分类工作。日本各城市的垃圾分类少则十来种，多则二十余种，各类垃圾都规定相应的回收频率。三是加大资金投入力度。日本政府设立了全球环境研究基金，提出了“环境模范城市”计划，对入选城市给予财政支持。四是重视科研支撑。通过行政部门、高校和科研院所的密切合作，进行大规模的资源再生利用研究，并建成了再生利用企业集群。近年来重点研究内容包括生物燃料、垃圾焚烧、堆肥发酵搅拌、蓝藻处理技术、再生系列技术。

4 低碳城市建设维度与建议

4.1 城市规划引领低碳发展

从城市总体规划出发，向低碳发展模式进行转变，包括交通、住宿、食品供应等方面。交通规划方面，改变当前过度依赖机动车的出行局面，为自行车出行、设施停放提供便利。产业规划方面，以职住平衡、住食平衡为原则，平衡区域产业布局，配套果树及蔬菜种植地，减少长途运输的碳排放量同时也发挥植物的固碳作用，统筹城乡发展，建立郊区农业本地供应机制。

4.2 发展低碳能源供应与消费体系

对能源生产投入与消费使用低碳化改革。积极研发太阳能、地热、风能等可再生能源利用技术并进行推广应用。发展低碳及分散化的能源供应体系，如利用废热为住房供暖，通过小型可再生能源装置代替部分由国家电网供应的电力，从而减少因长距离输电导致的损耗。鼓励发展节能环保咨询服务业、推广节能审计。政府部门率先推广节能环保办公模式。降低交通碳排放，施行碳价格制度向市中心行驶车辆征收费用。

4.3 构建低碳经济发展模式

建立全面可持续的低碳经济发展模式。鼓励节能环保技术在农业领域的应用，开发推广清洁能源农机具、节能灌溉等技术。培育低碳清洁的工业生产体系，加强对可再生能源和资源循环利用等共性技术研究。限制快递业、外卖等固废物排放量大的行业发展。鼓励农业与文化、保健、旅游等产业的深度融合，鼓励老字号等本地商业品牌发展壮大，减少跨地交易带来的碳排放。应用节能环保设计理念新建和改造商场、办公楼等，包括地源热泵系统、外墙保温、新风置换、地下车库自然采光、雨水回收等。建立碳排放税和垃圾处理分段计价制度，促使企业节能减排。

4.4　推广低碳生活模式

综合运用行政、税收、宣传教育等多种手段，引导广大人民群众生活模式朝低碳化方向发展。严格限制或禁止塑料袋、盒等一次性物品的使用，对使用征收环境税，杜绝无偿使用。分类制定包装标准，通过增加流通环节低碳税，减少过度包装和非可降解包装的使用。加大对社区工作者低碳业务培训与考核。开展低碳宣传工作，重视中小学环境教育，使学生们从小具有节能环保意识。

4.5　建立再循环的资源利用体系

深入推进垃圾分类工作，包括细化垃圾分类类别、制定分类方法指导、加强监督队伍等。充分发挥各类企业主体力量，建立维修—回收—流通体系，鼓励企业将业务领域产品回收并再投入生产。加强再生资源利用立法工作。联合企业、院校研发再生利用技术。以低碳化、零污染的标准建设再循环设施。

4.6　实施低碳发展系列保障措施

建立低碳发展工作领导小组和低碳建设人才队伍，将低碳发展指标纳入评价考核体系。建立低碳产业发展基金，支持低碳产业发展、设施节能改造、低碳培训等。定向培养低碳发展人才，吸引致力于环境保护的，具有能源材料、经济管理等多学科背景人才，并补充至各级政府低碳建设人才体系。

5　结语

北京市近年来总体碳排放量居高不下，生产和生活方面的能耗高度依赖化石能源，对资源环境造成了巨大的压力，制约了城市的可持续发展，影响到居住者的健康幸福以及城市对外形象。世界范围内已有不少城市在低碳减排方面进行了积极探索，实践证明，通过对生产生活方式的低碳化改革，经济发展与环境保护可以兼顾，节能和资源循环再利用是低碳发展的两大支柱，这一过程中，涉及清洁能源和减排技术应用、产业结构和制度变革，特别是人类生存发展观念的根本性转变。每一个社会个体既是碳排量的贡献者，也应当是低碳城市的建设者，各方都需要积极行动起来，实践低碳发展，共建和谐宜居之都。

参考文献

[1]　黄晓丹. 低碳城市发展的国内外实践. 设计前沿 [J]. 2017 (11)：132-133

[2]　钱珺. 低碳城市理念指导下的城市规划研究. 规划与设计 [J]. 2019 (2)：53-54

[3]　丁坚. 关于日本“循环型社会”“低碳社会”考察调研的启示. 环卫科技网. www.cn-hw.net

非首都功能疏解背景下腾退空间利用策略研究

张锐，袁钟楚
（北京市工程咨询公司，北京市 100025）

摘　要：自 2014 年 2 月 26 日习近平总书记提出京津冀协同发展重大战略后，北京市聚焦一般性制造业、区域性专业市场、物流基地和公共服务等重点领域疏解非首都功能，取得了明显成效。四大领域疏解后，腾退出的土地空间部分处于闲置状态，针对腾退空间凸显的分布广、用地散、产权复杂等问题，本文立足“多规合一”、用地减量化的视角，提出腾退空间规划管控、多元化土地开发模式、产业引导等策略，促进腾退空间的减量提质和集约高效利用。

关键词：非首都功能疏解；腾退空间；规划管控；土地开发模式

1　引言

京津冀协同发展战略，是党中央、国务院在新的历史条件下做出的重大决策部署，疏解北京市非首都功能是京津冀协同发展的关键环节和重中之重。北京市深入贯彻习近平总书记重要讲话精神、落实重大国家战略，紧紧抓住疏解非首都功能这个“牛鼻子”，出台了一系列政策文件，明确了四类疏解对象，建立市区联动机制，全力推进非首都功能疏解工作。截至 2017 年年底，关停退出 1992 家一般制造和污染企业，腾退土地约 $11km^2$；完成动物园地区批发市场、天意小商品批发市场、大红门地区批发市场等 500 多家商市场的疏解提升，涉及商户约 6 万户；北京建筑大学、北京工商大学、北京城市学院等高校本科教育功能整体迁出；完成天坛医院整体搬迁，同仁医院亦庄院区、北京大学第一医院大兴院区、友谊医院顺义院区建设基本完成。

从统计数据来看，疏解北京市非首都功能取得明显成效，但随着一般性制造业企业、商市场的大量退出，腾退出闲置的土地空间，腾退空间利用存在哪些制约因素？如何利用腾退空间才能更好地服从和服务于首都功能、巩固疏解成果、落实北京总体规划？针对此类问题，本文在梳理北京市腾退空间现状利用的基础上，深入剖析难点问题，在规划管控、土地开发模式、产业引导等方面研究腾退空间利用的策略。

2　腾退空间利用现状特点

综合来看，目前腾退空间利用主要在发展高精尖产业、补齐民生短板、留白增绿等方面进行了有益探索。

作者简介：张锐，女，1984 年生，山东省菏泽市，注册城市规划师、注册咨询工程师，主要从事城乡规划和区域经济研究；袁钟楚，男，1978 年生，山东省菏泽市，注册咨询工程师、中级经济师，主要从事宏观经济和产业规划研究。

2.1 发展高精尖产业

从目前腾退空间利用情况看，工业大院、商市场、一般制造业企业等疏解后，腾退空间重点引入文创、科技、金融等高精尖产业。其中，动物园地区 12 个市场共疏解腾退建筑面积约 35 万 m^2，天皓成市场转型为宝蓝金融创新中心，引入科技金融类企业；大红门地区疏解市场 42 家，腾退建筑面积约 131 万 m^2，拟发展文化、现代服务等产业；朝阳区的建材水泥库，腾退空间约 220 万 m^2，利用独具特色的 46 座筒仓，打造文化创意园。

2.2 补齐民生短板

目前，部分高校资源和职业学校资源已按照计划安排有条不紊的疏解，中等职业学校腾退空间用于学前及中小学教育、社区教育等。各区按照实际需求情况，利用疏解腾退空间建立文化中心、读书驿站、生活服务、养老驿站等。腾退空间用于改建或新建停车场，解决停车位不足问题。

2.3 用于留白增绿

各区利用腾退空间建立了口袋公园、微型公园、城市森林公园等，如广阳谷城市森林公园位于菜市口地铁站的西北角，占地面积约 3.3 万 m^2，园内营造森林生态系统，把闲置地变为“城市森林”。

3 腾退空间利用面临的问题

腾退空间存在分布广、用地散、责任主体多、产权复杂等问题，目前腾退空间利用未进行统筹规划，也未出台相关标准、规范，大部分腾退空间利用仍然处于探索阶段。

3.1 腾退空间底数不清

疏解腾退空间涉及教育、医疗、一般性制造业、区域性市场等多个领域，各领域的责任主体不同、所处的区域管辖范围也不同，由于没有统一的统计口径，区级与各职能部门上报的疏解腾退数据存在不一致的现象，因此无法摸清疏解腾退土地的底数，对腾退空间的规划、管理等工作造成一定的影响。

3.2 腾退土地产权关系复杂

腾退土地从用地性质上区分有国有土地、集体土地，从利益主体上区分有产权方、运营方、承租方、集体经济组织等，从产权主体上区分有国企、央企、部队、市级单位、民营企业等，由于产权单位、利益关系错综复杂，疏解腾退土地的再利用工作推动难度大。

3.3 腾退空间政策亟须健全

腾退土地的用地性质不明、产业政策缺失，影响了腾退空间的利用效率，如大部分腾退土地的性质为工业用地，腾退空间用于高精尖产业、公共服务设施、公共绿地等，均需改变土地性质，亟须规划统筹引导；部分一般性制造业、“散乱污”产业等项目已经完成了疏解，但腾退的土地产权仍归企业所有，虽然明确了发展高精尖产业方向，但由于欠缺产业引导政策，“腾笼换鸟”、产业转型升级的工作推进难度较大。

3.4 集体土地利用面临困境

非首都功能疏解过程中，区域性批发市场、物流基地、长途客运站以及一般制造业均涉及大量集体建设用地，如大红门批发市场、玉泉营批发市场、丽泽长途客运站等，主要以集体土地和集体产业为主，在疏解中，集体经济组织要支付停产停业补偿、人员收入补贴等，但全市还没有相应的集体土地拆除腾退补偿资金等过渡性政策，导致集体产业和村民利益得不到有效保障。

4 腾退空间利用的策略

聚焦腾退空间利用的重点难点问题，从规划管控、土地开发、产业引导角度出发，研究提出腾退空间利用的策略，加快推进疏解腾退土地的减量提质和集约高效利用。

4.1 实施腾退空间利用规划管控

4.1.1 落实减量发展部署，由区级编制规划

以区为单位，结合北京市城市总体规划在功能、产业、土地等要求，遵循“多规合一”、减量化发展的原则，编制全区腾退空间利用规划。规划要实现区级层面上的用地大减量，把握“先减量，后利用”的工作原则，在全区范围内统筹建设用地减量任务及其分布，总量上设定拆占比、拆建比，区域上进行跨镇街调配，合理确定空间总利用量，实现腾退空间的减量。规划要实现区级层面上的资金大平衡，在确保原土地产权人利益的基础上，区级层面上统筹各腾退空间的后续建设，建立兼顾各利益主体的跨项目、跨区域资金平衡政策机制。规划要实现功能提升和人口调减，将腾退空间纳入全区功能布局，围绕“用作什么，谁来用，怎么用”等关键问题，统筹兼顾各方利益，建立腾退空间管理和使用的政策机制。

4.1.2 加强功能引导，实行用地性质红线管理制

从目前看，对腾退空间利用用途的共识主要集中在四类领域：保障中央政务功能；科技创新功能；补充公共服务设施及便民生活服务需求；生态环境和公共开放空间。

为有序使用腾退空间，促进留白增绿，建议针对四类用途，按照红线内和红线外两种类型，研究探索推进红线管理，强化服务中央和还绿功能的优先级，研究制定还绿、补短板、发展产业的用地性质管理标准。比如，工业企业和拆除腾退商市场位于人口密度大于2.5 万人/km^2 的街道，应至少将腾退土地的50%强制性还绿；对于发展高精尖产业的腾退空间，产业项目运营后的人口至少比腾退前容纳人口减少50%；若达不到“一刻钟服务圈”标准，应将其规划为公共服务设施。

4.2 创新土地权利人自主开发模式

充分发挥原土地使用权人的积极性，由原土地权利人为主体开展，创新政府和原土地权利人利益机制，政府在规划用途变更、土地出让方式、土地价款缴纳等方面给予政策支持。

一是充分发挥市场主导作用，给予原土地产权人更多的自主权。应进一步显化土地资产价值，除必要的由政府收购、收回和征收后进行改造开发外，给土地权利人和其他社会主体参与改造的空间，充分发挥市场主体和社会资本参与改造开发的积极性，根据土地权

属性质和改造后用途因地制宜进行改造，形成形式多样的改造开发模式。同时，充分利用经济手段，激励原土地权利人对腾退用地主动改造升级、提高利用效率，如对经营性用地未达到合同约定的进行处罚、严格执行征收土地闲置费的规定等，增加对土地的持有成本，使存量建设用地潜力释放出来。

二是城市中心区腾退的零星用地，要与完善城市功能、补齐公共服务和民生短板有机结合起来。要优先安排一定比例用地，用于基础设施、公益事业等公共设施建设。由原土地权利人自行开发的，应根据待开发地块周边内公共服务设施的缺口情况，向政府无偿提供一定比例（可参考上海市“10%”的标准）的建设用地，用于教育、医疗、公共停车场等公益性设施和公共绿地等开放空间；如果无法提供公益性建设用地，也可将一定比例（可参考上海市“15%”的标准）的经营性物业产权，无偿提供给区政府相关部门，定向用于公益性用途。

三是腾退的产业用地，要与非首都功能疏解、产业战略定位等有机结合起来。规划用途调整为研发总部类的，可以出租，但开发单位需在出让年期内长期持有一定比例（可参考上海市“70%以上”的标准）的物业产权，剩余部分可以分割转让；规划用途调整为商业、办公用途的，开发单位需在出让年期内长期持有一定比例（可参考上海市“50%以上”的标准）的物业产权；规划用途调整为医疗、科研用途的，房屋不得分割转让。

四是加大政策支持力度，建立土地增缴价款分期缴纳制度。为缓解原土地权利人资金压力，推进腾退产业用地再开发工作，加强供给侧结构性改革的支持力度，经各区政府决策通过土地补缴价款，可按照分期方式缴纳，或在项目竣工后房地产登记前缴纳，分期缴纳年期、具体比例和缴纳方式，由区政府集体决策确定。

4.3 加强腾退空间的产业引导

一是建立产业要素准入导向标准。为指导产业招商工作，合理把控产业项目审批，应该建立针对具体产业项目准入的量化标准，制定《腾退空间建设项目控制指标和产业项目入区标准实施细则》。主要从投资强度、地均产出、人口增量、资源消耗、社会影响、生态效益等方面制定准入门槛，准入标准体系要结合各区的产业发展方向，向急需引进的战略性新兴产业、产业链上的关键环节、具有重大带动效应的功能布局项目等方面适当倾斜，引导符合区域定位的产业项目落地。

二是建立产业退出机制。为了确保产业的高精尖方向，应对重点区域引入的产业和企业进行动态管理，对出现产业方向不明确、经营不善、弄虚作假等情况的产业和企业进行清理整顿，整改后仍达不到要求的，启动产业退出机制并实施清退工作。建立产业发展评估体系，从区域定位符合度、规划实现度、经济贡献率等方面，建立产业发展评估体系，作为产业退出的基本依据。推行企业异常名录制度，将存在隐瞒真实情况、经营不善等情况的企业纳入异常名录，按照程序进行清退。建立产业退出执行机制，探索制定退出方式、退出程序、资产处置等制度性安排。

5 结语

随着京津冀协同发展战略纵深推进，北京市“疏解整治促提升”专项行动持续突破，为防止回潮，进一步巩固非首都功能疏解成效，迫切需要梳理腾退空间的现状、问题，提出再利用的政策措施建议。在此背景下，为解决腾退空间存在的分布广、用地散、责任主体多、产权复杂等问题，本文从规划编制、数据平台搭建、功能引导、空间秩序重塑等方面，制定腾退空间的规划管控措施；根据国有土地和集体建设用地的不同特征，探索适宜的土地开发模式，对于国有土地采取政府主导、土地权利人自主开发等开发模式，对于集体建设用地采取合作开发、集体经济组织自征自用、城乡建设用地增减挂钩等策略；多措并举推动非首都功能的产业退出，同时严把产业准入关，确保疏解腾退空间后续产业符合首都城市战略定位。

参考文献

［1］ 尚淑莉. 我国土地一级开发运作模式研究［J］. 法制与社会，2011（36）：176-178
［2］ 许陈韩. 城镇低效用地一级开发及其增值收益分配探讨［D］. 南京师范大学，2016
［3］ 张建，阮智杰. 北京市集体建设用地创新利用研究［J］. 小城镇建设，2018（01）：5-11
［4］ 何帆. 城乡建设用地增减挂钩运作模式研究［D］. 长安大学，2011
［5］ 北京市政协经济委员会联合调研组. 对北京产业疏解配套政策若干问题的建议［J］. 前线，2016（12）：63-66

长江经济带环境污染治理投融资机制研究

占松林
（中化商务有限公司　北京市 100045）

摘　要： 长江经济带环境污染治理是当前“打赢环境保护攻坚战”的主要战役之一，在艰巨的污染治理任务面前，各地存在资金总量投入不足、财政资金使用效率不高、投融资方式较为局限等问题。通过对长江经济带环境污染治理现状和问题进行调查分析，从优化投融资机制的角度，提出了建立生态补偿机制、依托全面的绩效考核机制、组合运用多种投融资模式等对策建议。

关键词： 长江经济带；环境污染治理；投融资

1　引言

长江经济带覆盖上海市、江苏省、浙江省、安徽省、江西省、湖北省、湖南省、重庆市、四川省、云南省、贵州省 11 省市，面积约占全国的 21%，人口和经济总量均超过全国的 40%，具有重要的战略地位。长江经济带的资源消耗和污染排放强度高，长江沿江省市化工产量约占全国的 46%，长江经济带大部分区域能耗水耗和污染排放强度是全国平均水平的 1 倍以上，长三角地均污染物排放强度是全国平均水平的 4 倍以上，环境污染治理压力巨大。2016 年初，在重庆市调研期间，习近平总书记召开推动长江经济带发展座谈会时指出“当前和今后相当长一个时期，要把修复长江生态环境摆在压倒性位置，共抓大保护，不搞大开发”，为长江经济带发展定了总基调。三年来，中央及相关部委相继印发《长江经济带发展规划纲要》《长江经济带生态环境保护规划》《长江岸线保护和开发利用总体规划》《关于加强长江经济带工业绿色发展的指导意见》《长江保护修复攻坚战行动计划》等文件，为全面推进长江经济带环境污染治理工作提出总体要求和计划。

2　长江经济带环境污染治理现状与问题

2.1　污染治理情况

根据相关部门对 2017 年污水和垃圾处理领域的统计数据，长江经济带 11 省市污水处理率均值为 92.1%，其中，江苏省、四川省的处理率相对较低，低于全国平均水平；长江经济带 11 省市城市生活垃圾无害化处理率平均值为 98.46%，其中，江西省、云南省、贵州省的处理率相对较低，低于全国平均水平。图 1 为 2017 年长江经济带 11 省市城市污水

作者简介： 占松林，男，1983 年生，湖北麻城，高级工程师，主要从事工程项目投资决策、项目融资、项目管理、政府和社会资本合作研究与咨询。

排放及处理情况、图 2 为 2017 年长江经济带 11 省市城市生活垃圾清运及无害化处理情况。

2.2 污染治理投入情况

2013～2017 年，长江经济带环境污染治理投资总额由 3400 万增加到 3700 万，增长约 10%。近五年长江经济带环境治理投资占 GDP 的平均比例约为 1.22%，约低于全国平均水平 0.12%，其中上海市、湖南省、四川省相对较低，低于 1%；安徽省、江西省相对较高，高于 1.5%。图 3 为 2013～2017 年长江经济带 11 省市环境污染治理投资占 GDP 比例折线图。

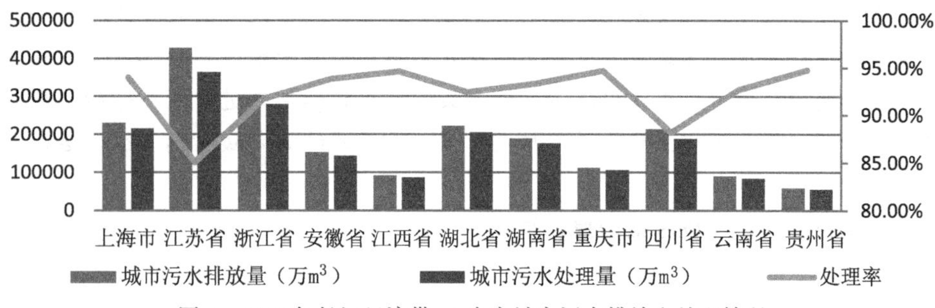

图 1　2017 年长江经济带 11 省市城市污水排放和处理情况

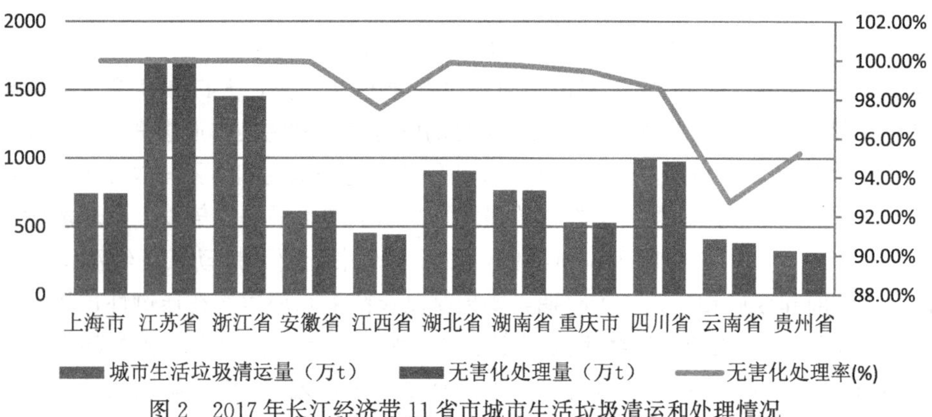

图 2　2017 年长江经济带 11 省市城市生活垃圾清运和处理情况

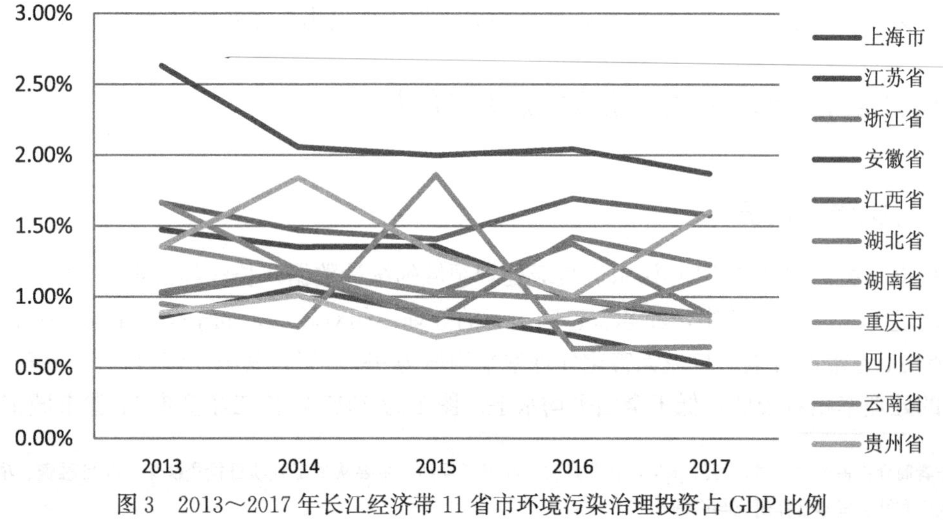

图 3　2013～2017 年长江经济带 11 省市环境污染治理投资占 GDP 比例

2.3 存在的问题

(1) 环境污染治理投资总量不足，区域投入不均衡

近五年长江经济带环境治理投资占 GDP 的平均比例为 1.22%，低于全国平均水平，制约了长江经济带环境污染治理的步伐。根据国际经验，当环境污染治理投资占 GDP 的比例达 1%～1.5%时，可控制环境恶化的趋势，当该比例达到 2%～3%时，环境质量可有所改善。当前长江经济带环境污染治理投资占 GDP 的比例约为 1.22%，仅可控制恶化的趋势，远低于改善环境质量所需的投资规模。此外，长江经济带大部分地区的环境治理，采取行政区域逐级下分，以项目为单位进行单独治理，缺少对区域上下游等综合因素进行统筹规划。由于经济发展的不均衡，环境污染治理投资也表现出上游投入少、下游投入多的特征，尚未形成系统协同的污染治理投入协调机制，制约了环境污染治理的效果。

(2) 财政性资金的投入使用不规范，效率不高

财政资金的使用管理和绩效管理不完善也是制约长江经济带环境污染治理的一项重要原因。根据 2018 年国家审计署的审计结果，长江经济带生态环境保护资金管理和使用存在三方面的问题：一是 8 个省超过 20 亿的综合治理等专项资金结存在相关财政部门，未及时使用，没有发挥财政资金的效能；二是部分地方政府主管部门及所属单位违规使用生态环境保护相关资金，用于弥补行政经费、其他项目支出等、部分县级地方政府重复申报专项资金；三是 10 个省有 197 个污染治理和生态修复项目未按期开（完）工，5 个省有 19 个项目建成后效果不佳。

(3) 资金投入压力增加，市场化模式较少

随着环境保护攻坚战的持续推进，中央环保监管的层层压实，长江经济带环境污染治理将全面铺开，资金投入压力剧增。根据《长江保护修复攻坚战行动计划》，2020 年年底前，沿江地级及以上城市基本无生活污水直排口，基本消除城中村、老旧城区和城乡接合部生活污水收集处理设施空白区；2020 年年底前，完成城市水体蓝线范围内的非正规垃圾堆放点整治，实现沿江城镇垃圾全收集全处理。按此目标，长江经济带污水处理、垃圾处理设施领域存在大规模的建设投资需求。而目前长江经济带环境污染治理投资主要来源一是政府公共财政投入的资金，二是企业为了达标排放而投入的治理资金。由于生态环保投资具有较强的外部性，经济效益不明显，投资回收期较长，很难形成对资本市场的吸引力，市场化的投融资模式较少。

3 长江经济带环境污染治理投融资机制分析

针对上述问题，结合长江经济带环境污染治理的特点，可以从以下三个方面完善环境污染治理投融资机制。

3.1 上下游统筹施治，建立生态补偿机制

长江经济带的生态环境是一个连通的有机整体，其保护治理必须采用系统工程的方法，可尝试建立跨省的长江经济带环境保护协调机构，负责研究环境资源利用和保护的统筹协调机制，引导地方政府齐抓共管，落实好长江大保护的任务。

(1) 建立面向污染者的生态补偿机制

按照“谁污染、谁付费”的原则，由长江经济带环境保护协调机构对重点生态资源进

行整体调查，测算环境容量，科学分配排污指标，制定向沿江区域内排污企业收取生态环境补偿资金的机制，并将收取的补偿资金统筹用于长江经济带的环境治理。例如，上游地区排放量增加了，必然增加下游地区的治理难度，此时应由上游地区向排污企业收取排污费，转移支付下游地区的治理投入。

（2）建立面向治理者的生态补偿机制

按照“谁收益、谁付费”的原则，由长江经济带环境保护协调机构对重点环境治理任务进行整体调查统计，测算投资额度，科学分配治理任务，制定向沿江区域受益城市收取生态环境补偿资金的机制，并将收取的补偿资金统筹用于长江经济带的环境治理。例如，上游地区环境治理好了，下游地区可以享受环境治理的益处，可由下游地区转移支付上游地区的治理投入。

3.2 加强绩效管理，提高财政资金使用效率

长江经济带环境污染治理项目的财政直接投资、资本金注入、投资补助、贴息等资金的使用，应建立全方位、全过程、全覆盖，贯穿全生命周期的绩效评价体系，提高财政资金的使用效率，创造更大的投资价值。

（1）事前考核

结合环境治理项目立项、预算评审、可研审批等环节，对项目开展事前绩效评估，重点论证立项必要性、投入经济性、绩效目标合理性、实施方案可行性、筹资合规性等，评估结果作为申请财政预算的必备要件。

（2）事中考核

建立环境治理项目绩效跟踪机制，对存在严重问题的项目要暂缓或停止预算拨款，督促及时整改落实，按照预算绩效管理要求，加强资金管理，降低资金运行成本。

（3）事后考核

采用自评和外部评价相结合的方式，对环境治理项目的预算执行情况开展绩效评价，从运行成本、管理效率、履职效能、社会效应、可持续发展能力和服务对象满意度等方面，衡量项目财政预算的使用效果。

3.3 创新投融资模式

长江经济带环境污染治理投资建设资金量大，投资回收期长，具有明显的外部效果，任何单一的投资主体都不能独立胜任，任何单一的资金来源渠道都难以满足其资金需要，应按照社会主义市场经济的要求，做好项目策划和投融资规划，建立起政府、企业共同参与的多元化投融资机制。

（1）PPP 模式

PPP 模式是针对环境污染治理项目采取竞争性方式，择优选择具有投融资和运营管理能力的社会资本，按照平等协商原则订立合同，明确责权利关系，由社会资本提供环境污染治理服务，政府依据绩效评价结果向社会资本支付相应服务费，保证社会资本获得合理收益。PPP 模式适用于价格调整机制相对灵活、市场化程度相对较高、投资规模相对较大、需求长期稳定的项目。

（2）ABO 模式

ABO 模式（授权—建设—运营模式），即政府授权属地平台公司履行环境治理项目的业主职责，平台公司按照授权负责整合各类市场主体资源，提供项目的投资、建设、运营

等整体服务。政府履行规则制定、绩效考核等职责，同时支付平台公司授权经营的服务费，以满足其提供稳定的环境治理服务的资金需求。ABO 模式适合授权给在某一领域其建设、运营能力具备较强市场竞争优势、具备较强的投融资能力的属地平台公司，较适用于中部、东部的直辖市或省会城市。

（3）EOD 模式

EOD 模式是将环境污染治理与区域开发建设相结合，把负的环境资源转化为正的环境资源，进而成为产业发展资源，从而将环境污染治理的正外部效应内部化，找到环境保护与经济发展之间的结合点。实现方式有两种，一种是环境污染治理与周边区域产业项目进行统一规划，政府对环境污染治理和产业开发分别招商，通过产业发展增加的财政收入支付环境污染治理的投资及回报；二是政府将片区整体环境污染治理和产业开发进行招商，由企业通过产业开发项目的利润反哺环境污染治理投资。EOD 模式较适用于具备资源配套条件、能够发挥联动效应的项目。

（4）第三方治理

第三方治理是排污者通过缴纳或按合同约定支付费用，委托环境服务公司进行污染治理的新模式。第三方治理适用于产业园区类环境污染治理项目，由园区管委会出台第三方治理的规章制度，对相关方的责任边界、处罚对象、处罚措施等作出规定，排污企业承担污染治理的主体责任，第三方治理企业按照有关法律法规和标准以及排污企业的委托要求，承担约定的污染治理责任。

（5）政府专项债

专项债是政府为有一定收益的环境治理项目发行的、约定一定期限内以公益性项目对应的政府性基金或专项收入还本付息的政府债券。专项债是发挥项目收益的融资能力的有效途径，适用于具备一定收益属性的项目，是当前政策鼓励的一种重点方式。

4 结论

长江经济带是横跨我国东中西部的重要战略区域，只有充分调动政府和社会资源，才能适应治理的需求。本文提出了三种策略：一是推动上下游统筹施治，建立生态补偿机制，促进区域环境公平，提高治理效率；二是依托全面的绩效考核机制，发挥好财政资金在环境治理中的引领作用；三是合理的配置政府投资与市场化投资，因地制宜，组合运用多种投融资模式。

参考文献

[1] 国家审计署. 长江经济带生态环境保护审计结果（2018 年第 3 号公告）. 国家审计署网站
[2] 国家统计局. 中国统计年鉴（2014～2018）. 北京：中国统计出版社，2014～2018
[3] 环保部、国家统计局. 中国环境统计年鉴（2014～2018）. 北京：中国统计出版社，2014～2018

以再生水为水源的城市公园水体水质保障技术应用的研究——以北京市南海子公园为例

张昭
（北京市工程咨询公司，北京市 100025）

摘　要：随着我国城市建设的发展以及人们生活水平和人居环境质量的提高，近年来社会各界对人文景观、绿化和水环境日益重视。其中水环境具有的生态价值和实用功能价值主要为改善小气候、促进水循环及调节城市生态环境、解决城市热岛效应。从水资源的可持续利用的角度，再生水的回用在城市景观环境中无疑是经济合理的方式，同时也存在一定的风险，如再生水使用标准，以及如何达到标准，对人类健康问题的影响和水体富营养化的问题。

南海子公园一期景观湖应用再生水为水源，同时采取了一定的水质净化、维护措施，但效果欠佳，水华情况时有发生，水体养护成本偏高。因此，如何实现再生水的合理有效利用并有效保持水质，这一问题具有极其重要的现实意义。

本文以南海子公园一期景观水体为研究目标，通过实地及室内实验，就水生植物为主要方面进行试验，探索适宜的再生水水源景观水体水质处理、维护措施。

关键词：再生水；南海子公园；景观水体

1　引言

伴随着工业化的快速发展，环境破坏、水土流失等问题日益严峻，水资源已日渐匮乏，同时水污染问题也严重威胁着有限的水资源，为解决这一问题，越来越多的人开始研究再生水及其回用的问题。回用再生水有两个方面的重要意义：其一，在适合的地方使用再生水能够节约有限的清洁水资源，通过高质高用、低质低用，使得对水资源的利用更加合理；其二，使用再生水能够在一定程度上减轻对水环境的污染。近十年来，我国在基础设施建设方面不断加大力度，许多大中型城市已经开始建设污水处理厂，而这些污水处理厂在设计阶段，就已经将污水处理和回用综合考虑，考虑污水回用的项目在资金投入上也得到了国家的大力支持。在这种形势下，如果继续使用清洁水资源作为景观水体将是对水资源的巨大浪费，同时也将提高景观水体的成本，因此越来越多的人致力于使用再生水作为景观水体的研究。

因此，本文基于对城市景观水体污染状况的深入调查，借鉴国内外先进景观水体水质功能恢复技术和经验，以南海子公园一期湖区水体为研究对象，探寻适用于北方地区的景观水体水质的标准及其净化处理技术。本文成果的应用和推广必定有助于北方地区环境水体的水质量，使得景观水体的经济价值及景观价值得到充分的发挥，从而有利于城市空气的净化、城市景观的美化和城市环境的改善，对提升城市环境的吸引力和促进城市的发展建设都具有一定的意义。

2 再生水回用景观水体研究现状

我国对于再生水回用于景观水体仍处于起步阶段，对于这一问题的研究和应用时间较短，几乎是研究与应用并行前进。我国国内对于将城市污水再利用作为景观水体的研究可以追溯到“七五”国家科技研究计划期间，在此之后，一些较先进的大中型城市开始对污水厂排除的污水进行进一步处理，并将进一步处理后的污水排放到已经干涸的湖泊、景观河道中，这一举措获得了良好的环境效益和经济效益，也对我国将再生水回用于景观水体这一工程实践活动起到了非常积极的示范作用。但相对一些技术较发达的国家而言，我国的再生水回用与景观水体无论从项目规模与技术上，还是从实施效果上，仍存在一定的差距。例如，美国 20 世纪 30 年代在旧金山建立了一个污水处理厂，这是世界历史上第一个将污水回用为景观观赏用水的污水处理厂，其发展速度也相当惊人，到 20 世纪 40 年代末为公园湖泊和景观灌溉的供水量已高达 3.8 万 m^3/d，这一供水量基本满足了公园用水量的 1/4。这也是真正意义上的再生水回用于景观水体研究的开端。

随着人们对生活居住环境的要求越来越高，许多城市开始了水体整治工作，目的在于将流经城区内的污染严重的河道通过整治打造成景观河道，但其结果往往是投入大量资金，在经过清淤、截污、护砌和边坡绿化等一系列工作后，河道因水源补充不足而干涸，或者因为截流而经过一段时间后水质再次恶化。对于河道干涸的情况，甚至有地区利用十分珍贵的自来水或深井水作为补给水源；对于水质再次恶化的情况，就不得不重新投资整治。无论哪一种情况都是对资源的严重浪费。近几年，一些大中型城市开始建设污水处理厂，并将再生水作为景观水体的供水水源，这一做法节约了大量的水资源。

在将城市污水再生回用于景观水体的众多城市中，北京市是最大的也是发展最早的城市之一。早在 2010 年，北京的城市污水再生利用率就已经上升到 65%，目前，北京市全市污水处理厂的污水总处理量约为 270 万 m^3/d，其中有近 1/5 的污水回用于景观水土。

再生水回用景观环境后，取得了较大的社会效益、经济效益和环境效益，一些污水回用量较大的城市通过污水回用达到了改善城市小气候的效果，同时节约了大量的清洁水资源。

3 南海子公园概况

3.1 区域概况

南海子湿地公园位于大兴区东北部，大兴新城、亦庄新城和未来新航城之间的核心位置，总面积 801 公顷。大兴区位于北京市南部，全境属永定河冲积平原，地势自西向东南缓倾，大部分地区海拔 14～52m 之间。项目地年平均气温 11.6℃，1 月份最冷，平均气温－4.8℃；7 月份最热，平均气温 25.8℃。大兴区年平均降雨量 544mm，最大降雨量为 1040mm，最小降雨量为 268mm，降雨年内变化极不均匀，降水多集中在汛期 6～9 月，占全年的 80%左右。7～8 月汛期降水量占全年的 63%。多年平均水面蒸发量为 1100mm 左右。南海子地区工程地质及水文地质勘查资料显示，该地区地下 20m 深度范围内目前未揭露有地下水。

3.2 南海子公园研究区域分析

南海子公园一期景观水处理技术集成与应用示范工程主要包括西端再生水水质深度净化示范工程，由于该区域为进水口区域，水体污染负荷相对较重，需要在补水水源做原位深度净化处理。在东端湖区水面建立水体水质保持示范区。在部分死角区域或者缓流区域由于水体置换频率低，该区域污染物易聚集，水质易恶化，在高温季节有藻类暴发的风险，所以选定这些区域作为藻类预控示范区。具体工程区域分布如图1所示。

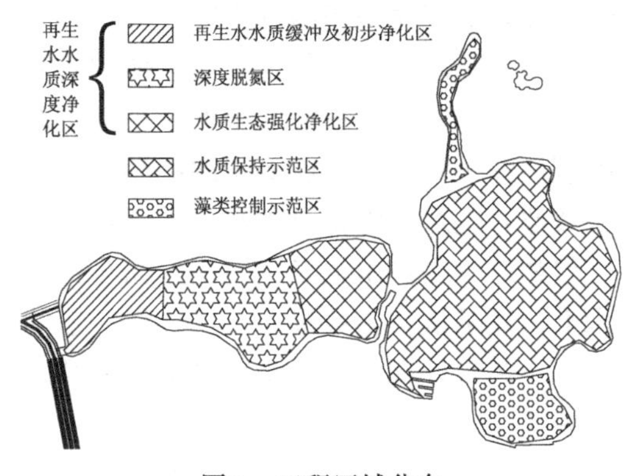

图1 工程区域分布

该方案主要应用了水生植物浮床技术、生物填料技术、景观水体太阳能修复技术等水质保持和污水处理技术，具体处理措施的应用是在湖区建成前分析制定的，其实际效果需经现实应用及各种突发状况的考验进行验证。

现实中该套水质保障措施体系的应用对南海子公园一期湖区的水质保持起到了一定的积极作用，该公园作为北京市城南部目前唯一建成的大型郊野公园，对改善北京市南部地区生态环境和生态修复示范有重要意义。从公园周边居住区角度，公园湖区是周边居民日常休闲、游憩的重要场所，较为洁净的水体为湖区游览提供了基础条件。然而因为原处理措施部分设备的老化和养护、维护难度大等因素，上游水体水质稍差，湖区水体恶化速度就会加快，湖区水质保持的容错率低。尤其夏季气温高，藻类生长旺盛时，如遇降雨偏少或干旱的时期，湖区水质会突发富营养化情况，水华时有发生，目前一般采用人工打捞等高成本低效率的应急措施维持水质。该水质保持系统的优化和更新研究势在必行。

本次采用现场实验结合室内试验及数据分析的方法对水生植物保持水质能力进行研究，并对南海子公园水体水质保障技术进行分析、优化，拟制定优化应用方案应用于南海子公园一期湖区。

4 水生植物浮床技术改善景观水体水质的研究

4.1 不同水生植物对再生水水体净化能力的比较研究

我国也有很多关于人工浮岛技术的实际应用。例如北京市在2002年，使用浮床技术首次修复什刹海的富营养化水体，成功地部分消除了蓝藻水华现象。

目前，氮、磷等矿物质盐类聚集造成的景观水体富营养化是一个全世界范围的水环境问题。水生植物所具备的富集氮、磷等营养盐功能的有效利用对治理、抑制和去除景观水体的富营养化的有重大作用。如何选取吸附功效高，相对经济又能相对保证安全的植物种类，是目前应用水生植物办法治理水体污染研究中急需解决的问题。本文作者通过试验对比几种常用的水生植物（美人蕉、黄菖蒲、茭白等）在不同生长阶段中对磷、氮元素吸收利用的不同效率，和对不同磷元素盐类含量的污染水体的磷元素吸附效果，为选取吸附氮磷元素能力强的水生植物提供一定的科学依据。

4.1.1 不同水生植物对再生水 COD 去除的比较

图 2 为 5 种不同水生植物对再生水 COD 去除效果的比较，从图中可以看出，各类植物去除水体中 COD 的效果与处理时间成正比关系，越长的处理时间，就会产生越明显的处理效果。同时对比各组数据，各类植物对 COD 的去除均有良好的作用。在本实验模式下，美人蕉的去除效果最好，黄菖蒲和茭白去除效果次之，千屈菜和水葱去除效果最低。

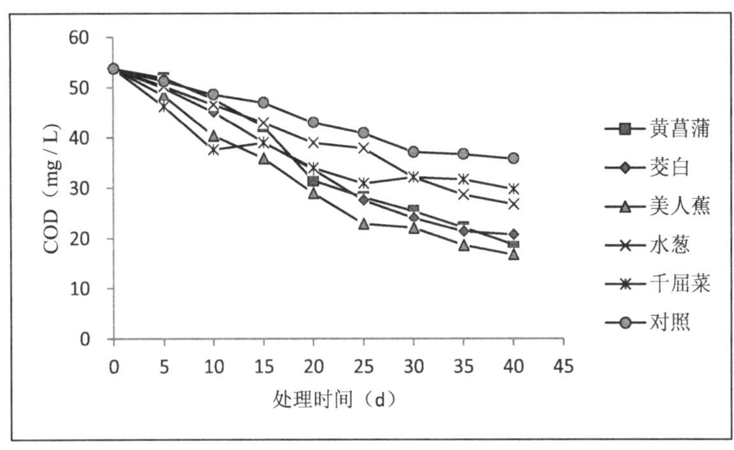

图 2 不同水生植物随处理时间变化对水体中 COD 去除效果

4.1.2 不同水生植物对再生水 TN 去除的比较

图 3 为不同品种植物对再生水水体中 TN 的去除效果比较，美人蕉的去除效果明显达到 83.4%，而且去除速率比较稳定；黄菖蒲和茭白的去除效果差别不明显，去除率分别为 77.7%和 73.1%；水葱和千屈菜的去除效果较差，仅为 56.7%和 59.8%，而对照组的自然降解率达 30.8%。

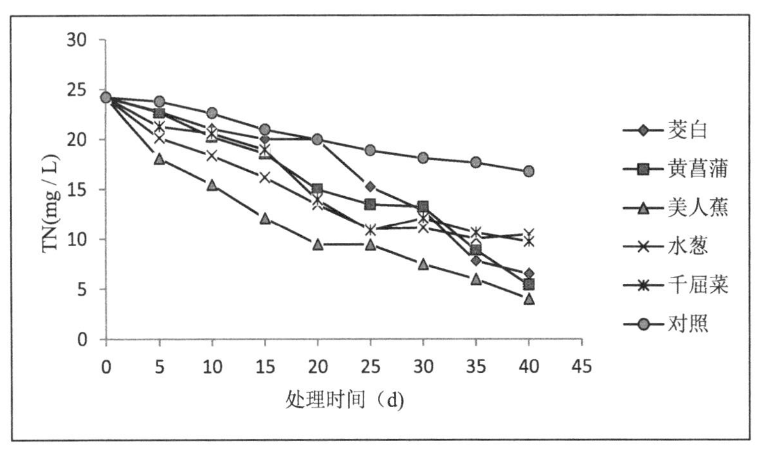

图 3 各类水生植物随处理时间变化对水体中 TN 去除效果

4.1.3 不同水生植物对再生水 TP 去除的比较

图 4 可以看出，不同水生植物之间去除 TP 能力顺序与去除 TN 的能力有所差异，此时黄菖蒲的去除 TP 能力最强，最终去除率达 85.2%。美人蕉在去除 TP 方面也表现出较好的效果，尤其是在 15d 前的时间段，随后去除率变化较大，最终去除率小于黄菖蒲，达到 82.1%。茭白与水葱的最终去除能力基本一致，千屈菜去除能力最差。总体而言，各种植物对水体中 TP 去除效果明显，去除量也远远高于自然降解量。这一结果充分表明，不

同水生植物对不同营养物质需求之间的差异性较大，美人蕉去除 TN 的能力最强，而黄菖蒲则是去除 TP 的能力最强。

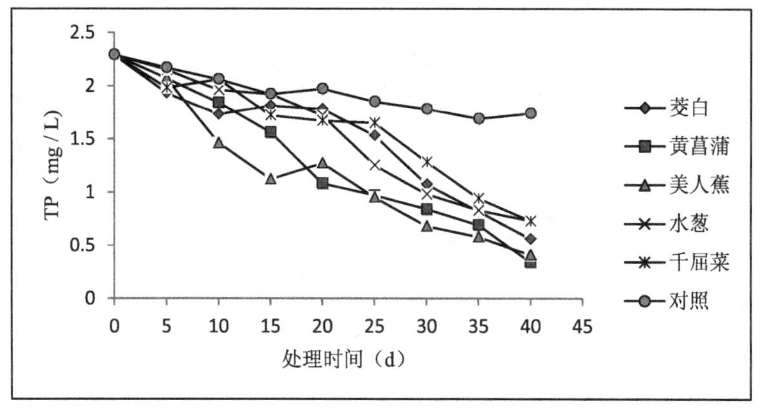

图 4　各类水生植物随处理时间变化对水体中 TP 去除效果

4.1.4　不同水生植物对再生水 BOD_5 去除的比较

图 5 可以看出，在处理时间为 25d 前，黄菖蒲对 BOD_5 的去除效果较好，而在 25d 后持续去除效果不明显，BOD_5 浓度变化不大，去除能力最小。在试验过程中，美人蕉降解 BOD_5 的速率基本稳定，仅在 35d 出现平缓但是总体去除能力强，远大于其他植物。千屈菜和水葱的去除效果较不稳定，最终的去除率为 63.6%和 69.0%。茭白在 30d 前去除效果一直低于其他植物，但是其稳定的持续降解能力保证了最终的去除率为最大，达到 69.9%。

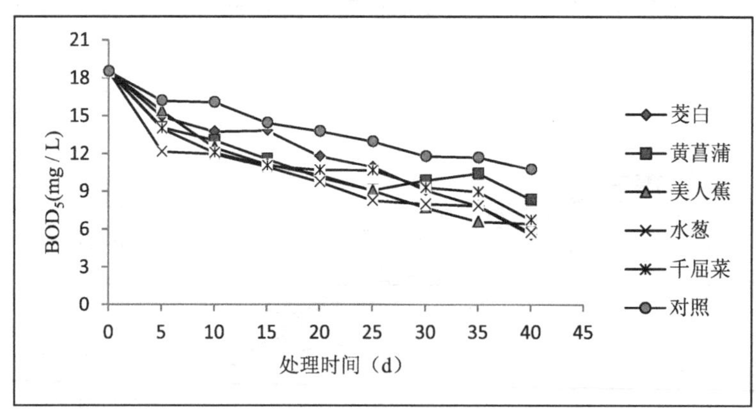

图 5　不同水生植物随处理时间变化对水体中 BOD_5 去除效果

4.1.5　实验结论

（1）对比各植物对再生水体中 COD 的去除效果，美人蕉的去除效果最好，黄菖蒲和茭白去除效果次之，千屈菜和水葱去除效果最低。

（2）对比各植物对再生水体中 BOD 的去除效果，美人蕉的去除效果最好，茭白去除效果次之，水葱和千屈菜去除效果较低，黄菖蒲去除效果最差。

（3）对比各植物对再生水体中 TN 的去除效果，美人蕉的去除效果最好，黄菖蒲和茭白去除效果次之，千屈菜和水葱去除效果最低。

（4）对比各植物对再生水体中 TP 的去除效果，黄菖蒲的去除效果最好，美人蕉的去除效果次之，茭白和水葱的去除效果基本一致，千屈菜的去除效果最差。

可以看出，由于水体中各污染物去除机理和途径的区别，以及不同水生植物的生长特性差异，导致植物之间对于不同污染物的去除能力不一致。因此，在实际的应用过程中可根据水体中特定的污染物削减需求合理搭配一种或多种水生植物进行协同作用，以保证景观水体各项污染物浓度维持在适宜的水平范围内。

根据前述研究成果，挺水植物具有良好景观效果和对自然条件适应性较强的特点。初期建立以菖蒲类、千屈菜、水葱和鸢尾等为主的植物群落。依靠水体“自我修复”的功能，恢复水体中自有的沉水植物品种，逐渐丰富水体的水生植被多样性。

建议在该园区湖岸水陆交换带或水深不超过 0.5m 的区域，尽量种植观赏性挺水植物 $4000m^2$，如花叶芦竹、香蒲、菖蒲、鸢尾、旱伞草、梭鱼草、再力花、水葱和千屈菜等。

5　成果与不足

南海公园一期景观水体采用的水质净化措施起到了一定的治理作用，尤其是针对不同区域水面的不同污染情况的分析是可取的，同时因为对实际水质、气候等情况考虑不足，未将水质净化措施与水体景观统一考虑，治理效果尚不尽如人意，原方案存在优化空间。

原方案不足之处主要为以下几点：

（1）未针对 COD、TN 等为主的污染物配置相应净化能力强的水生植物物种。

（2）北京市南城地区夏季气温较高，同时该季节为污染爆发的高风险期，高温情况下净化能力强的水生植物配置不足。

（3）兼顾景观效果的同时补种对 N、P 去除效果好的水生物。首先，在水陆交换带或水深不超过 0.5m 的区域，种植观赏性挺水植物 $4000m^2$，如美人蕉、花叶芦竹、香蒲、黄菖蒲、鸢尾、旱伞草、梭鱼草、再力花、水葱和千屈菜等。其次，在水深超过 0.5m 或湖中央区等不适宜直接种植植物的地区，采用复合生态浮岛技术，布置 $3000m^2$ 复合生态浮岛，底部悬挂碳素纤维生态草，设置量为 3000 根。植物选择参照上述种类。

参考文献

［1］杨锐，王浩. 景观突围：城市垃圾填埋场的生态恢复与景观重建［J］. URBANSTUDIES，2010，17（8）：20-23

［2］孟瑾，齐长青. 温州杨府山垃圾填埋场生态恢复及景观规划［J］. 环境卫生工程，2009（5）：55

［3］苏浩然，王玉芬，李丽娜. 哈尔滨市某垃圾填埋场可持续景观设计［J］. 价值工程，2011（6）

［4］侯晓蕾，齐岱蔚. 探讨风景园林规划中的生态规划途径—以镜湖国家城市. 2006

［5］李尚志. 水生植物造景艺术. 北京：中国林业出版社，2000

［6］林业部野生动物和森林植物保护司. 湿地保护与合理利用指南［M］. 北京：中国林业出版社，1994

［7］刘希平等编著. 丹顶鹤［M］. 上海：上海科学技术出版社，2000

［8］易道 EDAW. 上海化学工业园—不仅仅是一个自然处理系统［J］. 景观设计，2006.4：40-44

［9］彭应用等. 水体污染及人工湿地之概念［J］. 景观设计，2006.4：102-104

专业咨询服务在流域水环境治理PPP项目中的应用研究

毕向林，张剑，邹常亮，邹海云
（北京市工程咨询公司，北京市 100024）

摘　要：本文介绍了流域水环境治理PPP模式的政策背景及应用情况，从政策文件、管控需要及项目属性三方面分析了政府引入专业咨询服务的必要性，阐述了专业咨询服务的内容，通过对通州水环境治理PPP项目进行案例分析，介绍了专业咨询服务内容及管理成效，对流域水环境治理PPP项目的实施和管理提供了具体的方法实践，对政府加强项目管控具有良好的启示和借鉴作用。

关键词：流域水环境治理；PPP项目；管控模式

1　引言

流域水环境治理项目属于国家政策鼓励采用PPP模式的公共服务项目，工程规模大、涉及专业多、实施环境复杂、资金需求量大，具有综合性、长期性和公益性等特征，既要实现短期治理效果，又要保证长期稳定运行。通过运用PPP模式，既可为流域水环境治理项目提供资金保障，又能充分发挥政府和社会资本的优势，提高水环境公共产品与服务供给效率和质量，对于优化生态环境、提升可持续发展能力具有重大意义。同时，流域水环境治理PPP项目涉及利益相关方众多，管理方式和实施流程也更为复杂，实践应用仍在摸索之中，可借鉴的成功经验较少。基于政府视角，需大力支持并协调推进项目实施，强化履行监管职责，保证公益性服务有效供给。

2　流域水环境治理PPP模式

2.1　政策背景

2015年4月，国务院发布《水污染防治行动计划》（国发〔2015〕17号）（又称“水十条”），提出以改善水环境质量为核心，系统推进水污染防治，形成“政府统领、企业施治、市场驱动、公众参与”新机制；同月，财政部、环境保护部联合出台《关于推进水污染防治领域政府和社会资本合作的实施意见》（财建〔2015〕90号），提出在水污染防治领域大力推广PPP模式，明确组织实施和保障机制，要求对水污染防治PPP项目予以适度政策倾斜和融资支持。这两份文件对运用PPP模式解决水环境治理问题提出了明确要

作者简介：毕向林，男，1986年生，江苏徐州，工程师，主要从事全过程项目管理工作；张剑，男，1980年生，江苏泰州，高级工程师，主要从事全过程项目管理工作；邹常亮，男，1992年生，山东济南，助理工程师，主要从事全过程项目管理工作；邹海云，女，1988年生，江苏南通，经济师，主要从事全过程项目管理工作。

求和操作规范。2018年10月，国务院办公厅印发《关于保持基础设施领域补短板力度的指导意见》(国办发〔2018〕101号)，要求支持重点流域水环境综合治理，鼓励地方依法合规采用PPP等方式，引入社会资本投入补短板重大项目。相关政策文件为运用PPP模式开展流域水环境治理创造了良好的体制和政策环境，推动了PPP项目的广泛实践和健康发展。

2.2 PPP模式在流域水环境治理项目中的应用

流域水环境治理PPP模式是指为了实现流域水环境所达到的水功能区划要求，政府与社会资本通过签订长期合作合同，建立合理的利益共享、风险分担机制，将多个相关工程治理措施打包交由社会资本进行投资、建设、运营和管理，社会资本一般通过特许经营，政府购买服务的方式收回投资并获得一定利润。

流域水环境治理PPP项目不仅涵盖黑臭水体治理、农村环境整治、污水处理及污泥处置等传统板块业务，还需融合未来城市规划、建设、产业发展、智慧城市等内容，是技术、管理和信息的综合体。政府和社会资本共同成立的项目公司是流域水环境治理的直接责任人，对项目的投资、建设和运营进行全过程管理。因此对社会资本的资金实力、融资能力、技术能力和综合管理能力提出了更高要求。

当前，在国家大力提倡生态文明建设的背景下，流域水环境面临的污染压力和治理压力均较大。应用PPP模式能够有效解决流域水环境治理中存在的问题，实现公共资源的有效供给和优化配置。一方面，PPP模式有利于推动公用事业领域政府管理方式变革，优化服务，从“重投资建设”向“重购买服务、强化监管”的方式转变，为项目顺利实施提供了坚实的组织保障。另一方面，PPP模式有利于优化资源配置，激发市场主体活力。社会资本充分利用自身的经济实力和技术力量，为政府提供优质高效的服务；政府将费用与质量效果挂钩，通过科学公正的绩效考核付费，最终实现政府、企业和公众的共赢。

3 政府引入专业咨询服务必要性

3.1 政策文件支持

国家支持并提倡专业咨询服务机构为PPP项目规范实施和顺利开展提供智力支撑，推动了咨询服务市场健康有序发展。2014年12月，国家发展改革委在《关于开展政府和社会资本合作的指导意见》(发改投资〔2014〕2724号)中提出在建立健全工作机制方面提升专业能力，加强引导并充分发挥各类专业中介机构作用，提高专业化项目管理水平和实施效率。

2017年3月，财政部出台《政府和社会资本合作(PPP)咨询机构库管理暂行办法》(财金〔2017〕8号)，明确了服务范围、实施主体、建管原则、入库条件和流程、退库情形与处理、黑名单制度等内容，对PPP咨询服务行业进行规范管理，促进市场供需有效对接，提高咨询服务价值。

3.2 政府管控需要

政府作为公共利益的维护者、项目成本最终承担者、项目的最终拥有者，需借助咨询服务机构专业性力量，发挥资源整合、总体协调、集中控制的作用。PPP模式在流域水环境治理方面的应用仍处在起步发展阶段，存在诸多问题及制约因素，如在合同签订、绩效考核、利益回报、过程监管等方面需探索实施路径，采取创新性措施予以解决。

3.2.1 示范文本缺乏，合同签订困难

流域水环境治理 PPP 项目建设内容复杂，可能包括水污染防治、河道水系治理、海绵城市建设等类型，综合整治项目复杂，专业技术要求高，但相关政策依据、技术规范、环境标准、建设标准、运营标准等尚不齐全，缺乏相关示范文本进行指导和规范，导致合同谈判周期长，合同签订困难。

3.2.2 影响因素众多，绩效考核操作难

流域水环境治理 PPP 项目地域范围广、建设周期长，各类型子项目关联性强，项目初期很难考虑到全生命周期内的环境质量要求，再加上流域内部或外部的影响，对于项目整体性规划设计要求高，后期建设效果和运营效果难以明确界定和量化考核。

3.2.3 项目性质不同，付费模式复杂

按照水环境治理项目性质划分，可分为经营性、准经营性和非经营性项目，相应付费模式存在政府付费、可行性补贴和使用者付费方式。将不同性质的项目打包后，付费模式变得非常复杂。基于按效付费的基本要求，如何制定科学合理的绩效考核和按效付费机制需结合项目情况进行深入研究。

3.2.4 项目边界模糊，实施风险较大

流域水环境治理项目涉及跨行政区划、跨部门合作，污染来源复杂、水质影响因素多，项目整体打包后会出现边界模糊的问题，实施风险较大。因此需要政府综合考虑各个项目不同阶段可能存在的风险，提前研究项目全生命周期内的管理和协调问题，对可能存在的风险进行预判并采取相应措施。

3.3 项目属性决定

项目公司由中标的社会资本和政府出资代表共同组成，社会资本占控股地位，管理自主权大，天然存在与设计、施工单位一体化的特性，常常存在隶属关系或利益关联。政府如何在市场机制和诚信体系不甚健全的情况下强化项目管控，是迫切需要解决的难题。

同时，社会资本一般以经济效益为经营导向，追求利润最大化，与项目公益性目标存在偏差，政府需引导社会资本通过合理方法提高投资效益，保障公共利益，减小“负外部性”。

另外，PPP 项目实施过程对项目公司的管理体系、项目经验、人员素质等要求较高，而项目公司为新组建机构，各方之间为合同关系，缺乏有效配合及信任。

PPP 项目属性特征决定了政府监管难度大，推行专业咨询服务具有重要的现实意义。

4 全过程项目管理咨询与服务

PPP 项目专业咨询服务涵盖范围广泛，包括“两评一案”编制、项目管理、运营中期评估、绩效评价以及法务、金融、财务、合同等内容，为推进 PPP 项目实施提供相关智力支持。

4.1 角色定位

咨询服务机构在项目管理中的定位处于政府和项目公司之间，作为政府项目顾问的角

色，为政府的决策提供参考。咨询服务机构受政府委托，协助监督项目公司中社会资本行为，防止其利用在项目公司中的优势地位对项目中关联企业进行利益输送。

另外，基于 PPP 模式“利益共享、风险同担”的理念，在面对流域水环境治理这类社会公益性的 PPP 项目时，保证项目成功实施和双方利益成为关键。因此，咨询服务机构要秉承科学公正、平等高效和多方共赢的咨询服务思路，谋求政府、社会资本和公众的共赢。

4.2 管理优势

咨询服务机构从项目立项甚至更早介入，承担了项目的全过程管理工作，政府只需要与咨询服务机构订立合同关系，便可完成项目各阶段管理工作，组织结构简化，项目实施管理高效。

咨询服务机构代表或协助政府对社会资本进行沟通和监管，从 PPP 项目总体策划、规划设计、招标采购、投资控制、进度控制、质量安全等方面进行全方位管理，充分发挥政府在 PPP 项目建设中的主导作用，体现出科学性、公正性、创新性、高智力的管理特征。

咨询服务机构拥有丰富的项目管理经验和专业素养，可有效弥补政府人力资源和工程建设管理经验不足的弊端，科学合理的推进项目的实施，加强投资的控制，保障工程施工质量，保障 PPP 项目建设增值目标的实现；能够有效识别合同中的关键条款，通过分析、判断为政府提供合理化建议，有效避免政府的合同风险。

4.3 服务内容

根据 PPP 项目实施流程，可按照流域水环境治理 PPP 项目合同签订作为服务内容阶段划分的依据。PPP 合同签订前主要提供前期项目准备阶段编制类咨询服务，主要包括立项、可研编制、方案编制、“两评一案”编制等。PPP 合同签订后主要提供项目实施阶段项目管理服务，主要包括规划设计管理、计划协调管理、招标采购及合同管理、项目实施管理、运营管理等方面。

同时，每个流域水环境治理 PPP 项目都有其特殊性，约束条件及实施环境均不同，政府的实际需求有差异，具体服务内容需结合 PPP 项目客观情况及政府需求进行分析和处理，提供有针对性、个性化服务。

5 案例分析

5.1 项目概况

按照中央对北京市城市副中心规划建设的重大战略部署和北京市城市规划建设管理工作新要求，为保障在既定时间实现水环境治理目标，2015 年底启动通州水环境治理 PPP 项目。结合流域水系及镇域实际情况，将整个通州区划分为城北、两河、河西、台马、漷牛和于永“六片区”分区实施，建设内容包括黑臭水体治理、农村生活污水治理、水网建设、雨污合流管网改造、海绵城市试点工程、骨干河道治理、蓄滞洪区、再生水厂工程八大类项目。

5.2 运作模式

项目实施主体为通州区水务局，社会资本（联合体）与政府资本的股权比例为 90%、10%。项目采用“特许经营＋政府购买服务”的 PPP 模式，整体服务期 25 年（含建设期）。区水务局授予项目公司每个子项目运营期内的特许经营权，项目公司负责该子项目的设计、投资、建设、运营、维护和更新改造，并获得服务费。服务期满时将该子项目的项目设施完好无偿移交给区水务局或其指定的其他机构。

5.3 服务内容

5.3.1 前期准备阶段咨询服务

区水务局通过公开招标方式，引入北京市工程咨询公司开展前期项目准备阶段编制类咨询服务，开展项目交易结构设计、财务分析和运作模式设计等工作。按照 PPP 项目基本操作流程，项目完成“两评一案”后进入招商实施阶段，顺利实现了社会资本招商，减少了政府相关部门前期大量工作，促进了项目快速推进。

5.3.2 全过程项目管理服务

为有序推进项目实施管理，加强政府履责和项目监管，区水务局通过公开招标方式，引入北京市工程咨询公司开展全过程项目管理服务，主要分为统筹协调服务、PPP 项目建设期监管服务、PPP 项目运营期监管服务等内容。

统筹协调服务方面，通过全局统筹和科学规划，深入分析项目建设目标、内容、投资、资金来源、实施路径等方面，编制总体实施方案，设立项目管理组织架构，进行管理工作结构分解，制定各类工作计划，对项目建设和管理工作进行总体部署。

PPP 项目建设期监管服务方面，按照管理要素进行工作细化和分工，从规划设计、前期手续、投资控制、招标采购、合同管理、项目实施管理等方面加强管控，实现对工程投资、质量、进度、安全等管理要素的有效控制。

PPP 项目运营期监管服务方面，把握对监管时点、监管内容、监管成果的要求，协助区水务局规范项目公司的运营、维护、改造和更新工作，确保项目设施完整、齐备，处于安全、良好运行状态，有效保障社会和公众利益。

5.4 管理成效

项目实施过程中，北京市工程咨询公司配置优质资源，加强组织保障，建立健全组织架构，制定制度和实施办法规范项目运行，建立业务流程指导项目实施，组织协调“六片区”工作衔接关系，深入研究合同签订、绩效考核、利益回报等关键问题并提出建设性咨询意见，实现了项目组织科学、统筹有序、协调高效、监管到位。

6 结语

基于流域水环境治理 PPP 项目特性、政策导向和政府管控的需要，为更好地实现水环境综合治理目标、加强项目管控，政府借助咨询服务机构专业性力量是可行、有效的方式。咨询服务机构代表或协助政府与社会资本沟通协调，保证了政府在项目中的主导地位，提高了管理效率，保障了决策的科学公正，有利于顺利推进项目实施。通州水环境治理 PPP 项目从前期准备阶段到项目实施阶段都充分利用专业咨询服务机构的管理经验，有序推进了项目落地和建设实施。随着各地流域水环境治理 PPP 项目的开展及咨询服务机构服务经验不断积累，政府利用专业咨询服务机构来管控 PPP 项目的方式将更加成熟。

参考文献

[1] 李敬锁，辛德树. 水环境治理 PPP 项目的困境及其对策 [J]. 中国水利，2018（01）：15-17

[2] 庞洪涛，薛晓飞等. 流域水环境综合治理 PPP 模式探究 [J]. 环境与可持续发展，2017，42（01）：77-80

[3] 刘江帆，薛雄志. 流域综合治理 PPP 项目政府选择社会资本式及要求 [J]. 建筑经济，2016，37（10）：54-57

[4] 汪才华. 论全过程工程咨询服务在 PPP 项目管理中的应用 [J]. 招标与投标，2019，7（06）：11-15

[5] 丰琳琅，陶升健，胡新赞. 全过程工程咨询在 PPP 项目的应用研究 [J]. 中国工程咨询，2018（06）：24-27

被动房技术在雄安城乡管理服务中心建设中的应用

关阳，龚红，袁守恒

（北京住总房地产开发有限责任公司，北京市 100029）

摘　要：随着建筑节能的发展，被动式房屋（Passive Houses）在国内外引起广泛关注，近年来被动房技术也趋于成熟。被动房作为一种全新的节能建筑，不用主动地去使用电能来达到冷暖平衡，只需对保证室内空气质量的新风进行预热或预冷，即可满足室内热舒适度要求，通过充分利用可再生能源使所有消耗的一次能源总和只相当于普通建筑的 1/4 甚至更少。北京住总集团将被动房理念及技术应用在雄安城乡管理服务中心项目中，并获得德国能源署（DENA）被动房认证。

关键词：被动房；节能；雄安城乡管理服务中心

1　引言

建设雄安新区作为“千年大计，国家大事”，“绿色生态宜居新城区”是新区城建的首要定位，必然需要采取更为绿色环保的方式。被动式低能耗建筑（以下简称“被动房”）具有这样的特点，符合雄安建设引领方向；雄安新区或将大比例采用被动房建筑，这也将起到标杆示范作用，推动被动式建筑发展。

“被动房”是当今世界领先的低碳节能绿色建筑，是应对气候变化、节能减排的重要途径。年初，国务院印发的《“十三五”节能减排综合工作方案》中明确要求：积极发展被动式超低能耗绿色建筑，开展超低能耗及近零能耗建筑建设试点，到 2020 年城镇绿色建筑面积占新建建筑面积比重提高到 50%。北京市、河北省、山东省、江苏省等地已先后出台了被动式超低能耗绿色建筑的鼓励政策。未来雄安新区 90%左右的建筑将会是绿色节能的被动式低能耗建筑，我国既有建筑近 400 亿 m^2，95%以上都属于高能耗建筑，新建及改造空间巨大。

2　雄安城乡管理服务中心

2.1　工程概况

雄安城乡管理服务中心北区项目位于河北省保定市容城县，总用地面积 30153m^2，其中住房城乡建设部超低能耗和德国能源署示范项目未来生活体验馆地上面积为 5113m^2，

作者简介：关阳，男，1992 年生，黑龙江牡丹江，工学硕士，主要从事工程管理工作；龚红，女，1967 年生，北京，主要从事工程管理工作；袁守恒，男，1968 年生，北京，主要从事工程管理工作。

由北京住总集团负责承建，设计范围包括：建筑、结构、水暖、电气、室外工程、弱电等项。见表1。

未来生活体验馆工程概况 **表1**

总建筑面积(m^2)	地上建筑面积(m^2)	高度(m)	地上层高(m)	室内外高差(m)
5113	5113	16.80	6.0/5.1/3.9	0.30

注：建筑高度为屋顶女儿墙到地面的高度。

建筑结构形式为钢框架结构，建筑耐火等级为二级。主要屋面防水等级为Ⅱ级，抗震设防烈度为8度。

2.2 多种体系的有机集成

未来生活体验馆是集钢结构、装配式、铝板幕墙、超低能耗和BIM技术应用等多种技术体系于一体，集建筑美观、绿建、高舒适性和高节能性于一体的建筑项目。

（1）采用钢结构体系作为主体结构体系，具有轻质高强、抗震性能好、可回收利用等特性，使建筑更加节能环保，如图1所示。

（2）蒸压加气混凝土板（ALC板）是以细砂、水泥、石灰等为主要原料，经过高温、高压蒸汽养护而成的多气孔混凝土制品，是一种性能优越的新型轻质建筑材料，如图2所示。

图1 钢结构技术体系

图2 装配式（ALC条板）技术体系

（3）铝板幕墙体系工序简单，工艺成熟，整体防水性能、气密性能、抗风压性能优于岩棉外保温体系，耐久性好，后期维修成本低，如图3所示。

（4）被动式超低能耗技术体系，通过保温隔热性能和气密性能更高的围护结构，采用高效新风热回收技术，最大限度地降低建筑供暖供冷需求，并充分利用可再生能源，以更少的能源消耗提供舒适室内环境并能满足绿色建筑基本要求的建筑，如图4所示。

图3 铝板幕墙技术体系

图4 被动式超低能耗技术体系

（5）BIM 技术融入建筑全周期，实现智能精细化、信息资源共享，实现高效管理，如图 5 所示。

图 5　BIM 技术应用

2.3　高性能外围护保温系统

未来生活体验馆外墙保温采用 300mm 厚岩棉条，传热系数 0.16W/(m^2·K)，材料导热系数≤0.048W/(m·K)，外墙围护采用 200mm 厚 ALC 蒸压加气条板，外包 300mm 岩棉条，墙体外挂铝板幕墙；屋面采用 400mm 厚挤塑聚苯板，传热系数 0.09W/(m^2·K)，材料导热系数≤0.032W/(m·K)，压型钢板现浇混凝土作为底部支撑结构层，混凝土表面涂抹基层处理剂（冷底子油），粘贴 1.2mm 厚耐碱特殊铝箔面玻纤胎自粘性 SBS 改性沥青隔气卷材，并涂刷 PU 胶，粘贴 400mm 厚挤塑聚苯板保温层，底层防水层采用 3mm 厚 TSU 含加强筋玻纤胎隔火型 SBS 改性沥青自粘防水卷材，面层防水层采用 4mm 厚 STP 板岩面玻纤加强聚酯胎 SBS 改性沥青防水卷材，铺设 30mm 厚聚复合轻集料垫层，2%找坡，屋面做 50mm 厚 C20 混凝土，每 6m×6m 分缝，缝宽 10mm，缝内下部填 B1 级硬泡聚氨酯条，上部填密封膏；垫层地面采用 200mm 厚挤塑聚苯板，传热系数 0.10W/(m^2·K)，材料导热系数≤0.032W/(m·K)，如图 6 所示。

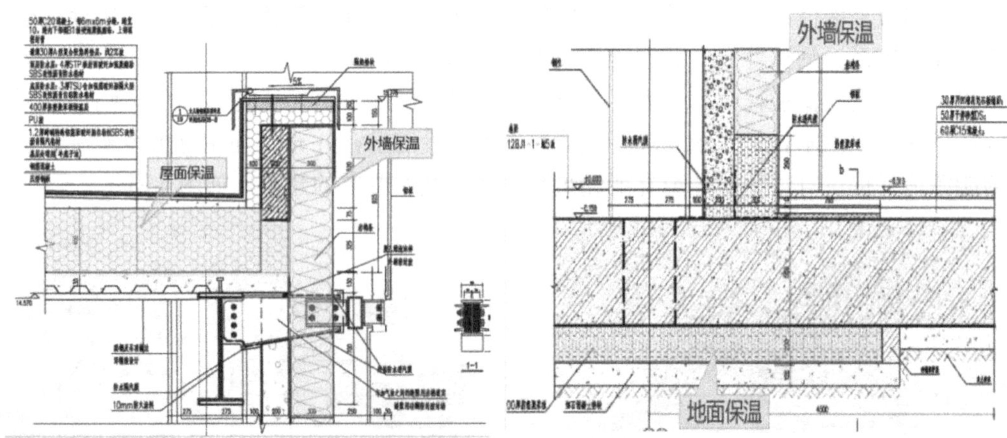

图 6　外墙外保温、屋面保温及垫层地面保温

局部保温：钢结构体系保温的特殊处理，钢柱外刷 30mm 厚防火涂料，钢柱腹板间用 269mm 厚岩棉保温层，再用 10mm 厚 DP 砂浆找平，钢柱外使用 100mm 厚挤塑聚苯板保温。

2.4 高保温性能的外门窗系统

未来生活体验馆外窗采用木索结构窗（内套 PHI130 铝包木内开内倒窗和 PHI130 内开门），玻璃采用 6FT＋16TPS、Ar＋6PLT UN Ⅱ＋16TPS、Ar＋5PLT UN Ⅱ加暖边，传热系数 K＝0.8W/(m^2·K)，$SHGC$≥0.45。

外门：首层南侧入口外门采用铝包木外开门（低门槛），传热系数 K≤1.0W/(m^2·K)；东西侧入口外门采用被动房门，传热系数 K≤0.12W/(m^2·K)；

2.5 建筑立面遮阳一体化设计

建筑东侧、西侧外窗采用电动活动铝合金百叶外遮阳，南立面采用带光感追踪、自动调节的机翼型遮阳板。通过遮阳设计，丰富建筑立面，使建筑实用、构造、节能与立面设计自然结合，浑然一体。电动活动铝合金百叶外遮阳：通过对百叶不同角度的控制，可在充分利用自然光线的同时，避免不必要的眩光，改善室内光环境的均匀度，有效降低建筑照明能耗。

机翼型遮阳板：带光感追踪、自动调节功能，在炎热的夏季，机翼遮阳板可以根据太阳高度角的变化自动调节进入室内的太阳能量，确保夏季室内凉爽舒适，降低空调能耗。

2.6 位于三层的钢结构阳光棚

附加阳光间式被动房，冬季能够更多地吸收太阳能，作为一个缓冲区，减少内区房间温度波动和热损失。同时，增加了室内的亮度，在极端的气候条件下也能达到良好的隔热隔音效能，达到自然采光。夏季，钢结构的外遮阳帘可有效阻止炎热太阳光线的进入，遮阳帘与玻璃之间有 10 多厘米的空间流通，通过空气对流带走热量，有效利用自然通风，节能效果更好，如图 7 所示。

图 7　钢结构阳光棚

2.7 断热桥处理

（1）外墙保温采用单层岩棉条保温粘贴加断桥锚栓固定施工体系。

（2）屋顶采光棚采用的节点进行断桥处理。

（3）外窗、外门均采用悬挂式外挂安装方式。

（4）管道穿外墙部位预留套管并预留足够的保温间隙。

（5）开关、插座接线盒等不应置于外墙上。

（6）屋面保温层：女儿墙不连续，结构设计构造柱，构造柱之间填充 300mm 厚岩棉，确保外墙、女儿墙与屋面的保温层连续。

（7）外挂铝板的断热桥做法，“牛腿”数量与结构专业核算到最少，减少热桥数量；“牛腿”与铝板幕墙的连接采用断热桥垫块连接，并完全包裹保温，如图 8 所示。

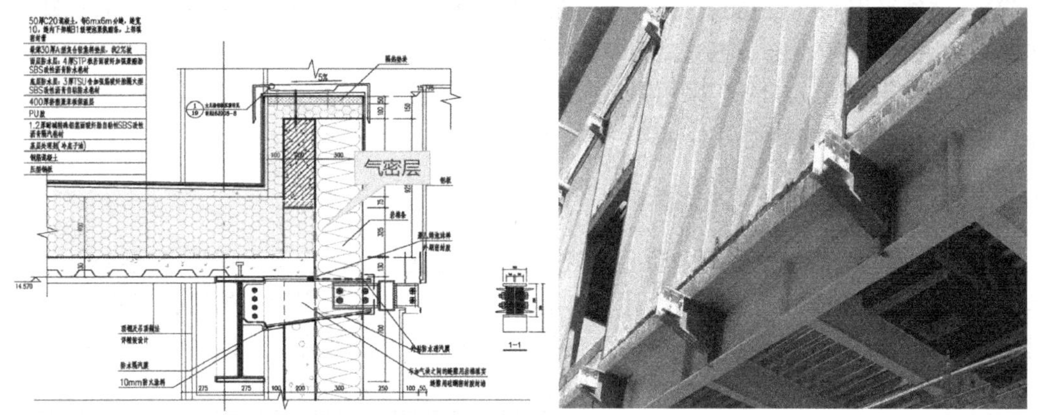

图 8　断热桥处理

2.8　气密层做法

气密性处理为防止空气内外流通，通过做好防风措施，可以有效地防止外部空气进入保温层。建筑做气密性处理的好处：①避免结构中出现冷凝，破坏结构（木结构）；②避免污染物（氡气）进入室内；③可控有序通风的前提；④减少泄露及深入，有利于节能。

气密性施工主要利用特殊的耐久性气密材料，消除建筑围护结构上的裂纹、缝隙、孔洞，以达到其测量要求的过程，多采用气密性薄膜、气密性胶、气密性胶带等，将窗框与墙体，砌块墙体与结构楼板，插座处进行严密的气密性处理。

根据气密层做法的超低能耗关键节点预申请 3 个专利，如图 9 所示。

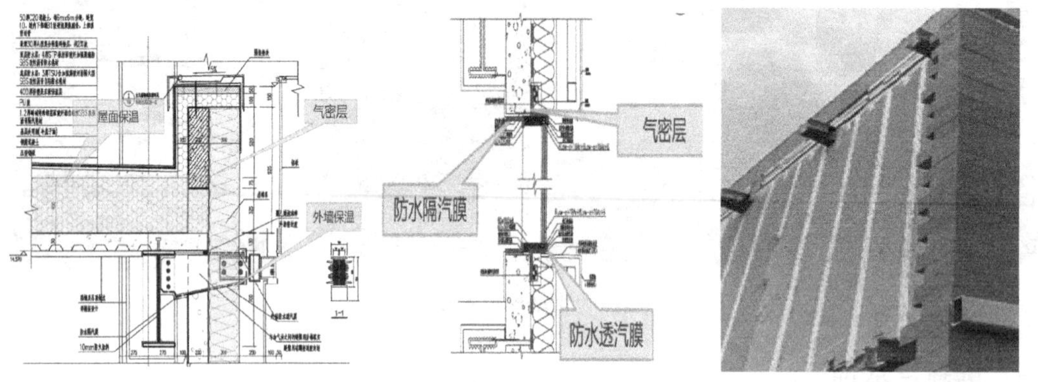

专利 1：铝板幕墙与建筑主体连接件　　专利 2：外窗与墙体连接部位气密性节点　　专利 3：条板间（外侧）采用气密性胶带粘贴

图 9　专利申请

由于钢结构＋超低能耗建筑的特殊性，通过性能化设计，根据建筑自身的特殊性，灵活设置气密层位置，以达到建筑气密性的要求。气密层位置不同于普通超低能耗建筑，位于建筑主体围护结构外侧与保温层中间，即在加气条板外侧设置气密层，再外贴保温，如图 10 所示。

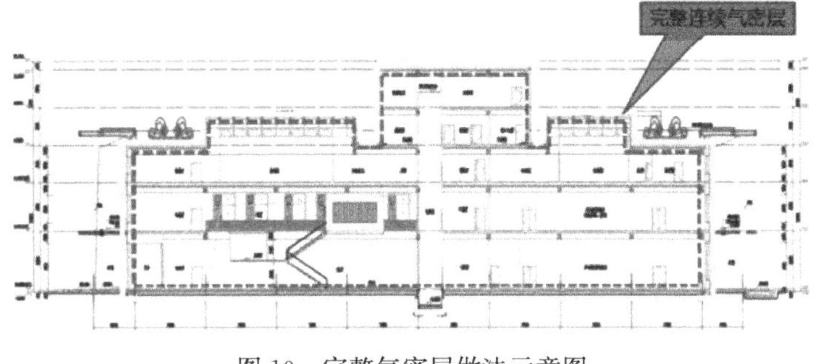

图 10　完整气密层做法示意图

2.9　高效热回收新风系统

合理设计的新风系统是被动房成败的关键。分层、分功能区设计三台新风机组，板翅式全热交换系统，热交换效率 76%，高效 PM2.5 除霾，保证了良好的空气品质；过渡季可全新风运行，高效舒适节能。卫生间：无独立排风竖井，设吊顶式排气扇，接至回风系统，与新风进行热交换，统一排出，保证室内能量回收。暖通空调系统的楼宇自控：集中监测和实时自动控制，按需供给，“源头处”节能，便于管理，节省人力，实现了真正的节能和低能耗。

2.10　建筑与光伏一体化设计

三层屋顶挑板四周一圈，设有高发电性能的“航天光伏组件”光伏板 300 块，即发即用，充分利用可再生能源，高效节能。全年发电占建筑总能耗的 30%以上。

2.11　清洁能源

采暖空调冷热源为土壤源地源热泵，属高效清洁可再生能源，同时提供园区内配套楼的生活热水。光伏和地源热泵属清洁能源，清洁能源利用率占建筑总能耗的 54%左右。

3　德国能源署高能效低能耗建筑质量标识

DENA 德国能源署是一家致力于提高能源使用效率，可再生能源及智能型能源系统的专业机构。2006 年以来，DENA 一直在中国从事建筑节能项目的开发和实施，致力于将顶尖的德国技术和经验引进中国，并适应中国的国情，德国公司积极地开展项目，以确保这些项目符合德国质量要求。所有这些工作的目的是改善节能技术应用和节能项目实施的条件，传播专业知识并在中国提供广泛市场化的解决方案。2019 年 7 月 1 日，DENA 德国能源署为北京住总房地产开发有限责任公司建设的雄安城乡管理服务中心项目颁发德国能源署（DENA）认证证书，雄安城乡管理服务中心综合技术指标如表 2~6 所示。

能效数据　　表 2

能效等级	A	A:《中德高能效建筑设计标准》
终端能源需求量	39.8 kWh/(m^2 · a)	B:《公共建筑节能设计标准》GB 50189—2015
一次能源需求总量	103.4 kWh/(m^2 · a)	C:《公共建筑节能设计标准》GB 50189—2005
二氧化碳排放量	21.2 kg/(m^2 · a)	D:《低于公共建筑节能设计标准》GB 50189—2005

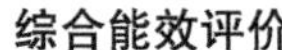

综合能效评价 **表 3**

供暖需求：9 kWh(m^2·a) 热负荷：12 W/m^2

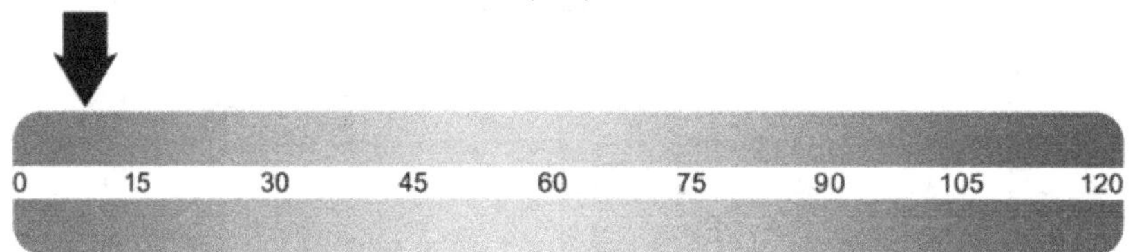

制冷需求：16 kWh(m^2·a) 冷负荷：5 W/m^2

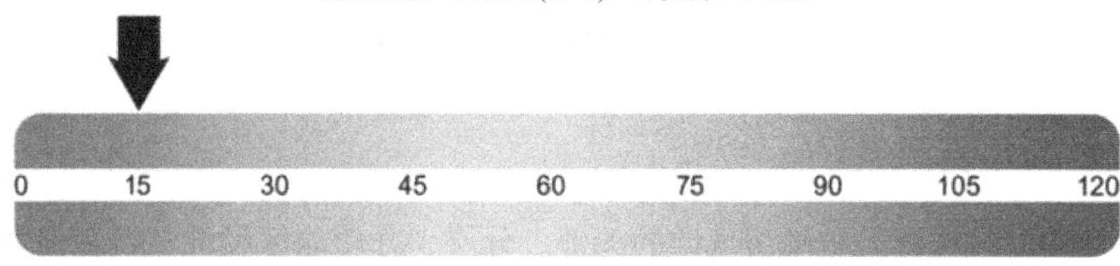

一次能源需求总量：103.4 kWh/(m^2·a)

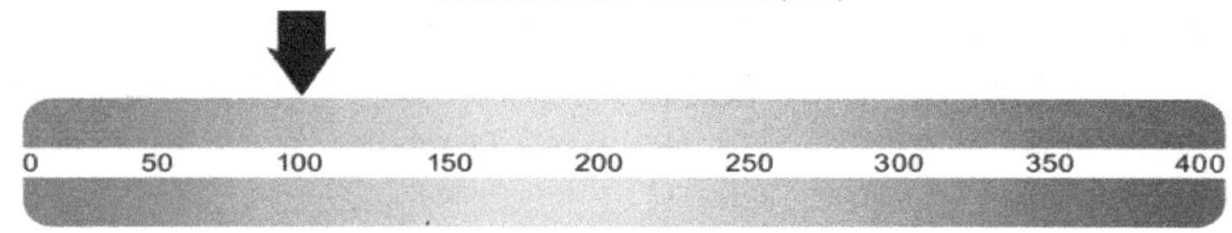

一次能源需求数据［kWh/(m^2·a)］ **表 4**

供暖与通风需求	供暖需求：9	通风需求：24.4	热负荷：12W/m^2
制冷、除湿与通风需求	制冷需求：16	通风需求：8.4	冷负荷：5W/m^2
照明与办公需求	27.6		
生活热水制备	10.6		
总计	103.4		

被动房评价体系要求，采暖、制冷需求：≤15kWh/(m^2·a)，或采暖、制冷负荷：≤10W/m^2，一次能源需求总计：≤120kWh/(m^2·a)。

围护结构 **表 5**

传热系数/U-Value［W/(m^2·K)］			
位置	传统建筑	被动房评价要求	雄安城乡管理服务中心
屋顶/顶层楼板	0.3~0.4	0.15	0.1
外墙	0.35~0.45	0.15	0.17
外墙/外门	1.5~2.0	0.85	0.88/0.91
地下室顶板/首层地面	0.5	0.15	0.15
气密性/(次/h)			
n_{50}	—	0.6	0.54

设备工程 **表 6**

设备工程	设备	能源类型
供暖设备	地源热泵机组＋风机盘管＋新风机组	周围环境冷、热能/电能
制冷设备	地源热泵机组＋风机盘管＋新风机组	周围环境冷、热能/电能

续表

设备工程	设备	能源类型
生活热水制备	即热式电加热器	电能
新风系统	已安装新风系统，有热回收装置，热回收率：冬季/夏季：83.4%/75.8%集中式新风系统	
太阳能设备	光伏发电面积：696.6m^2	

雄安城乡管理服务中心采用可再生能源系统地源热泵系统，节能空调机房为地源热泵提供动力，输送制冷制热管道中的循环水，可以100%提供冷热源；采用的集中式新风系统，冬季热回收率可达83.4%，夏季可达75.8%。

4 总结

近几年，被动式超低能耗绿色建筑已成为国内建筑节能发展的方向，雄安城乡管理服务中心是北京住总集团有限责任公司落实新发展理念、支援新区建设的第一个示范项目，项目的建设过程充分体现了住总集团“城乡投资建设运营服务商”的全方位、全产业链特色和优势，项目在绿色建造、文化传承、人居环境等方面的探索，必将对新区后续建设产生引领促进作用。

参考文献

[1] QB/BUCC/005—2016 北京住总集团有限责任公司企业标准［S］. 北京，2016

重大工程项目创新与实践

四棱台柱帽—箱形柱组合结构施工技术

杨希，罗强，陈飞，唐娜
（北京建工集团有限责任公司总承包部，北京市 100055）

摘　要：对无梁楼盖结构形式下，采用四棱台柱帽与箱形柱组合形式的施工工艺，施工前针对施工难点进行深化设计，制订工艺流程，明确模板支拆、钢筋绑扎、混凝土浇筑等工序的操作要点，取得了良好的经济效益。

关键词：四棱台柱帽；箱形柱；模板工程；混凝土浇筑

1　工程概况

深圳太子广场工程建筑总高度为 205.84m，总建筑面积 152742.25m^2，地上由一座 41 层高 205.48m 的塔楼和一座 4 层高 22.72m 的裙房组成，呈“一”字形分布。地下 3 层，局部 4 层，其中地下一层为底商和地下车库，地下 2 层、3 层均为功能用房和车库。地下 2 层、3 层为无梁楼盖空间，均为四棱台柱帽的结构形式。其中，在超高层核心筒外部南北两侧各设有一个钢结构箱形柱，自地下 3～41 层通长设置，在地下 2～3 层该箱形柱处，采用四棱台柱帽。

2　技术准备工作

（1）施工前进行深化设计，严格控制钢筋排布和下料尺寸，对箱形型钢柱上的钢筋焊接板进行深化设计，通过建立施工节点模拟模型，提前解决柱帽钢筋与箱形柱相互之间的碰撞问题，使现场施工方便、快捷。

（2）由于箱形柱处钢筋无法贯穿，将柱帽和楼板纵横水平筋通过箱形型钢柱托座，采用 CO_2 保护焊在牛腿处焊接钢筋。

（3）柱帽倒四棱柱棱台模板采用坡口设计，根据棱台设计坡度，计算好模板坡口大小，提前加工完成。现场模板安装前，在坡口处提前粘贴海绵条，保证模板与箱形柱之间浇筑混凝土时，不漏浆。

3　工艺流程及操作要点

工艺流程见图 1。

作者简介：杨希，女，1986 年生，北京，主要从事工程管理；罗强，男，1983 年生，北京，主要从事工程管理；唐娜，女，1982 年生，北京，主要从事工程管理。

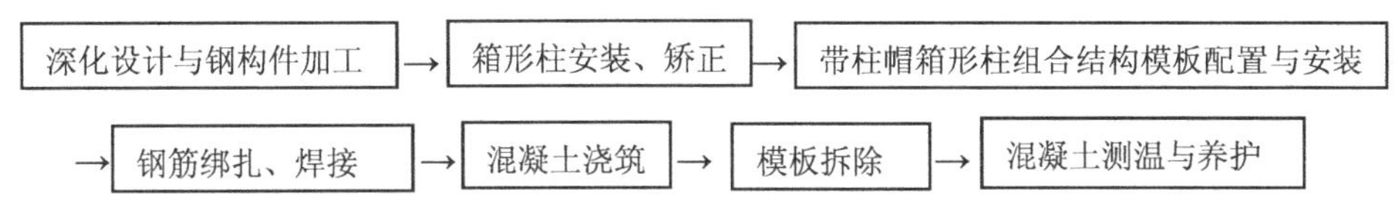

图 1　四棱台柱帽箱形柱组合结构施工工艺流程图

3.1　深化设计与钢构件加工

3.1.1　钢筋节点深化设计

根据设计图排出混凝土柱帽及周边楼板钢筋的平面布置图（图 2、图 3），在满足设计要求的前提下，适当调整钢筋位置，尽可能在焊接板上均匀布置钢筋。考虑板钢筋纵横交错情况，确定板筋 X 向和 Y 向钢筋的上下摆放位置，同时确定箱形柱上焊接板的标高，避免出现纵横钢筋交错的现象并保证钢筋与焊接板焊接后保护层厚度满足设计要求。必要

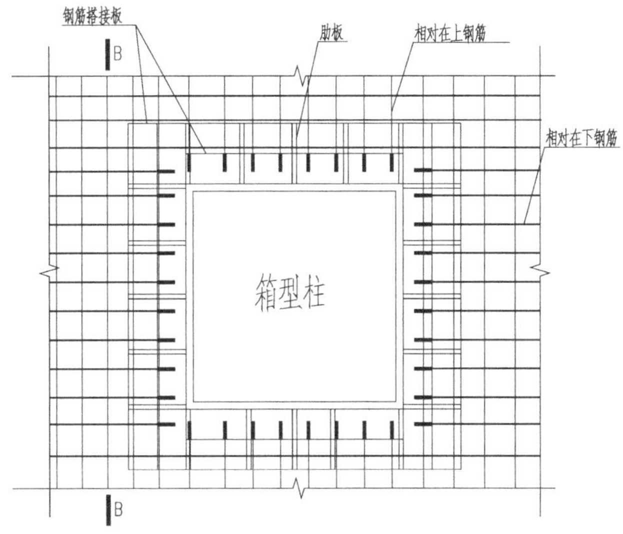

图 2　带柱帽箱形柱节点钢筋排布平面示意

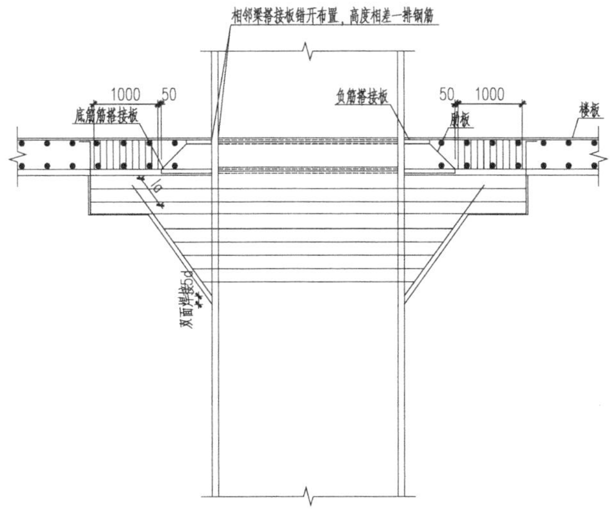

图 3　带柱帽箱形柱节点钢筋剖面示意

（单位：mm）

时由设计单位出具相应的设计变更文件。

3.1.2 模板深化设计

在钢结构深化设计前，先进行模板设计。因柱帽的基本形式为倒四棱台形，无法使用定型模板，只能使用木模板进行现场拼装。为保证柱帽混凝土施工质量，要求木模板为不小于 18mm 厚的多层板，提前计算柱帽模板与箱形柱、顶板模板、柱帽棱台 4 个坡面模板之间的坡口。每个柱帽的类别和使用位置的不同，可能导致模板搭配有差异，可以通过三维软件进行模拟，制订不同柱帽的配模方案，提前进行加工，加快模板安装速度，节约材料。

3.1.3 带柱帽箱形柱组合结构焊接板精加工

(1) 构件在工厂加工后运至施工现场，搭接板可在工厂预制，也可以在构件运至现场后或安装箱形柱后进行焊接。为了加快施工速度和构件焊接质量，通常选择工厂提前加工。首节柱长度为：地下室楼层高＋1.2～1.5m（便于工人进行焊接操作），其余箱形柱加工高度为楼层高度。

(2) 根据钢结构深化设计图并结合现场情况，将搭接板的定位和尺寸图发给工厂进行精加工，要求搭接板与箱形柱之间的焊缝为Ⅰ级焊缝，出厂前做焊缝探伤检测，搭接板长度为 $5d+20$mm（d 为焊接的钢筋直径）。在型钢柱 X、Y 方向搭接板进行深化时，现场钢筋翻样人员需要与钢结构专业深化人员密切配合，要求纵横方向搭接板的标高相差一个主筋直径，保证钢筋绑扎方向满足设计要求。如现场有变化或需要增加焊接板的，则根据具体要求确定焊接板的定位和尺寸，在现场进行焊接板的精加工（图 4）。

图 4 带柱帽箱形柱节点焊接板

(3) 在箱形柱深化设计过程中，要求在柱底部现浇板混凝土顶上部 50～100mm 处留置一个不小于 ϕ30mm 的泄水孔，以保证在夏天柱内积水不会留存过多，影响混凝土施工质量。

3.2 箱形柱安装、矫正

(1) 箱形柱钢骨采用非埋入式铰接柱脚（图 5），锚栓在基础底板钢筋施工时预埋，钢板底座与锚栓采用双螺母固定连接，箱形柱与钢板底座采用焊接连接，在柱脚处二次灌注较高等级的无收缩混凝土。

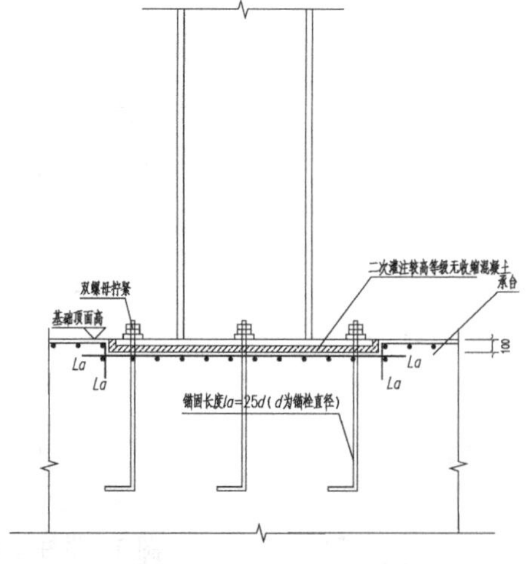

图 5 箱形柱非埋入式铰接柱脚示意

(2) 在箱形柱柱顶中心和柱顶翼缘板四周，用油漆做好控制记号，并事先在图纸上计算出柱控制点的三维坐标，对钢柱进行校正。校正过程中，将反射片置于控制点上，逐一测设，直到柱坐标设计值与仪器所测坐标相吻合。对于标高超差的钢柱，可以切割上节柱的衬板

（3mm 内）或加高衬板（5mm 内）进行处理，如需更大的调整，将由制作厂直接调整制作长度。带柱帽箱形柱组合结构箱形型钢柱竖向分段安装，箱形钢柱吊装后进行焊接连接。

（3）箱形型钢柱施工吊装时通过定位板精确定位，并采取加固措施，防止出现偏移。在箱形型钢柱焊接前，对箱形型钢柱进行测量校正。对局部尺寸偏差可采用无缆风校正技术，焊接过程中随时对箱形钢柱垂直度进行检测。

3.3 带柱帽箱形柱组合结构模板配置与安装拆除

3.3.1 模板选型

为保证柱帽混凝土观感质量，减少二次装修抹灰工程量，根据规范及设计要求，计划柱帽及顶板模板宜采用 18mm 厚多层板，50×100mm@200 木方做次楞，ϕ48×3.5 双钢管做主楞。支撑体系由于柱帽本身为斜面，宜采用扣件式脚手架支撑体系。

3.3.2 模板配置

模板配置主要型号包括：柱帽棱台板（ZM）、柱帽台阶板（ZT）、楼板模板（LM）等。

箱形柱的柱帽模板根据设计要求的柱帽尺寸、棱台坡度提前加工预制，配置模板时，按照箱形柱位置、截面尺寸等对模板进行分块编号。配模组合如图 6、图 7 所示。

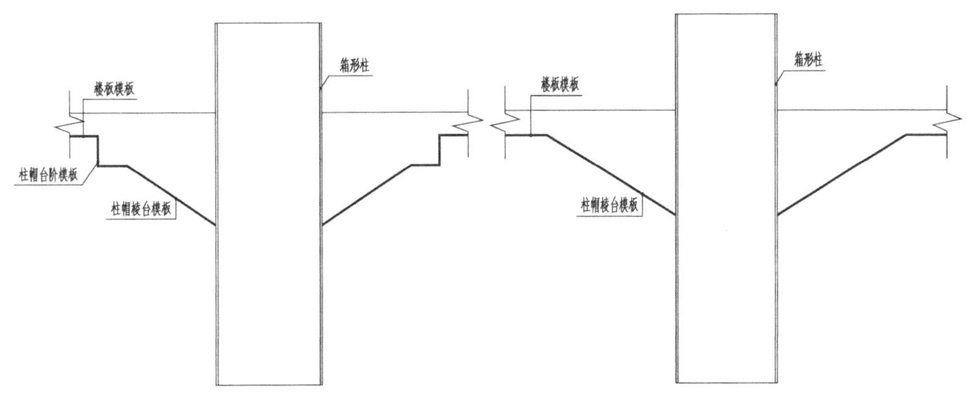

图 6　倒四棱台柱帽配模组合图

柱帽棱台模板与箱形柱、与柱帽台阶板及楼板模板相交处采用坡口形式，并在与箱形柱接触面粘贴双面胶，以保证浇筑混凝土时不漏浆。模板拼接方式如图 8 所示。

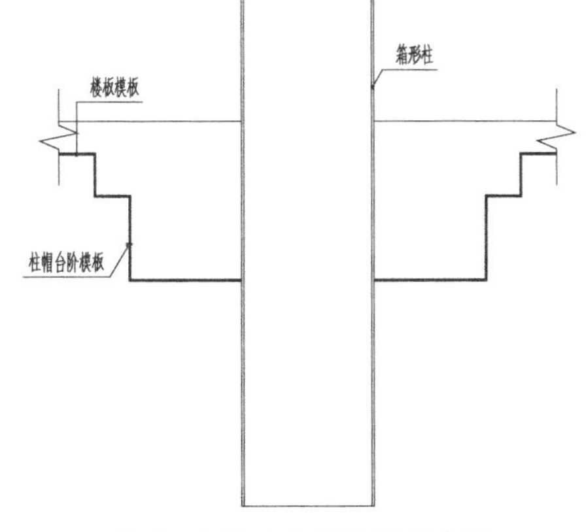

图 7　台阶式柱帽配模组合图

3.3.3 对拉螺栓设置

柱帽棱台模板及柱帽踏步模板采用对拉螺栓紧固，由于箱形柱柱身全部穿过柱帽会导致对拉螺栓无法拉通，故需改进对拉穿墙螺栓安装方式，以设置焊接板的形式避免对箱形柱穿孔。由箱形柱制作厂提前加工不小于 30mm 焊接板，保证对拉螺栓焊接在柱身上。设置对拉螺栓位置时须避让柱帽内钢筋。不同柱帽形式对拉螺栓安装方式如图 9 所示。

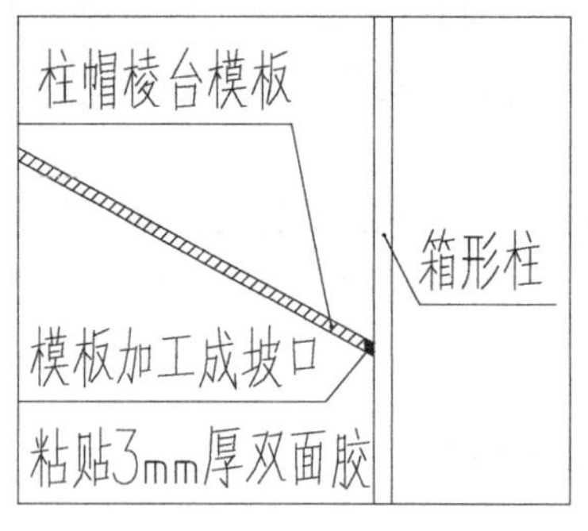

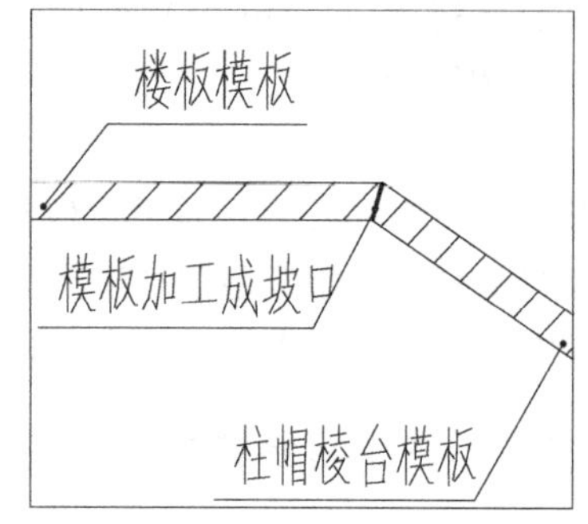

图 8 模板拼接方式示意

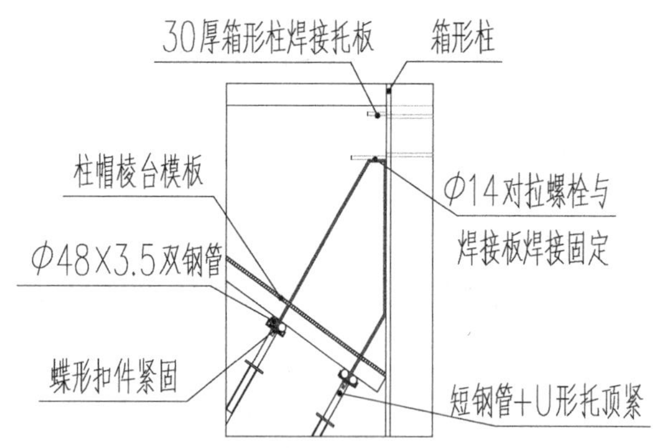

图 9 棱台形柱帽对拉螺栓设置示意

3.3.4 支撑体系施工

(1) 由于柱帽部分为四棱台或阶梯状，高度变化大，尺寸不规矩，为确保柱帽在混凝土浇筑过程中不出现变形或移位，选择扣件式钢管脚手架作为模架支撑体系。

(2) 脚手架支撑体系整体设置要求为：对拉＋斜顶，及在采用对拉螺栓的前提下，同时采用短钢管加 U 形托斜向顶紧，保证模板不变形，模板设置木方次楞，双钢管主楞，在双钢管外侧用蝶形扣件通过对拉螺栓拉紧钢管。对于不能设置对拉螺栓的部位，双钢管调整为 100mm×100mm 木方做主楞，木方底部用短钢管加 U 形托斜向顶紧。根据柱帽下斜顶部位折合成相应板厚，确定斜顶部位荷载，按照斜顶立杆角度，确定立杆数量，立杆步距同板支撑体系步距，并与板支撑体系拉通。同时在斜撑的垂直方向增加一道返撑。

(3) 由于柱帽大部分采用棱台形和阶梯形。棱台型柱帽由于四面带坡度，为保证截面尺寸正确，在楼面混凝土浇筑时，应按照模架支搭要求，提前埋置钢筋地锚，保证斜向钢管支撑稳定性；阶梯形柱帽，与斜撑钢管垂直方向的连系杆要根据层高、斜撑自由端高度及与顶板支撑体系水平杆连接情况综合确定，至少设置 1 道，当斜撑钢管自由端大于 500mm 时，再增加 1 道与斜撑垂直连系杆。柱帽支撑体系如图 10、图 11 所示。

3.3.5 模板安装与拆除

(1) 模板拼装前，做好预加工。根据模板方案要求，提前焊接完成对拉螺栓，并保证位置正确。根据棱台柱帽和阶梯形柱帽尺寸提前加工棱台模板和阶梯模板，采用钢钉固定

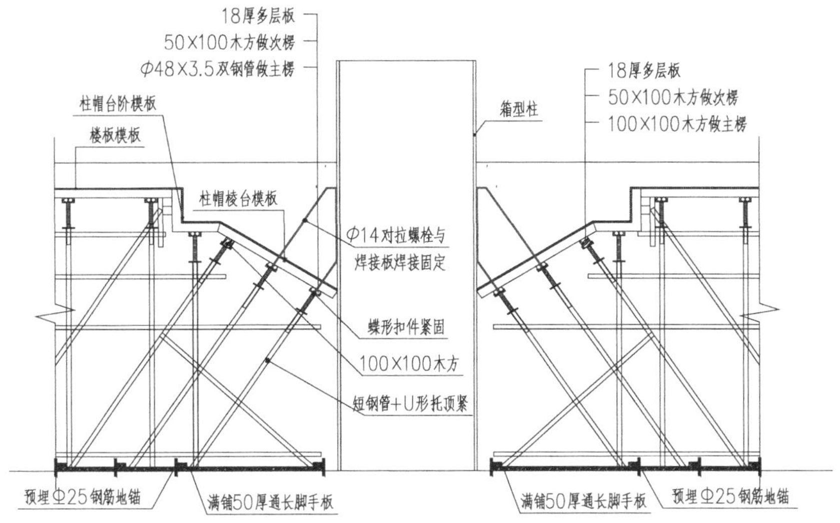

图 10　棱台加阶梯形柱帽支撑体系

（单位：mm）

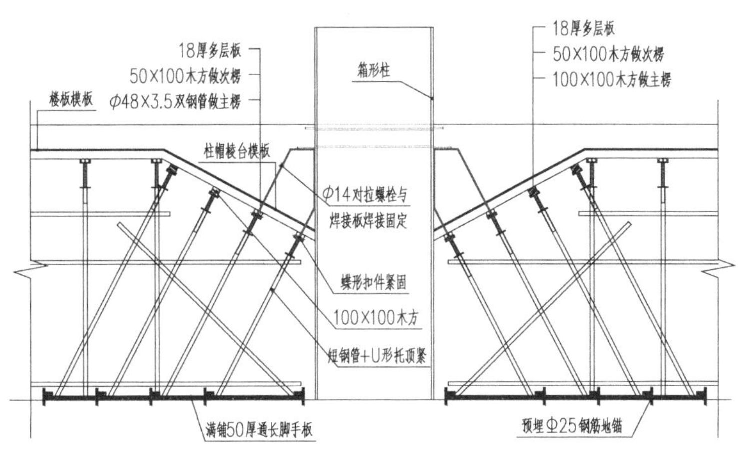

图 11　棱台形柱帽支撑体系

（单位：mm）

好模板木方次楞，并加工完成对拉螺栓孔。

（2）模板拼装根据不同柱帽形式，按照平面配置图进行，用螺栓临时固定，不能用螺栓临时固定的模板按照位置要求暂时放置在支撑体系上，再检查外形尺寸及对角线，检查模板拼缝有无错台后进行校正，然后用 U 形托将木方次楞与模板顶紧；棱台模板拼缝处采用坡口设置，模板之间拼缝应严密，不得在接缝处补加海绵条。

（3）柱帽模板支撑架采用落地式满堂脚手架，为保证柱帽斜向钢管固定牢固，在浇筑楼板混凝土时，提前预埋好 Φ25 地锚，保证棱台模板底部斜向支撑脚手架与楼面固定牢固。

（4）柱帽模板铺放前应先将完成柱帽周边楼板模板安装牢固，铺放柱帽模板时要求先水平后竖向，对于没有水平板的棱台模板，可直接铺放棱台侧面梯形模板，铺放完成后紧固螺栓，用螺母微调模板高度，同时在模板下部用 U 形托加钢管顶紧。

（5）柱帽模板拆除前先要提前松动对拉螺栓螺母和 U 形托丝口，使模板提前出现松动，脱离混凝土表面。

（6）模板拆除顺序为：拆除阶梯形柱帽侧面模板→拆除顶板模板→拆除柱帽模板。

3.4 钢筋绑扎、焊接

带柱帽箱形柱组合结构配置钢筋主要分为：柱帽水平筋（环绕柱帽）、柱帽架立筋、楼板上下铁纵横钢筋、加密拉筋。

3.4.1 柱帽水平筋及架立筋安装

柱帽的形式为倒四棱台形，也可看作是楼板与结构柱之间的加腋处理，柱帽水平筋为封闭环绕柱帽的钢筋箍，贴近柱帽边缘布置。在柱帽每个棱边和每个面中线位置布置 1 根架立筋。绑扎柱帽加腋筋前须提前将中线位置处架立筋提前与箱形柱主体焊接牢固。如图 12 所示。

3.4.2 锚入箱形型钢柱柱帽的楼板纵横受力钢筋锚固端处理

由于楼板纵横受力钢筋无法贯穿箱形型钢柱，需要在箱形型钢柱上进行锚固。采用在箱形型钢柱上增加焊接板，焊接板之间用加劲肋板进行加固，楼板上下纵横受力钢筋与焊接板进行双面焊接锚固。如图 12、图 13 所示。

图 12 带柱帽箱形柱组合结构柱帽钢筋图

图 13 带柱帽箱形柱组合结构楼板钢筋锚固图

3.4.3 拉筋安装

楼板纵横受力钢筋在柱帽各边的箱形型钢柱宽度范围内增加拉筋，拉筋纵横间距不得大于 100mm，且呈“梅花形”布置。

3.4.4 钢筋保护层控制

在棱台形柱帽的侧面带有坡度的模板上，采用带绑扎丝的垫块，用绑丝将垫块与底部钢筋绑扎在一起，防止垫块滑落至模板底部。

3.5 混凝土浇筑

箱形柱采用自密实混凝土，柱帽混凝土与顶板混凝土同时浇筑，箱形柱内自密实混凝土浇筑领先楼层混凝土浇筑，且在柱帽钢筋焊接工作完成后进行，以防止箱形柱内混凝土在托板处焊接钢筋时，由于焊接的高温造成混凝土在高温下爆裂，影响混凝土质量。箱形柱内自密实混凝土浇筑前，必须完成柱帽及顶板模板支撑体系的搭设及柱身外侧托板与柱帽钢筋的焊接工作，并进行完成焊接钢筋的现场拉拔检测。自密实混凝土浇筑前，需将柱内积水、杂物清理干净，并堵死预留的排水孔，并做好已焊接完成柱帽钢筋的保护覆盖工作，自密实混凝土最大倾落高度不大于 9.0m，并进行分层浇筑和辅助振捣，以减少箱形柱内混凝土表面的气泡、麻面等质量缺陷出现。

3.6 混凝土测温与养护

由于箱形柱截面较大，应加强混凝土测温与养护措施，在箱形柱内部及表面分别设置测温点，绘制测温点布置图，并在柱模板外安放温度计，模板拆除时混凝土表面与环境温差大于20℃时，混凝土表面应及时进行保温覆盖。

4 经济效益

箱形柱处采用牛腿焊接板与钢筋焊接技术的应用，降低了箱形柱与柱帽钢筋节点施工的难度，提高了钢筋下料、绑扎的准确度，降低了劳动力消耗；将钢筋绑扎与焊接两道工序进行分解，能够形成流水施工，缩短工期；优化模板组合与对拉螺栓的形式，保证混凝土构件截面尺寸准确，提高模板回收率，是经济节约、绿色环保的施工方法。

箱形柱牛腿焊接板与钢筋焊接节点深化采用BIM模拟技术，提前发现施工过程中的问题及难题，制定解决方案，合理使用施工原材料和周转材料，降低成本。

超高层劲性混凝土梁、柱节点施工技术

姚建兵，石萌，谢群，郭笑冰

（1. 北京建工集团有限责任公司总承包部，北京市 100055；

2. 北京建工集团有限责任公司，北京市 100055）

摘　要：劲性混凝土是以型钢作为钢骨，周围配置钢筋并浇筑混凝土埋入式组合构件形成的结构体系，该结构体系充分发挥了钢与混凝土两种材料的特点，具有截面尺寸小、跨度大、承载能力强、整体刚度好、显著改善结构的抗震性能等优点。但是构件中钢骨的加入使得常规绑扎钢筋、支模等结构施工工艺增加了较大的施工难度。太子广场工程通过对构件内型钢骨设计、加工、钢骨安装、钢筋绑扎、模板安装等对节点进行深化设计并制定有效的技术措施，解决了施工难题。

关键词：BIM 深化设计；钢筋接驳器；CO_2 保护焊；钢筋绑扎

1　工程概况

深圳太子广场由地下 3 层车库，地上 4 层裙房及 41 层的办公塔楼组成，塔楼建筑高 205.48m，1～15 层为框架—核心筒结构，16 层以上为核心筒—支托桁架结构体系，1～13 层采用劲性混凝土结构，14～26 层核心筒外侧为 1/2 劲性结构＋1/2 钢结构，27 层以上为核心筒外侧均采用钢结构，其中在 16 层和 29 层设有桁架层，由核心筒处环桁架和其外侧悬挑桁架组成。

核心筒劲性柱数量在 4～22 根不等，B3～L16、L26～L40 层劲性柱截面形式为 H 形和箱形，L17～L25 层核心筒劲性柱截面为箱形，塔楼外框柱数量在 4～16 根不等，主要截面形式为十字形和箱形，L17～L40 层全为箱形柱。劲性十字柱最大截面尺寸为 1100mm×550mm×50mm×50mm，最大箱型柱截面尺寸为 1500mm×1500mm×60mm×60mm，核心筒处箱型柱最大截面尺寸为 600mm×600mm×90mm×90mm。裙房为框架结构，型钢柱均为十字柱外包混凝土，型钢梁均为工字形外包混凝土，最大跨度达 27.5m。钢材型号均选用 Q345B。

2　工程特点分析

本工程为大型城市商业综合体，整个工程工设有型钢柱 211 根，型钢梁 188 根，其中最大框支梁截面尺寸为 1000mm×1800mm，型钢梁柱节点钢筋密集，局部梁底筋钢筋直径为⌀32，多达三排。节点连接复杂，针对复杂型钢梁柱节点，规范要求梁钢筋与型钢柱

作者简介：姚建兵，男，1970 年生，北京，正高级工程师/项目总工程师，长年从事项目施工技术工作。

的连接采用搭接板（即短牛腿）或套筒连接，若单独使用套筒或搭接板的单一连接方式，遇到多层梁钢筋同时与型钢柱连接时，现场操作面间隙狭窄，施工难度大、钢筋连接质量难以保证。

3　确定施工方法

3.1　工程特点

（1）单层面积大，楼层高，每层布局均不同，异型结构多。

（2）跨度大，转换结构多，型钢柱、箱形柱、型钢梁较多。

（3）梁柱钢筋配筋较大，最大规格为Φ36，钢筋密集、层数多，局部核心筒处暗柱配筋达156Φ32，梁配筋达上下各30Φ32；钢筋间距较小。型钢梁柱节点位置钢筋连接复杂。特别是裙房和塔楼连接通廊处一个型钢柱处涉及多个方向梁的叠加，钢筋摆放、连接施工复杂，难度大。

3.2　钢筋与钢结构综合连接技术

为了提高施工现场可操作性，降低施工工艺难度，减少钢筋搭接接头数量，降低成本，缩短施工工期。针对太子广场项目实际情况，项目部多次邀请设计、监理、建设单位参加劲性结构节点连接研讨会，并经过设计院多次复核后，决定针对每个节点的实际情况，综合采用搭接板、钢筋接驳器、型钢腹板开孔、优化钢筋间距、排距绕过型钢、微调整梁的平面位置绕过型钢等方法，充分利用各种钢筋连接方式的优点及工厂化加工的优点，提高了现场的可操作性，降低了施工工艺难度，减少钢筋搭接接头的数量和钢筋连接的现场焊接工程量，保证了钢筋与钢结构的连接质量，降低了综合成本，缩短了工期，取得了一定的经济效益。

4　劲性结构梁柱节点深化技术

4.1　十字形型钢柱的柱、梁节点深化设计

4.1.1　型钢柱与型钢梁

当型钢柱主筋为单排，型钢梁底部钢筋为单排，不大于7根时，操作空间较大，在型钢柱两侧可采用搭接板连接，梁钢筋与搭接板焊接长度为双面焊$5d$（d为钢筋直径），搭接板长度$5d+20$mm。在搭接板钢筋正式施工前，先按照钢结构深化设计图结合土建设计图纸，对梁钢筋在搭接板处位置进行优化设计，然后再在电脑上结合BIM软件，将钢筋、型钢生成三维图纸，对钢筋位置进行最后确定，同时确定绕过型钢柱的梁钢筋根数，具体见图1、图2。

当型钢柱主筋为单排，型钢梁底部钢筋为双排及以上时，对于型钢梁、柱节点钢筋，为避免大直径钢筋出现搭接接头，减少搭接接头数量，可采用一端套筒连接，另一端用搭接板连接，也可两端都采用搭接板连接。在设计采用双排钢筋时，将套筒+搭接板在梁两端调换使用，将保证焊接质量。对于第三及以上排数钢筋，由于随着钢筋排数的增加，根数将会减少，此时采用在腹板开孔（开孔面积≤腹板总面积的25%）和绕过劲性结构的形

式，来综合解决梁底钢筋的绑扎施工，不建议采用三排搭接板＋套筒形式，可通过与设计沟通，经设计计算后增加钢筋排数减少每排钢筋根数的形式。

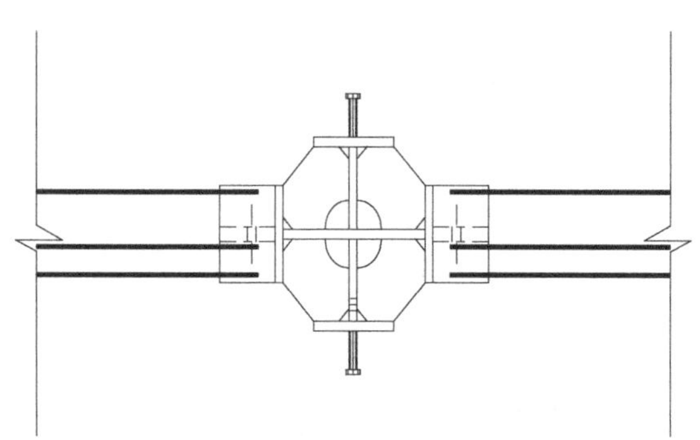

图 1　型钢柱节点处立面图

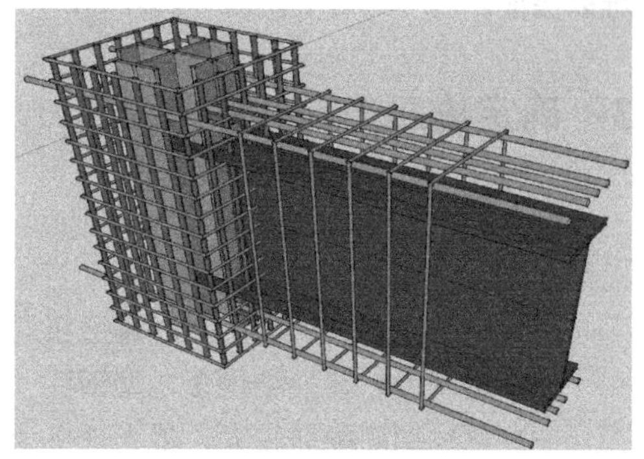

图 2　梁柱节点 BIM 深化图

采用套筒＋搭接板连接形式，对于型钢梁、柱这种节点，由于梁、柱间距离已经确定，要求搭接板长度为 $5d$＋20mm＋套筒长度（d 为焊接钢筋直径），钢筋下料长度为型钢柱净距-套筒长度-10mm，并在钢筋一端套好丝扣，同时，深化设计时，要确保钢筋净距满足要求，以保证钢筋能够完全拧入套筒内。具体图 3～图 5。

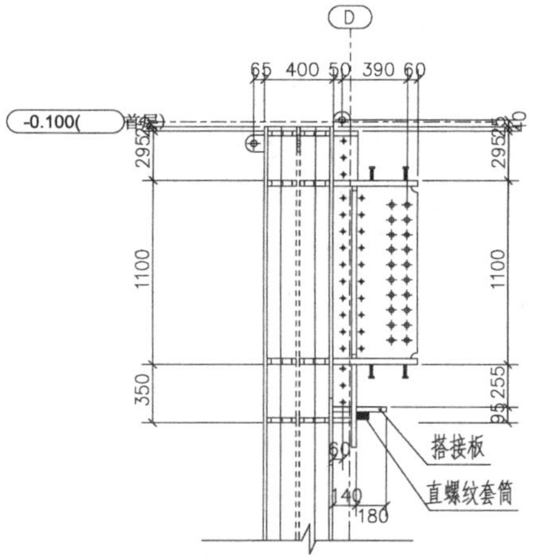

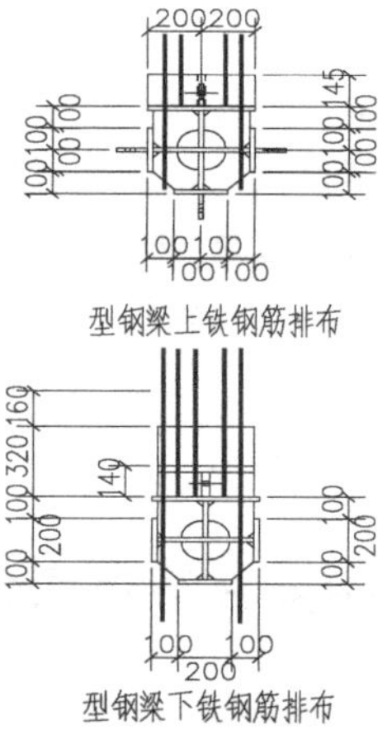

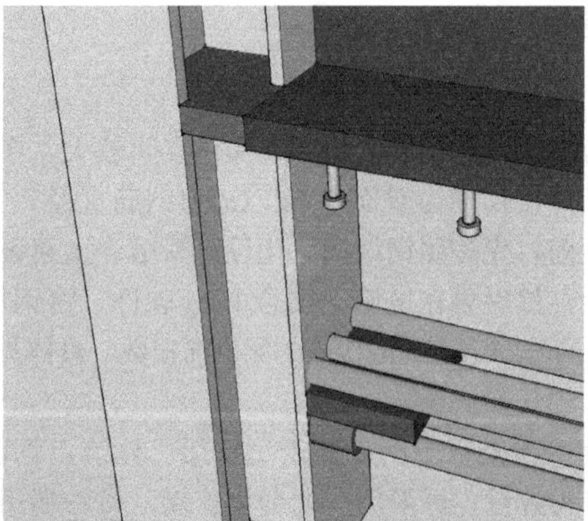

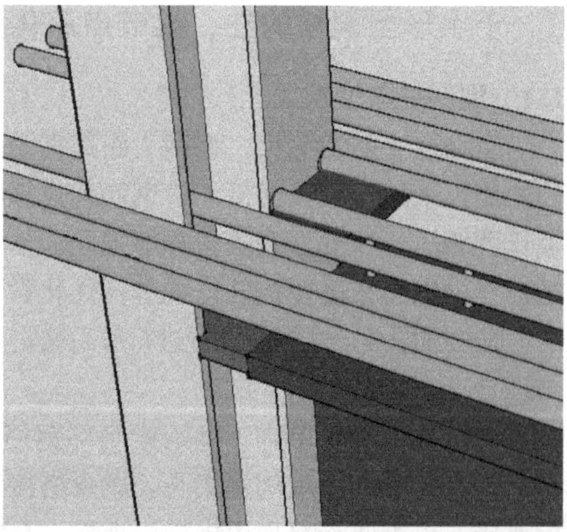

图 3　型钢梁底部钢筋套筒＋搭接板深化图（单位：mm）

图 4　型钢梁上部钢筋搭接板＋开孔＋绕过型钢（单位：mm）

4.1.2 型钢柱与普通框架梁

型钢柱与普通框架梁连接节点涉及两种情况：第一种情况是一端采用型钢柱，另一端采用普通钢筋混凝土柱，针对这种情况，在型钢柱与普通框梁节点处，采用套筒连接，钢筋可以很快捷地拧进套筒内；第二种情况是梁两端均设有型钢柱，此时在节点位置采用搭接板+直落套筒形式。具体要求同本文4.1.1中相关要求。

图5 梁柱节点深化完成后

4.1.3 型钢斜梁、正交梁与型钢柱

在裙房1～4层局部位置存在一根型钢梁与型钢柱正交，另一根型钢梁与该型钢柱斜交，梁钢筋与型钢柱采用搭接板连接。在进行搭接板深化设计时，要求搭接板长度为型钢柱主筋外侧再加 $5d+20$mm（d 为焊接钢筋直径），而且斜向钢筋排布时，对搭接板要求会加长，还要同时保证斜向钢筋和正交方向梁的钢筋同时在搭接板上能排布。具体见图6。

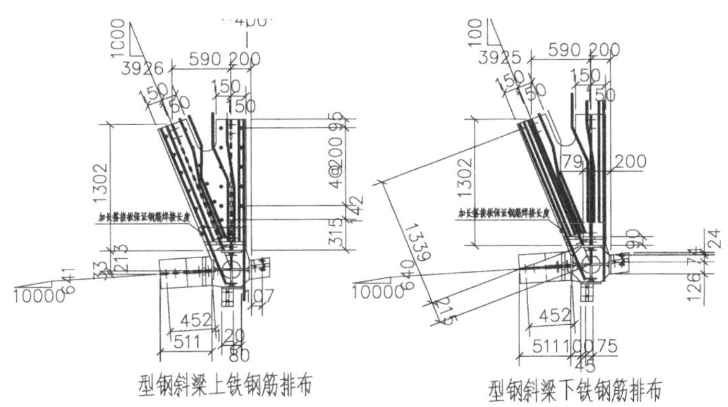

图6 型钢主、次梁节点（单位：mm）

型钢主次梁节点分为等高主次梁节点和不等高主次梁节点两种，对于等高主次梁，可按照 16G902-1 图集中有关主次梁节点纵向钢筋构造绑扎即可，但是在大跨度型钢主次梁节点施工时，需要对节点处钢筋排布进行仔细深化，特别是底部钢筋，涉及开孔时，需要经过设计单位同意。

由于等高型钢主次梁节点不涉及加连接板后钢筋的焊接和直落纹机械连接，所以先对型钢梁内钢筋排布进行优化，保证底部钢筋尽可能多地在钢骨下通过，对于不能在钢骨下通过的钢筋，采取弯锚或开孔穿过型钢腹板。具体见图 7、图 8。

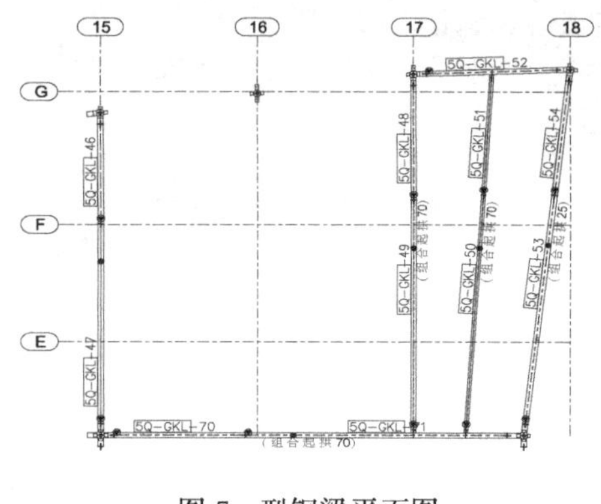

图 7　型钢梁平面图

图 8　型钢梁节点深化设计图

4.1.4　悬挑型钢梁节点

型钢悬挑梁具有悬挑长度长，梁上部设计配筋多，梁身采用变截面，梁底部钢筋下料时，需按照变截面斜边长度进行下料，同时，为保证梁下部焊接质量，型钢柱处搭接板须按照梁下部变截面角度加工成一定的倾角，以保证梁底部钢筋能够完全放置在搭接板上，同时在梁上部钢筋排布时需要仔细进行深化，当钢筋排布间距较小时，可参照规范采用并筋形式，同时对梁上部钢筋按照设计要求加工弯起钢筋，以保证悬挑梁施工质量。需要借助 BIM 软件进行深化。并参照规范要求对钢筋排布进行调整。按照《混凝土结构设计规范》GB 50010—2010 第 4.2.7 构件中的钢筋可采用并筋的配置形式，直径 28mm 及以上的钢筋并筋根数不应超过 3 根；直径 32mm 的钢筋并筋数量宜为 2 根。

参照《混凝土结构施工图平面整体表示方法制图规则和构造详图》16G101—1 中第 62 页对并筋要求和第 92 页对悬挑梁钢筋绑扎的有关要求，对钢筋排布进行深化设计，优化后提请设计单位进行审核。具体见图 9～图 13。

4.1.5　型钢柱钢筋与框梁或型钢梁钢筋焊接搭接板节点

当型钢柱主筋遇到节点处搭接板或型钢梁翼缘时，可以采用在搭接板处开孔方式直接通过，但当开孔后遇到型钢翼缘时，就无法解决柱主筋通过的问题，此时按照《型钢混凝土结构施工钢筋排布规则与构造详图》12SG 904—1 第 2～15 页梁柱节点钢筋排布构造 1A-1-1 中 2-2 详图要求，将柱主筋在节点处断开，增加搭接板进行焊接或直接在型钢梁钢筋设置的搭接板上焊接套筒后，采用机械连接。在每节型钢柱的节点处，分别采用套筒＋搭接板形式；但采用此种方法，要求搭接板长度必须加长，以保证直螺纹套筒机械连接能够施工。具体见图 14。

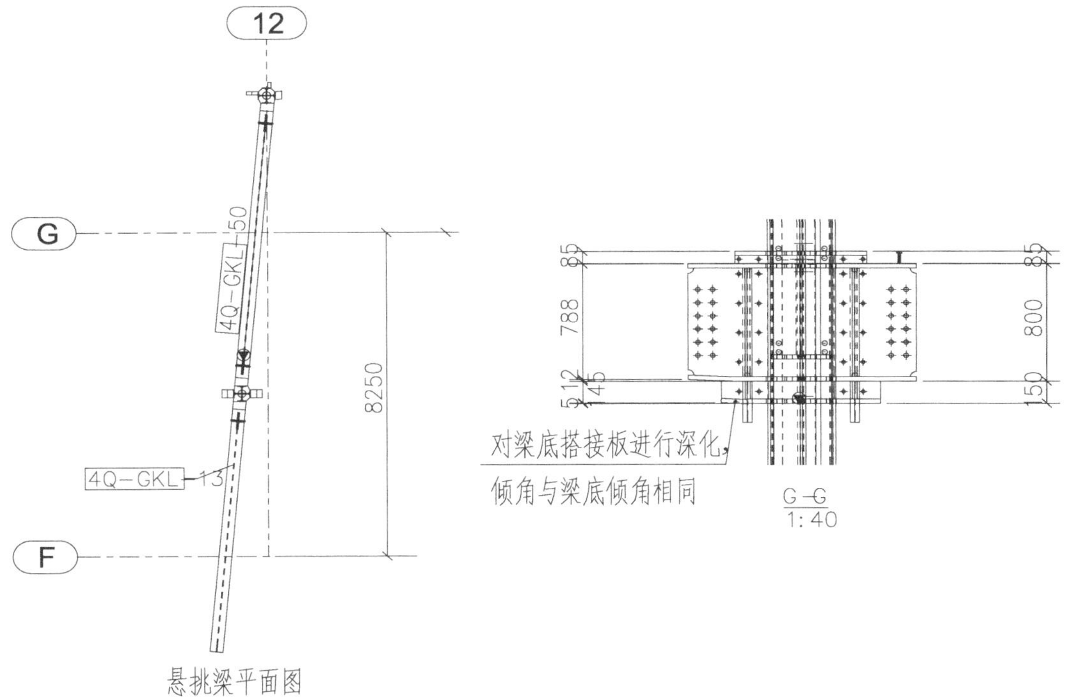

图 9　悬挑梁平面图（单位：mm）

图 10　梁上铁第二排 10Φ32 在节点处深化排布后

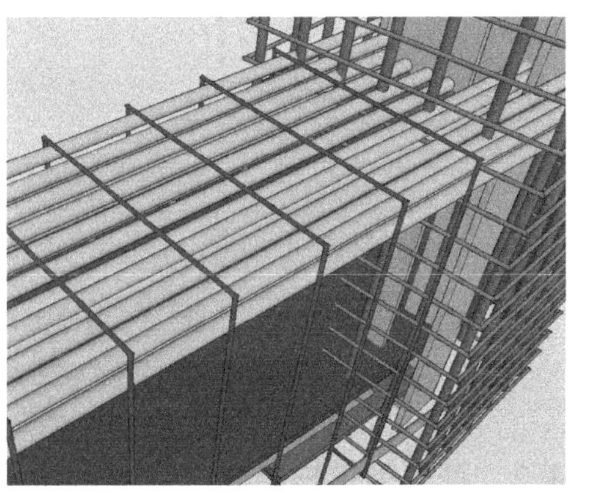

图 11　梁上铁钢筋 21Φ32（11/10）在节点处深化排布后

图 12　梁端部钢筋深化排布后

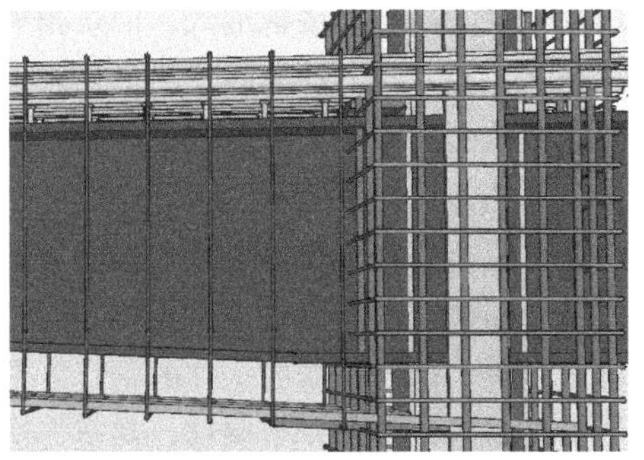

图 13　梁底焊接搭接板在节点处采用一定倾角深化

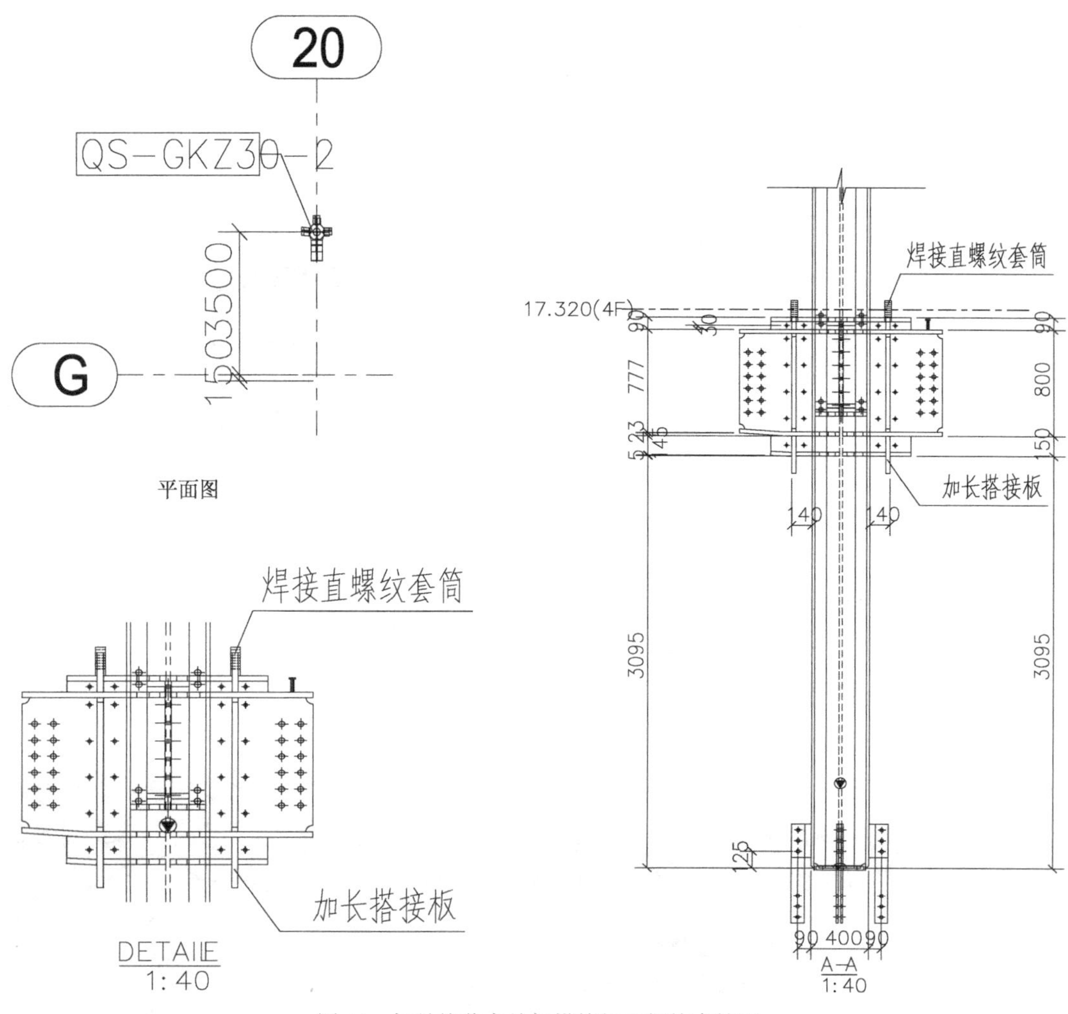

图 14 钢骨柱节点处加搭接板和焊接套筒图
（单位：mm）

4.2 箱型钢骨柱的柱、梁节点深化设计

4.2.1 箱型钢骨柱采用单排筋时，梁柱节点设计

箱型钢骨柱与普通框梁的连接方式，可参照十字形型钢柱与型钢梁节点处理方法，采用直螺纹套筒＋搭接板形式。但是箱型钢骨柱有其自身的特点，在开孔上，设计单位只同意在 X、Y 方向上各准许开两个孔，考虑到焊接或机械连接时的操作难度，建议将 X、Y 方向上较密的梁底筋优先进行开孔，位置留在下排钢筋相应位置处，另一方向在梁上部钢筋处开孔。这样钢筋穿过箱形柱时，在空间位置处能保证错开。此外由于箱形钢骨柱安装时，一般会安装两个楼层高，这会导致浇筑混凝土时，第一个楼层箱形柱内部的混凝土不能马上随楼层混凝土浇筑，需要等第二个楼层梁板钢筋绑扎前，穿插进行箱形钢骨柱的混凝土浇筑，这样易造成钢柱的垂直度发生偏移，如果采用在钢骨处焊接套筒，会造成钢筋拧进套筒后，位置发生偏移，甚至无法完全拧紧，建议在此节点位置尽量采用搭接板。在搭接板处暗柱纵筋采用开孔形式穿过，开孔规格应比钢筋规格大一个等级，具体见《型钢混凝土结构施工钢筋排布规则与构造详图》12SG 904—1 第 1～5 页一般构造要求中表 7 和

本文图 15、图 16。

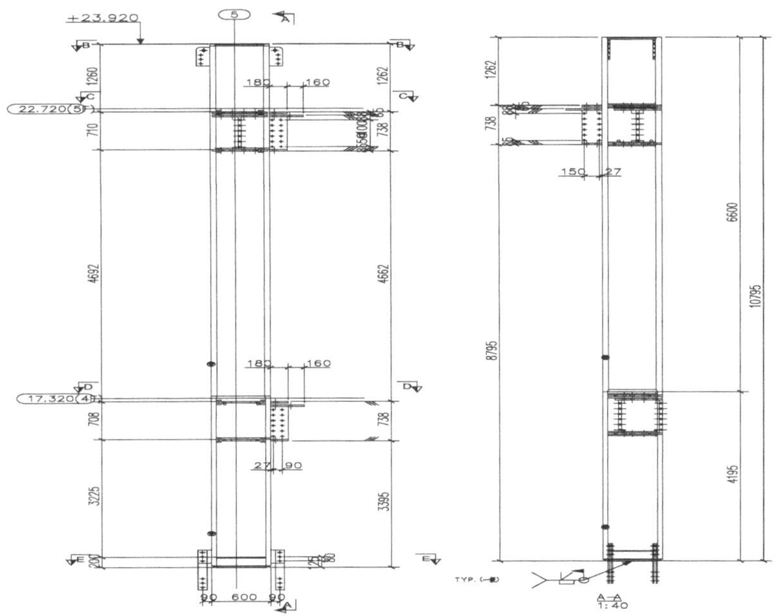

图 15　箱形钢骨柱立面图（单位：mm）

图 16　箱形钢骨柱节点 X、Y 方向搭接板竖向钢筋开孔

4.2.2　箱形钢骨柱采用双排筋时，梁柱节点设计

箱形钢骨柱配筋为双排时，在钢骨柱与框架梁节点处，除在钢骨柱上开孔＋搭接板采用这种方法进行节点设计，为保证钢筋在钢骨处的焊接质量，在深化节点时，将搭接板的长度由原规范要求的 $5d+20$mm（d 为焊接钢筋直径），调整为钢骨至暗柱最外排主筋距离＋$5d+20$mm，框梁纵向钢筋为双排时，将第二排搭接板长度调整为钢骨至暗柱最外排主筋距离＋2（$5d+20$mm），其他要求均和箱形钢骨柱主筋为单排筋时相同，具体见图 17、图 18。

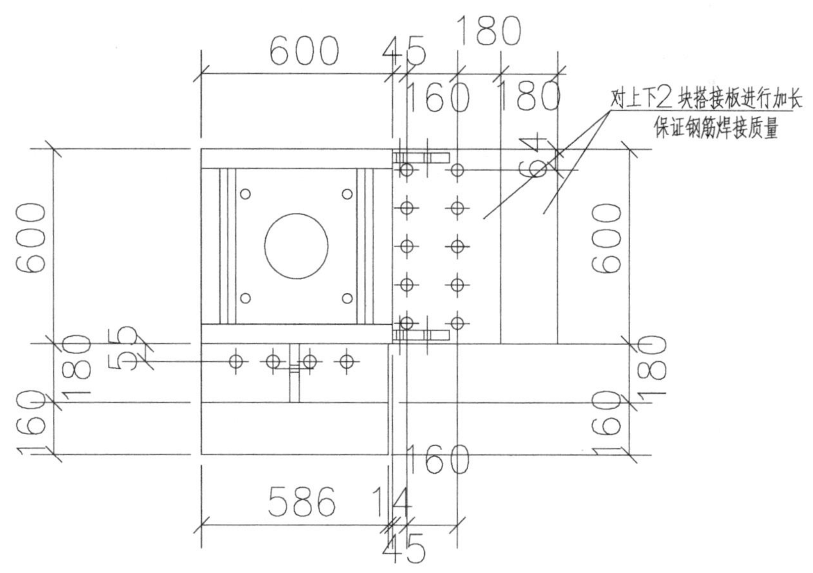

图 17　对箱形钢骨柱和框梁搭接板进行加长设计节点（单位：mm）

图 18　箱形钢骨柱暗柱双排钢筋搭接板深化加长后

4.3　箱形柱的柱、梁、板节点深化设计

4.3.1　带柱帽箱形柱柱帽节点

在超高层结构中，核心筒外侧会设置截面尺寸较大的钢柱或劲性柱和核心筒同时作为竖向构件共同承受荷载。本工程在塔楼核心筒东西两侧各有一根箱形型钢混凝土柱，贯通整个塔楼。地下室为带四棱台柱帽的结构形式。四棱台柱帽钢筋混凝土结构与箱形柱钢结构施工的节点是需要重点解决的问题。在节点深化时，优先考虑搭接板连接，搭接板深化设计时须考虑 X、Y 方向钢筋的高差，两个方向搭接板顶标高要相差一个钢筋直径。具体见图 19、图 20。

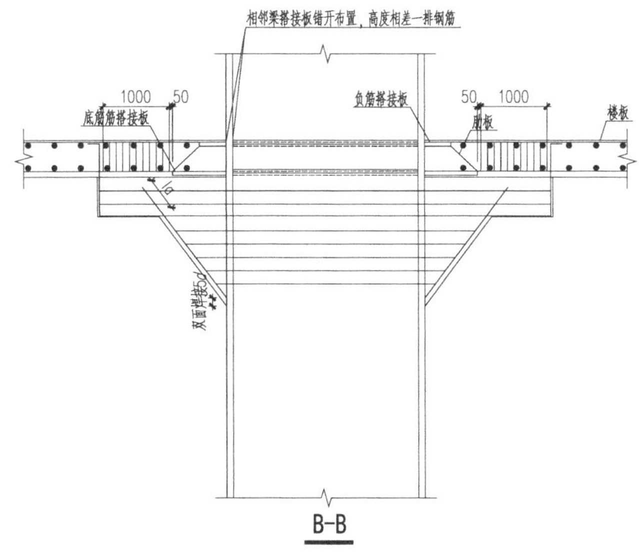

图 19　四棱台柱帽剖面图（单位：mm）

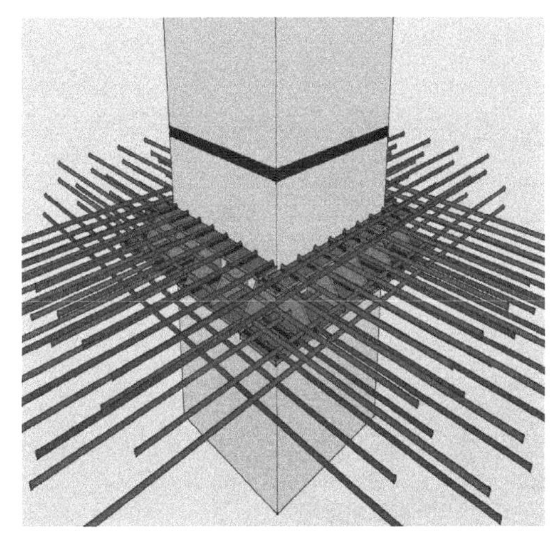

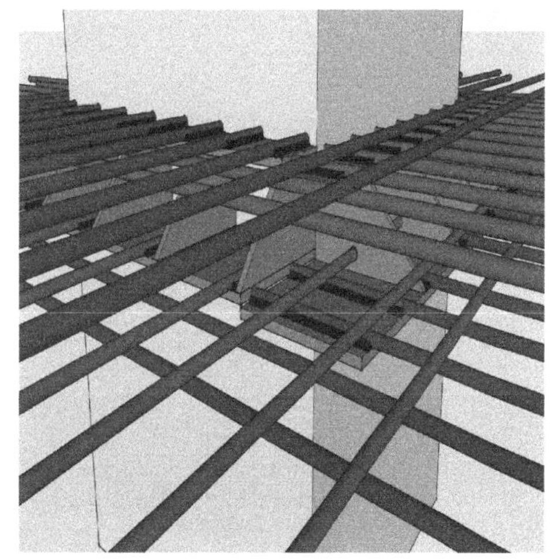

图 20　节点深化图

4.3.2　箱形柱与框梁节点

箱形柱与框架梁节点在深化设计时，应综合考虑，如果框架梁一端与箱形柱连接，另一端与普通钢筋混凝土柱连接，节点应采用搭接板进行焊接；当框架梁的另一端与型钢柱连接时，节点应采用在型钢柱一端采用搭接板，在劲性柱一端采用直螺纹套筒形式，并加长搭接板，以保证直螺纹机械连接施工质量。如果梁的纵向钢筋为单排时，建议在箱型柱一侧采用搭接板焊接梁的纵向钢筋。因为焊接直螺纹套筒要考虑套筒之间的间距（图集 12SG 904—1 第 2～41 页要求：套筒水平方向净间距不宜小于 30mm 和套筒外径），如果梁主筋单排根数较多，会无法满足上述要求。

参照柱帽节点深化原则，板的钢筋采用搭接板焊接，并考虑 X、Y 方向标高相差一个钢筋直径，同时在箱型柱四角处对，对 X、Y 方向搭接板进行连接，标高随搭接板面的低标高，梁的主筋由于底部钢筋为单排全部采用搭接板连接，上部钢筋当为单排时，全部采用搭接板连接，双排钢筋时，上部第一排钢筋采用直螺纹套筒，第二排钢筋采用搭接板连接，具体见图 21、图 22。

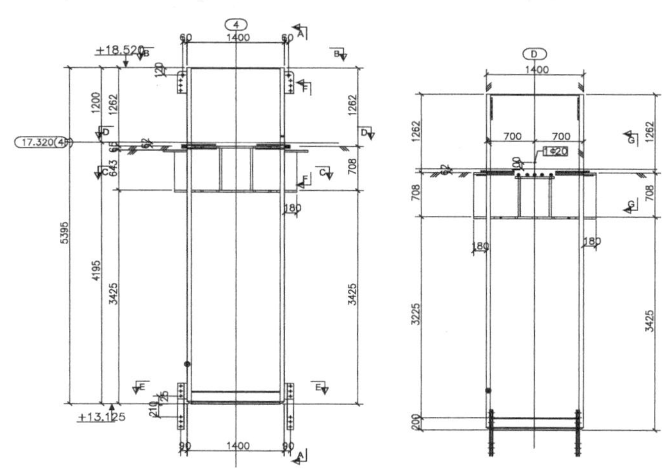

图 21　箱形柱梁柱节点图（单位：mm）

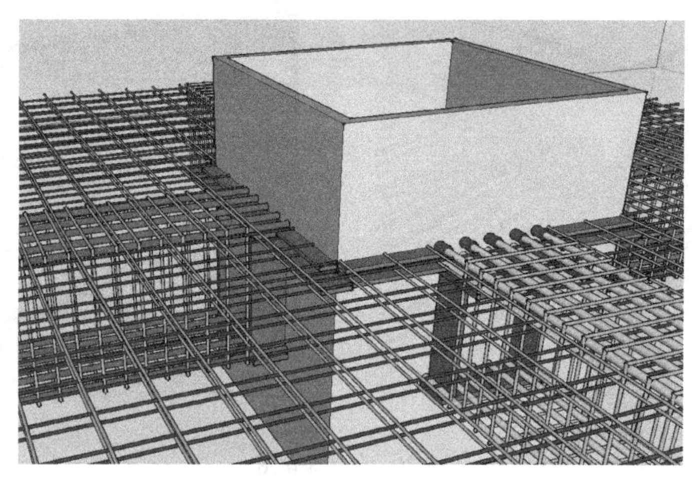

图 22　箱形柱与框梁、楼板节点深化设计完成后

4.3.3　箱形柱与钢筋混凝土悬挑梁节点

箱形柱与悬挑梁节点特别是悬挑梁上铁的连接方式，如果要在深化设计前与设计单位进行沟通，取得设计同意后，再进行节点深化。特别是悬挑的跨度较大时。在深化设计时，设计人员要求，下部钢筋采用搭接板设计，上部钢筋不同意采用搭接板连接形式，要求在箱形柱开孔，并在柱内侧进行加强，为此在进行节点深化时，按照图集 14SG 903—2 附一中的要求，确定悬挑梁上部钢筋锚固长度，即在箱形柱对称另一侧不用再开通孔，悬挑梁上部钢筋可直锚入柱内，另一侧框架梁采用搭接板进行连接即可。具体见图 23～图 25。

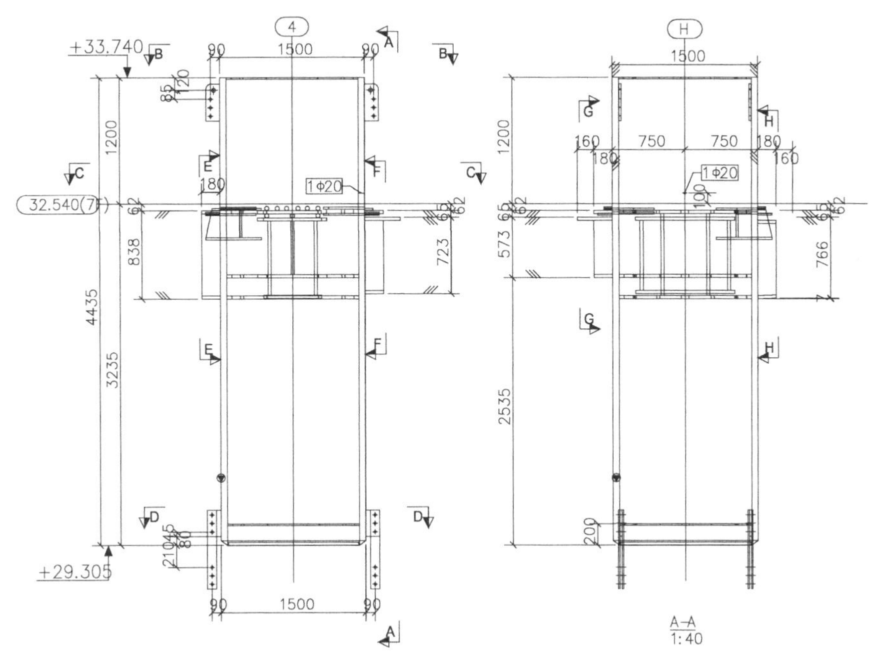

图 23　标准层箱形柱梁柱节点图（单位：mm）

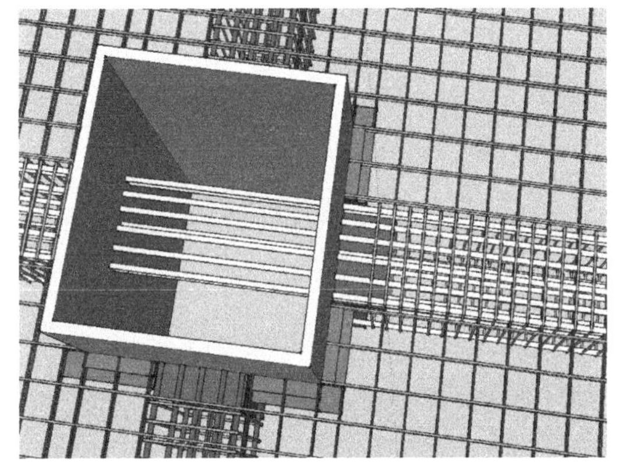

图 24　悬挑梁上部钢筋开孔穿过箱形钢柱后

图 25　悬挑梁上、下部钢筋绑扎完成后与箱形柱节点

4.4　复杂型钢梁柱节点钢筋验收

复杂型钢梁柱节点钢筋连接作为主体结构施工过程中的重点控制项目，钢筋连接形式、锚固长度、与搭接板焊接质量、焊缝长度、拧进套筒的丝扣长度等作为验收的主要控制项目。在施工过程中，提前对钢结构安装精度进行验收，提高安装精度，严格实行“三检制”，复杂型钢柱梁柱节点钢筋单独组织验收，验收合格后方可进行大面积梁板钢筋施工。

5　结束语

劲性结构钢筋与钢结构综合连接，作为主体结构施工过程中的控制点，施工过程中必须加强对钢结构安装的精度控制，提前深化各个节点钢筋排布，钢筋待钢结构安装就位后现场量取尺寸下料。本工程根据各种型钢梁、柱节点钢筋的不同情况，根据相应国家规范及技术规程、图集，针对各个节点制定具有针对性的处理方式。采取劲性结构钢筋与钢结构综合连接技术，有效地降低了施工工艺难度，保证了复杂型钢梁柱节点钢筋连接的可靠性，减少了现场的焊接工程量，加快了施工进度，取得了一定的经济效益。同时将型钢梁柱节点单独组织验收，保证节点施工质量，结构安全和可靠性得到有力保证。

多变立面超高层折叠式施工升降平台爬升技术

姚建兵[1]，韩建恩[2]，杜春来[1]

（1. 北京建工集团有限责任公司总承包部，北京市 100055；

2. 深圳市特辰科技股份有限公司，深圳市 518001）

摘　要： 深圳太子广场工程结构总高度205.84m，共41层，其中6层以上为标准层，层高4.49m。15层以下为框架—核心筒结构，采用型钢混凝土，16层以上为核心筒—支托桁架结构，其中16～25层支托桁架上部核心筒外侧1/2结构采用型钢混凝土结构，另1/2结构采用钢结构，26～41层核心筒外侧均采用钢结构。施工过程中外防护采用超高层施工升降平台（折叠式升降脚手架）。由于不同楼层采用不同的结构形式，使得升降平台在爬升过程中，要在立面上产生4次变化，并且还要爬过桁架层局部外伸牛腿、核心筒墙身截面尺寸反复变化和核心筒处墙身平面布置变化等多处部位，为保证升降平台及时、到位，满足防护封闭要求。升降平台采用智能提升系统且安装轮式防坠器确保在超高层施工的安全性

关键词： 附着式升降脚手架；可调拉杆；吊桥式走道板；加高件

1　工程概况

深圳太子广场总建筑面积153000m^2，共41层，塔楼建筑总高205.84m，标准层层高为4.49m，1～15层为框架—核心筒结构，采用劲性混凝土，16层以上为核心筒—支托桁架结构体系，其中16～25层核心筒外侧为1/2劲性结构+1/2钢结构，26层以上为核心筒，外侧均采用钢结构，在16层和29层设有桁架层，层高为8.00m，16层桁架层在核心筒两侧分别为劲性结构+钢结构，29层桁架层在核心筒外侧全部采用钢结构。具体见图1。太子广场工程位于深圳市南山区太子路，东侧紧临海上世界地铁站，地处繁华地段，主体施工时外围防护特别重要，对高层施工升降平台使用要求及外侧、底部和异形结构大角处逐层密闭防护极高，必须确保高空作业安全。施工升降平台爬升时，与箱形柱处外伸牛腿的处理是需要重点关注的问题。施工升降平台爬升过塔式起重机附臂的处理也是本工程的重大

图1　太子广场

作者简介： 姚建兵，男，1970年生，北京，正高级工程师/项目总工程师，长年从事项目施工技术工作。

难点。由于结构随着层数增加不断变化，确定自 6 层以上采用施工升降平台来解决施工过程中的外防护，立面形式的不断变化更是本工程需要突破的难点。自动升降平台在建筑物立面防护上随着结构不同不断变化如图 2～图 5 所示。

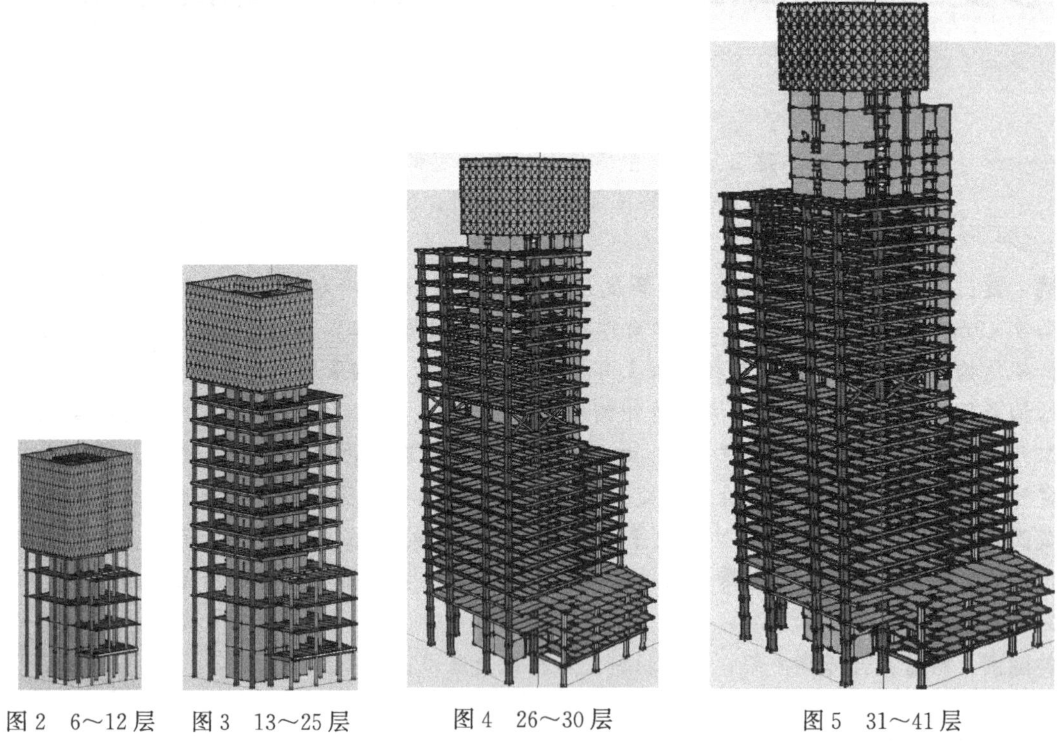

图 2　6～12 层　图 3　13～25 层　图 4　26～30 层　图 5　31～41 层

2　工程特点分析

作为大型城市综合体，并且东侧为深圳市繁华地段海上世界国际酒吧街，为减少高空坠落事故，改善高空施工作业环境，提高建筑施工机械化水平，提高节能减排绿色文明施工水平，确定采用超高层施工升降平台作为塔楼施工防护架体，确定重点解决 6～12 层、13～25 层、26～30 层、31～41 层不同平面布置导致立面爬升变化和箱形柱外伸牛腿、型钢梁处爬升、核心筒强身厚度截面变化、塔式起重机附着处位置及卸料平台的设置等问题，确保安全生产和业主单位要求的节点工期。

3　施工技术措施

3.1　不同楼层升降平台设计

6～12 层平面外围共布置 2 组 44 个高层施工升降平台机位，使用 2.5m 标准走道板和 2.0m 非标准走道板单元及其他异形走道板单元和配套连接件。设置 4 个卸料平台，分别布置在东西南北四面墙上。具体见图 6。

架体提升至 13 层，主楼结构轴 4 以东（核心筒除外）混凝土结构变化为钢结构，拆除 4 轴以东架体，核心筒处搭设双排架防护两层，之后拆除钢管架，重新吊装爬架。从 13

层开始拼装轴 4 以东机组。具体见图 7。

架体提升至 27 层，主楼结构轴 4 以西（核心筒除外）混凝土结构变化为钢结构，拆除轴 4 以西架体，核心筒处搭设双排架防护两层，之后拆除钢管架，重新吊装爬架。自 26 层开始拼装，轴 4 以西机组。具体见图 8。

架体提升至 29 层，主楼核心筒东部混凝土结构变化为钢结构，拆除此变化部位架体，核心筒处搭设双排架防护两层，之后拆除钢管架，重新吊装爬架。31 层开始拼装，从 31 层提升至 41 层后停止提升，31～41 层平面机位布置图如图 9 所示。

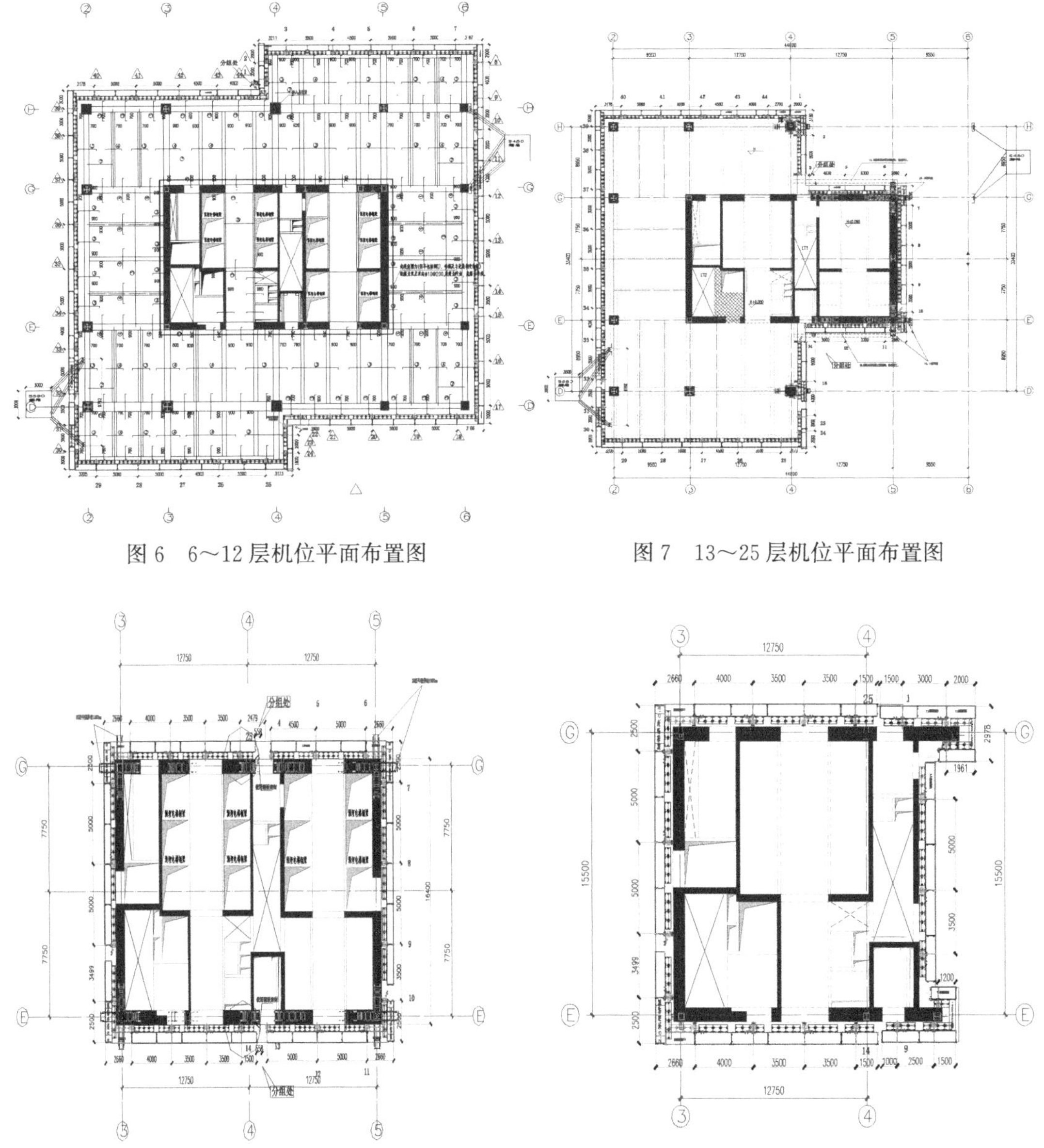

图 6　6～12 层机位平面布置图

图 7　13～25 层机位平面布置图

图 8　26～30 层机位平面布置图

图 9　31～41 层机位平面布置图

3.2　施工升降平台附墙导座与建筑物附着的预埋

本工程爬架拟从 5 层开始组装折叠式高层施工升降平台，因此从第 6 层开始预留预埋工作，第 6 层每机位处只预留预埋附墙固定导向座安装孔，从第 7 层开始每机位每层均预留预埋两个孔，另一个孔视提升设备在机位导轨的哪一侧来预留预埋，两孔水平距离在400mm左右。按照本项目的高层施工升降平台机位布置图预留相应安装孔，预留孔使用内孔32mm的PVC塑料管即可，管两端用宽胶布封住，以防止混凝土浇筑时进入管内而堵塞预埋孔。具体见图10。

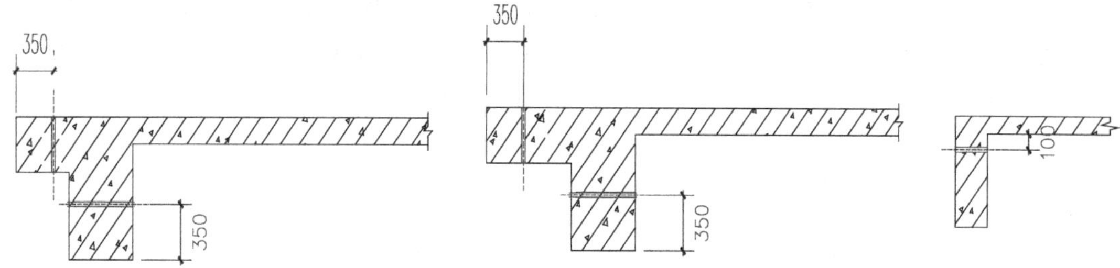

图10　预埋套管具体要求（单位：mm）

随着主体上升，上面各层也应同样预埋，且应保证与下面各层预留孔的垂直度。螺栓孔洞的位置和各项垂直度的检查，必须在浇筑混凝土前后进行检查和验收。

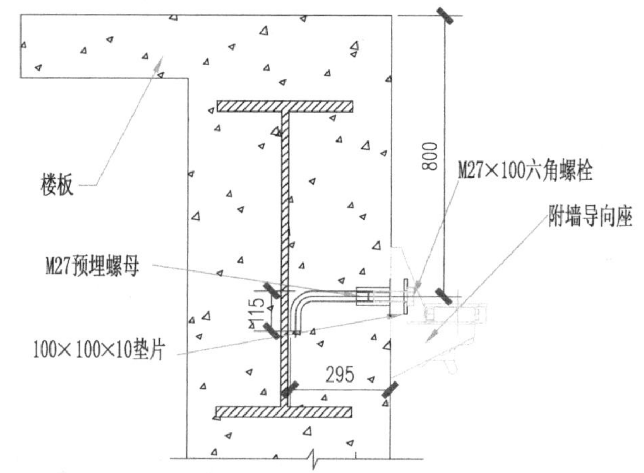

图11　型钢混凝土梁、柱埋件预埋后与附墙导座连接（单位：mm）

3.3　特殊位置的预埋处理

施工升降平台爬升遇箱形柱、型钢梁处理：当自动升降平台在楼层或竖向构件处，因构件内有钢骨无法进行 ϕ32 PVC短管预埋时，可在构件内预埋M30螺母，具体见图11。

当自动升降平台在爬升过程中，遇到钢结构箱形柱或型钢梁必须设置机组时，应加工好升降平台附墙导座与型钢柱、梁之间的连接件，提前在型钢柱、梁上开好孔，待钢结构施工完成后，在预留孔位置处安装连接件或劲性连接件的焊接，具体见图12、图13。

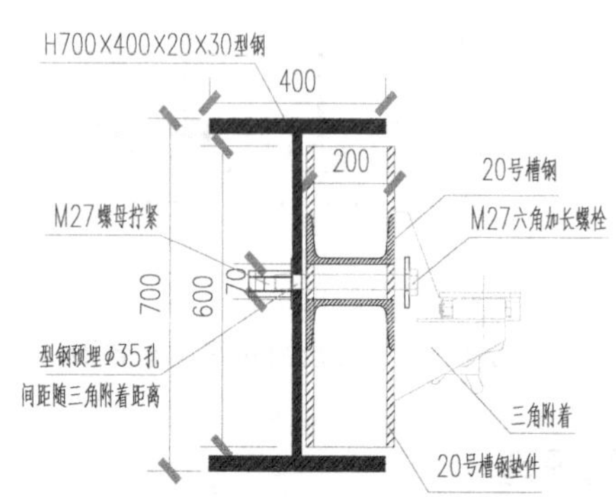

图12　工字形或双十字形型钢上附着连接件形式（单位：mm）

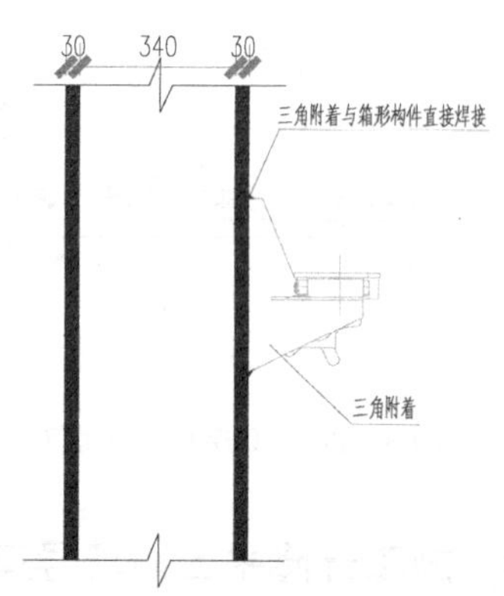

图13　箱形构件上附着连接件的三种形式（单位：mm）

3.4 施工升降平台安装

本工程施工升降平台采用第九代平台系统，在现场脚手架上直接进行散件拼装，优点是能够提前穿插进行组装，减少施工间歇，待升降平台3个支点完全与楼层主体结构固定后，可组织进行脚手架拆除。脚手架进行设计时，除按照规范要求进行施工活荷载和恒荷载取值外，还要按照施工升降平台单位提供的脚手架上部需要承受的线荷载进行荷载组合。

3.5 施工升降平台爬升遇塔式起重机附着和钢结构外伸牛腿处理

为保证升降平台架体正常整体提升，在塔式起重机附臂及钢柱牛腿部位采用吊桥式走道板做特殊处理。平面布置时，在塔式起重机附臂或外伸牛腿位置布置专用吊桥式折叠架，当高层施工升降平台升降时遇到上层塔式起重机附臂或外伸牛腿影响平台升降时，先拆除塔式起重机附臂或牛腿待通过的那层吊桥式折叠架脚手板处的外侧防护钢板网中间连接螺栓，并向两端往内折叠该防护网，然后再拆除该层脚手板的中间连接螺栓组件，再用手动绞盘拉起脚手板到两端立杆处固定，则塔式起重机附臂或外伸牛腿就可顺利通过该层脚手板。待升降过后立即将所有拆除件和翻转件恢复到位即可。考虑到塔式起重机附着外位置一般低于升降平台2层或以上，要求在塔式起重机附臂位置处吊桥式走道板按照2层考虑，具体见图14。

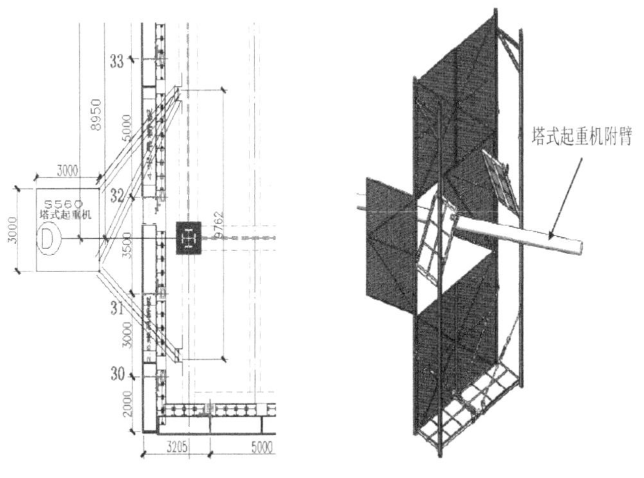

图14　塔式起重机附臂处处理图

3.6 施工升降平台爬升遇墙身变截面处理

随着楼层的不断升高，核心筒处墙体截面尺寸根据楼层高度不同不断变化，为顺利做好施工升降平台爬升工作，确定以下原则：采用加高件作为楼层墙厚变化的临时过渡构件，加高件与墙身及升降平台固定具体见图15、图16。

3.7 施工升降平台爬升遇超高楼层处理

根据《建筑施工工具式脚手架安全技术规范》JGJ 202—2010第4.4.8条规定：架体悬臂高度不得大于架体高度的2/5，且不得大于6m。16层、29层为桁架层，层高8.0m，已超过规范规定高度，必须采取可靠的支撑措施，才能保证安全跨过避难层。采取在桁架层楼板位置预埋竖向螺杆，安装钢制可调拉杆做斜拉处理，减小架体上部自由端摇摆幅度，以保证爬架顺利爬升通过，爬架提升见图 17。

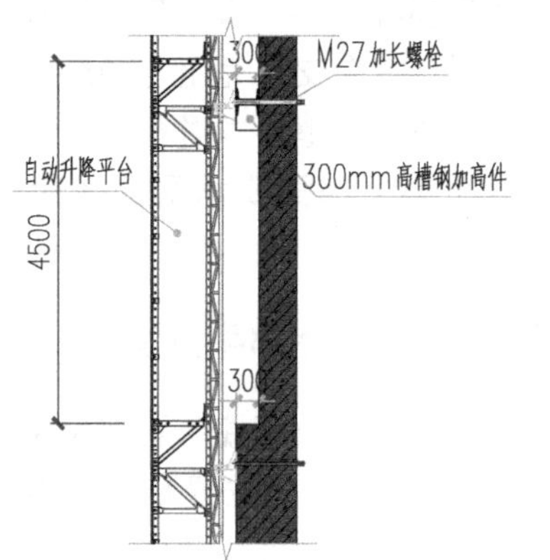

图 15　墙身采用加高件后剖面图（单位：mm）

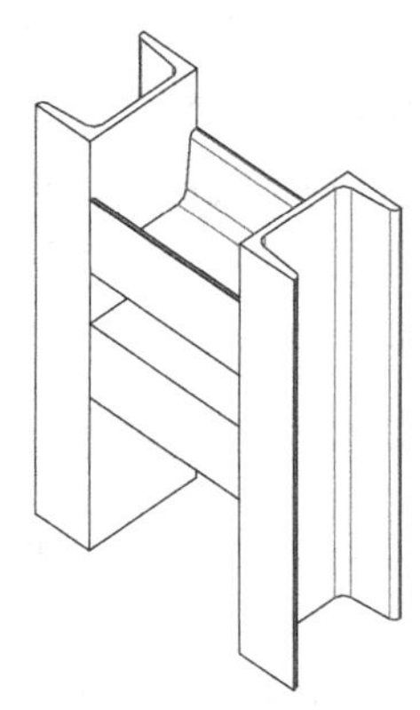

图 16　加高件加工图

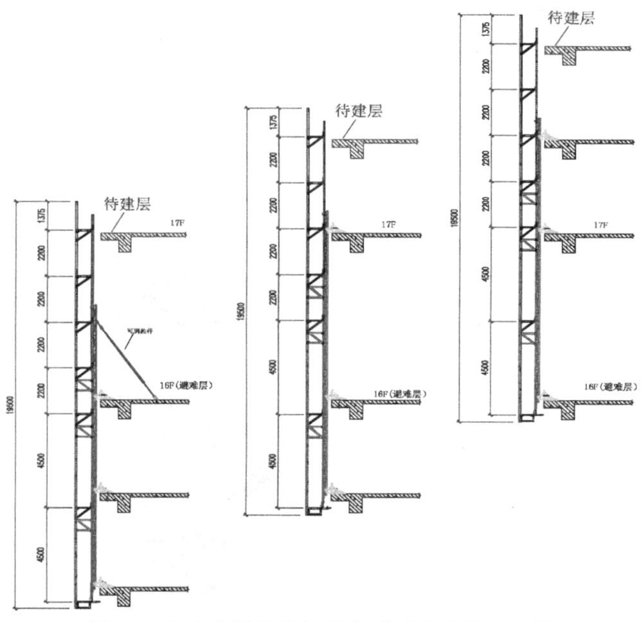

图 17　自动升降平台架体爬升过避难层立面图

3.8　防台风措施

台风来临前应停止架上作业，并对架体进行临时拉结，必要时需对架体进行下降半层的处理，台风过后要对架上的脚手板、安全网等认真检查一次。遇到 8 级强风以上时要提前把顶层安全网拆开以减少风荷载对架体的影响。同时在所有导向座上下均安装定位扣件，防止风涡流产生瞬时向上的升力使架体上升，带来安全隐患。

3.9　防坠措施

施工平台架采用转轮防坠器，架体在附墙导座上都设有一个转轮防坠器。高层施工升降平台缓慢提升和缓慢下降时，导轨上的防坠杆与导座上的防坠转轮啮合传动，带动防坠转轮缓慢转动，滑键在防坠转轮的轮轴径向滑槽中相应地作缓慢的上下往复运动，防坠转轮可正常转动。当高层施工升降平台架体在升降过程中突然下坠时，导轨上的防坠杆带动防坠转轮反向转动，且转动速度突然加快，滑键的上下往复运动被破坏，滑键上端顶入防坠转轮键槽内，防坠转轮即刻自锁制动停止转动，防坠转轮上的外齿卡住导轨上与其啮合传动的防坠杆，防止高层施工升降平台继续坠落，从而起到防止架体坠落的作用。

4 结语

4.1 施工升降平台设计前的协调与配合

施工升降平台设计前，需要做大量的准备工作，才能保证平台投入使用后，安全防护工作及时、高效。作为升降平台使用的总承包单位，在平台设计前和设计工作中，应积极协调塔式起重机、钢结构、土建施工的各项工作及设计院的结构受力复核，确保各项工作得到及时得到落实，才能保证升降平台按照要求的部位进行安装。

(1) 协调塔式起重机安全单位确定塔式起重机附着安装具体楼层及位置，并确定塔式起重机附臂的形式，附臂与塔式起重机之间的角度，以及塔式起重机距建筑物距离等技术工作，保证升降平台穿越塔式起重机附着吊桥板设置位置的准确性。

(2) 协调钢结构安装专业确定钢结构外伸牛腿的位置、长度及钢结构构件的安装工艺、支撑胎架的安装时间、位置等工作，保证升降平台穿越牛腿自上而下通长吊桥板设置位置的准确性，以及立面发生变化时平台单元片吊装的时间和先后位置。

(3) 土建施工时，一般在标准层即开始设置超高层施工升降平台，在平台安装前，根据平台的自重、活荷载等技术指标确定脚手架的搭设步距、立杆距离和宽度和搭设高度，保证脚手架能够满足平台安装要求。

(4) 根据所需防护立面变化程度，土建使用单位提出防护要求，并在立面每个变化部位施工前，搭设扣件式脚手架至少 2 个标准层的高度。为保证平台竖向爬升，提前确定好是否有部位需要预留、预埋待以后施工。

(5) 在施工前必须提前确定升降平台自带的卸料平台位置及数量，保证卸料平台在立面变化及最后至核心筒位置后位置不做较大调整，减少平台爬升过程中的时间损耗。

(6) 自动升降平台施工方案编制完成后，符合《危险性较大的分部分项工程安全管理规定》(住房城乡建设部令第 37 号) 文件规定的，应按照要求组织专家论证，并按论证调整后方案组织实施。

4.2 超高层施工升降平台的应用与发展

超高层施工升降平台采用集成式节省 40%～60%的劳动力，有效解决施工人员紧缺、建筑工人成本日趋增长的问题，按照楼层高度定制脚手板操作层，在平台架上作业如同楼内作业，将高空组装作业改在地面进行，避免了危险高空作业，动力升降采用智能荷载控制系统和遥控控制操作，更便捷、更可靠。随着科技的不断发展，由原有的附着升降式脚手架发展为更安全、可靠的智能升降平台，目前已至第九代产品，可以坚信在不远的将来超高层智能升降平台必将迎来更广阔的市场和跨越式的发展。

参考文献

[1] 郭涛，张献栋，赵淑蓉；超高层异形结构施工升降平台斜向爬升技术 [J]. 施工技术，43 (5)

[2] 张海军，李静，李明洋. 超高层施工升降平台（折叠式脚手架）[J]. 施工技术，2013，20

超大规模深基坑内支撑拆除技术

王丽筠，李福贵，吴伟，张进杰
（北京建工集团有限责任公司总承包部，北京市　100055）

摘　要：以深圳太子广场深基坑工程为例，针对超大规模深基坑采用静爆＋机械拆除技术的拆除方法、支撑卸荷措施、传力构件设置要求等进行阐述，为今后类似工程提供了宝贵的施工经验。

关键词：深基坑；内支撑拆除方法；卸载和换撑；传力构件

我国软土地基和受周边环境影响无法进行支护预应力锚索施工的深基坑工程，常采用围护结构加内支撑的基坑支护形式。对于超大规模深基坑，考虑地下室工程施工进度要求，需组织流水施工，进行分段拆除，这给内支撑整体拆除施工组织带来较大难度。

1　工程概况

深圳太子广场位于深圳市南山区海上世界片区太子路西侧、南海大道南段东侧，临近海上世界地铁站，场地南侧为已建 28 层中国海洋石油南海东部公司办公楼，北侧为 4 层振兴大厦。基坑场地面积 18500m^2，呈长方形，东西长约 70m，南北约 229m，基坑开挖深度 13.01～14.85m，坑中坑开挖深度 0.5～7.5m，基坑支护结构形式采用“钻孔灌注桩、咬合桩、旋喷桩＋两道钢筋混凝土支撑”的支护体系，钢格构柱作为竖向支撑构件。

基坑内沿深度方向设置两道水平支撑，平面布置以对撑为主，四个角部以角撑为主，设置冠梁和腰梁，支撑及冠梁、腰梁均为钢筋混凝土结构，支撑与地基有垂直向钢格构柱相连。两道支撑的混凝土强度等级均为 C30。第一道支撑梁中心绝对标高为＋2.80m（梁顶标高＋3.30m）；第二道支撑梁中心绝对标高为－4.3 m（－梁顶标高 3.7m）。第一、二道支撑上局部设置混凝土板，板厚 300mm。见图 1。

图 1　基坑内支撑体系

配合主体结构的施工进度划分区域，分块、逐段、逐根进行拆除。结合本工程的实际情况，拆除支撑梁采取从西向东、从两头向中间进行，先从D区到A区，再到B、C区，先拆除角撑后主撑的方式进行，见图2。

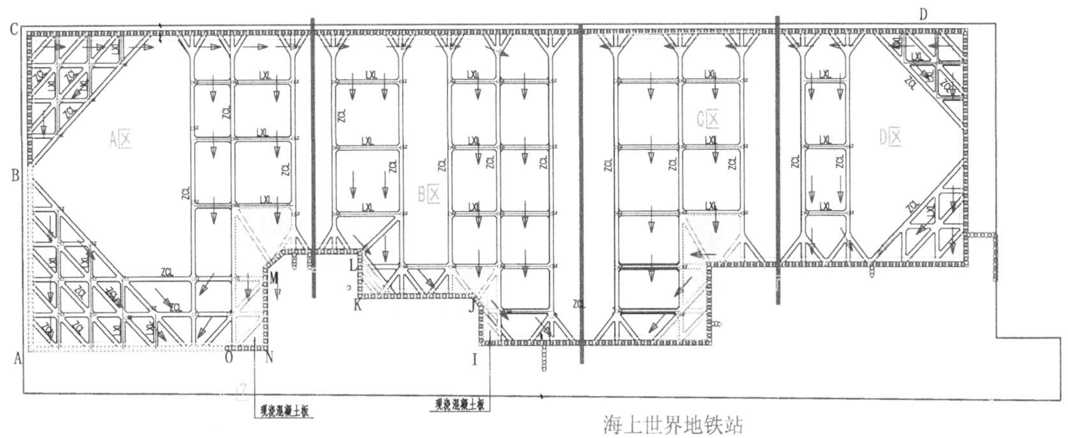

图2　施工区域划分

2　内支撑分阶段拆除施工部署

支撑梁混凝土拆除实施条件：

(1) 地下二层、地下一层楼面板及换撑带已完成并达到设计强度。

(2) 地下二层、地下一层板下满堂脚手架未拆除，仍保持原有受力状态。

第一、二道水平撑拆除根据整体施工布局的安排；为满足施工进度要求，将整体支撑分区进行拆除，每区支撑可以再分块进行机械破碎。水平撑拆除顺序如图3所示。

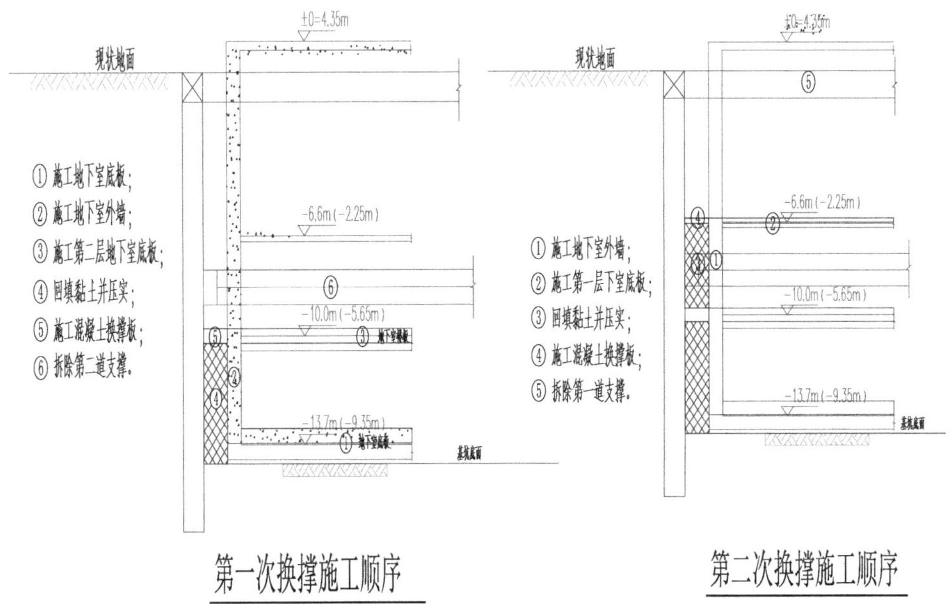

图3　换撑板施工详图（一）

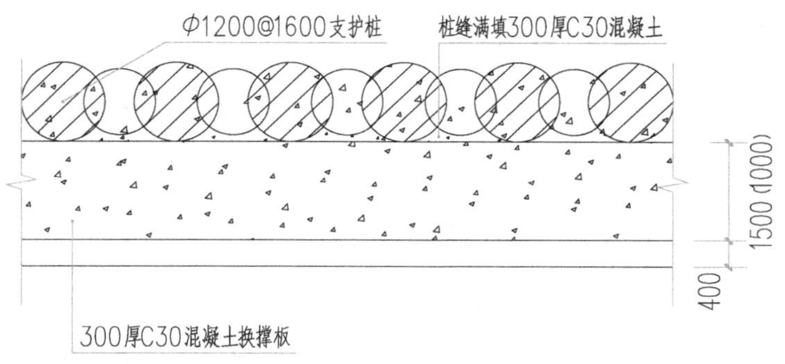

图 3　换撑板施工详图（二）

为保证拆撑工作顺利进行，对于地下底板处沿南北方向设置的膨胀加强带，地下室顶板处改为后浇带。针对此后浇带，采用混凝土高性能膨胀剂（Ⅱ型）提前封闭此处后浇带（深色线条部分），待达到强度后，方进行东西向支撑梁的拆除，具体见图 4。

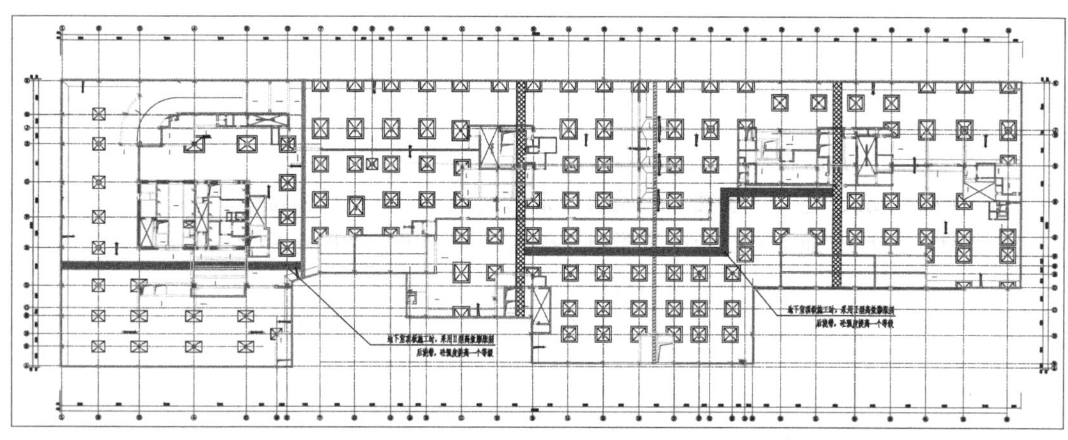

图 4　后浇带设置

3　内支撑卸荷措施

3.1　第一阶段拆除

第一阶段拆撑以拆除 D 段水平撑为主，主要涉及角撑和部分对撑，目的是配合裙房主体结构施工，优先完成预售样板，由于基坑采用支护桩，第一道水平撑拆除在地下 3 层顶板混凝土和换撑板混凝土达到 100%设计强度后进行，第一道和第二道水平撑之间距离为 5.3m，拆除第二道水平撑后自地下层 3 层顶板至第一道水平撑梁底距离为 8m，拆撑后导致支护桩支撑距离过大，而 D 区为优先施工结构，未与其他区域连成整体，抗击支护桩产生的推力的能力有限，经计算需要对后浇带及地下 3 层顶板处框架梁进行部分加固，并在拆撑过程中加大监测频率。结构加固具体见图 5、图 6。

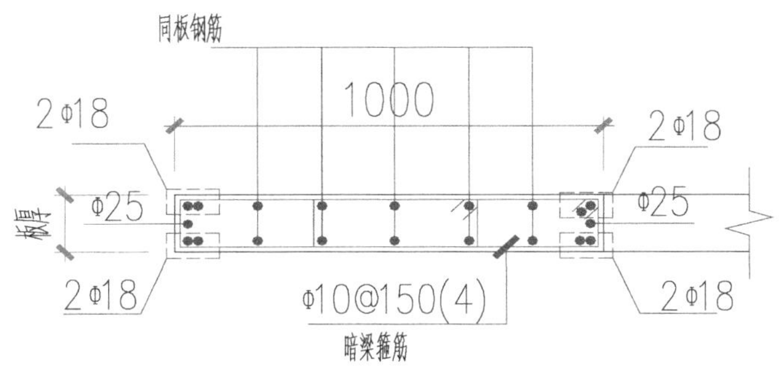

图 5　后浇带加固图（单位：mm）

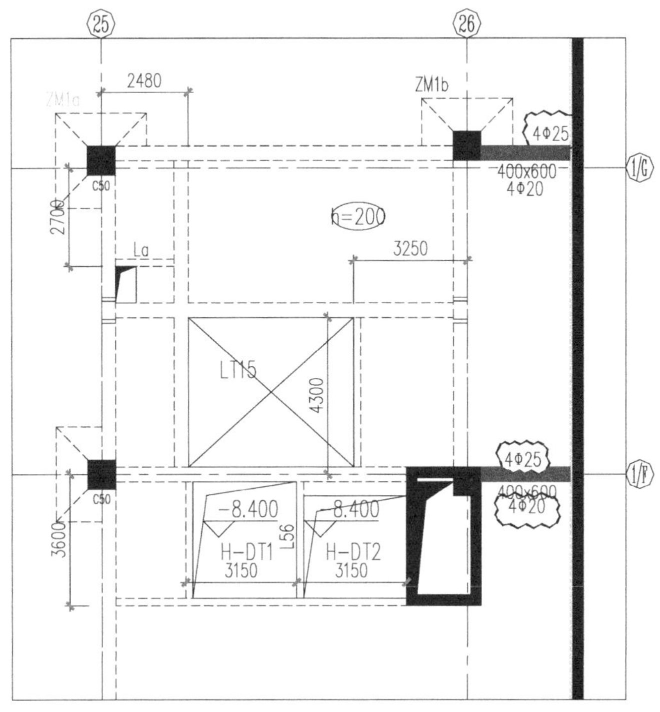

图 6　框架梁加固图（单位：mm）

3.2　第二阶段拆除

第二阶段拆撑以拆除第二道 A、B、C 段水平撑为主，主要涉及角撑和部分对撑，目的是配合塔楼核心筒能顺利施工，前提条件是塔楼基础底板和地下 3 层结构完成且混凝土达到设计强度值，地下 3 层外墙防水、回填土和与地下 3 层板底标高相同处，300mm 厚 C30 换撑板混凝土施工完成。

3.3　第三阶段拆除

第三阶段拆撑以拆除第一道水平撑 A～D 段水平撑为主，主要涉及角撑和对撑的拆除，目的是配合塔楼地下车库和裙房地下一层商场部分施工，前提是塔楼和裙房地下二层结构施工完成且混凝土达到设计强度值，地下二层外墙防水、回填土施工完成，地下二层与地铁联通口处不进行回填的部分，在地下室外墙与支护桩之间采用 $\phi48\times3.5@250$mm 短钢管固定紧密，地下 3 层板底标高相同处，300mm 厚 C30 换撑板混凝土施工完成。

4 内支撑拆除方法

因本工程基坑面积大、拟拆除钢筋混凝土工程量大，宜主要采用分段机械拆除，局部机械无法拆除的部位结合人工拆除的方法拆除。支撑拆除流程为：拆除联系支撑梁→拆除主支撑梁→拆除支撑节点。

施工流程：进入施工现场、安排生活、生产场所→布置施工制度、安全管理、扬尘防治，设置安全标志→支撑与腰梁/冠梁破碎分离→支撑梁机械破碎→切割回收钢筋→人工机械集渣→垂直、水平运输出渣→场地移交。

本拆除工程主要工序包括支撑梁支护桩脱离、支撑破碎、废旧钢筋回收、混凝土渣清理四部分。

4.1 角撑拆除

角撑拆除计划将镐头机置于支撑梁马道上，主要施工工艺：

在相关支撑梁上铺设钢板及工字钢→支撑梁下放置溜槽→支撑梁凿断→已凿断支撑梁的混凝土凿除、钢筋割除工作→塔式起重机转运割除钢筋→塔式起重机转运混凝土碎片至渣土车处。

在第二次支撑梁上采用 20 号工字钢及 20mm 厚钢管搭设马道，搭设完成后镐头机开到钢板上进行内撑梁拆除施工。镐头机马道如图 7 所示。

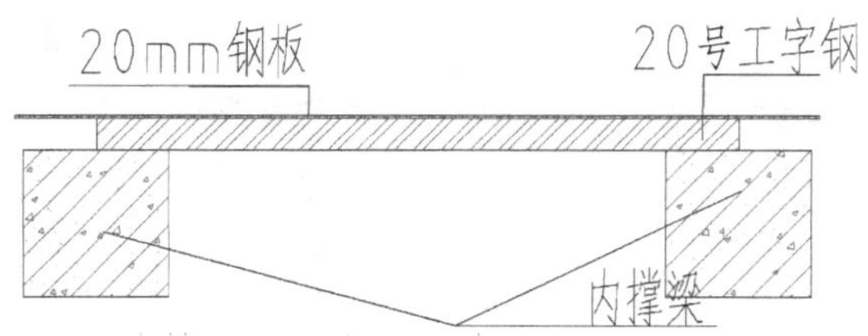

图 7 内撑梁上镐头机马道示意图

溜槽做法如图 8 所示。

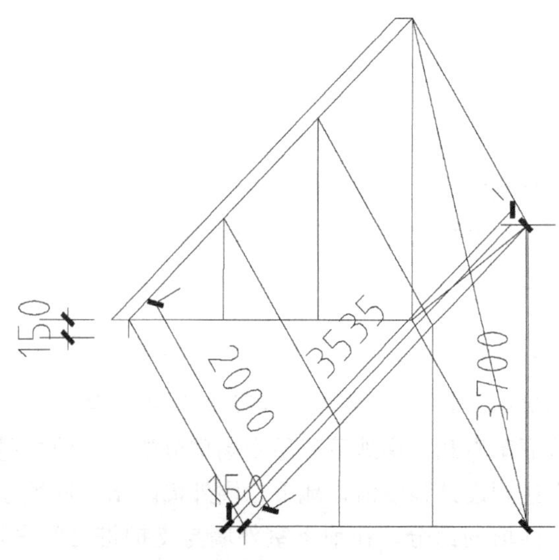

图 8 拆撑架溜槽示意图（单位：mm）

内支撑梁受压计算：在此以最不利情况进行内撑梁受压计算，XE60 型和 PC30 型镐头机重量大约 3t。数据见表 1。

内支撑梁 **表 1**

梁截面尺寸			
b	700	(mm)	梁宽度 b
h	700	(mm)	梁高度 h
c	25	(mm)	梁钢筋保护层厚度 c
h_0	650	(mm)	梁有效高度 h_0
10	10	(m)	梁计算跨度 10
$S_n=$	5500	(mm)	梁净距 S_n
支座负弯矩钢筋：5Φ22，2Φ20			
$N_f=$	7	—	支座负筋根数 N_f
$\phi_f=$	22，20	(mm)	支座负筋直径 ϕ_f
$As_f=$	2528	(mm^2)	支座负筋面积 As_f
$\rho_f=$	1.121%	—	支座负筋配筋率 ρ_f
ρ_{fmax}	2.182%	—	支座负筋最大配筋率 ρ_{fmax}
$\xi_f=$	0.283	—	支座负筋相对受压区高度 ξ_f
$Mu_f=$	—	(kN·m)	支座抗弯承载力 Mu_f
跨中正弯矩钢筋：5Φ22，2Φ20			
$N_z=$	5，7	—	跨中正筋根数 N_z
$\phi_z=$	22，20	(mm)	跨中正筋直径 ϕ_z
$As_z=$	2528	(mm^2)	跨中正筋面积 As_z
$\rho_z=$	0.741%		跨中正筋配筋率 ρ_z
箍筋：ϕ8@200			
$N_j=$	4	—	箍筋肢数 N_j
$\phi_j=$	6	(mm)	箍筋直径 ϕ_j
$d_j=$	200	(mm)	箍筋间距 d_j
$\rho_j=$	0.283	—	配箍率 ρ_j

根据梁的正截面承载力计算公式（1）

$$\alpha_1 \times f_c \times b \times X = f_y \times A_s \tag{1}$$

$$1 \times 26.8 \times 0.7 \times X = 360 \times 0.002528$$

$$X = 0.04875$$

对受拉区纵向受力钢筋的合力作用点取矩（公式 2）

$$\sum M_s = 0 \qquad M \leqslant \alpha_1 \times f_c \times b \times x\left(h_0 - \frac{x}{2}\right) \tag{2}$$

$$M \leqslant M \leqslant 1 \times 26.8 \times 0.7 \times 0.4875\left(0.7 - \frac{0.4875}{2}\right)$$

$$M \leqslant 4.17\text{kN}$$

对受压区混凝土压应力合力作用点取矩（公式 3）

$$\sum M_c=0 \quad M\leqslant f_y\times A_s\left(h_0-\frac{x}{2}\right) \tag{3}$$

$$M\leqslant 1\times 360\times\left(0.7-\frac{0.4875}{2}\right)$$

$$M\leqslant 164.25\text{kN}$$

由于 XE60 型和 PC30 型镐头机重量大约 3t，由两条梁承担该重量，则可根据梁集中荷载计算公式 $M_{\max}=\frac{PL}{8}=\frac{30\times 10}{8}=37.5\text{kN}$ $M_{\max}<M$ 满足要求。见图 9。

图 9 镐头机支撑图

4.2 对撑拆除

对撑拆除将镐头机置于地下室顶板上，施工工艺如下：在相关楼板层面铺设竹笆→支撑梁下搭设钢管脚手架→支撑梁凿断→已凿断支撑梁的混凝土凿除、钢筋割除工作→塔式起重机转运割除钢筋→塔式起重机转运混凝土碎片至土方开挖处→拆除钢管脚手架→拆除楼板层面竹笆。

脚手平台搭设顺序：基底平整→立杆→大横杆、小横杆、扫地杆→竹笆→防护栏杆→密目安全网片。

拆下的杆件与配件，应按类分堆，可采用人工搬运或吊车吊送，运至地面后，应随时按照品种、分规格堆放整齐，妥善保管。脚手架的立杆纵向间距为 1000～1500mm，横向间距 1200～1400mm；脚手架的宽度为支撑梁宽每边各 800mm 的工作面，脚手架为一个步高。脚手架必须设置扫地杆，扫地杆的高度为离地 100～200mm 并在每跨的两端设置剪刀撑，剪刀撑角度为 45°。见图 10、图 11。

脚手架根据跳板的长度设置小横竿，必须保证每根跳板有三个搁置点，跳板的两端伸出小横竿。

脚手架搭设完成后，支撑梁的拆除采用静爆＋机械破碎的方法，具体流程和镐头机拆除见图 12。

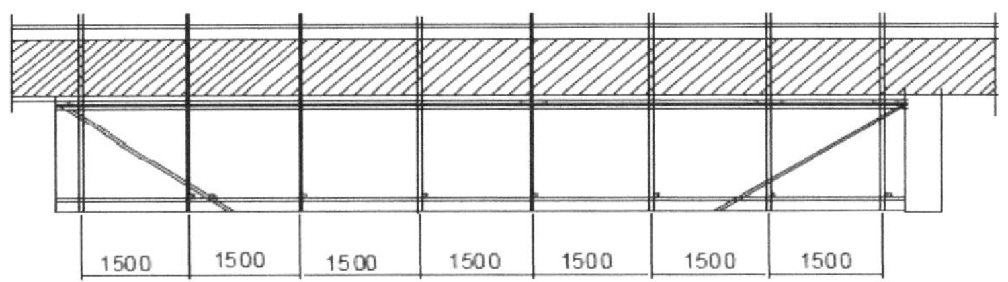

图 10　支撑拆除脚手架正面图

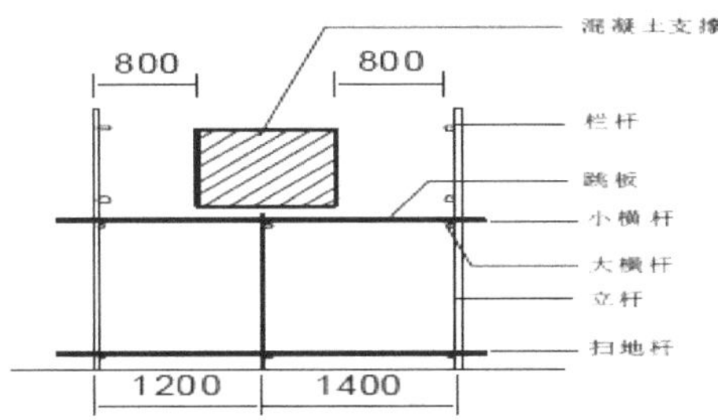

图 11　支撑脚手架剖面图

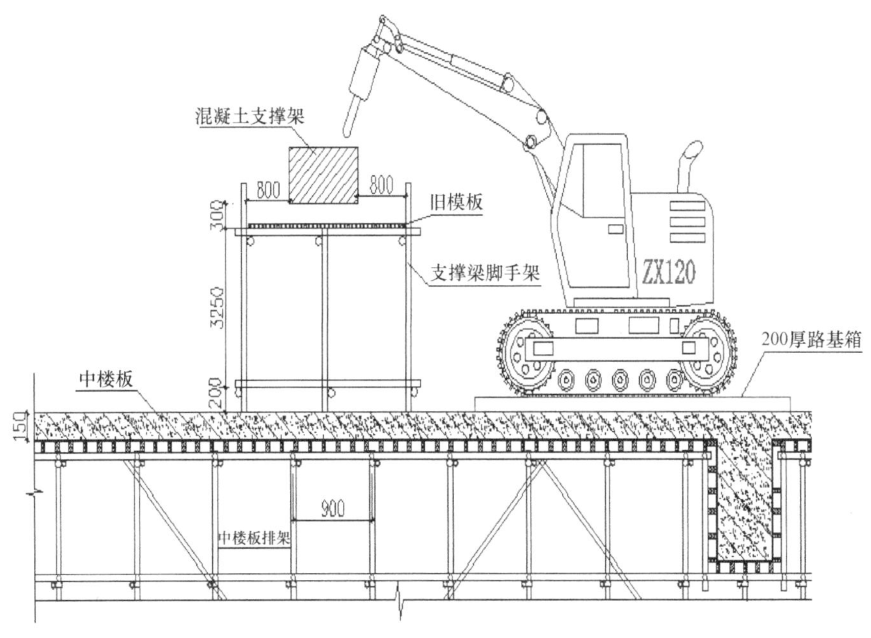

图 12　支撑梁拆除示意图

启动 120 型挖掘机镐头，对已采用静力破碎的支撑梁进行机械振动破碎，因支撑梁距离楼板面仍有约 4.35m，拆除时，挖掘机炮头宜从支撑梁的侧面开始进行破碎。为尽量减小拆除混凝土废渣的直径，镐头振动破碎点间距宜布置为小于 40cm×40cm。

对于钢筋较密处，采用机械破碎难以拆除的部位，在大面积机械破碎完成后，采用人工破碎，人工破碎采用风镐。在梁两侧的钢筋要留 4 根不能割，底部的钢筋全部不能割，要等全部凿完后，钢筋才能割断。每剔除一个部位必须从中间割断，同时向两边分别剔除。

风镐破碎方向从每跨支撑梁中间开始，均向两端支承柱方向进行破碎，且每跨的支撑梁破碎均按此施工方式进行。风镐破碎顺序以跨中向两边推进。

所破碎混凝土块体不得大于 200mm×200mm，以免因块体较大，自由下落后对脚手板造成冲击并破损。

支撑拆除过程中，基坑支护结构内力会发生很大变化，为了保护基坑和周边环境的安全，必须使支撑拆除后支护结构不产生过大的应力释放，因此须遵守以下原则：

（1）先拆除东西向对撑再拆角撑，来保证拆撑过程中应力释放的均匀性。

（2）支撑梁先切割脱离围檩，再拆支撑杆，最后拆围檩。

（3）拆除时，先拆除副撑再拆除主撑。

5 格构柱拆除方法

钢格柱的拆除采用人工气割分段，人工水平运输，用人工的方式，把钢柱分解成单人轻松移动的小件，集中堆放，利用车辆运出地下室。施工工艺如下：

搭设钢管脚手架→割除钢格构柱顶端→割除钢格构柱底端一侧→割除钢格构柱底端→拆除一侧脚手架→铺设竹笆于钢格构柱放倒一侧→将钢格构柱放倒在楼面上→拆除钢格构柱。

6 结语

深圳太子广场基坑工程内支撑分阶段拆除综合施工技术圆满地解决了各流水段施工进度不一致而无法实现整体拆撑的难题，既满足了各流水段地下结构向上施工的要求，又保证了基坑安全，实现了进度和安全的统一。在角撑和对撑部位分别将镐头机置于不同位置进行拆撑，加快了施工进度，节约了支撑材料，基坑工程内支撑分阶段、拆除机械分部处于不同位置进行机械拆除技术的成功实践，为今后类似工程提供了宝贵的施工经验。

参考文献

[1] 成关锋. 深基坑工程中换撑技术的应用 [J]. 建筑技术，2005，36（12）：905-906

[2] 朱庆涛，王海龙，王俊佚等. 深基坑工程中地下室结构后拆支撑施工方法总结 [J]. 建筑施工，2008，30（2）：98-100

[3] 莫雄光. 浅谈建设工程中深基坑换撑设计与施工 [J]. 建筑与规划设计，2008（3）：36-37

[4] 何杰，张聪. 后拆支撑法在超深基坑及大型转换梁模板传力体系中的综合应用技术 [J]. 建筑施工，2008，30（6）：467-469

[5] 马建军，段卫东. 采用机械与爆破联合作业对建筑物进行控制拆除 [J]. 建筑技术，2003，34（6）：430-432

[6] 张斌. 超大规模深基坑内支撑分阶段拆除工艺 [J]. 建筑技术 2012，34（6）：430-432

300mm 厚超薄钢板剪力墙施工技术

焦冉，张培，周昊

（北京建工集团有限责任公司总承包部，北京市　100055）

摘　要： 深圳太子广场总高度 205.8m，共 41 层，在核心筒处设置 300mm 厚钢板—混凝土剪力墙。本文从钢板墙工厂加工与土建专业的配合、现场安装、土建模板支搭、为保证混凝土浇筑采取的技术措施和养护方法，阐述了钢板剪力墙施工关键技术和施工的质量控制要点。

关键词： 超高层建筑；钢板—混凝土组合剪力墙；吊装；裂缝控制；混凝土浇筑养护

1　工程概况

深圳太子广场工程为大型城市综合体，占地面积 18950m^2，地下 4 层，地上裙房 4 层、塔楼 41 层，总建筑高度 205.84m，总建筑面积 152740m^2。钢板剪力墙呈东西向，从地下 1 层至 17 层，28～29 层布置于核心筒位置。最高处标高为 142.98m。钢板剪力墙中钢板为内嵌单片连续式钢板，钢板厚度为 16mm，墙身厚度为 300～900mm，剪力墙端部、纵横向墙体相交处含有劲性结构柱，劲性钢柱为“H”形，钢板及劲性结构钢柱均采用 Q345B 材质钢材。钢板剪力墙地下及地上三维图如图 1 所示。

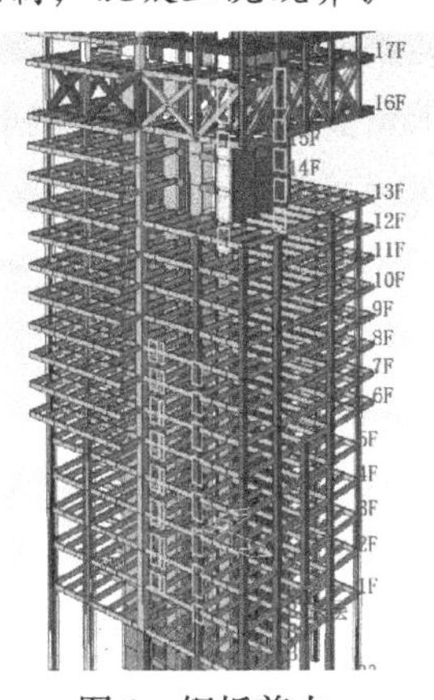

图 1　钢板剪力墙三维图

2　钢板剪力墙加工阶段技术措施

2.1　钢筋工程

在钢板剪力墙加工阶段，需要考虑穿过钢板剪力墙的梅花形剪力墙对拉钢筋，同时还要考虑与钢板墙垂直方向墙体的水平钢筋，按照图集要求墙体水平筋起步高度为混凝土结构板上 50mm 处开始绑第一根水平筋，深化设计时，必须参照该要求考虑墙体对拉钢筋的位置和穿过钢板的墙体水平筋的位置以及与钢板剪力墙垂直相交处其他墙体（例如：图 2 中的楼梯休息平台、楼层板）。钢板开孔的大小参照型钢混凝土组合结构构造图集 04SG523 中有关要求进行留孔，300mm 厚钢板剪力墙工厂加工阶段预开孔，具体见图 2。

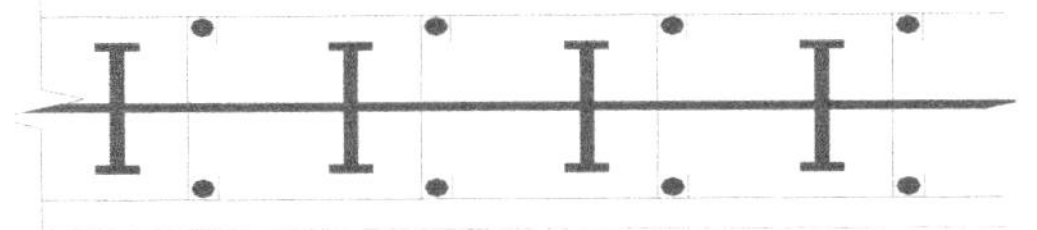

表6.6　常用钢筋穿孔的孔径 (mm)

钢筋直径	10	12	14	16	18	20
穿孔孔径	15	18	20~22	20~24	22~26	25~28
钢筋直径	22	25	28	32	36	40
穿孔孔径	26~30	30~32	36	40	44	48

图 2　钢板剪力墙工厂加工预开孔

2.2 模板工程

在钢板剪力墙工厂加工阶段，模板工程主要考虑墙体模板对拉螺栓的预留孔，本工程300mm 钢板剪力墙采用木模板，经计算，采用 ϕ14 间距@450mm 对拉螺栓，ϕ18 塑料套管，故要求钢板开孔孔径为 ϕ22，开孔深化设计时，除考虑对拉螺栓的间距外，还要按照模板方案要求考虑最下一排预留孔的距地距离，以及与钢板墙在竖向上垂直相交的墙体（例如：楼梯休息平台、楼层板等），并保证预留孔位置避开上述构件位置。见图 3。

2.3 混凝土工程

为保证钢板剪力墙在混凝土浇筑时，在钢板两侧顺利流淌，减少因为一侧侧压力过大带来的模板移位及变形，必须在钢板剪力墙上开设流淌孔，并按照规范进行补强，使混凝土在浇筑过程中可以自由流淌，减少因两边不对称对剪力墙本身的作用。同时保证钢板由于开设流淌孔后强度不会被削弱。避免两侧受力不均后钢板剪力墙端口弯曲，导致钢板墙安装难度加大。为此针对 300mm 厚钢板剪力墙的钢板工厂加工，本工程在标准层施工时，要求留置 ϕ150mm 流淌孔，梅花形布置孔间距@1500，在桁架层施工时，要求留置 ϕ200mm 流淌孔，梅花形布置孔间距@200。见图 4。

图 3　模板工程开孔

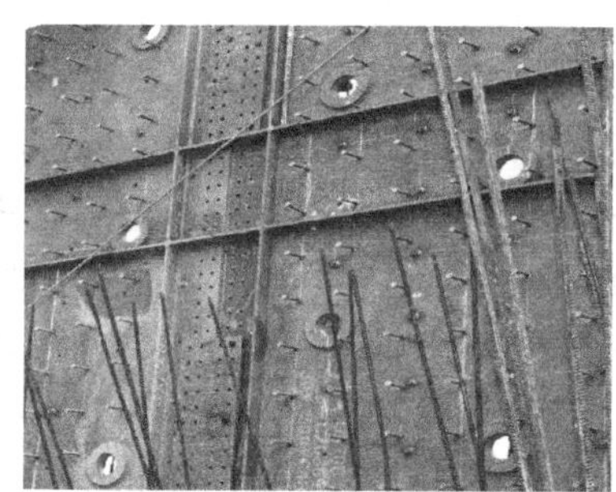

图 4　混凝土工程开孔

3　钢板剪力墙安装阶段技术措施

3.1 安装准备阶段

在楼层板混凝土浇筑前，提前预埋好钢板剪力墙下部的埋件，由于墙身厚度为300mm，钢板墙安装完成后必须居于钢板墙正中轴线处，可调整余量小，因此埋件的预埋和混凝土浇筑过程中，必须及时对预埋件位置进行复核，确保钢板墙安装位置准确。

3.2 安装阶段

安装前，需要对钢板依据不同位置进行编号，按照顺序进行吊装、拼接。安装时对每块钢板要拉设不小于 ϕ14 缆风绳作为临时固定，拉结间距不大于 2m。安装完成后，采用测量仪器对钢板墙位置进行复检，超出偏差部分及时进行调整，确保墙身位置准确。楼层上下两片钢板之间采用临时附加短钢板固定，长度不小于 800mm，间距不大于

@1000mm。

4 钢板剪力墙混凝土技术措施

4.1 混凝土浇筑前的质量保证措施

本工程计划高度100m及以下钢板剪力墙混凝土采用普通C60混凝土，100m以上采用自密实混凝土。由于墙体厚度为300mm，钢板墙安装完成后，墙身加强肋板紧贴于外侧墙体竖向钢筋，由于首层层高达13.2m，墙身配筋较大，竖向钢筋甚至穿过肋板。为保证墙身混凝土在浇筑过程中能够顺利下落至墙身根部，并保证振捣效果，决定将钢板墙身肋板自上至下开通一长度为1000mm，间距为@500mm（50型振捣棒作用范围）的混凝土下落通道，通道的宽度即为肋板的宽度，具体见图5。

图5 混凝土浇筑通道

4.2 混凝土浇筑过程中质量保证措施

现场混凝土浇筑时，采用液压自动爬升布料机进行分层浇筑，浇筑厚度小于0.5m，下料点距离不大于1.5m。加强暗柱及特殊部位振捣，严禁集中下料，靠混凝土的流动填充墙体。建筑物高度100m以下时，采用普通混凝土浇筑，坍落度为220±20mm，100m及以上时采用自密实混凝土。控制其坍落扩展度为SF3：760～850mm。

4.3 混凝土浇筑完成后养护措施

为减少钢板墙处裂缝，全部采用木模板施工，墙体混凝土浇筑完成后，在模板外侧满挂一层保温棉，预埋测温探头，每隔2h，对混凝土内外温差进行量测，保证温差不大于25℃，要求带模养护时间不少于48h，墙体模板拆除后，及时浇水养护。沿核心筒四周墙边设置两层喷淋养护管进行喷淋养护，养护用水温度不低于5℃，且不能用地下水。具体见图6。

图6 混凝土喷淋养护

5 实施效果

从后期每层混凝土拆模后检查数据显示，钢板混凝土组合剪力墙每10m^{2}可见裂缝条数均小于 2 条，且从未见裂缝宽度超过 0.3mm 的有害裂缝，组合剪力墙结构施工质量满足相关规范质量要求，抑制了墙体表面有害裂缝开展。

6 结束语

深圳太子广场超高层工程通过对 300mm 厚超薄钢板—混凝土组合剪力墙工厂加工阶段的深化设计、现场施工阶段综合控制措施，保证了钢板剪力墙的钢筋、模板、混凝土工程的顺利施工，同时通过混凝土裂缝控制措施的实施，不仅成功控制了钢板—混凝土组合剪力墙有害裂缝的产生，还大幅提升了超高层钢板—混凝土组合剪力墙的施工质量，具有借鉴意义。

参考文献

[1] 李勇军，钱志忠，胡海国. 超高层建筑钢板剪力墙制作与施工 [J]. 施工技术，43 (2)
[2] 张莉莉，张良，张玉品，吴华，李杰. 超高层建筑钢板剪力墙施工技术 [J]. 施工技术，45 (2)

装配式剪力墙结构塔式起重机锚固装置施工技术研究

杨硕，李孟男
（北京城乡建设集团有限责任公司，北京市　100068）

摘　要：在装配式住宅结构施工过程中，附着式塔式起重机之作用，需承担的不仅是一般式吊装及各型材料的垂直运输，尤为重要的更为担负预制构件的卸车、堆放及二次储备75％的吊装作业时间等任务。原结构设计图纸经预制构件二次深化，其施工性多为结构安全及适模性，单块模体均4～7.5t，故垂直吊装优选于STT，且吊重、租赁费用较高于一般现浇剪力墙结构2/3。在结构施工过程中，塔式起重机需随结构楼层顶升且遇多塔需组织群塔性施工，以满足塔式起重机施工性，同为保证塔式起重机稳定性、内力并提升自身起重力，其塔身自由高度下需对塔身与主体结构层锚固，而装配式结构均为预制墙体，墙体自身并没有塔式起重机拉结点，这对现场装配式结构塔式起重机施工造成了很大的难题。本文主要针对装配式剪力墙结构塔式起重机锚固装置施工技术进行研究分析，通过实际装配式剪力墙结构建筑工程项目，探索出一种新型的塔式起重机锚固装置。
关键词：装配式剪力墙结构；塔式起重机锚固装置；结构受力

1　引言

随着近些年国内对装配式建筑的大力推广，装配式建筑已经成为我国建筑行业发展的必然趋势，目前北京市已经出台关于加快发展装配式住宅项目的相关政策，将实施装配式建筑作为建设转型升级的重要方式，装配式建筑有着节能环保、建设速度快、质量有保证等优点，市场前景十分广阔。

与传统建筑施工相比，装配式建筑的施工方式主要通过工厂实现预制构件的生产，由传统的现场施工为主变为现场组装为主，生产工艺由传统的手工为主变为以机械为主。装配式建筑施工主要以塔式起重机为中心的吊装作业，整个施工过程塔式起重机的使用率非常高，要同时承担材料的垂直运输、预制构件的现场堆放及吊装就位等任务。预制构件自身重量大，规格型号多，对塔式起重机的吊重要求非常高，塔式起重机在吊装过程中，附着杆的拉力大，对附着构件的承载能力要求同样很高，同时装配式结构预制墙体上并没有塔式起重机拉结点，这对现场装配式结构塔式起重机锚固施工造成了很大的难题，为解决此问题，本文针对装配式剪力墙结构塔式起重机锚固装置施工技术进行系统的研究与总结，为以后类似的装配式结构塔式起重机锚固施工提供技术参考。

作者简介：杨硕，男，1990年生，本科，助理工程师，北京城乡建设集团有限责任公司工程承包总部，主要从事工程技术质量管理；李孟男，男，1988年生，硕士研究生，工程师，北京城乡建设集团有限责任公司工程承包总部，主要从事施工技术质量管理。

2 工程概况

某工程位于北京市通州区，该项目总建筑面积为 19.7 万 m^2，包含 16 个单体住宅楼、3 个地下车库和 7 个配套公建，其中所有的住宅楼均为装配式剪力墙结构，楼层为 14～28 层，为满足施工需求，每个单体住宅楼均配置一台塔式起重机。在该工程结构施工过程中，由于装配式剪力墙结构墙体自身并没有塔式起重机拉结点，为避免耽误施工进度，该项目通过在结构层内设置塔式起重机锚固装置的方法，成功解决此难题。

3 工艺原理

本施工技术主要采用在锚固层房间内设置定型钢柱的方法来实现塔式起重机拉杆拉结。

定型钢柱包括主立柱、两道斜支撑、连接梁和钢板。钢板设有螺栓孔，在锚固层结构楼板施工前预埋螺栓套筒，以实现钢板螺栓连接，主立柱与锚固层上下楼板通过钢板实现连接，两道斜撑与主立柱及锚固层楼板连接，在房间窗口位置设置一道与主立柱连接的连接梁，以实现塔式起重机拉杆与立柱的连接，连接梁上设有加劲肋，主立柱、斜支撑及水平支梁的连接形式均为焊接（图 1、图 2）。

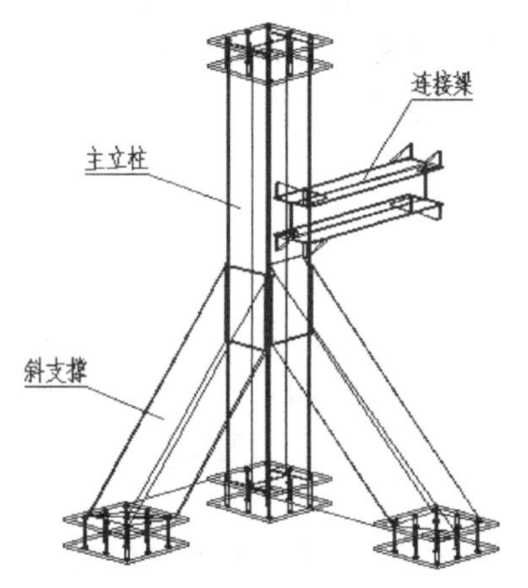

图 1 塔式起重机锚固装置立体图

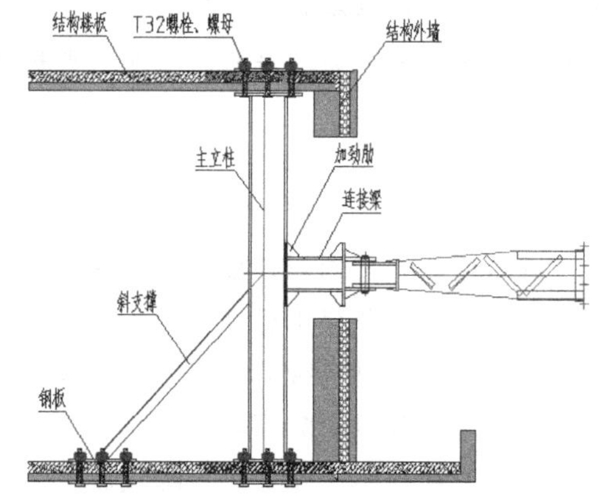

图 2 塔式起重机锚固装置立面图

图中所示钢材型号均为 Q235，锚固装置主立柱为 HW300×300 型钢，斜支撑为 200×200 方钢，螺栓型号 T32，端部套丝 12.5mm。其主要工作原理是将塔式起重机拉杆与定型钢柱实现连接，将塔式起重机拉杆的拉力通过水平支梁和主立柱、斜支撑分散到上下楼板，以此来满足结构受力需求。

4 操作要点

4.1 塔式起重机锚固布置方案设计

在塔式起重机锚固施工前，要对整个塔式起重机的锚固装置数量及布置方案进行设计。锚固装置的布置应充分考虑塔式起重机防碰撞因素、塔式起重机起吊物品的最大高度和外脚手架搭设高度等因素。使用塔式起重机时，严格按照塔式起重机附着布置方案进行，以保证塔式起重机的安全使用，设计方法参见《塔式起重机使用说明书》和《建筑施工手册》(第五版)。

以该项目7号楼塔式起重机锚固为例，塔式起重机锚固布置图如图3所示。

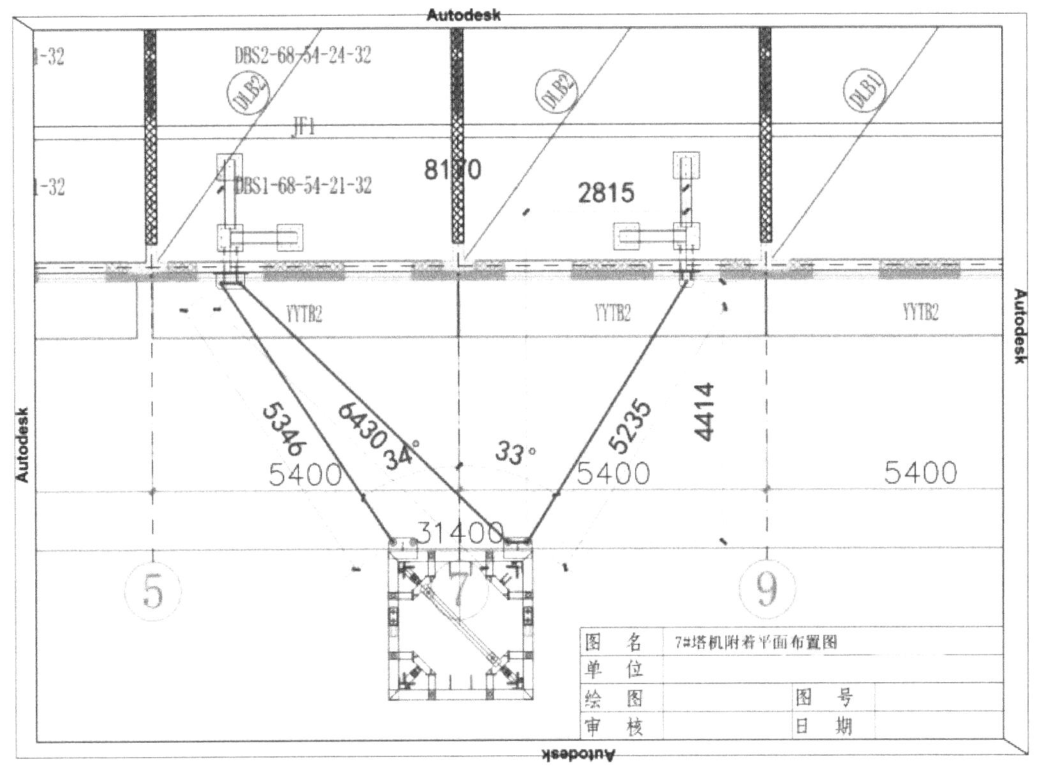

图3 塔式起重机锚固平面布置图

7号楼塔式起重机型号及相关数据参数见表1。

塔式起重机锚固装置参数信息 表1

塔式起重机型号：QTZ250(7032)	塔式起重机最大起重力矩：M=2952kN・m
非工作状态下塔身弯矩：M=−2578.94kN・m	塔式起重机计算高度：H=84m
塔身宽度：B=2m	附着框宽度：2.53m
最大扭矩：919kN・m	风荷载设计值：1.61kN/m^2
附着节点数：2	各层附着高度分别(m)：33.15，54.15
附着杆选用格构式：角钢+角钢缀条	附着点1到塔式起重机的竖向距离：b_1=4.41m
附着点1到塔式起重机的横向距离：a_1=2.82m	附着点1到附着点2的距离：a_2=8.17m
立柱高度：2.62m	斜撑角度：45°
立柱材料：300mm×300mmH型钢	斜撑材料：200mm×200mm方钢，8mm厚

塔机安装位置至建筑物距离超过使用说明规定，需要增长附着杆或附着杆与建筑物连接的两支座间距改变时，需要进行附着的计算。主要包括附着杆计算、附着支座计算和锚固环计算，可通过相关安全设施计算软件进行各项受力计算。

4.2 塔式起重机锚固受力计算

(1) 支座力计算：塔机按照说明书与建筑物锚固时，最上面一道附着装置的负荷最大，因此以此道附着杆的负荷作为设计或校核附着杆截面的依据。经计算，工作状态下：N_w=58.239kN；非工作状态下：N_w=176.555kN。

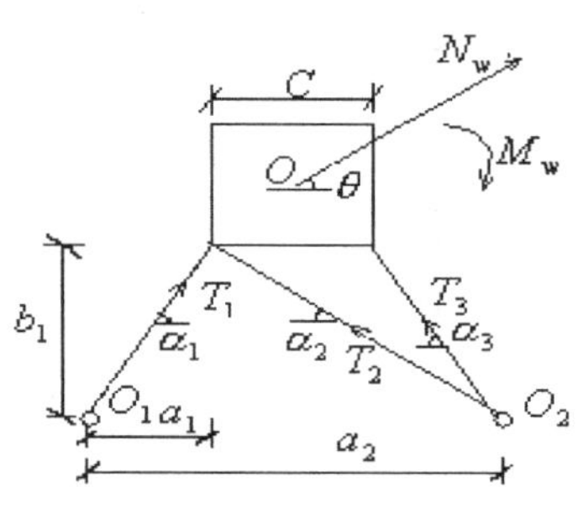

图4 附着杆内力计算简图

(2) 附着杆内力计算：计算简图如图4所示，经计算，塔机工作状态下：

杆1的最大轴向压力为：192.68kN；

杆2的最大轴向压力为：412.05kN；

杆3的最大轴向压力为：480.04kN；

杆1的最大轴向拉力为：192.68kN；

杆2的最大轴向拉力为：412.05kN；

杆3的最大轴向拉力为：480.04kN。

塔机非工作状态下：

杆1的最大轴向压力为：177.02kN；

杆2的最大轴向压力为：38.20kN；

杆3的最大轴向压力为：148.19kN；

杆1的最大轴向拉力为：177.02kN；

杆2的最大轴向拉力为：38.2kN；

杆3的最大轴向拉力为：148.19kN。

(3) 附着杆强度验算：

①杆件轴心受拉强度验算

验算公式：
$$\sigma=N/A_n\leqslant f$$

式中 N——杆件的最大轴向拉力，取 N=480.04kN；

σ——杆件的受拉应力；

A_n——杆件的截面面积，计算得 $A_n=2915.2\text{mm}^2$。

经计算，杆件的最大受拉应力 $\sigma=164.67\text{N/mm}^2$，不大于拉杆的允许拉应力 $f=215\text{N/mm}^2$，满足要求。

② 杆件轴心受压强度验算

验算公式：
$$\sigma=N/\varphi A_n\leqslant f$$

式中 σ——杆件的受压应力；

N——杆件的轴向压力，杆1：取 N=192.68kN；杆2：取 N=412.05kN；杆3：取 N=480.04kN；

A_n——杆件的截面面积，计算得 $A_n=2915.2\text{mm}^2$；

φ——杆件的受压稳定系数；

δ—杆件长细比，杆1：取 δ=34.839，杆2：取 δ=45.142，杆3：取 δ=34.839。

经计算，杆件的最大受压应力 $\sigma=178.75\text{N/mm}^2$，不大于拉杆的允许压应力 $f=215\text{N/mm}^2$，满足要求。

4.2.1 塔式起重机锚固装置受力计算

根据塔式起重机锚固方案，画出立柱受力简图（图5），立柱高度2.62m，斜支撑角度按45°布置，选取最不利情况：

F_n 为 T_1 和 T_2 的合力：

X 方向轴力 F_{nx}=586.16kN

Y 方向轴力 F_{ny}=663.57kN

由于轴力作用在斜杆支撑点，因此仅需计算杆件轴力即可。

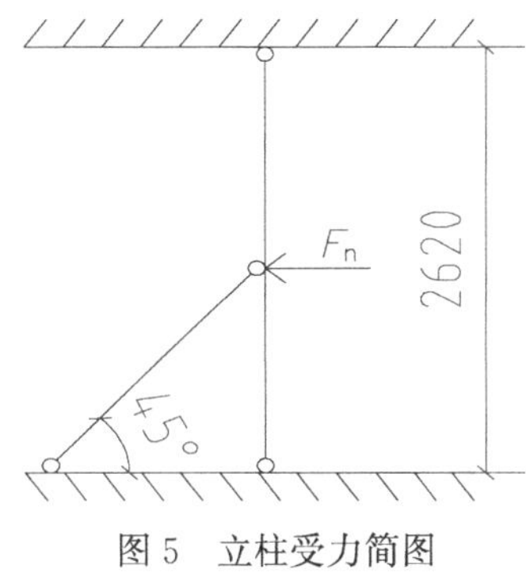

图 5 立柱受力简图

X 方向斜向杆件受力（按 45°布置）：

$$N_1 = F_{nx}/\cos45° = 828.83\text{kN}$$

Y 方向斜向杆件受力（按 45°布置）：

$$N_2 = F_{ny}/\cos45° = 938.29\text{kN}$$

竖向杆件受力：

$N_3 = F_{nx}/\cos45° + F_{ny}/\cos45° = 1767.12\text{kN}$

斜杆截面为 200×8（Q235B），选取最不利情况（Y 向受压）进行验算：

$$\sigma = N/\breve{o}A_n \leqslant f$$

杆件最大压应力为 σ=159.41N/mm²，小于杆件允许最大压应力 215N/mm²，截面满足要求。

竖向杆件截面为 HW300×300（Q235B），按受压进行验算：

$$\sigma = N/\breve{o}A_n \leqslant f$$

杆件最大压应力为 σ=131.16N/mm²，小于杆件允许最大压应力 215N/mm²，截面满足要求。

4.2.2 结构楼板受力计算

混凝土楼板面内抗剪无须计算，因此仅需对埋件位置处混凝土楼板抗压验算，混凝土假定为 C25，其抗压强度设计值为 f_{ck}=16.7N/mm²，竖向构件产生的最大压力为 938.29kN。竖向构件与混凝土楼板接触钢板面积为 A_n=550mm×550mm，因此计算所得混凝土能承受的压力为：$F_n = f_{ck}A_n = 5051.75\text{kN} > 938.29\text{kN}$

因此局部混凝土楼板抗压能力满足要求。

4.3 锚固装置现场安装

4.3.1 楼层放线

在叠合楼楼吊装完成，且钢筋绑扎施工完成后，按照施工图位置进行定位放线，放出螺栓孔位置，要求放线准确，误差不大于 2mm。

4.3.2 预埋套管

预埋直径 40mm PVC 套管，要求预埋位置准确，采用绑扎丝缠绕所预埋套管，与钢筋进行绑扎，钢筋焊接在叠合板桁架筋上，确保预埋套管固定牢固，不因混凝土振捣、浇筑而受扰动。

4.3.3 型钢吊装

型钢柱、方钢在吊装前进行开孔，以便卡环安装，开孔孔径 30mm，其孔边缘距型钢端部不小于 80mm，钢板、螺栓等材料统一采用物料斗进行吊装，正式吊装前，应先进行试吊，吊起距地面 200～500mm 时进行检查，检查钢丝绳、卡环等吊具有无质量问题，被吊物是否平稳，检查无误后将塔式起重机锚固型钢柱所用材料吊运至施工作业面，吊至作业面时应注意缓慢下落，避免冲击荷载对预制叠合板的不利影响。

4.3.4 螺栓紧固

螺栓紧固在楼板混凝土施工完成后，并达到 1.2MPa，且型钢柱支立完成前进行，螺栓紧固前检查钢板安装位置是否准确。

4.3.5 型钢焊接

型钢焊接前检查型钢柱、高强螺栓及斜撑安装位置是否准确，检查无误后方可进行焊接施工。先进行临时焊接固定，临时焊接完成后重新复核构件安装质量偏差，若安装质量满足要求，进行正式焊接，后做焊接材料及焊缝检测。

4.3.6 防腐处理

型钢焊接完成，并验收合格后，对锚固装置进行防腐处理，防锈漆涂刷前，应将焊缝部位的焊接溶渣、焊缝药皮、油污、尘土等杂物清理干净。

5 结论

本文主要是对装配式剪力墙结构塔式起重机锚固施工技术进行研究分析，利用北京市通州区某工程实例，通过方案设计、受力计算等来验证锚固装置的可行性，经计算分析，塔式起重机拉杆、锚固装置、结构楼板受力均符合相关标准要求，满足设计使用要求。

经过工程实践，成功通过自主研发装配式剪力墙锚固装置，解决了塔式起重机锚固的施工难题，避免耽误正常施工，同时塔式起重机锚固装置在拆除后可重复利用，不会造成材料浪费，具有较大的推广价值。

参考文献

[1] 孙在鲁．塔式起重机应用技术 [M]．北京：中国建材工业出版社，2003

[2] 张建伟，李志胜，郎义勇．新型装配式塔式起重机附着支座施工工艺研究 [J]．中国：建筑工程，2012

[3] 王玉国，涂刚要，张楠，程洋．装配式混凝土结构剪力墙结构工程塔式起重机附墙装置施工技术有限元分析 [J]．安徽：安徽建筑，2017

装配式混凝土剪力墙结构施工外脚手架应用技术研究

李孟男，王迎邓
（北京城乡建设集团有限责任公司，北京市　100068）

摘　要：装配式建筑符合建筑工业化的特点，成为当今建筑行业的发展主流。现阶段我国的装配式住宅多采用装配式混凝土剪力墙结构，高层装配式混凝土结构施工过程中需要与之相匹配的外脚手架技术。本文总结提出了适用于高层装配式结构施工的脚手架体系和技术要点，包括应用于结构、保温和装饰一体化预制构件的脚手架技术，解决了高层装配式结构施工外防护的问题。

关键词：装配式混凝土结构；外脚手架；施工技术

1　概述

装配式结构的外脚手架主要起防护作用，通常可以选用附着式提升脚手架、悬挑式脚手架、悬挂式外挂架和落地式脚手架。脚手架的选型需综合考虑安全、实用、经济等因素，并在施工实施前提前由专业分包单位（或租赁单位）编制《脚手架安全专项方案》，按程序履行审批。

装配式结构外脚手架需要结合预制构件的分布情况制定专项施工方案，超过一定条件的需进行专家论证：

（1）搭设高度 50m 及以上的落地式钢管脚手架工程。

（2）提升高度 150m 及以上附着式整体和分片提升脚手架工程。

（3）架体高度 20m 及以上悬挑式脚手架工程。

凡涉及危险性较大分部分项工程施工方案编制、审核、审批及实施应严格按照“危险性较大的分部分项工程安全管理规定”（中华人民共和国住房和城乡建设部令第 37 号）实施。

2　脚手架选型

装配式结构的外脚手架主要起防护作用，根据装配式建筑的高度、结构形式、构件拆分及外饰面等情况，综合考虑安全、实用和经济等因素进行外脚手架的选型与深化设计。

作者简介：李孟男，男，1988 年生，硕士研究生，工程师，主要从事施工技术质量管理，北京城乡建设集团有限责任公司工程承包总部；王迎邓，男，1978 年生，本科，高级工程师，主要从事施工技术质量管理，北京城乡建设集团有限责任公司工程承包总部。

3 不同形式的脚手架应用技术

3.1 4.5 层附着式提升脚手架

(1) 技术参数：标准层高 2.9m，附着式提升脚手架，定型主框架总高度为 10m，架体总高度 13.8m，搭设 8 步架，5 步 1.8m 和 2 步 1.5m，最上面一步采用 1.8m 高单排防护架，架体宽度 0.75m，内排立杆距墙间距为 430mm，导轨距墙间距为 200mm。

(2) 与结构连接做法：以锚固在现浇节点为主。

因预制外墙外页板和保温层抗压强度较低，为解决附着式脚手架与装配式外墙的连接问题，架体与结构采用以下 2 种连接方式：①通过门窗洞口与现浇节点连接（图 1)；②必要时通过垫板与预制外墙连接（图 2)。

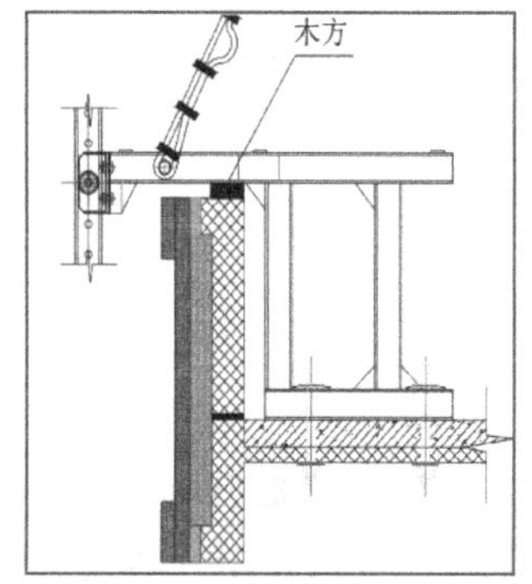

图 1　窗洞挑出做法

图 2　现场安装节点

① 连接点处取消保温：此方法对构件外墙保温破坏面积较大，设计不建议采用。

② 连接点处预留半孔加垫板：此方法经爬架公司验算，难以满足架体荷载和外页板面荷载要求，构件厂和爬架公司均不建议采用。

③ 连接点处增加抗压和抗拉措施：此方法可满足外页板面荷载和爬架架体竖向荷载要求，建议采用，见图 3。

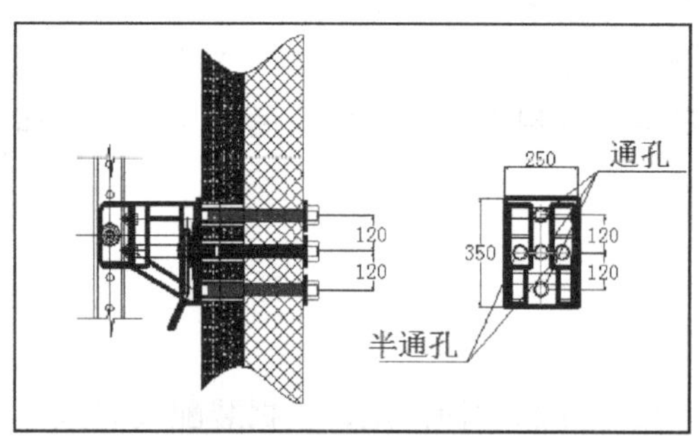

图 3　与结构拉结做法

3.2 3.5 层附着式提升脚手架

根据装配式混凝土结构预制构件出厂时混凝土强度已经达到 100%的特点和爬架的相关规范要求［《建筑施工工具式脚手架安全技术规范》JGJ 202—2010、《北京市建设工程施工现场附着式升降脚手架安全使用管理办法》（京建法［2012］4号）等］，通过优化爬架构造降低附着层数，在预制剪力墙附着处增加垫板，阳台部位采用悬挑的施工方法，提出了装配式混凝土剪力墙结构施工3.5层附着式提升脚手架应用技术。

（1）技术参数

标准层高为2.9m，架体总高度10.8m，搭设6步架，每步1.8m，架体宽度0.9m，离墙距离400mm。见图5、图6。

（2）与结构连接做法：全部锚固在预制外墙上。

1）拉力试验方案：

通州台湖公租房项目，建筑结构形式为装配式钢筋混凝土剪力墙结构，外防护采用附着式升降脚手架，为解决施工过程中爬架支座对主体预制件外表的损伤，特做此实验。

实验地点：北京市昌平区燕通构件厂。

实验设备：

电动葫芦、500×700剪力墙支座、同步感应器、同步仪表、小电控箱、U形环、穿墙螺栓、吊钩、下吊环、钢垫板、橡胶垫、预制墙体、380V电缆线。

实验任务：本次实验共分三组。

第一组：爬架支座下垫800mm×400mm×16mm钢板，钢板下垫橡胶片。

第二组：爬架支座下垫800mm×400mm×6mm钢板，钢板下垫橡胶片。

第三组：爬架支座下垫橡胶片。

以上每组实验，拉强均达到3.6t，持续时间半小时。

2）实验步骤：

① 试验前一天将实验墙前面泼水，检查是否有初始裂纹，并做影像记录；

② 安装实验支座等相应实验设备，调试完毕，实验人员做相应记录；

③ 按提升按钮，通过同步仪表，将拉强增加到3.6t，做相应记录；

④ 持续半小时后，拆除实验设备，并对实验墙外观做影像记录，第一组实验完毕；

⑤ 试验完毕后立即将实验墙泼水，检查墙面开裂情况，对墙表面做影像记录；

⑥ 重复以上步骤，做完以上第二组、第三组实验；

⑦ 实验设备全部拆除完毕后，隔两个小时，对试验墙泼水，并做影像记录。

3）试验结果：各检测结果均未产生因拉强力而产生混凝土的开裂。见图4。

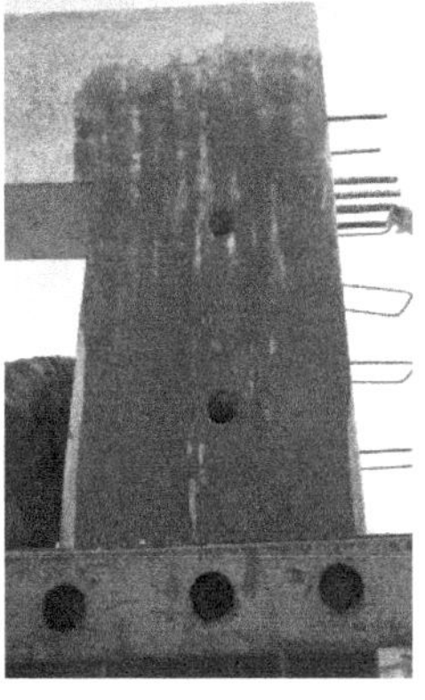

图4　检测过程照片

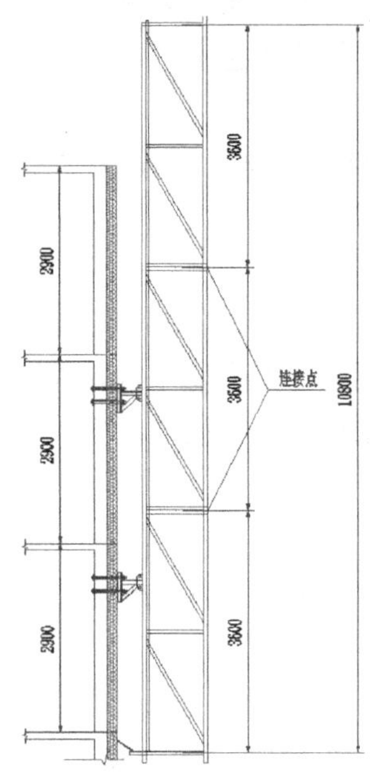

图 5　剪力墙位置架体剖面图

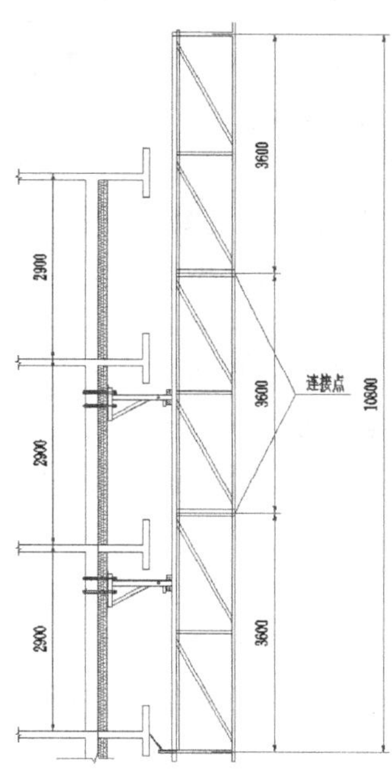

图 6　空调板位置架体剖面图

（3）架体提升过程。

① 正常施工阶段。

② 准备提升阶段：首先安装最上面一道附墙支座，拆除最下面一道附墙支座、翻板翻起并固定、电葫芦调试并预紧等。

③ 提升阶段：必须保证每个主框架位置有两个附着点。

④ 架体提升完毕：翻板恢复、承重顶撑安装到位，松开电动葫芦链条。

（4）对比分析：

3.5 层附着式提升脚手架应用技术，降低了提升脚手架整体高度，减轻了架体自重，从而减小了对预制外墙的破坏，在保证装配式结构质量的前提下，提高了提升式脚手架的使用效率，缩短了总工期，节约了成本。

3.3　附着式电动升降平台应用技术

附着式电动施工平台采用小齿轮和齿条驱动，工序简化、省时省力、安全可靠且施工速度快。可应用于装配式混凝土结构主体施工阶段，主体结构施工完毕后将操作平台由原来 1.5 个楼层高度拆除至 0.5 个楼层高度，可用于外墙装修工作。

（1）施工范围：装配式结构施工及外立面装修。

（2）技术参数：

① 附着式电动施工平台可以是单导轨架（单柱）或双导轨架（双柱），立柱采用附墙框、附墙杆和结构主体连接，平台的长度可依建筑物立面形状进行调整。附着式电动施工平台由固定底座、驱动装置、立柱标准节、平台节、操作平台、防护框架、附墙连接件、防坠落装置等构成。

② 主体施工阶段，平台做 4.5m 的防护架；装修阶段，平台做 1.2m 高的防护栏杆。

（3）与结构连接做法：

经过附墙装置验算每个附墙处设两个附墙座，每个附墙座选用 M16 穿墙螺栓两根。见图 7。

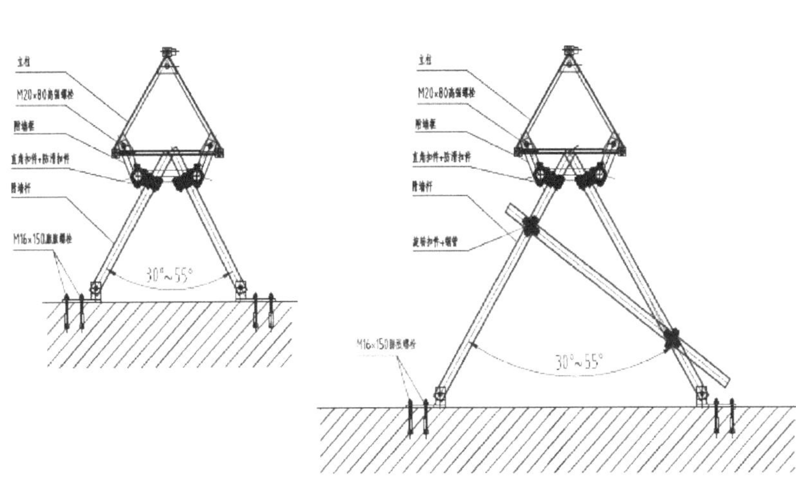

图 7　附墙大样图

3.4　盘扣式落地外脚手架应用技术

随着装配式建筑不断地发展，装配率和预制率不断提高，预制外墙更多的发展为结构、保温和装饰一体化预制外墙。结构、保温和装饰一体化预制外墙在工厂预制好后运至施工现场进行吊装安装。由于施工工艺的限制，当外饰面采用瓷板或者瓷砖时，结构、保温和装饰一体化预制外墙构件不允许再进行现场开洞或者预留预埋，同时对预制外墙安装完成后的外观质量要求较高。传统的扣件式落地脚手架和悬挑架不利于对构件外观质量的保护，附着式提升脚手架和附着式电动升降平台都也需要对预制外墙进行预留预埋的开孔处理，也不符合结构、保温和瓷板一体化预制外墙的要求。

与传统的扣件式脚手架相比，盘扣式脚手架主要部件均采用内、外热镀锌防腐工艺，杆件无腐蚀，使用寿命长；产品精度高、质量稳定可靠。各节点性能相对均衡、抗扭能力较强、可靠性较大，加上有斜拉杆的连接，使得架体的每个单元更加牢固，所以架体比普通钢管扣件式落地架立杆间距大、杆件数量少，通过深化设计能够满足中高层装配式混凝土结构保温、瓷板一体化预制构件外墙不允许留孔洞的前置条件。

（1）技术参数：

立杆配件材质为 Q345A，水平杆配件材质为 Q235A，斜杆材质为 Q195。立杆距结构外沿 0.2m，立杆横向间距 0.9m，立杆纵向间距为 1.5m，边角位置采用 0.6～1.5m 间距调节，大横杆步距 1.5m 或者 2m。

（2）与结构连接做法：

由于不能破坏外墙面层，故连墙件拉结设在窗口位置，布置方式为两步三跨（图 8）。连墙件中的连墙杆应呈水平设置，拉结点应保证牢固，防止其移动变形，且尽量设置在外架纵横向水平杆接点处。宜靠近主节点设置，偏离主节点的距离不应大于 300mm。

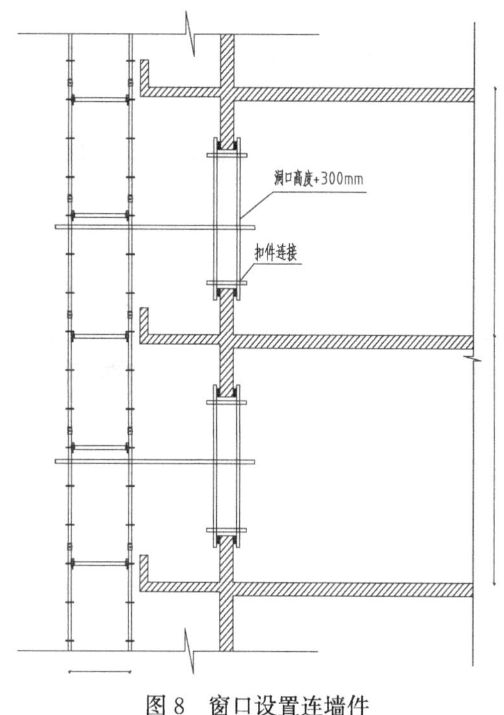

图 8　窗口设置连墙件

4　效益分析

普通附着式提升脚手架每个结构施工周期每平方米 28 元，3.5 层附着式提升脚手架减少了架体高度，节约了材料，每平方米 25 元。以一栋 28 层的装配式建筑为例，从地上 4 层开始进入装配式结构施工，总计 25 层，每个标准层约 410m^2，合计节约 3×25×410＝3.075 万元，按 16 栋住宅楼的一个项目算，可节约 49.2 万元。其次，每个架体减少了一层防护架的组拼时间（约 7d）。

普通附着式提升脚手架每个结构施工周期每平方米 28 元，以一栋 28 层的装配式建筑为例，从地上 4 层开始进入装配式结构施工，总计 25 层，每个标准层约 410m^2，即每个附着式提升脚手架需要 28×410×25＝28.70 万元。采用附着式电动升降平台进行装配式结构施工，标准层按 410m^2 考虑，约需要 10 个机位，每个机位每天 300 元 ，按 7d 一层考虑，25 层共需要 175d，费用总计 175×300×10＝52.5 万元。

使用附着式电动升降平台可以减少对预制外墙外页板的破坏，以较少一半的修补量计算，修补时间可由原来的 30d 降为 15d，修补期间每个吊篮使用费 33 元/(台・d)，以台湖项目 16 栋楼为例，每栋楼需要 18 台吊篮，可节约吊篮使用费 15×33×18×16＝14.256 万元，节约修补材料费及人工费约 10 万元，共计可节约 24.256 万元。

参考文献

［1］ 李晓明. 装配式混凝土结构技术规程编制概述［J］. 住宅产业，2012（7）：26-27

［2］ JGJ 1—2014. 装配式混凝土结构技术规程［S］. 北京：中国建筑工业出版社，2014

［3］ GB/T 51231—2016. 装配式混凝土建筑技术标准［S］. 北京：中国建筑工业出版社，2016

太子广场支托桁架转换层结构综合施工技术

姚建兵，薛飞，王周浪，杨希
（北京建工集团有限责任公司总承包部，北京市 100055）

摘 要：太子广场在16层和29层分别设置了支托桁架转换层，其中16层在核心筒外侧采用1/2劲性混凝土结构＋1/2钢结构，29层在核心筒外侧均采用钢结构，桁架由环桁架和悬挑伸臂桁架组成，通过合理的施工流程组织与精确的钢结构安装以及钢筋混凝土结构与钢结构工程的施工穿叉与配合，保证支托桁架转换层施工质量，并取得了预期的经济效益和社会效益。

关键词：支托桁架转换层；结构施工技术；塔式起重机工况；平台爬升

1 绪论

随着社会经济发展和财富积累，超高层建筑如雨后春笋般出现在全国各地，预计到2020年，中国将拥有1318幢摩天大楼，超过美国成为摩天大楼数量最多的国家。在超高层建筑中均设置转换桁架结构，平衡主塔楼核心筒与外框结构受力，是整个结构的关键受力部位，也是钢结构和土建结构施工的重点及难点，特别是有悬挑结构的桁架层施工。

2 工程概况

太子广场项目位于深圳市前海蛇口自贸区，紧邻地铁2号线海上世界地铁站，建筑面积152742.25m^2，由205.84m高的41层甲级写字楼及配套裙楼构成。是招商局再造新蛇口“海上世界”片区的重点项目。本工程结构变化多，1～15层为框架—核心筒结构，16～41层为核心筒＋支托桁架结构，在16层、29层设支托桁架，层高8m。

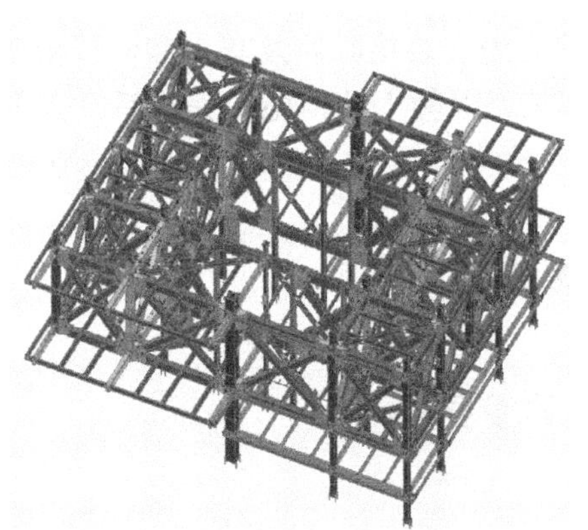

图1 支托桁架效果图

作者简介：姚建兵，男，1970年生，北京，正高级工程师/项目总工程师，长年从事项目施工技术工作。

核心筒内置桁架分布在核心四周剪力墙内，外悬挑桁架通过核心筒墙体外伸牛腿与结构相连成一体，桁架连接在核心筒墙体和框柱之间，由上弦杆、下弦杆和斜腹杆组成，核心筒内置桁架吊装最大 144.2t，单件吊装最大重量 18.4t，外悬挑伸臂桁架最大质量为 259.4t，单件吊装最大重量 18.4t。详见图 1。

3 施工难点与特点

3.1 钢筋混凝土工程

（1）支托桁架层 16 层处板混凝土需待 29 层支托桁架卸载后方可进行混凝土浇筑，29 层支托桁架层混凝土板，需要结构封顶后才能进行混凝土的浇筑。桁架层板工模架支搭高度为 13.3m，模架距离±0.00m 分别为 73.10m 和 134.98m。模架的安装与拆除以及卸荷过程中的沉降处理都是工程的难点。

（2）支托桁架转换层核心筒处暗柱采用⌀ 32 主筋，数量多达 101 根，暗柱主筋同时穿过劲性桁架和型钢柱牛腿，需深化节点复杂，钢筋绑扎难度大。

（3）核心筒剪力墙和暗柱部位主筋直径大，数量多，间距小，加上内置劲性桁架和型钢柱截面大、数量多，封模后有效空间小，混凝土浇筑时下料、振捣难度大。

3.2 超高层自动升降平台

在核心筒处内置桁架通过 8 个外伸 1.7m 长度的牛腿与外框钢桁架相接。转换层层高达 8.0m，而标准层层高为 4.49m，转换层超高层高和核心筒处外伸牛腿位置的爬升及卸料平台的设置均会有较大难度。

3.3 钢结构工程

超大复杂节点安装控制难度大：桁架节点量多且复杂、多向、异形，安装控制难度大，悬挑桁架卸载后会有一定沉降量，通过计算模拟分析确定悬挑桁架安装预起拱值是桁架层安装的重点和难点。

3.4 施工工序多，节点复杂、安全危险性大、工期紧张

16 层桁架层施工时，需要先安装核心筒及其一侧伸臂桁架后，方能进行劲性柱和核心筒竖向构件钢筋和模板施工，混凝土结构施工完成后，方可穿插进行悬挑伸臂桁架施工，增加了安装难度。

4 施工部署与工艺流程

4.1 塔式起重机工况及附着要求

4.1.1 设备参数

本工程钢结构施工配置 1 台 50m 臂长 S560 和 1 台 50m 臂长 QTZ450 塔式起重机，根据塔式起重机二绳和四绳起重性能，对桁架层构件进行拆分，以保证构件满足卸车和安装时不同安装半径内吊重要求，塔式起重机布置具体如图 2 所示。

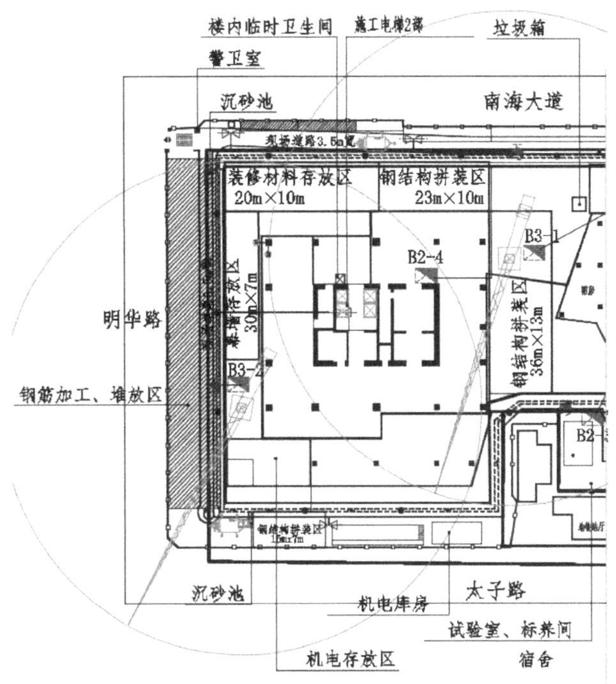

图 2　现场平面布置

4.1.2　塔式起重机的附着要求

QTZ450 塔式起重机的自由高度为 57m，16 层转换层桁架施工时，附着在 12 层框柱处，13～15 层为悬挑伸臂桁架下部，没有框架柱，无法进行附着，塔式起重机必须附着在 16 层桁架层。由于该位置为悬挑桁架，设计对节点施工要求高，能否提前附着需确定位置后，请设计进行验算。具体见图 3。

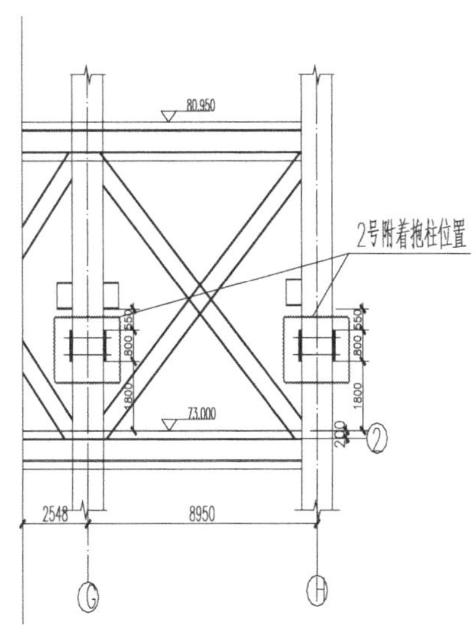

图 3　桁架层塔式起重机附着

4.2 施工工艺流程（图 4）

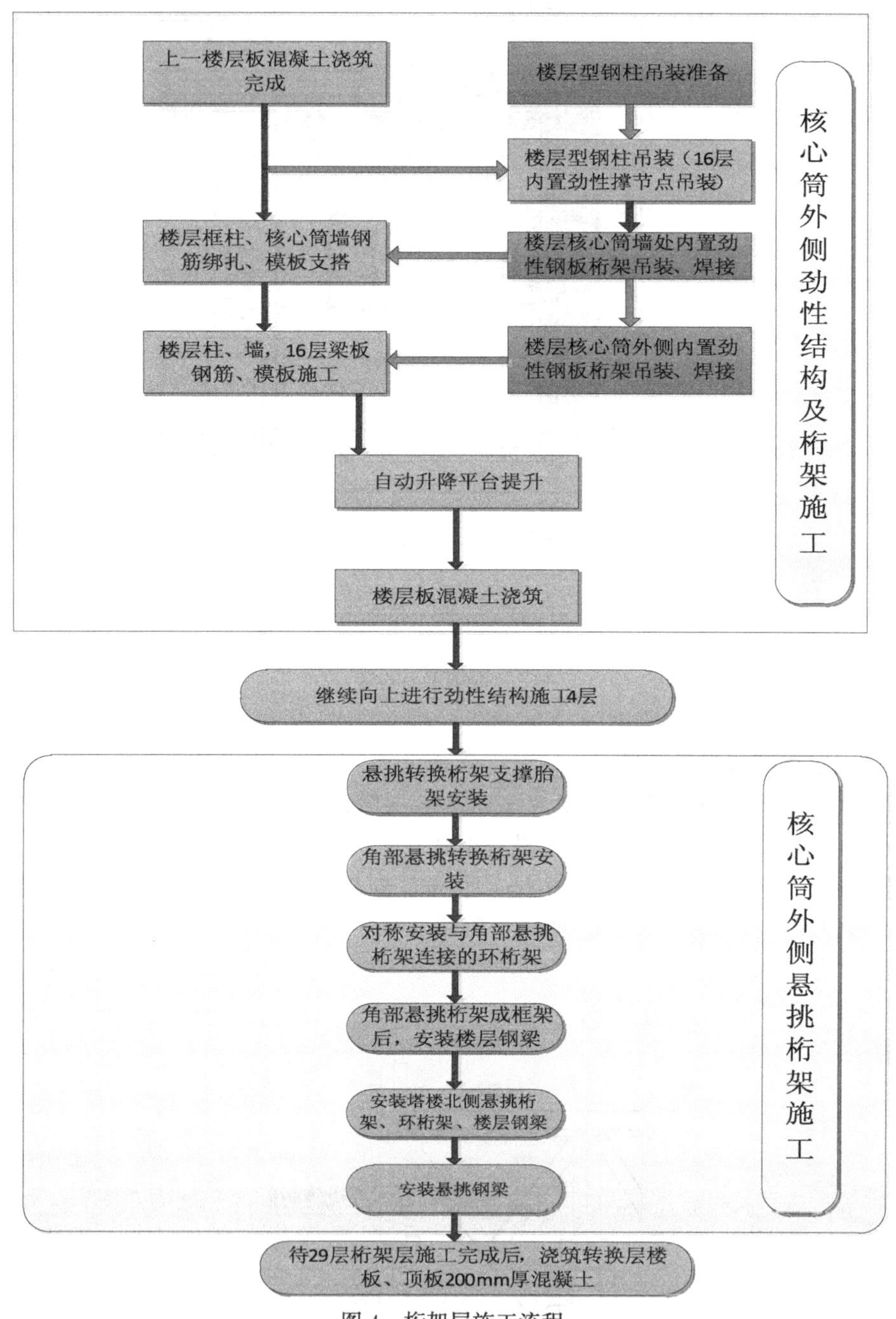

图 4　桁架层施工流程

5　支托桁架层关键施工技术

5.1　自动升降平台施工

5.1.1　支托桁架牛腿与自动升降平台位置关系处理

本工程采用智能升降平台代替传统扣件式脚手架，实现对建筑物周边的密闭安全防护。核心筒及周边劲性结构领先外框结构 4 层，核心筒内置劲性桁架通过 4 个角柱的 8 个外伸牛腿与支托桁架相连。外伸牛腿伸出核心筒墙体表面长度最大达 1.70m，阻碍了升降平台的爬升。在升降平台设计时，采用吊桥式走道板做特殊处理。具体见图 5、图 6。

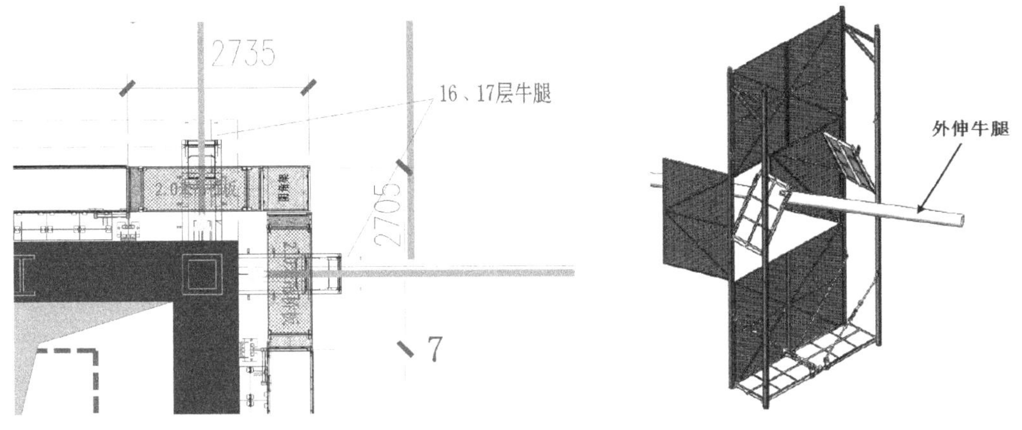

图 5　桁架层牛腿平面图　　　　图 6　爬架爬升核心筒外伸牛腿

5.1.2　自动升降平台爬升桁架层的措施

本工程桁架层层高 8.0m，根据《建筑施工工具式脚手架安全技术规范》JGJ 202—2010 第 4.4.8 条规定：架体悬臂高度不得大于架体高度的 2/5，且不得大于 6m。计划在 16 层底板位置预埋竖向螺杆，安装钢制可调拉杆做斜拉处理，减小架体上部自由端摇摆幅度；过避难层架体侧立面提升如图 7。

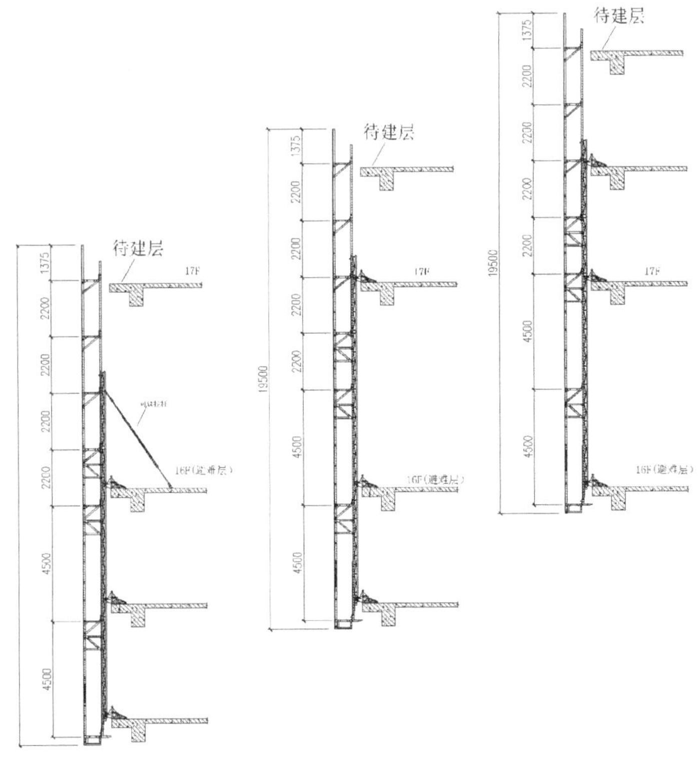

图 7　自动升降平台架体爬升过避难层立面图

5.2 钢筋工程施工

5.2.1 型钢柱、梁、斜腹杆节点钢筋施工

桁架层钢筋施工主要难点在于型钢梁、柱和桁架斜腹杆交汇处节点钢筋绑扎和核心筒内置桁架斜腹杆与暗柱重叠处箍筋绑扎。需综合考虑钢结构、土建之间的关系和现场施工的实际情况。

（1）将节点处暗柱箍筋由Φ 14 调整为Φ 12，适当调密间距，具体请设计复核，以保证箍筋能够进行打弯。

（2）取消节点处箍筋的封闭箍，改为拉钩。

（3）桁架层 16 层钢板撑下弦节点处暗、框柱竖向钢筋搭接板焊接长度由原设计 $5d+20$mm（d 为焊接钢筋直径），改为 $5d+70$mm（d 为焊接钢筋直径），以保证柱主筋在桁架层楼面处进行直螺纹连接。具体见图 8。

5.2.2 核心筒处桁架层钢板墙钢筋绑扎

在桁架层核心筒楼梯间墙体处，设计采用了 300mm 宽钢板剪力墙，在剪力墙施工前，首先应对钢板剪力墙节点进行深化设计，完善钢板处墙体梅花形拉结筋、暗柱箍筋的开孔位置及大小，并根据采用模板类型留置墙体对拉螺栓孔。为保证混凝土浇筑时墙身的垂直度，在剪力墙钢板上留置 ϕ150mm 混凝土对流孔，具体见图 9。

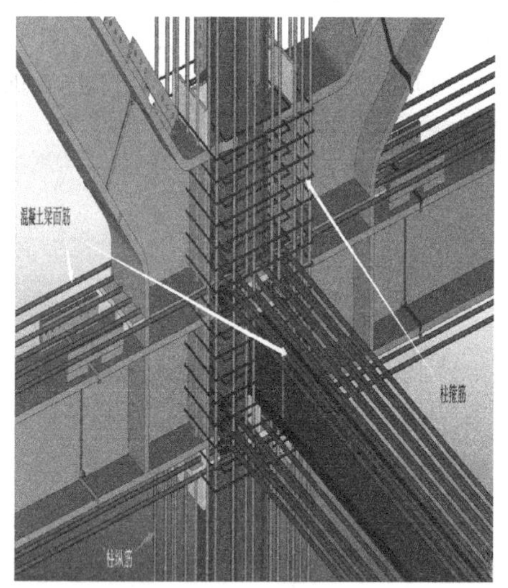

图 8　桁架层型钢梁、柱节点深化图

图 9　钢板墙深化图

5.3 混凝土浇筑与振捣

桁架层混凝土浇筑要求及技术指标的确定：

因支托桁架层层高达 8m，同时在结构设计上，在核心筒处设有截面尺寸大，钢筋直径为Φ 32 的暗柱，封模后，混凝土下料口有效尺寸较小，加上超高层混凝土泵送施工，混凝土浇筑与振捣难度大。为此桁架层混凝土采用自密实混凝土，具体要求参见《自密实混凝土应用技术规程》JGJ/T 283—2012 第 7.3.9 条规定，自密实混凝土的坍落扩展度为 SF3：760～850mm，扩展时间 T_{500} VS2＜2s。

5.4 土建与钢结构专业的协调管理

5.4.1 钢结构的吊装与钢筋绑扎

16 层桁架层施工：先施工核心筒及外侧劲性结构，待自动平台完全爬升至桁架层上部后，方可进行大面积桁架层施工。针对上述总体思路，要求在 15 层施工前，完成 15 层柱及柱节点的牛腿吊装工作，15 层楼板混凝土浇筑完成后，即组织进行 15 层框架柱的钢筋绑扎，并同时支搭 15 层模板脚手架支撑体系，框架柱钢筋绑扎完成后，进行模板的支搭工作，板的模板支搭完成后，组织钢结构安装完成桁架层下弦杆件的吊装工作，接着进行核心筒部位竖向钢筋绑扎、模板支搭及桁架层下弦杆的安装工作，最后组织进行混凝土的浇筑工作。土建、钢结构专业必须及时进行穿插，确保塔式起重机的合理利用。具体见图 10。

16 层核心筒外侧劲性结构施工：在 16 层楼板浇筑完成后，组织吊装 16 层、17 层型钢柱及牛腿。随后进行框架柱钢筋绑扎及桁架层夹层楼梯、梁、板的土建结构施工，由于核心筒处暗柱截面尺寸大，主筋均为Φ 32，在绑扎过程中要求严格深化设计要求绑扎，具体见图 11。

图 10　15 层楼板模板支搭完成后桁架层下弦杆吊装

图 11　核心筒处大截面暗柱施工

在竖向结构柱的绑扎过程中，要求钢结构专业同时穿插进行桁架层劲性结构部位斜腹杆和上弦杆的安装工作，最后完成劲性桁架混凝土浇筑。

5.4.2 钢结构焊接与模板支搭

桁架层的施工，要求土建与钢结构专业穿插进行，特别是钢构件的焊接工作，焊缝质量质量要求高，全部为一级焊缝。避难层多为厚板焊接，最大厚度达 90mm，主要采用 CO_2 气体保护焊。风速＞ 3m / s 时，必须设置防护棚，以保证焊接质量。焊接工作均在高空进行，距下一楼层板达 8m，16 层距地面高度为 81.0m，29 层桁架层距地面高度为 142m，高空作业风速比地表风速大，焊接角度斜向多，这都需要较长的焊接时间，才能保证焊接质量达到设计要求，为此项目部要求焊接工作提前插入土建工序，具备工作面和作业条件后，提前介入、率先进行部分构件的焊接工作。要求在混凝土楼层板的模板支架完毕后，马上穿插进行焊接工作，土建穿插进行梁的底模、侧模的施工并进行梁的钢筋绑扎工作，土建优先施工部位为核心筒外侧，最后进行核心筒处施工，钢结构优先施工核心筒构件然后核心筒外侧构件。

6 结语

深圳太子广场项目 2 个桁架层分别为核心筒外侧 1/2 劲性结构+1/2 钢结构和核心筒外侧钢结构，并采用了支托桁架设计，施工难度大、工期紧、任务重，通过合理优化施工流程，有效安排各专业施工的协调配合，结合可行有效的技术保障支持，实现钢结构安装一次到位，焊缝检测结果符合设计要求，混凝土浇筑振捣密实，支托桁架卸荷后最终沉降量 20mm，满足设计要求，保证了工程质量和总体进度需求，取得了预期的经济效益和社会效益。

参考文献

[1] 王冬冬，于晓野，武科等. 海控国际广场液压爬模综合施工技术 [J]. 施工技术，2011
[2] 鄢长，武科，于晓野等. 海控国际广场钢筋桁架组合楼承板关键施工技术 [J]. 施工技术，2011
[3] 王冬冬，高振洲，李松等. 海控国际广场避难层结构综合施工技术 [J]. 施工技术，2012

深圳太子广场支托桁架施工支撑体系选择

谢群[1]，曾海涛[2]，周昊[1]，焦冉[1]
（1　北京建工集团有限责任公司总承包部，北京市　100055；
2　中建钢构股份有限公司，北京市　100142）

摘　要： 太子广场工程通过16层、29层支托桁架转换层将地上结构分为三部分，钢筋混凝土结构与钢结构工程支撑体系的选择、设计、施工与穿叉配合是保证支托桁架转换层施工质量的关键，也是本文内容的重点。通过充分研讨、科学设计与精细建造，保证了工程质量和总体进度，取得了预期的经济效益和社会效益。
关键词： 支托桁架转换层；外伸臂桁架；核心筒内置桁架

1　工程概况

太子广场项目位于深圳市前海蛇口自贸区，紧邻地铁2号线海上世界地铁站，总用地面积18942.55m^2，建筑面积152742.25m^2，由205.84m高的41层甲级写字楼及配套裙楼构成。拥有山、海、城三大景观，是招商局600亿再造新蛇口“海上世界”片区的重点项目，是集多种业态于一体的湾区地标综合体。

本工程结构变化多，1～15层为框架—核心筒结构，采用劲性混凝土，16～28层核心筒采用劲性结构，核心筒外侧采用1/2劲性混凝土结构＋1/2钢结构，29层在核心筒外侧均采用钢结构，在16层、29层设避难层和设备转换层，层高8m，外挑伸臂桁架悬挑长度为9.25m，由核心筒内置劲性钢板撑桁架、悬挑伸臂桁架及外框劲性混凝土柱（29层钢柱）及环状桁架相连，使内外桁架形成整体，以增加结构的整体刚度和抗侧向位移能力。支托桁架距下一楼层距离为13.47m，桁架层的安装距地高度分别为73.10m和134.98m。桁架层楼板和顶板设计为普通混凝土板，强度等级C30，厚度200mm。其中16层桁架层板混凝土设计要求需29层支托桁架完成后方可以浇筑，29层桁架层板要求待41层钢结构安装完成，并浇筑完成30～41层支托桁架楼承板混凝土后，方可浇筑。

2　施工的难点和特点

2.1　钢筋混凝土工程

桁架层板设计为200mm厚混凝土板，其中16层处板混凝土需待29层支托桁架卸载

作者简介： 谢群，女，1970年生，北京，高级工程师，主要从事建筑施工管理；曾海涛，男，1990年生，湖北，工程师，主要从事建筑施工管理；周昊，男，1990年生，北京，工程师，主要从事建筑施工管理；焦冉，女，1986年生，北京，工程师，主要从事建筑施工管理。

后方可进行混凝土浇筑，29 层支托桁架 200mm 厚混凝土板，需要结构封顶后才能进行混凝土的浇筑。桁架层层高 8.0m，顶板混凝土施工模架支搭高度为 7.8m，桁架层楼层板距下一楼层顶板距离 13.57m，混凝土施工模架支搭高度为 13.3m，模架距离±0.00m 距离分别为 73.10m 和 134.98m。由于支托桁架板采用后浇筑，板支撑所用的模板及脚手架材料的选用，施工模架体系的选择，材料如何组织到位，以及混凝土达到拆除模板条件后，拆除的模板、脚手架材料的倒运，都是工程的难点。

2.2 钢结构工程

外悬挑桁架通过核心筒墙体外伸牛腿与结构相连成一体，16 层设置 10 榀、29 层设置 12 榀伸臂桁架，其中悬挑伸臂桁架 6 榀，桁架连接在核心筒墙体和框柱之间，由上弦杆、下弦杆和斜腹杆组成，核心筒内置桁架吊装最大 144.2t，单件吊装最大重量 18.4t，外悬挑伸臂桁架最大质量为 259.4 t，单件吊装最大重量 18.4t。伸臂桁架的安装方案确定，桁架外伸部分支撑胎架的材料选用、支撑形式，胎架的安装与拆除以及卸荷过程中的沉降处理都是工程的难点。

3 施工部署与工艺流程

3.1 施工部署

根据已论证的《太子广场高支模安全专项施工方案》，结合深圳建筑租赁市场实际情况，确定内置劲性桁架层 8m、13.57m 高支模采用扣件式脚手架支撑体系。对于核心筒一侧劲性结构部分，在桁架层楼板浇筑完成后，即组织进行扣件式脚手架支搭工作。悬挑支托桁架层楼板及顶板设计采用 200mm 厚钢筋混凝土板，按照方案要求，模架支撑体系选用扣件式脚手架，支搭高度为 13.57m，在支托桁架下弦杆安装完成前，必须将脚手架钢管和扣件提前放在支托桁架下部，脚手管放置时，必须提前搭好固定架，固定架立杆放置在框架梁处，严禁将钢管直接堆放在楼板上。支托桁架层顶板模架采用核心筒一侧内置劲性桁架层顶板施工时，使用的模架。具备条件后，直接将模架由劲性桁架部位移至支托桁架处。

根据已经组织专家论证的《太子广场钢结构工程桁架层结构安全专项施工方案》，支托桁架支撑体系选用 2.0m×2.0m 的标准化格构式胎架，胎架分别搭设于 13 层 和 26 层，作为 16 层、29 层桁架结构的临时支撑。考虑到结构受力，通过合理设置胎架底座及支腿，将胎架上部荷载传递至楼层梁或柱上。在支托桁架层卸荷完成后，胎架通过桁架层构件之间的跨度空隙，在桁架楼承板安装前吊运出来。

3.2 施工工艺流程

土建部分脚手架工艺流程详见图 1。

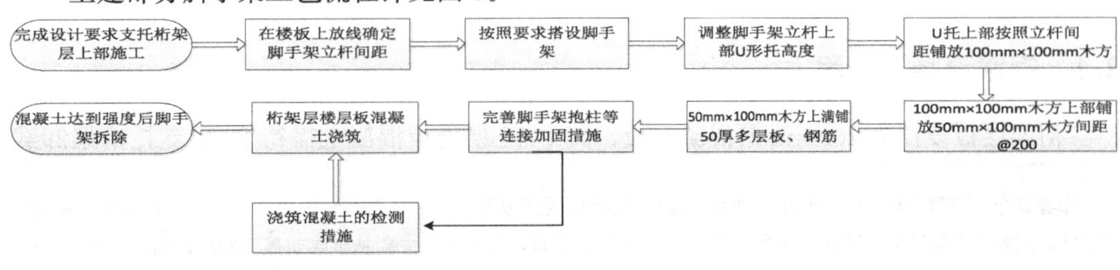

图 1 土建部分脚手架工艺流程图

桁架层钢结构支撑体系工艺流程详见图 2。

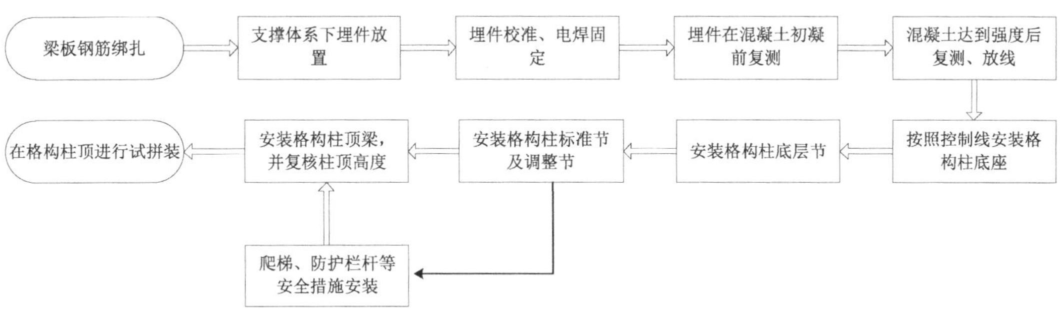

图 2 桁架层钢结构支撑体系工艺流程图

4 桁架层支撑体系施工关键技术

4.1 高支模施工关键技术

4.1.1 高支模支撑体系选型

由于深圳地区市场上无法租赁到碗扣架、盘扣架，只能租赁到“轮扣”脚手架。地方安全主管部门要求支搭高度不得超过 4.5m，而桁架层悬挑结构距底部楼层板高达 13.57m，因此桁架层板高支模脚手架体系只能选用扣件式脚手架。脚手架钢管在配备标准长度 6m 的基础上，搭配使用 4m、3.5m 左右长度的钢管，以满足搭设要求。

4.1.2 重要构造措施

（1）满堂模板支架剪刀撑

满堂模板支撑架体外圈设置由下至上的竖向连续剪刀撑。剪刀撑布置宜均匀对称，竖向剪刀撑间隔不应大于 6 跨，每个剪刀撑的跨数不应超过 6 跨，剪刀撑倾斜角宜在 45°～60°之间，支撑结构外围应设置连续封闭的剪刀撑；竖向剪刀撑两个方向的斜杆宜分别设置在立杆的两侧，底端应与地面顶紧。

支架四边与中间每隔 4 跨支架立杆（且不大于 5m）应设置一道由下至上的竖向连续式纵向剪刀撑。每道剪刀撑跨越立杆的根数宜按相关规定确定。每道剪刀撑宽度不应小于 4 跨，斜杆与地面的倾角宜在 45°～60°之间。

在竖向剪刀撑顶部交点平面、底部扫地杆处应设置水平剪刀撑，水平剪刀撑间隔层数不大于 6 跨，顶层应设置水平剪刀撑，扫地杆层宜设置水平剪刀撑；水平剪刀撑应采用旋转扣件固定在与之相交的立杆或水平杆上。旋转扣件中心线至主节点的距离不大于 150mm。

（2）抱柱

支撑体系利用已浇筑的墙柱通过刚性连接，拉紧顶牢，确保支撑体系稳定。办公大堂和其他架空部位，应在立柱周围外侧和中间有结构柱的部位，按水平间距 6～9m、竖向间距 2～3m 与建筑结构设置一个固节点。

（3）立杆悬臂端（自由端）要求

扣件式模板支架顶部支撑点与支架顶层横杆的距离不应大于 500mm，可调托撑螺杆伸出长度不应超过 300mm，插入立杆内的长度不应小于 150mm，可调托撑螺杆外径与立杆钢管的内径间隙不宜大于 3mm，安装时应上下同轴，可调托撑上的主龙骨应居中。

4.1.3 混凝土浇筑

（1）布料机布置措施

布料机每次移位完毕后，由总承包单位进行检查并填写《混凝土布料机移位检查表》，合格后方可投入使用。

布料机每次安装、拆卸、移位过程中，总承包单位专职安全员应全程旁站监督，确保施工安全。采取如下加固措施。

① 施工时，布料机支撑脚必须放置于支模立杆正上方，且不能直接搁置于模板或者钢筋上，每个支撑脚下需加铺木垫块。

② 布料机四个支撑脚所围成矩形尺寸为 4m×4m（根据厂家提供布料机型号确定），对支撑布料机整个区域（应比布料机四个支撑脚区域各宽出 1m，即 5m×5m）的架体采取立杆加密一倍的措施，所增加立杆必须与原模板支撑体系有效连接成为一个整体。

③ 布料机放置区域的周围四面架设竖向剪刀撑，形成加强型模板支撑架构。

（2）混凝土浇筑要求

为确保模板支架施工过程中均衡受载，超重梁采用由中部向两侧扩展的浇筑方式；高支模部位浇筑顺序为先浇梁后浇板，沿梁方向自中间向两侧浇筑。高支模的楼板部位均采用汽车泵进行混凝土浇筑。地下室混凝土浇筑采用汽车泵及地泵结合布料杆施工方式，布料杆布置于框架梁上，如果位于板上，则需对板下支撑加密，间距不大于 450mm×450mm。布料杆支腿下铺设 50mm 厚脚手板，四面用钢丝绳与框架梁钢筋进行拉结，具体位置可根据工期及现场情况进行调整。

4.1.4 高支模支撑体系使用过程中的监控措施

（1）监测周期

在浇筑混凝土时要做到实时监控，在所要测设的高大模板支撑 5m 内支设仪器，监测点间轮流支设仪器，每 15min 进行一次监测，每 1h 挪动一次仪器进入下一监测点。直至浇筑完毕。

（2）允许变形值及报警值

当立杆发生挠度变形时，8mm 内为允许变形值，5mm 以上为报警值。

主次龙骨弯曲变形时，6mm 内为允许变形值，4mm 以上为报警值。

（3）监测结果的反馈和应用

监测是由专人进行记录，将记录反馈到项目部，项目部根据反馈上来的记录到现场查看实际情况并采取相应措施。

4.2 钢结构支托桁架安装支撑体系施工关键技术

桁架层钢构件的吊装采用工厂分段制作，现场单件吊装及部分牛腿高空原位拼装的方法安装。悬挑桁架下端通过搭设 2m×2m 格构式胎架作为临时支撑，进行桁架结构安装，通过数值模拟计算，确定桁架结构沉降稳定，再采用砂箱卸载技术卸载。桁架结构卸载完成后，方可进行上部混凝土楼板浇筑。

本工程 16～17 层 4 轴北侧及 29～30 层 4 轴南侧为悬挑桁架结构，悬挑长度 10m，局部位置最大悬挑长度达 15m，悬挑结构距下部楼层高度 12m。由于受塔式起重机起重性能的限制，桁架层结构须采用制作分段、高空原位拼装的方式进行安装，故施工过程中需采用临时支撑措施对悬挑部位进行临时支撑。临时支撑措施选用项目自主研制的 2.0m×2.0m 的标准化格构式胎架，胎架分别搭设于 13 层和 26 层，作为 16 层、29 层桁架结构的临时支撑。考虑到结构受力，通过合理设置胎架底座及支腿，将胎架上部荷载传递至楼层梁或柱上。

4.2.1 标准化格构式胎架

悬挑桁架的临时支撑措施采用公司标准化支撑胎架，平面尺寸为 2m×2m，由以下标准件组成：底座节（4m）、标准节（4m）、调整节（1m 或 2.1m）、顶梁节（0.9m），选用不同数量的标准节可搭建不同高度的支撑胎架。支撑措施的格构式立柱截面为 ϕ219×10，横向水平杆和斜腹杆截面 ϕ89×5、ϕ76×5，水平联系杆截面 ϕ76×5，材质均为 Q345B。

支撑胎架下部立于混凝土结构，底座支腿焊接固定在预埋件上，胎架顶部通过工装措施＋沙箱支撑上部悬挑桁架节点上，底座支腿于工装措施的形式及高度需根据实际高度与位置确定。

根据 13 层及 26 层混凝土梁柱结构形式，需要设计两种规格形式的胎架底盘，分别是矩形底部支座（图 3）与三角形底部支座（图 4），支腿高度均为 262mm。

图 3 矩形底部支座

图 4 三角形底部支座

底部支座安装完成后，即可按照支撑平面图要求安装格构柱底节、标准节、调节节、和顶部节，格构柱底部安装详见图 5，格构柱顶部安装详见图 6。

图 5 格构柱底部安装

图 6 格构柱顶部安装

在安装支撑胎架时，事先在地面上将安全爬梯和防坠器或镀锌钢丝绳固定在胎架顶部，并绑好钢跳板作为支撑措施安装时的操作平台。支撑爬梯设置在支撑内侧，提供人员上下的安全防护，支撑爬梯采用标准化制作，在各个标准节中均可通用，主要材质为Q235B，主要由扁铁、圆管、安装螺栓组成。

4.2.2 支撑体系的拆除及卸荷

为避免对下部混凝土结构造成永久破坏，临时支撑措施卸载的安排如下：①16 层桁架层悬挑桁架钢结构全部安装（包括焊接、探伤合格等）完成后，即进行悬挑桁架临时支撑措施的卸载。②29 层桁架层位置，待桁架层钢结构及 27 层、28 层吊挂层钢结构安装完成后（浇筑混凝土之前），进行 26 层处临时支撑措施的卸载。

根据计算分析结果，得出：①16 层桁架在卸载前后应力变化约为 1.9MPa，卸载后应力最大值仅为 19.1MPa；②16 层桁架在卸载前后位移变化为 0.3～0.7mm，卸载后位移最大值为 5.4mm；③29 层桁架在卸载前后应力变化约为 2.5MPa，卸载后应力最大值仅为 28.2MPa；④29 层桁架在卸载前后位移变化为 0.1～1.0mm，卸载后位移最大值为 10.0mm。16 层桁架层施工模拟详见图 7，29 层桁架层施工模拟详见图 8。

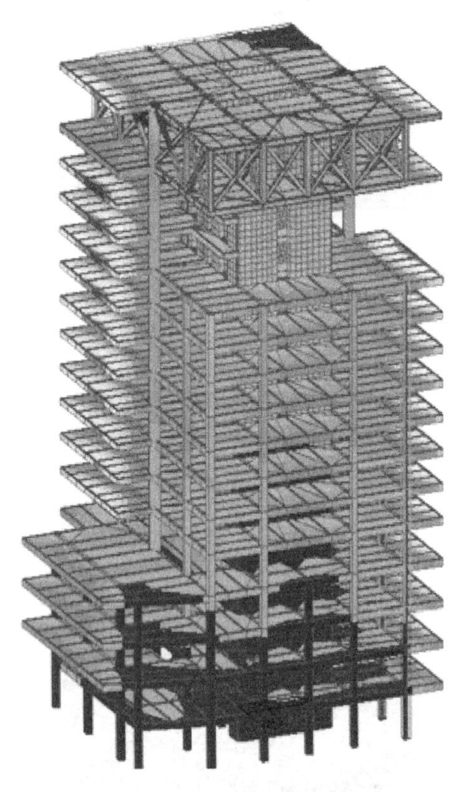

图 7　16 层桁架层施工模拟

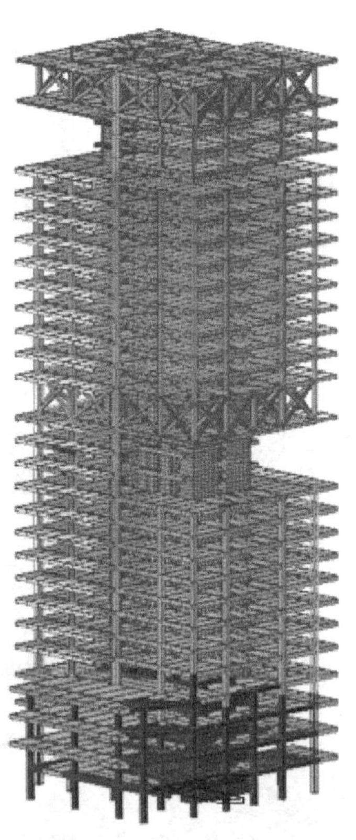

图 8　29 层桁架层施工模拟

卸载完成后，按卸载时结构实际自重作用下各点的计算挠度作为验收依据，通过实测值与模拟分析计算值对比，判断卸载工作验收是否合格。在卸载完成后还应对结构的标高及变形进行详细的测量复核，并对外节点及焊缝进行查检。及时做好卸载工作过程技术资料记录，并积极提供给后续监测人员，确保监测工作持续有效开展。

5 结语

太子广场项目共设有16层、29层2个桁架层，其中16层为劲性桁架（核心筒和核心筒外侧）＋钢桁架，29层为钢桁架（核心筒处除外），施工难度大、工期紧、任务重，通过钢桁架采用格构柱支撑体系，劲性桁架及桁架层楼层板采用高支模钢管脚手架支撑体系，保证了各自结构体系支撑的安全、可靠，实现了钢结构悬挑桁架、环桁架的安装一次到位，焊缝检测结果、桁架沉降变形结果符合设计要求，楼层板、劲性桁架梁、板支撑满足施工要求，混凝土浇筑振捣密实，保证了工程质量和总体进度要求，取得了预期的经济效益和社会效益。

参考文献

［1］ 王朝阳，陈治，杨松，程鹏，程建勇. 深圳证券交易所营运中心超长悬挑钢结构整体卸载及同步监测技术［J］. 施工技术，2011（7）
［2］ 陈韬，戴立先，欧阳超. 央视新台址主楼悬臂钢结构安装技术［J］. 施工技术，2008，37（5）：37-40，61
［3］ 蒋金生，叶可明. 上海新国际博览中心钢桁架结构的施工及临时支承拆除的卸载过程分析［J］. 建筑结构学报，2006（5）：118-122

太子广场平面控制测量与高程测量做法

李建功，白晋合，郝学峰
（北京建工集团有限责任公司总承包部，北京市 100055）

摘 要：基于深圳太子广场超高层施工测量控制的实例，采用全站仪天顶法进行高程传递，采用内控法和外控法综合进行竖向轴线传递控制，总结在超高层在施阶段，施工高度不断发生变化的情况下施工测量的综合控制、步骤和精度。

关键词：控制网；外控法；全站仪天顶法；控制措施

1 引言

近年来，随着经济的蓬勃发展，国内城市建设对超高层建筑的需求不断增强。据不完全统计，目前我国200m以上的建筑800多座，300m以上的建筑50多座，例如：北京国贸中心三期330m，上海中心大厦设计高度632m，深圳平安金融中心660m。超高层建筑的不断涌现，对超高层设计和施工都提出了更高要求，超高层测量控制方面也凸显出一些新的特点和难点。

2 工程概况

太子广场项目位于深圳前海蛇口自贸区，建筑面积152742.25m^2，由205.84m高的41层甲级写字楼及配套裙楼构成，是招商局“再造新蛇口”的重点项目。

本工程1～15层为框架—核心筒混凝土结构，16～28层核心筒采用混凝土结构，核心筒外侧采用1/2混凝土结构+1/2钢结构，29层及以上在核心筒外侧均采用钢结构。在16层、29层为设备转换层，层高8m，伸臂桁架悬挑长度为9.25m，由核心筒内置劲性钢板撑桁架、悬挑伸臂桁架及外框劲性混凝土柱（29层钢柱）及环状桁架相连成整体，增加结构整体刚度和抗侧向位移能力。因此，对现场构件安装垂直度、水平度偏差及轴线尺寸偏差都提出了较高要求。

3 控制测量

3.1 控制网的建立

3.1.1 平面控制网

本施工场地狭窄，东侧为深圳地铁2号线海上世界站，西侧为南海大道，是深圳市主

作者简介：李建功，男，1973年生，北京市，测量高级技师，主要从事测量管理工作；白晋合，男，1990年出生，北京市，工程师，主要从事工程管理工作；郝学峰，女，1973年生，北京市，高级工程师，主要从事工程管理工作。

要交通干线。在主体结构施工过程中，南海大道处还要面临地铁 9 号线占路施工，南北两侧均为已有建筑物。导致现场测量控制网布置难度大，易遭到损坏。特别是由于南海大道占路施工，施工前需对原有市政管线进行改线，并重新规划车辆绕行太子路后，太子路中间绿化带及人行步道的改造，造成现场控制网的测点保护工作难度加大；基坑开挖后，由于基坑紧邻地铁站厅和上行隧道，基坑回填工作完成前，特别是基坑二道钢筋混凝土水平撑拆除前后会带来基坑及地铁站厅的变形，测量过程中，受地铁运营的影响，也会带来测量控制点的变化。为此，在控制网的布置过程中，特别将 2 个控制点布置于地铁出口处，以便于与地铁沉降变形观测成果形成联动，根据地铁变形观测成果相应调整控制网测站点数据，具体见图 1。

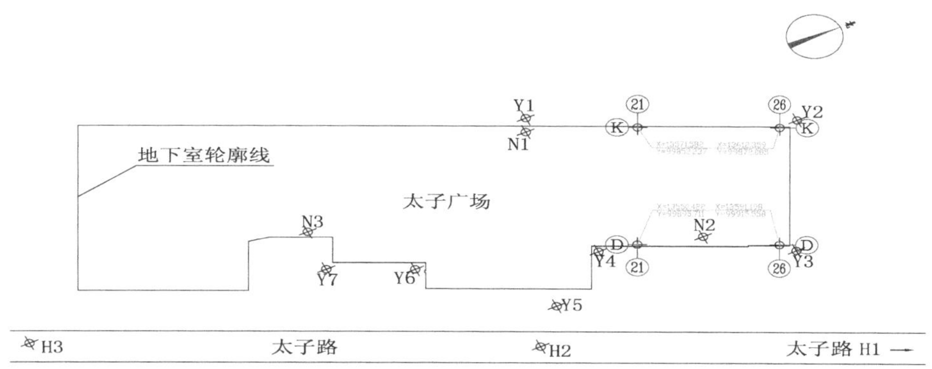

图 1　调整后控制网控制点

考虑到工程施工周期较长（2014 年 5 月～2018 年 12 月），规划部门在太子路中心绿化带处指定 3 个导线点，考虑到太子路市政道路改造和地铁施工过程中控制点极有可能遭到破坏。项目部测量人员结合工程需要，采用全圆观测法＋全站仪光电测距法，将施工用控制点位布设到周围单个永久固定性建筑物或构筑物楼顶外檐（太子大厦、新时代广场大楼、明华酒店、南山山顶凉亭），布设精度为测距相对中误差 1/180000；一测回角的中误差±1.4″，两测回之间角值之差±2.0″。

3.1.2　轴线竖向传递

为了保证轴线投测的精度，本工程采用高层建筑物轴线的竖向投测主要由外控法和内控法相结合的方式。轴线竖向传递为激光垂准仪内控法，外控法为全站仪后方交会作为转换层轴线竖向传递的校核。当施工层高度在 100m 以内时，传递区间为≤50m，100m 以上时传递区间为 30～40m，并结合建筑平面布置形式及建筑物竖向主体结构形式变化的具体情况，为便于施工，保证测量精度，现分别将 13 层、26 层、34 层作为轴线接力转换控制楼层。

3.1.3　接力层轴线竖向投测点校核

当施工层超过 100m，在激光垂准仪将轴线投测到施工接力层后，应采用全站仪后方交会进行轴线点位校核，具体操作方法是，将全站仪（徕卡 TPS1201）安置在施工接力层上，采用角度后方交会的方法，根据仪器安置位置从四个已知坐标控制点，如：P1（太子大厦）、P2（新时代广场大楼）、P3（明华酒店）、P4（南山山顶凉亭）中任意选取三个作为观测点位再选定 P 点时。点位选取时应注意，不能使仪器安置点位于三个已知点外接圆（危险圆）上。然后对组成的两个三角形的夹角进行两测回观测，采集出两组后方交会数据，见图 2。

图 2　外控点架设棱镜组

3.1.4　测量成果

每组计算用三个已知点，组成两组后方交会，计算出两组交会数据，互为检核，见角度后方交会计算表 1。

角度后方交会定点计算表　　表 1

已知数据	X_{P1}	13445.975	Y_{P1}	99513.945	α	131 39 39	略图	A α P β B	
					β	166 27 32			
	X_{P2}	13214.100	Y_{P2}	99704.568	$\cot\alpha$	−0.889742			
	X_{P3}	13616.597	Y_{P3}	100006.099	$\cot\beta$	−4.152173			
a	+267.268	b	643.964	c	+1654.506	d	+1369.706	k	0.954364
Δx_{cp}	−181.760	x_p	13434.837	Δy_{cp}	−173.465	Y_p	99832.634	—	—
检核	$\alpha_{PA}-\alpha_{PB}=\alpha+\beta=131°39'39''+166°27'32''=289°07'10''$								

3.1.5　角度后方交会精度分析

当计算所得坐标误差不超过±10mm 时，作为最终测站坐标，然后采用极坐标法进行钢结构顶部中心坐标的观测。此时，观测点的点位中误差主要来源于测角误差。已知，徕卡 TPS1201 测距相对中误差 1/180000；一测回角的中误差±1.4″，则两测回之间角值之差±2.0″，仪器安置点距后方交会已知坐标控制点距离为 220～300m 之间，则交会出新点的点位综合中误差为：

$$M_{点}=\sqrt{m_1^2+m_2^2}=\pm 8.2\text{mm}$$

由此可以证明，使用角度后方交会法，在超高层（100m 以上）轴线竖向投测内控点校核中，交会出的点位精度满足规范《工程测量规范》GB 50026—2007、《建筑施工测量技术规程》DB/T 11446—2015 要求，尤其是在 150m 以上超高层建筑物施工测量中，具有精度高、方法简便等特点，在测量放线作业中，取得了良好的实际效果。

3.2 全站仪天顶法高程传递

由于超高层建筑载荷量大，结构形式复杂，对高程传递精度的要求较高，采用一般高程传递方式不能满足工程需要。因此要根据建筑物自身特点，采用适合的高程传递测量方法，才能有效地满足施工精度的要求。

3.2.1 高程的传递方法

（1）钢尺引测法

利用钢尺沿塔式起重机、电梯井口、楼梯口将首层的标高引测至施工层。这种方法在引测时容易受施工层模板、脚手架等物体的影响，不能保证距离的直线度，导致钢尺产生倾斜、挠度过大，测量结果误差较大。另外钢尺垂直量距时受温度的影响比较大，且拉力值也不好控制，所以精度不高，量距中误差一般在 1/4000～1/6000。

（2）悬吊钢尺法

悬尺法是在施工楼层面悬吊钢尺，此方法在高程传递过程中易受风力、温度、拉力影响，需要进行多项改正，且在有风的情况下，悬吊的钢尺很难垂直稳定，受外界因素影响较大。

3.2.2 全站仪天顶法传递高程

（1）设备改进

本工程测量人员根据现场实际情况对设备进行改进，利用附加弯头、五线仪三角架、棱镜头进行设备调整，将改进后的棱镜接收标靶架设在施工洞口（首层至施工层通视），全站仪在建筑物首层架设，采用全法站仪天顶法测设棱镜中心高度，操作方法如图 3 所示。

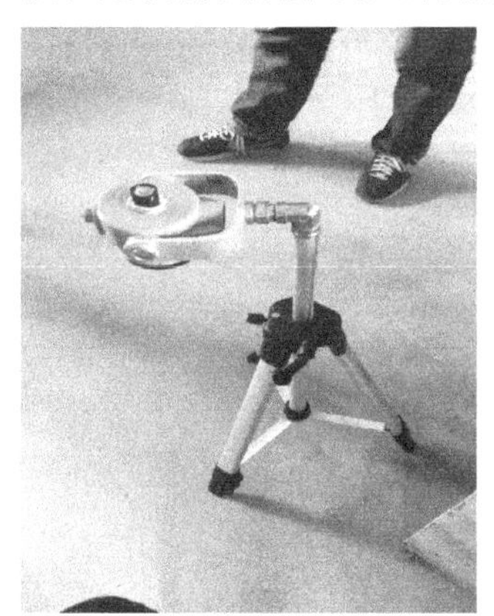

图 3 全法站仪天顶法传递高程操作方法

（2）数据分析

经实测，在 100m 施工层采用传统钢尺测量法传递的高程较全站仪天顶法测得的高程低了 7mm。因所用全站仪标称测距精度为 2mm＋10－6.D（KM），测量 36m 的天顶距中误差为 1/17000 以上，比单纯使用钢尺量距精度（1/4000～1/6000）提高 3～4 倍。

4 质量控制

4.1 高程传递测量

首层楼面±0.000m 至 42 层屋面板处设计要求为 201.56m，经徕卡 TS09-R500

（1mm＋1ppm）采用全站仪三角高程测量法复核，建筑总体高度为201.58m，整体偏差＋20mm。

4.2 建筑物倾斜测量

对建筑物整体倾斜进行量测偏差为10mm。在建筑物立面多次变化、支托桁架施工导致建筑物偏心情况下，测量精度均满足规范要求。

5 结束语

超高层结构的施工过程是一项错综复杂的系统工程，必须慎之又慎。施工过程中，随着建筑物高度的不断攀升。施工测量精度受到的影响因素越来越多、越来越大。在充分了解、掌握外界因素对测量偏差带来影响的情况下，针对影响因素，不断采取相应的纠偏、调整措施，保证测量精度。同时，在测量过程中，采用合理的测量方法，能够克服偶然误差和系统误差对测量精度的影响，确保施工正常有序、有效地进行。本文基于工程实例，分析和总结在超高层建筑物结构形式和高度不断变化条件下的施工测量控制方法、测量步骤和测量精度指标等，可供同类工程参考与借鉴。

参考文献

[1] 汤红霞，王军，邵志国，王鹏飞. 复杂条件下超高层建筑测量控制技术［J］. 青岛理工大学学报，2015（1）
[2] 王军，张宏杰，白小军，金秀奇，孙少秋. 超高层建筑测量技术研究［J］. 甘肃科技，2012（7）
[3] 周永超. 基于超高层建筑测量关键技术研究［J］. 装饰装修天地，2015（2）

二重管无收缩双液注浆 WSS 工法在流沙地质条件下竖井注浆止水加固施工的应用

李志龙

（北京住总集团有限责任公司市政道桥总承包部，北京市　110105）

摘　要： 聚焦攻坚水环境治理工程朝阳区六标——新城二期小区污水接入市政管网工程在项目竖井施工时地下水位较高且无降水条件，为了满足竖井在无水条件进行施工的要求，出于安全性、环保性、经济性方面的考虑，应用二重管无收缩双液注浆 WSS 工法，较好地解决了流沙地质条件下竖井注浆止水的问题。

关键词： 流沙；注浆；止水；加固

北京市东部地区地势低，地下水位较高，土质情况多为黏聚力及内摩擦角小的砂层，且由于长年对地下水资源进行过量开采，导致局部地区出现地面沉降现象。如何在不降低地下水位的情况下保证流沙地质条件下竖井施工安全是急需解决的问题。

1　工程概况

1.1　工程简介

聚焦攻坚水环境治理工程朝阳区六标—新城二期小区污水接入市政管网工程位于朝阳区东坝乡境内，起点为小区现状污水出户井，终点为东坝南二街现状污水干线，管线总长度 1557.2m。干线设计管径 D400～D800mm，总长度 770.4m；支线管径 D400～D500mm，总长度约 786.8m；采用机械顶管施工主线竖井工程量如表 1 所示。

主线竖井工程量　　表 1

编号	WD1	WD2	WD3	WD4	WD5	WD6	WD7	WD8	WD9	WD10
尺寸(m)	ϕ5	ϕ2	3×4	ϕ5	ϕ5	ϕ5	ϕ8	4×4	ϕ8	4×4
埋深(m)	5.41	5.63	5.95	5.65	4.98	5.22	5.25	6.08	6.15	8.21
编号	WD11	WD12	WD13	WD14	WD15	WD16	WD17	WD18	WD19	—
尺寸(m)	ϕ8	4×4	5×7	4×4	ϕ8	4×4	ϕ8	4×4	5×7	—
埋深(m)	8.35	8.3	8.54	7.86	6.82	6.8	6.99	7.44	7.6	—

1.2　水文、地质情况

本工程勘探深度（最深 21.00m）范围内的土层划分为人工堆积层、新近沉积层和第

作者简介： 李志龙，男，1983 年生，湖南邵东，工程师，主要从事市政桥梁、道路、管线工程施工。

四纪沉积层三大类，并按岩性及工程性质指标进一步划分为 5 个大层及亚层：表层为人工堆积层，一般厚度为 0.70～2.10m 的黏质粉土素填土、砂质粉土素填土①层及房渣土①1 层。人工堆积层以下为新近沉积的黏质粉土、砂质粉土②层，粉质黏土、重粉质黏土②1 层及细砂、粉砂②2 层。新近沉积层以下为第四纪沉积之细砂、中砂③层；细砂、中砂④层，重粉质黏土、粉质黏土④1 层，黏质粉土、砂质粉土④2 层及有机质黏土④3 层；重粉质黏土、粉质黏土⑤层，有机质黏土⑤1 层及细砂⑤2 层。本工程竖井所在地层地质情况为 WD1～6：粉质黏土、黏质粉土②层，7～W19：黏质粉土、砂质粉土②1 层。

竖井底高程 21.1～23.4m，地下水位高程 25.1～26m，原地面高程 27.48～29.6m，竖井开挖范围内存在两层地下水：第一层标高为 24.35～25.1m，地下水类型为台地潜水；第二层地下水标高为 21.85～22.65m，地下水类型为层间水。

竖井范围内地质、水文示意见图 1。

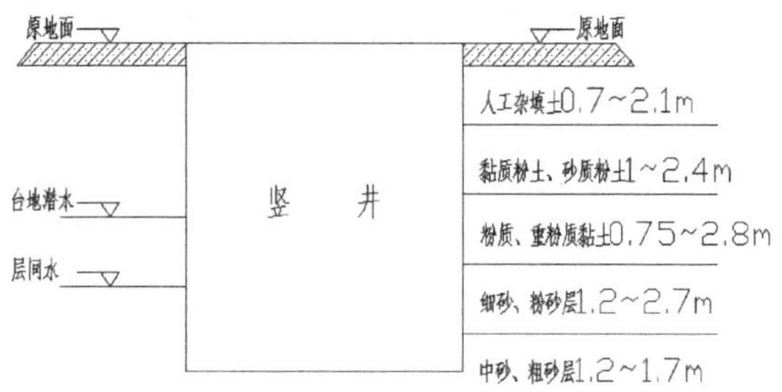

图 1　水文地质示意图

1.3　气候情况

北京市属暖温带半湿润、半干旱大陆性季风气候，一年四季分明，春季干旱多风，夏季炎热多雨，秋季凉爽，冬季寒冷干燥。本工程所处的朝阳区属温带大陆型半湿润季风气候，四季分明，降水集中。春季干燥多风，昼夜温差较大；夏季炎热多雨；秋季晴朗少雨，冷暖适宜，光照充足；冬季寒冷干燥，多风少雪。年平均气温 11.6℃，最冷月 1 月份平均气温 4.6℃，最热月 7 月平均气温 25.9℃；年平均降水量 581mm（1971～2000 年），夏季降水量占全年的 75%。

2　施工方案

2.1　方案概述

采用 WSS 无收缩双液注浆工法，超前预注对竖井周围土体进行止水、加固处理。对边墙外侧加固将采用倾斜钻杆，对竖井底层土采用垂直钻杆注浆法施工（即钻杆回抽法），具有一定强度和止水效果的地下连续止水防护壳，以达到止水、加固的预期目的。

WSS 注浆工法特点：①二重管无收缩 WSS 注浆工艺能将不同地质情况的土体填充密实，改变原土体和物理性质，增加土体的密度，提高其抗压强度，而且注浆材料属于环保型，对河流及地下水无污染。②采用特殊的端点监控器和二重管注入方式，使注入设备简单，具有很高的可靠性、经济性。③可以根据不同土体的性质随时调整瞬结性一次注浆液和浸透性二次注浆液的复合比率，达到加固土体的效果。④一次注入为限制浆液，二次注入为渗透浆液，注浆不会向注入范围外溢出，从而有利保护地下环境。

2.2 注浆止水、加固范围

水平范围：沿竖井初衬外皮长、宽方向各加宽 1.5m（沿竖井净空长、宽方向各加宽 1.8m)。深度范围：潜水面以上 0.5m 到竖井底板底面以下 2m。详见注浆示意图 2。

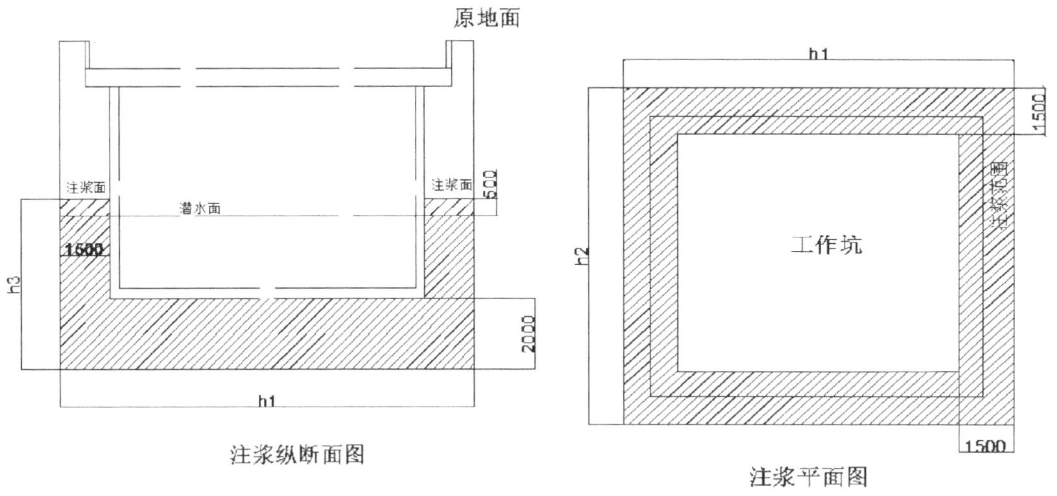

图 2 注浆示意图（单位：mm）

2.3 注浆材料

由于竖井地下 4m 左右出现流沙层，因此注浆材料采用无收缩双液注浆材料，浆液有三种：A 液（水玻璃）、B 液（磷酸）、C 液（水泥浆）。A 液先后与 B 液、C 液通过二重管端头的浆液混合器充分混合，分别合成 AB 液（水玻璃与磷酸混合液）、AC 液（水玻璃与磷酸混合液）。在不改变地层组成的情况下，将土层颗粒间存在的水强迫挤出，使颗粒间空闲填满浆液并使其固结，达到改良土层性状的目的，其原理是先通过 AB 液将土层颗粒间的水强迫挤出，再利用 AC 液使该土层黏结力及内摩擦角增大，从而达到对流沙层的止水加固目的。注浆加固后的强度：细中砂层达到 15～20kg/cm^3、黏土层达到 10～12kg/cm^3；止水系数达到 $K=10^{-7}$～10^{-8}cm/s。

根据地质及水位现场情况，不同配比水泥与水玻璃凝胶时间统计如表 2 所示。

不同配比水泥与水玻璃凝胶时间统计 **表 2**

不同配比水泥和水玻璃凝胶时间								
水玻璃密度/Be	水泥浆：水玻璃(体积比)							
	1∶1		1∶0.75		1∶0.5		1∶0.25	
	初凝/s	终凝/s	初凝/s	终凝/s	初凝/s	终凝/s	初凝/s	终凝/s
39	64	187	44	77	29	57	12	35
28.5	37	60	21	49	19	34	8	35
25.2	28	55	19	44	5	26	3	27
22.5	26	48	17	37	10	25	4	24
20.4	25	65	18	42	9	21	3	30

续表

不同配比水泥和水玻璃凝胶时间								
水玻璃密度/Be	水泥浆：水玻璃(体积比)							
	1：1		1：0.75		1：0.5		1：0.25	
	初凝/s	终凝/s	初凝/s	终凝/s	初凝/s	终凝/s	初凝/s	终凝/s
18.6	25	72	18	43	11	30	3	73
17.1	27	52	14	38	9	25	4	20
16	25	51	15	33	8	25	3	300
15	24	47	15	31	7	68	4	2158
14	40	98	17	42	14	60	5	1342
13	25	113	12	43	6	62	3	1620
12.2	26	79	20	114	15	360	10	2640
11	29	81	29	156	25	1067	10	1894
10	23	140	17	760	13	1531	13	3264
9	23	202	23	1241	13	2127	11	5064
8.4	30	833	24	1444	25	2262	91	19500
实验温度 20～23℃，湿度 11～17，水玻璃为 39Be，水泥强度等级 42.5，固定水灰比为 1：1								

最终确定注浆配合比为：水玻璃模数 2.6，水泥为 PO 42.5 普通硅酸盐水泥。水玻璃—磷酸体积比 50：1，水玻璃—水泥浆体积比 1：1，水泥浆水灰比为 1：1（重量比）。

2.4 注浆参数

（1）注浆孔布置

根据注浆扩散半径计算，注浆孔布置为，孔距为东西向 1m，排距 1m。注浆孔直径 ϕ42mm，注浆孔布置采用梅花形布孔。

（2）注浆压力

根据设计图纸要求，注浆终止压力取 0.5MPa。

（3）单孔注浆量计算

$$Q=3.14R^2\times L\times N\times\beta$$

式中：Q—单管注浆量；R—浆液扩散半径（根据表 3 化学浆液扩散半径及施工经验取 0.5m）；L—注浆管长；N—地层孔隙率（根据表 4 土壤孔隙率参数表及施工经验取 0.45）；β—浆液消耗系数（根据以往注浆施工经验取 1.25）。

化学浆液有效扩散半径 **表 3**

土质类别	有效扩散半径(m)
碎石类	1.5～3.0
砾石	1.3～2.5
粗砂	1.1～1.6
中砂	0.7～1.1
细砂	0.4～0.7
粉砂	0.3～0.5
黄土	0.3～0.8
注：对渗透系数大的地层，黏度小的浆液取大值，反之，取小值	

土壤孔隙率参数表 表 4

土壤名称	孔隙率(%)
冲积中、粗、砾砂	33～46
粉砂	33～49
亚黏土	28.6～50
黏土	41～52.4

2.5 施工工艺流程（图 3）

布孔→钻机就位→钻孔→配浆→注浆→拔管洗管→检验开挖。

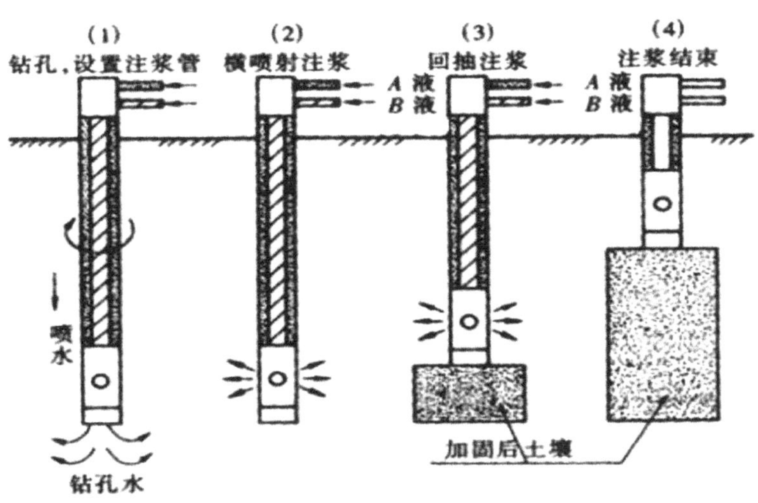

图 3 注浆工艺流程图

2.6 工艺要点

(1) 定孔位：根据竖井平面尺寸和不同钻井角度布孔，要求孔位偏差小于 3cm，入射角度偏差不大于 1°。

(2) 钻机就位：钻机按布孔位置就位，调整钻杆的垂直度，对准孔位后钻机不得移位，也不得随意起降。

(3) 钻进成孔：第一孔施工时要慢速运转，掌握地层对钻机的影响，以确定实际钻进参数，同时密切观察溢水出水情况，出现大量出水时，立即停钻、封面，分析原因后再进行施工，每钻进一段检查一段，及时纠偏，孔底位置应小于 30cm。

(4) 配浆：采用经校核合格的计量用具，按设计配比配料。

(5) 回抽钻杆、注浆：严格控制钻杆提升幅度每次不大于 20cm，均匀回抽，同时注意注浆参数变化，注浆时严格控制注浆压力和注浆量，当压力突然上升或从孔壁、断面溢浆时，立即停止注浆，查明原因后采取调整注浆参数或移位等措施重新注浆。注浆终止压力值为 0.5MPa。

(6) 正式注浆：注浆前必须先进行注浆试验，施工过程中计算注浆施工时间、观测凝固时间，通过试开挖检验注浆厚度、止水效果，然后调整浆液配比和注浆循环长度、开挖长度，调整注浆孔距等控制数据，确定各项数据后，再进行正式注浆施工，以统计出的数据控制施工各参数，正式注浆后在土方开挖前，先打探测孔观察水位情况，根据出水情况决定继续土方开挖或继续注浆。

2.7　注浆效果检测

（1）注浆施工结束后，通过注浆体内钻孔，用压水、注水或抽水等办法测定地基的流量及渗透系数，不合格者需进行补充注浆。检查孔的数目约为总注浆孔数的 5%～10%，布孔的重点是地质条件不好的地段以及注浆质量较差或有疑问的部位，对加固注浆而言上述水力物理性虽不能直接反映加固效果，但至今仍旧被广泛地当作一种参考指标，因为吸水量大小与地基的密度和强度之间存在着一定的关系。

（2）通过钻孔，从注浆体内取出原状样品，送实验室进行必要的试验研究。实践经验证明，通过这类检测可得出下述几项重要的物理力学性能指标，据此能对注浆效果做出比较确切的评价：①样品的密度；②结石的性质；③浆液充填率及剩余孔隙率；④无侧限抗压强度及抗剪强度；⑤渗透性及长期渗流稳定性。

2.8　存在问题的补救措施

因该工程地质条件复杂，施工中难免存在局部问题，如开挖时出现局部止水效果不理想时，应及时打入小花管进行补浆止水，并通过调整浆液配比等技术措施进行特殊处理，以确保开挖施工的顺利进行。

3　结语

通过二重管无收缩双液注浆 WSS 工法的应用，即在不降水的条件下控制了地下水，又加固砂层。保证倒挂井壁法施工竖井的安全性，并能达到环保要求。在流沙地质条件下竖井施工具有一定的借鉴意义。

参考文献

[1]　YS/T 5211—2018. 注浆技术规程［S］. 北京：中国计划出版社，2018
[2]　DBJ—01—96—2004. 地铁暗挖隧道注浆施工技术规程［S］. 北京：北京市建设委员会，2004
[3]　JGJ 120—2012. 建筑基坑支护技术规程［S］. 北京：中国建筑工业出版社，2012
[4]　JGJ 111—2016. 建筑与市政工程地下水控制技术规范［S］. 北京：中国建筑工业出版社，2016

硅酸盐钙板在装配式住宅中的应用

赵杰琼

（北京住总第四开发建设有限公司，北京市　110105）

摘　要：本文以西大望路3号公租房装修工程为例，研究对象为3号公租房厨房及卫生间墙面硅酸盐钙板装配式装修施工，并通过与1号商品房卫生间墙面瓷砖的分析对比，总结硅酸盐钙板在质量控制、施工进度控制、成本控制等方面的优劣性。实践证明，硅酸盐钙板在住宅装配式装修中有很好的可推广性，具有节省人工的突出优势，是值得推广和应用的一项施工技术。

关键词：硅酸盐钙板；装配式装修；施工工艺

1　工程概况

1.1　项目简介

西大望路3号公租房装修项目，总建筑面积31306.19m^2，共计6个户型，有526户，厨房、卫生间采用装配式装修硅酸盐面板墙面及吊顶安装，硅酸盐钙板墙面施工面积19380m^2，吊顶施工面积4780m^2。施工采用快装轻质隔墙、龙骨吊顶工艺。装配式装修工程整体设计、材料、施工及验收执行《北京市保障性住房建设投资中心装配式装修工程技术规程》（企业标准）。

1.2　硅酸盐钙板应用情况

硅酸盐钙板是一种以性能稳定而著称的新型建筑板材，硅酸盐钙板的原料是硅质材料、钙质材料、增强纤维，经过制浆、成坯、蒸养、表面砂光等工序制成的轻质板材。

本工程3号公租房厨房及卫生间墙面采用装配式装修施工工艺，通过丁字形膨胀螺栓组件将龙骨固定于墙面，并调节龙骨距墙面距离。用结构密封胶将38C形钢横向龙骨与8mm厚硅酸盐钙板粘接，板缝间隙用防霉型硅酮密封胶填充并勾缝光滑。

2　装配式硅酸盐钙板墙面施工工艺

2.1　硅酸盐钙板的工艺流程

硅酸盐钙板排板设计→基层清理→定位放线→龙骨安装→水电线管安装及面板线盒开孔→面板安装→卡扣固定→安装阳角条→板缝打胶→清理。

2.2 主要施工工艺介绍

2.2.1 硅酸盐钙板排板设计

按房间既有墙面结合设计图纸确定最终室内净尺寸并进行排板设计，排板时要充分考虑接线盒、水龙头等位置，尽量使其位置避开两板接缝处，同时注意排板后不出现 1/3 小条板。

2.2.2 龙骨安装

按照深化设计图纸沿顶、地弹出隔墙边线及龙骨位置线后，进行横向龙骨安装，龙骨竖向间距不大于 600mm，通过丁字形膨胀螺栓组件将龙骨固定在墙面，并调节龙骨距墙面距离，如图 1 所示。

图 1　横向龙骨安装

管道包封位置设置 50 型竖龙骨，用膨胀螺栓组件与墙体连接，间距 600mm；竖向龙骨与水平龙骨采用自攻螺钉连接，自攻螺钉竖向间距不大于 600mm，如图 2 所示。

卫生间隔墙内侧安装龙骨时膨胀螺栓组件穿过防水时，应在膨胀螺栓根部套硅胶密封垫，确保防水效果，如图 3 所示。

图 2　管道竖向龙骨安装

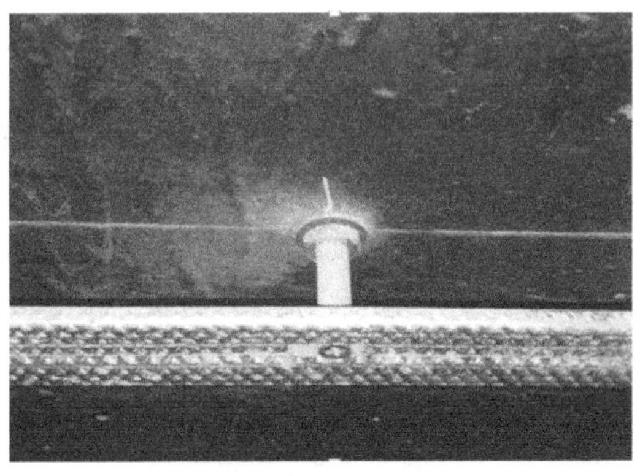

图 3　膨胀螺栓根部套硅胶密封垫

2.2.3 水电线管安装及面板线盒开孔

按水电线管布设要求，安装水电各种管线，并按现场已布置完成的各水电的位置和大小预留，如水龙头、线盒等，在硅酸盐钙板表面使用开孔器进行开孔，如图 4 所示。

图 4　面板线盒开孔

2.2.4 硅酸盐钙板安装

按照设计图纸排板要求，先从阳角位置、门边、窗边开始硅酸盐钙板安装；每块标准板每排粘结点为 3 个，粘结点横向间距不大于 300mm；面板粘贴时用红外线投线仪或靠尺把第一块板找垂直，再用塑料卡扣进行固定。板缝就是塑料卡扣的厚度。塑料卡扣安装后用 2 个大头楔子挤紧，保证面板固定牢固，如图 5 所示。

2.2.5 阳角条安装

硅酸盐钙板阳角采用铝合金阳角条进行收口，里侧打胶粘贴。上、中、下用美纹纸临时固定，如图 6 所示。

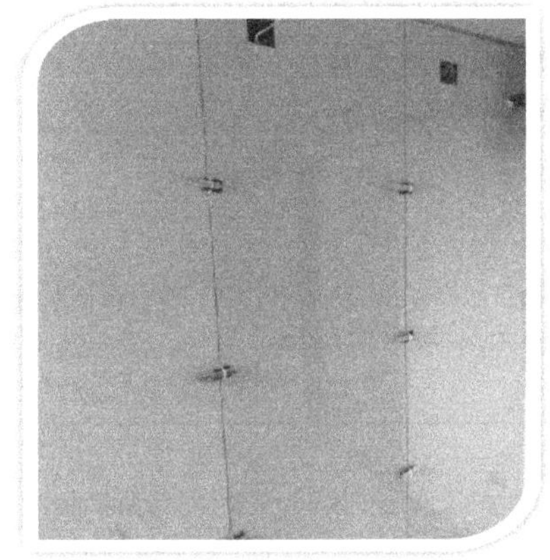

图 5 硅酸盐钙板安装

图 6 阳角条安装

2.2.6 板缝打胶

板面粘结完成后，放置 12h，才可将表面固定件拆下，静置过程中，避免磕碰，以免造成错台现象。板间缝隙用防霉型硅酮密封胶填充并勾缝光滑。最后用软布擦拭表面，清理干净。

2.3 节点做法示意图

节点做法示意图，如图 7 所示。

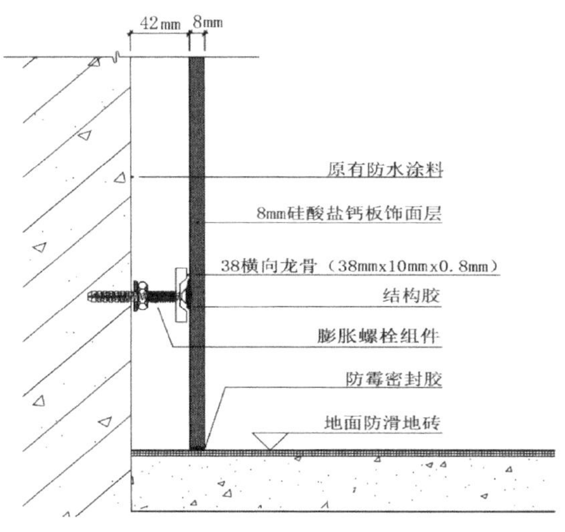

图 7 节点做法示意图

3 施工控制性分析

3.1 质量分析

质量稳定性分析见表 1。

质量稳定性分析表 表 1

项目	装配式装修墙面	传统瓷砖墙面
工艺	现场按标准程序组装施工	技术含量高、依靠于施工作业人员较高的技术水平
	施工工序少、只需在龙骨安装、面板安装时，拉线、靠尺控制墙面的垂直、平整	施工工序多，且各道工序施工不当，均会造成空鼓、脱落等质量通病
	板幅大，不易形成累计误差；塑料卡扣即为板间缝隙、缝隙宽窄一致	板幅小，容易形成累计误差
材料	建筑市场上硅酸盐钙板材料厂家少，不能对厂家进行比选； 硅酸盐钙板板材、结构胶、密封胶耐久性相比瓷砖略差	建筑市场瓷砖厂家多、可进行比选，择优选用； 面砖、水泥、砂耐久性能强

3.2 进度分析

以施工一个卫生间墙面面积约为 19m^2 为例，分析采用装配式装修硅酸盐钙板墙面与传统墙面贴砖的施工时间差异。见表 2。

硅酸盐钙板与传统瓷砖墙面的进度分析表 表 2

硅酸盐钙板墙面		传统瓷砖墙面	
施工内容	时间	施工内容	时间
基层清理	0.5h	基层清理	0.5h
放线	1.5h	水泥细砂浆（掺界面胶）搅拌、墙面拉毛施工	1.5h（需养护 48～72h）
安装龙骨	4h	砂浆搅拌、打底找平	2h（需养护 48～72h）
面板安装	4h（需养护 12h）	排砖、弹线	1h
安装阳角条	1h	面砖粘结	13h（需养护 48h）（两个大工）
卡扣拆除密封胶填缝	2.5h	砂浆勾缝	2h
合计	13.5h	合计	20h

通过统计，完成一间卫生间墙面面层（19 m^2）施工，在不考虑养护等技术间歇情况下，装配式装修硅酸盐钙板墙面从墙面防水层施工至面层各工序所需时间总计需要 13.5h。传统瓷砖墙面从墙面防水层施工至面层所需时间共计需要 20h。硅酸盐钙板装配式装修仅完成一个卫生间的墙面施工而言，节省 6.5h。

实际施工中，硅酸盐钙板装配式装修较少的技术间歇，各工种穿插少，更易于施工的组织，整体进度安排、进度控制更易于管控。

3.3 成本分析

根据单位面积硅酸盐钙板墙面、瓷砖墙面的各项收入、支出进行统计，分析成本差异，见表3。

分部分项工程费统计表 **表3**

<table>
<tr><th colspan="3">装配式装修硅酸盐钙板墙面综合单价
（元/平方米）</th><th colspan="3">传统瓷砖墙面综合单价
（元/平方米）</th></tr>
<tr><th>项目</th><th>实际预算
造价收入</th><th>实际合同
结算支出</th><th>项目</th><th>实际预算
造价收入</th><th>实际合同
结算支出</th></tr>
<tr><td>人工费</td><td>31.03</td><td>80</td><td>人工费</td><td>47.94</td><td>50</td></tr>
<tr><td>材料费</td><td>132.13</td><td>75</td><td>材料费</td><td>103.91</td><td>99</td></tr>
<tr><td>机械费</td><td>3.26</td><td rowspan="3">已分摊到
人工费</td><td>机械费</td><td>1.99</td><td>2.5</td></tr>
<tr><td>管理费</td><td>7</td><td>管理费</td><td>6.46</td><td rowspan="2">已分摊到
人工费</td></tr>
<tr><td>利润</td><td>8.67</td><td>利润</td><td>8.02</td></tr>
<tr><td>合计</td><td>182.07</td><td>155</td><td>合计</td><td>168.32</td><td>151.5</td></tr>
</table>

通过统计表对比，可以得到：

（1）收入对比（二者实际预算造价差值）：

使用装配式装修硅酸盐钙板1m^2造价费用多182.07－168.32＝13.75元，本工程总计施工面积1.938万m^2，预计造价费用多13.75×1.938＝26.65万元。

结论：对于建设单位，硅酸盐钙板装配式装修总造价略高，不利于项目总投资成本控制。

（2）盈利对比（二者实际收入与支出差值）：

装配式装修硅酸盐钙板1m^2盈利（收入－支出）：182.07－155＝27.07元，传统瓷砖墙面1m^2盈利（收入－支出）：168.32－151.15＝16.82元。相比传统瓷砖墙面，使用装配式装修硅酸盐钙板1m^2多盈利27.07－16.82＝10.25元。本工程总计施工面积1.938万m^2，总计多盈利10.25×1.938＝19.87万元。

结论：对于施工单位，虽然硅酸盐钙板装配式装修施工成本略高，但相比传统瓷砖墙面盈利空间更大，利于项目施工成本控制。

4 结论

通过本工程对硅酸盐钙板应用实践，表明装配式装修硅酸盐钙板墙面施工从质量稳定性控制、成本对比均优于传统湿作业瓷砖墙面。同时，通过统计、分析，较传统湿作业瓷砖墙面，装配式装修墙面施工时间短、施工技术间歇时间少，易于整体进度控制。

硅酸盐钙板具有强度高、变形稳定性好、防潮防水；施工过程无粉尘污染，安装简单快速，减少大量湿作业，外观美观大方，质量易于保证，更重要的是还可实现管（线）墙分离，避免传统施工的管线预埋，便于布管、布线施工。

综上所述，硅酸盐钙板必将在装配式装修中得到广泛应用，成为一种具有良好发展前景的装饰材料。

深基坑侧壁渗漏水成因分析及治理措施

马海燕，陈振溢
（北京城乡建设集团有限责任公司，北京市　100054）

摘　要：北京市地处干旱少雨地区，工程施工降水造成的地面沉降所带来的危害已经十分严峻，为了稳定地下水位，目前工程施工多采用堵水＋抽排方式控制地下水。在深基坑工程施工过程中，需保证基坑侧壁无渗漏水，在轨道交通某明挖区间施工中，通过对深基坑侧壁渗漏水成因进行分析，采取切实可行的堵水及引流导排治理措施，保证了基坑施工的安全和稳定。

关键词：深基坑；侧壁；渗漏水；治理措施

1　工程概况

轨道交通新机场线北航站楼站～永兴河区间含新机场线和R4线两条并行轨道交通线路，位于河北省固安市和北京市行政区交界位置。新机场线区间施工长度839.098m，R4线区间施工长度859.099m，两线施工总长度1698.197m（中部预留卫星厅，本次暂不施做），结构形式均为单洞双线双跨箱形结构。见图1。

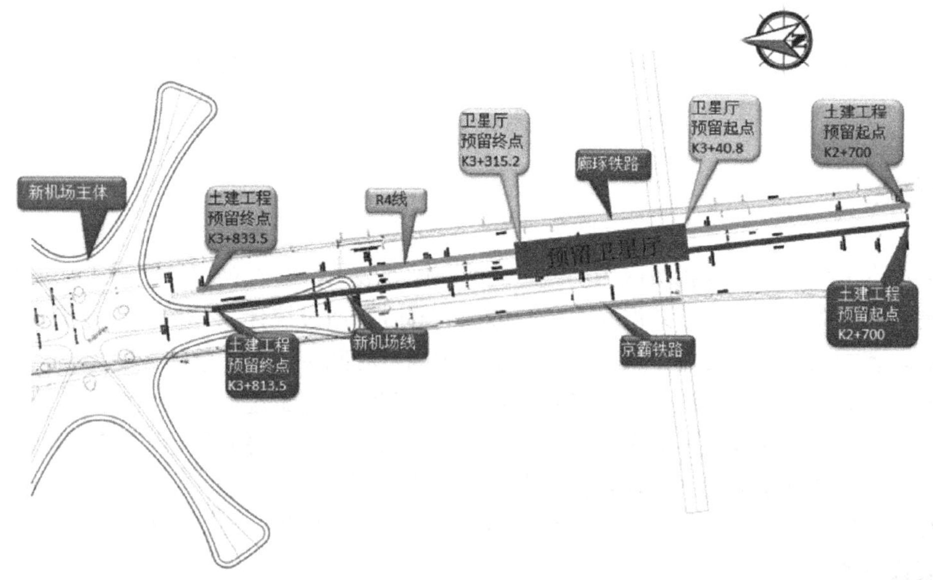

图1　新机场线平面图

区间基坑采用明挖法施工，标准段宽14.6m，基坑开挖深度16.5～18.7m；围护结构采用ϕ1000钻孔灌注桩＋锚索支护体系，局部为桩撑体系；围护桩间距1.6m，局部为

作者简介：马海燕，女，1981年生，河北张家口，工程师，主要从事市政工程技术工作。

1.5 和 1.4m，嵌固深度 9.0～9.9m；锚索为一桩一锚，竖向间距 2.8～4.5m。

沿线地层自上而下依次为：粉质填土、粉细砂、粉土、粉质黏土等，结构顶板位于粉细砂层，底板位于粉质黏土层。工程施工时涉及 2 层地下水，分别为潜水（二）、层间潜水（三），水位位于结构底板底标高上 3.77～4.66m。见图 2。

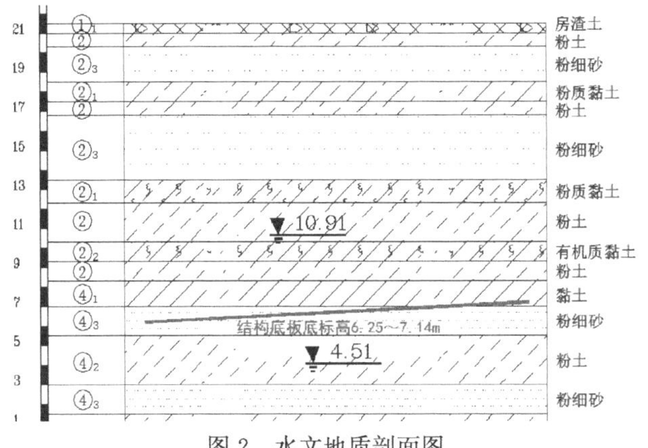

图 2　水文地质剖面图

地下水控制采取桩间帷幕止水结合坑内疏干方案，围护桩间打设 2 根 ϕ600 高压旋喷桩形成隔水帷幕，进行隔水处理，疏干井采用 ϕ400 无砂混凝土管井。

由于水位位于结构底板上 3.77～4.66m，由此形成了基坑内外较大的水头差，对于基坑土方开挖到第三道锚索后，基坑侧壁渗漏水存在隐患。

2　基坑侧壁渗漏水情况

由于基坑土方开挖处于冬期施工，随着土方的逐步开挖（卫星厅北侧基坑开挖至第三道锚索，卫星厅南侧开挖至第四道锚索），已支护完成的基坑东侧壁出现渗漏结冰，局部喷锚面脱落、网片钢筋锈蚀和侧壁背后空洞等现象。见图 4。

另外，基坑支护期间先期预埋的侧壁导流管冻结，导致侧壁后地下水未能完全进行导流引排，出现导流水冻结情况。见图 3。

图 3　基坑侧壁渗漏水结冰

图 4　局部喷锚面脱落

3　渗漏水成因分析

3.1　隔水帷幕施工质量差

围护结构采用 ϕ1000@1.6m 钻孔灌注桩，桩间打设 2 根 ϕ600 高压旋喷桩形成隔水帷幕，进行隔水处理，如图 5 钻孔灌注桩与旋喷桩咬合平面图所示。高压旋喷桩施工质量（夹渣、断桩）、垂直度、桩位、旋喷桩与钻孔灌注桩咬合度等控制因素，是影响隔水帷幕隔水效果的重要因素。

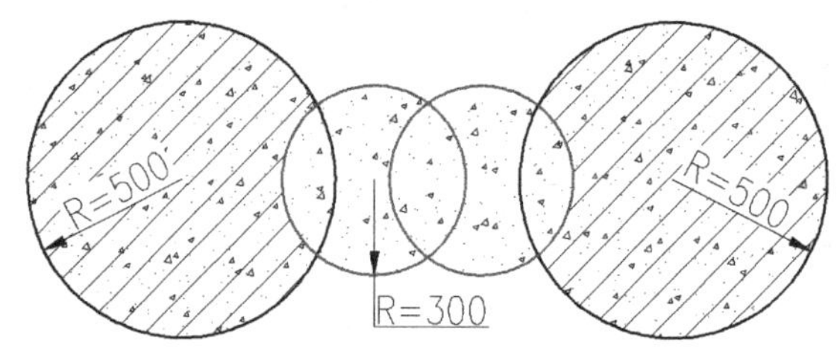

图 5 钻孔灌注桩与旋喷桩咬合平面图

3.2 喷锚护壁不及时

基坑土方按照“竖向分层、水平分段”的原则进行开挖，竖向分层厚度根据钢腰梁位置为每层 2～3m，水平开挖长度结合流水段划分确定，桩间喷锚护壁根据土方开挖情况随挖随喷。

由于地下水位较高，且土方机械开挖施工速度较快，喷锚护壁没有及时施工，导致桩间出现渗漏水现象，局部涌水、涌砂。

3.3 冬期施工保温措施不到位

基坑土方施工处于冬期，日间中午气温较高，夜晚气温最低达到－10℃，地下水呈冻融循环现象。土方开挖及喷锚护壁应在日间进行施工。由于工期紧，土方开挖连续作业，夜晚气温低，喷锚护壁保温措施不到位，混凝土受冻，出现喷锚护壁局部露筋、松散、脱落现象。

4 渗漏水治理措施

4.1 注浆封堵

（1）人工清除基坑侧壁冰挂，对于位置较高的冰挂，采用搭设脚手架的方式进行人工凿除，不得使用机械凿除。喷锚护壁背后结冰也要进行人工凿除，防止春季气温升高，结冰融化造成涌水、涌砂。

（2）在侧壁桩间渗漏区域静压注浆封闭渗漏点，浆液为 1：1 水泥—水玻璃双液浆，水泥采用 P. O 42.5 普通硅酸盐水泥，水玻璃模数 2.2～2.8，浓度不低于 35Bé。注浆管采用钻孔顶入法施工，长度不小于 1.2m，内插角度 10°～15°，外露 20cm，注浆孔竖向间距不大于 1m。

（3）对于单处渗漏量较大的部位，护壁渗漏面处完成静压注浆后，人工钻孔安设 ϕ32 导流花管，花管末端切削成斜面，并用 80 目滤网包裹，防止泥浆溢流；导流管安装前外露端管口用棉絮填塞，待混凝土喷射完成后取出棉絮；导流管与侧壁的空隙用双快水泥充填；导流管将侧壁水引入基底排水沟，采用集水明排的方式将水排出。

4.2 空洞填补

(1) 将围护桩间泥土清理干净，露出桩表面混凝土。

(2) 桩间较大的空洞划分成小的区域自下而上分层处理，每层用沙袋填实，钢筋固定。

(3) 挂网喷射混凝土，待混凝土达到强度后，通过预埋的注浆管进行注浆加固处理。

(4) 土方开挖严格按方案执行，开挖长度和开挖深度根据土层稳定情况调整，遇渗漏水较大的粉细砂、粉土等不稳定土层时开挖长度不大于6m，深度不大于2m，开挖后及时喷锚护壁。

4.3 锚喷面修补

(1) 现场排查，用油漆喷出需要处理的区域，分区分块人工凿除受冻及松散混凝土，自下而上分层补喷。

(2) 喷锚护壁网片搭接部位开裂处，人工凿除接缝混凝土，露出钢筋网片，对搭接部位网片进行绑扎后重新补喷混凝土。

(3) 补喷的混凝土严格按冬施配合比拌制，补喷后做好混凝土保温措施。

4.4 盲沟导流

在基底四周开挖300mm×200mm导流盲沟，坡度3‰，盲沟和集水坑内铺设透水性好的碎石，同时在盲沟内埋设一根ϕ80的排水盲管，确保排水畅通，侧壁水通过导流管流入盲沟，最终汇集到坑内集水井，采用抽水机或泥浆泵集中抽排到坑外。见图6。

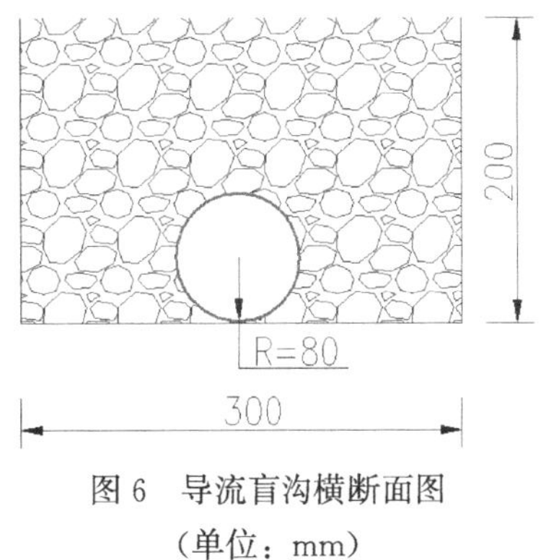

图6　导流盲沟横断面图

(单位：mm)

4.5 空洞普查

采用探地雷达对基坑周边10m范围内地层进行探测，发现地质疏松区、地质异常区、地下空洞等区域后，及时采用地面静压注浆方法进行处理，消除安全隐患，确保区间后续施工和周边环境的安全。

4.6 加强监控量测

对基坑侧壁出现渗漏水区域，在漏水点半径50m范围内，监测点增加监测频率（监测频率由每天观测一次增加到每天两次），对基坑深层土体水平位移、支护结构水平位移、支护结构垂直位移、锚索轴力、周边建（构）筑物和施工道路的动态变化进行监测，及时报告监测结果，派专人24h值班。

5 渗漏水预防措施

(1) 严格按照经过审批的土方开挖方案施工，分层开挖时，靠近围护桩侧壁处，边开挖边注意观察，发现渗漏水及时封堵处理，并缩短开挖长度，开挖后及时喷锚护壁，加强冬期施工混凝土保护措施。

（2）严格把控旋喷止水桩施工质量，制定相应环节的控制性措施和必要的工艺加强措施，严格控制止水桩施工的水泥掺合量、提升速度、喷浆压力、外加剂含量等因素，使帷幕连续、闭合，保证止水效果。

（3）基坑局部侧壁发生渗漏水情况，应积极采取快速、高效的封堵及治理措施，基坑侧壁渗漏水没有封堵好，不向下继续开挖，防止流沙、涌泥事故发生。

（4）基坑开挖前加强水位监测，基坑开挖过程中加强基坑变形监测，及时对监测数据进行分析，确保信息化施工；基坑侧壁有渗漏水发生时，需提高监测频率，扩大监测范围，有监测值预警时需及时向上级部门报告。

（5）制定应急预案及应急处理机制，在突发事件发生时反应迅速，及时处理，遏制事态扩大，避免造成严重后果。

6 结语

深基坑侧壁渗漏水产生原因十分复杂，影响因素众多，基坑侧壁渗漏水防治对围护结构施工的各个环节都有较高要求，本工程深基坑侧壁渗漏水发现及时，方法得当，措施到位，取得了较好的效果，避免了事故的扩大，确保了基坑主体工程的施工质量和工期，积累了深基坑侧壁渗漏水的治理经验。

参考文献

［1］ 赵云非，王晓琳. 城市地铁深基坑施工渗漏水原因分析与预防［J］. 隧道建设，2013（3）：242-246
［2］ 徐宁. 某排桩支护基坑渗漏水的事故处理及原因分析［J］. 广州建筑，2007（3），3335

BRB 在某办公楼结构加固中的应用研究

马海燕，张强，王兆
（北京城乡建设集团有限责任公司，北京市　100054）

摘　要：某办公楼年久失修，混凝土构件抗压强度退化，通过对主体结构进行加固，延长建筑的使用寿命，办公楼框架整体增设 BRB，提高结构的抗震性能，满足建筑的使用要求。BRB 不仅适用于新建建筑，还适用于建筑的抗震加固和震后修复，具有广阔的应用前景。

关键词：BRB；旧楼结构；加固改造

1　工程背景

BRB 起源于日本，我国对 BRB 研究起步相对晚一些，但发展迅速，应用也较为广泛。某办公楼于 2000 年竣工投入使用，由于年久失修及混凝土构件的抗压强度退化，造成了巨大的安全隐患，通过对主体结构进行加固，延长建筑的使用寿命，办公楼框架整体增设屈曲约束支撑，提高结构的抗震性能，满足建筑的功能要求。

2　加固方案

某办公楼框架结构地上四层、地下一层，办公楼框架整体增设耗能型单芯板屈曲约束支撑来增加结构的抗震性能，屈曲约束支撑共计 40 根；对不满足承载力要求的框架柱，采用外包角钢加固。屈曲约束支撑安装均为平行流水施工作业。见图 1。

图 1　BRB 加固效果图

作者简介：马海燕，女，1981 年生，河北张家口，工程师，主要从事市政工程技术工作。

3 BRB 工作性能

3.1 BRB 组成

BRB 由芯板和外约束套筒组成，中心是钢芯，钢芯截面形式一般有一字形、十字形、H 形、工字形以及矩形等。屈曲约束支撑中心的芯材，是用低屈服点钢材制成，在轴向力作用下允许有较大的塑性变形，通过塑性变形达到耗能的目的，以避免芯材受压时整体屈曲。

约束套筒主要提供核心段侧向约束，防止钢芯材在往复受压时发生整体以及局部失稳。芯材被置于一个约束套管内，在套管内灌注混凝土或砂浆，形成滑动机制单元，主要提供芯板与外约束套筒之间的滑动截面，使 BRB 在受拉或受压时有相同的力学性能，不至于在受压时因为芯板的膨胀受到外围约束而使支撑轴力明显增加。

屈曲约束支撑在受压时亦能达到完全屈服，使支撑受压承载力和受拉承载力相当，克服了传统支撑受压屈服的缺点，改善了支撑的承载能力，使支撑的滞回曲线饱满，提高了结构的抗震能力。见图 2。

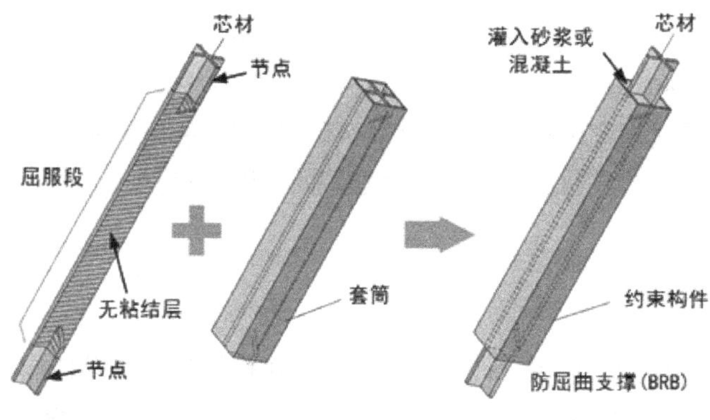

图 2　BRB 构件组成

3.2 BRB 减震原理

传统的抗震结构体系，主要依靠结构体系自身的滞回耗能来实现，结构体系在利用自身弹塑性变形消耗地震能量的同时，结构构件本身也遭到了损伤甚至破坏，构件耗能越多破坏程度越严重。在耗能减震结构体系中，耗能减震单元在主体结构未进入非弹性阶段率先耗散能量，而结构构件自身耗能较少，从而有效保护主体结构，延迟或避免结构的破坏。

BRB 减震原理：支撑构件在地震作用下所承受的轴向作用力全部由支撑中心的钢芯材承受，钢芯材在轴向拉、压力作用下屈服耗能，而外围钢套筒和套筒内灌注砂浆或混凝土提供钢芯材弯曲限制，避免支撑受压时屈曲。由于泊松效应，钢芯材在受压情况下会膨胀，因此在钢芯材和砂浆或混凝土之间设有一层无粘结材料或非常狭小的空隙层，可以减小或消除钢芯材受轴力时传给混凝土或砂浆的力。

BRB 在受压与受拉时都能达到屈服而不发生屈曲，较之传统支撑结构构件具有更稳定的力学性能，具有良好的应用价值。

4 BRB安装

BRB以八字撑形式布置在建筑物混凝土框架结构上，充分利用了三角形的稳定性原理，提高了建筑物的抗侧刚度。见图3、图4。

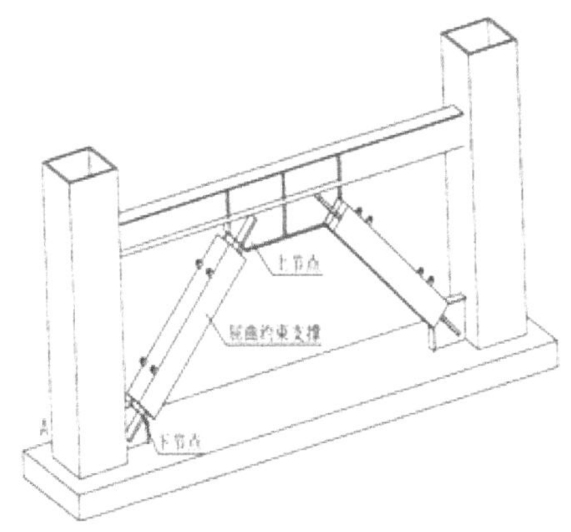

图3 BRB布置大样图

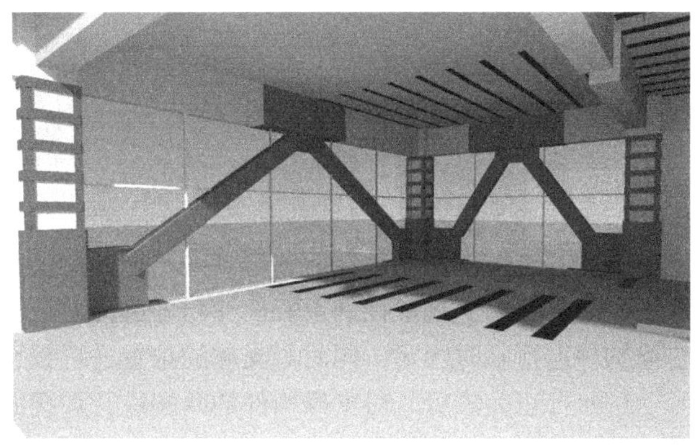

图4 BRB安装效果图

某办公楼屈曲约束支撑加固用钢板材料为Q345B级，屈曲约束支撑埋件板采用后灌胶（包钢工艺）；与支撑连接侧钢板厚20mm，用M20后扩底机械锚栓连接固定；其他钢面板10mm，采用M16后扩底机械锚栓连接固定；上部与柱包角钢连接。

屈曲约束支撑部位柱包钢先做相应梁柱钢板安装，采用机械锚栓固定，后安装上部角钢及缀板，待钢板、型钢及屈曲约束支撑连接板安装焊接完成后灌注结构胶。

4.1 安装工艺流程

施工准备→放线定位→构件垂直运输、水平倒运→连接板安装→支撑杆件安装→连接板及杆件焊接→验收。

4.2 锚固件连接

支撑与梁柱节点的连接采用植入化学锚栓与节点板连接的形式。根据施工图纸的要求进行钻孔轴线定位与孔距确定；然后植入化学锚栓，在此过程中应特别注意孔洞清灰处理与化学胶凝固时间的控制，常温下，化学胶凝固时间宜控制在20～30min，待凝固时间满足要求后，安装上锚板，拧紧螺栓。

4.3 节点板安装

严格按照定位尺寸焊接节点板，使节点板平面内及平面外的偏差在允许范围内，保证屈曲约束支撑的安装长度和安装垂直度；节点板吊运到位后，采取点焊或者加劲板等方法临时固定；节点板在焊接过程中，平面偏移不得超过节点处板厚的1/3，超过时，采取措施予以纠正，矫正节点板位置，无误后进行焊接固定。

4.4 屈曲约束支撑安装（图5）

（1）屈曲约束支撑在专业的工厂进行加工，完成后再送到施工现场进行安装，出厂前要在前两端开好剖口。

（2）屈曲约束支撑安装前需要对和支撑相连接的上下梁柱的节点进行校对。

（3）安装工艺：现场对预留节点的距离进行测量→对节点板的长度进行现场修正→绑扎→起吊→就位→临时固定→校正→最后固定。

（4）安装顺序先下后上，支撑与连接部位采用等强对接焊接。

（5）吊装时保证吊耳一面朝上，吊钩勾在专用吊耳上。

图 5 BRB 加固安装

（6）起吊时保证支撑件的两端高度不一致，先将支撑的下端牵拉到安装位置，之后再通过临时支撑进行支撑上端就位，完成后对支撑构件进行临时固定，同时对支撑的位置进行校正。

（7）校正完成后，对支撑构件的两端进行焊接固定，然后依次焊接构件的下端节点和上端节点，最后进行焊接验收。

（8）焊接完成后，应对连接焊缝进行探伤检查。

5 结语

BRB 不仅可以在正常工作状态下为结构提供可靠的抗侧刚度，也具备良好的滞回耗能能力，可以使结构表现出优越的抗震性能。目前，BRB 作为一种金属屈服耗能体系，凭借其耗能性能优良、造价相对低廉且在正常工作时能提供必要的抗侧刚度的优势，正在广泛应用于新建结构和已有建筑物的加固改造中。

参考文献

[1] 张媛，尤国萍. 屈曲约束支撑研究进展 [J]. 江西建材，2017 (5)，15

[2] 吴克川，陶忠，胡大柱等. 某中学教学楼屈曲约束支撑加固施工技术研究 [J]. 施工技术开发，2015，8 (16)：8-11

GPS 建筑测量技术应用

李荣杰[1]　郑泉[2]
(1　防灾科技学院，河北省燕郊市　065201；2　北京建筑大学，北京市　102616)

摘　要：本文主要以北京环球主题公园及度假区项目场区的西北部（5C 酒店区域）为研究对象，研究 GPS 在实际工程中的应用。分别阐述了平面控制网、平面坐标与高程测量过程中的技术要点。以此指导实际测量工作，保证本工程质量目标的顺利实现。

关键词：GPS；平面控制网；平面坐标；高程

1　引言

GPS 的发展几乎覆盖了社会生活的各个方面，同样包含了土建工程，从 20 世纪 80 年代开始，GPS 定位技术的研发，为了更好地获取精确地定位信息，定位技术从研发开始一直在快速地发展和完善。GPS 的定位技术在土建工程中的应用，为土建工程测量技术的变革提供了有力而强大的技术基础。GPS 测量技术在工程中的应用则能一次获得相关位置点的三维坐标，比之全站仪观测速度要快很多，它以速度快、效率高、精度准被广大用户所认同，再加上其定位方法又从以前不变的静态定位发展到现在的动态定位，不仅应用于以前的导航定位中，使其工作的范围变得更广泛。在土建工程中的应用也变得让相关测量技术人员觉得满意，在其他工程建设中的应用也为国民经济的发展做出了不可磨灭的贡献。

2　项目概况

本工程位于北京市通州区梨园镇大马庄村，位于北京环球主题公园及度假区项目场区的西北部（5C 酒店区域），东邻环球主题公园后勤区，西侧为规划九棵树中路，南邻 5B 酒店区域，北侧为规划曹园南街。本标段地下面积为 71023.91m^2，由 14 栋单体酒店、纯地下车库、多动能厅及公共服务用房等组成。除 A13 号、A12 号、C1 号酒店及纯地下车库 2 为地下二层外，其他均为地下一层建筑。基坑开挖深度 5.68～9.88m，东西长约 426m，南北长约 262m，场地地形基本平坦，场地内部有南北走向的现状市政道路正在使用，东侧为市政绿化带，西侧为市政工程施工工地。

3　建筑施测特点

(1) 本工程难点在于施工工期紧，场地内交叉作业多，如何保证工期是本工程最大的

作者简介：李荣杰，男，1993 年生，河北沧州，本科，主要从事工程管理；郑泉，男，1996 年生，新疆乌鲁木齐，本科，主要从事工程管理。

难点。

（2）施测难度大。本工程场地面积大，均属于地下建筑物，水平与高程坐标水平传递距离长，累计误差大。应用 GPS-RTK 技术，利用其单点误差不累积，不受时间、通视、水平距离限制的特点，极大地降低了此项建筑施测的难度。

（3）施测精度高。地下建筑结构受力受施工测量精度影响较大，施工测量误差超过一定数值会直接影响结构的安全性。依据相关规范及设计要求，本工程标高允许误差为±25mm，层间传递误差不超过±3mm。

（4）受各因素影响较多。地下建筑施工测量精度除受测量仪器精度和测量技术人员素质影响外，还受施工工艺和施工环境等影响。这些都给控制施工测量精度带来很大困难。

4 GPS-RTK 的定位原理

将一台 GPS 接收机置于已知控制点平面坐标的固定基准站上，另一台或几台 GPS 移动接收机放置于移动载体（称为流动站）上，基准站以及流动站共同接收统一时间、统一 GPS 卫星发射的无线电信号，基准站在接收到信号后，实时地将测量得到的载波相位观测值、伪距观测值、基准站坐标等用无线电传送给位于载体上且运动中的流动站，而流动站通过无线电接收基准站实时所发射的载波信息，将载波相位观测值实时进行差分处理，获得基准站和流动站基线向量（横坐标向量 Δx，纵坐标向量 Δy，高程向量 Δz）；基线向量加上基准站坐标（横坐标 X0，纵坐标 Y0，高程坐标 H0）得到流动站每个点 WGS84 平面坐标与高程坐标，经由过程坐标转换参数转换的方式得出流动站每一个点的平面坐标与高程坐标（横坐标 x，纵坐标 y 和正常高程坐标 h），如图 1 所示。

通过实地情况，判定采用 RTK 的方法，一般有如下可能：

（1）当信号通畅时，手簿中 GPS 信号一直处于固定解状态，可采用 RTK 的方法，进行项目粗线的放样工作。

（2）当信号良好时，可通过 RTK 结合全站仪的模式进行项目粗线的放样工作，且保证数据的精确性。

（3）当信号不佳时，可选取较远距离的点进行控制点制作，通过全站仪进行虚拟数据采集外业数据后，通过全站仪的沟通作用，进行坐标的同步工作。

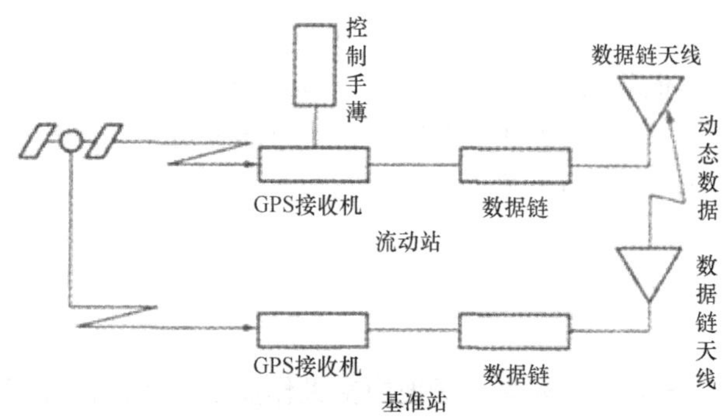

图 1 GPS-RTK 工作原理图

5　本工程测量思路

本工程测量以质量为先，兼顾效率。由于工程量大、工期紧等因素，在施工过程中需大量使用 GPS-RTK 进行作业，但在进行控制桩布设等精度要求较高的测量工作时仍需使用全站仪及水准仪保证精度。GPS-RTK 技术主要应用于开槽线等粗线的测设及导墙边角关系的校核等工作中。

6　GPS 在工程中的具体应用

6.1　GPS 在场地测量中的应用

工程前期红线、开槽线的放线工作工作量大，精度要求不高。使用 GPS-RTK 进行放线可以在保证精度的同时极大地提高效率，减少测量人员的工作量。测量人员应在放线过程中确保操作无误，并在各阶段采取相应措施以保证精度。

6.1.1　设站

GPS 设备在项目中初次使用时需要至少三个控制点进行设站，在设站过程中，误差来源主要为已知点本身的误差及人为测量产生的误差。当残差较大时，应重新进行设站，若多次设站仍无法减小残差，则应校正控制点。

6.1.2　基站平移

在设站完成后，若基站位置发生变化，则需要进行基站平移或重新设站。在基站平移过程中，误差来源主要为人为测量产生的误差。为减小误差，进行基站平移时应多次测量取平均值进行平移，并在平移后再次测量进行校验。

6.1.3　放样

完成设站或基站平移后，即可开始放样操作。放样时，根据精度要求不同，可采取三种不同的放样方式。

（1）伸缩杆：在进行精度要求较低的放样时，多采用仅使用伸缩杆加 RTK 流动站接收机的形式。此放样方式最为便捷高效，但无法避免人为扶杆对中产生的误差。

（2）对中杆：在进行精度要求较高的放样时，多采用全套对中杆加 RTK 流动站接收机的形式。此放样方式消除了操作过程中人为因素带来的误差，提高了放样的精度。

（3）三脚架：在以上两种常用方式之外，还有一种精度最高的放样方式，即采用三脚架、基座配合 RTK 流动站接收机的形式。此方式多用于 GNSS 静态测量，可以带来极高的精度。但需要注意的是，因为使用三脚架需要人为量取仪高，所以高程数据可靠性较低，所以此方式多用于水平放样精度要求较高，且不需要进行垂直放样的作业中。

6.2　GPS 在边角关系校核中的应用

在建筑地下部分底板垫层及防水保护层等结构完成后，需要砌筑导墙。而在进行导墙混凝土浇筑前，需对所支立的导墙模板进行边角关系的校核，以确保导墙的位置、形状及长度符合图纸要求，不会对建筑结构产生影响，在没有 GPS-RTK 设备的情况下多采用钢卷尺量距的方法进行边角关系的校核。

使用 GPS-RTK 方法进行边角关系校核时，只需使用点测量操作将导墙模板内侧各个标志性点位的平面坐标测量记录在手簿中，通过内业在 CAD 中展点并与建筑结构图纸进行比对，即可得知导墙模板是否符合要求，能否进行混凝土浇筑。相较于钢卷尺量距，GPS-RTK 方法操作更为便捷，数据更为精确，结果更为直观。

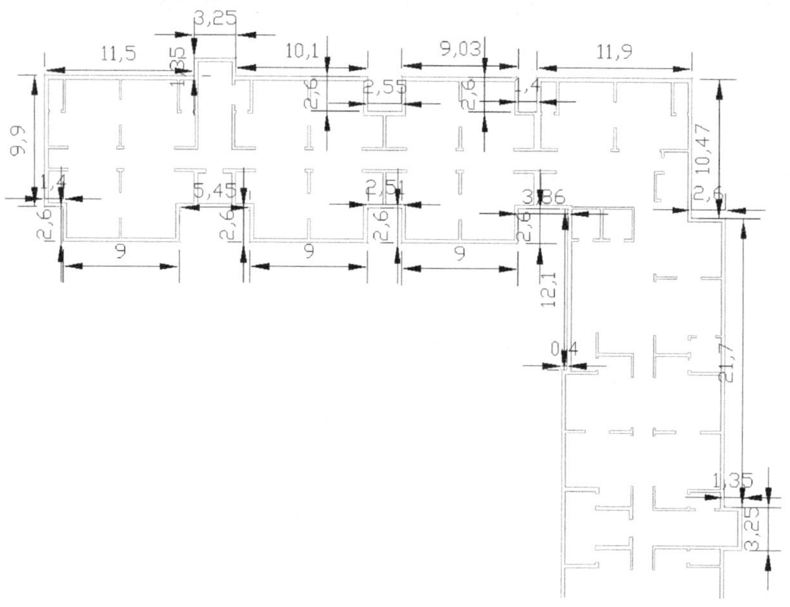

图 2　建筑结构外边线尺寸

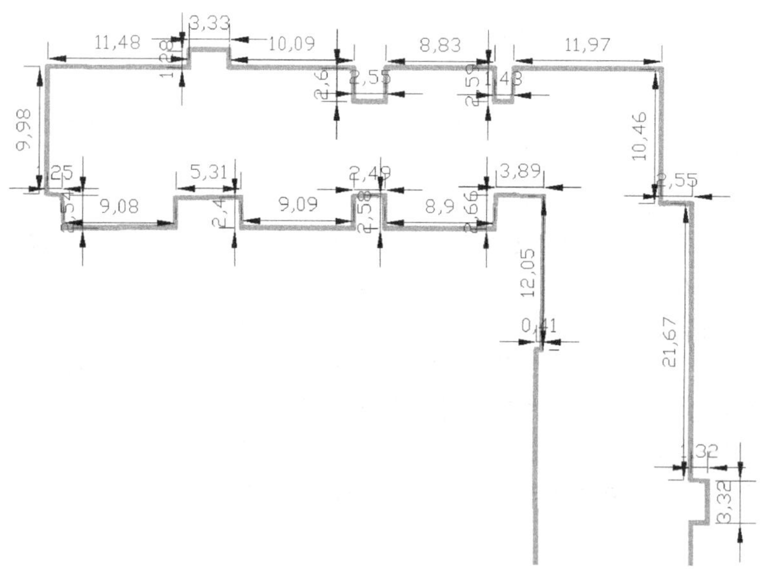

图 3　导墙内边线实测尺寸

将图 2 建筑结构外墙尺寸与图 3 导墙内边线实测尺寸叠加形成图 4 叠加对比结果，明显可以看出设计尺寸与用 GPS-RTK 技术实测所得数据之差均在误差允许范围内，说明该区域导墙边角关系符合设计要求，不会对建筑结构产生影响。

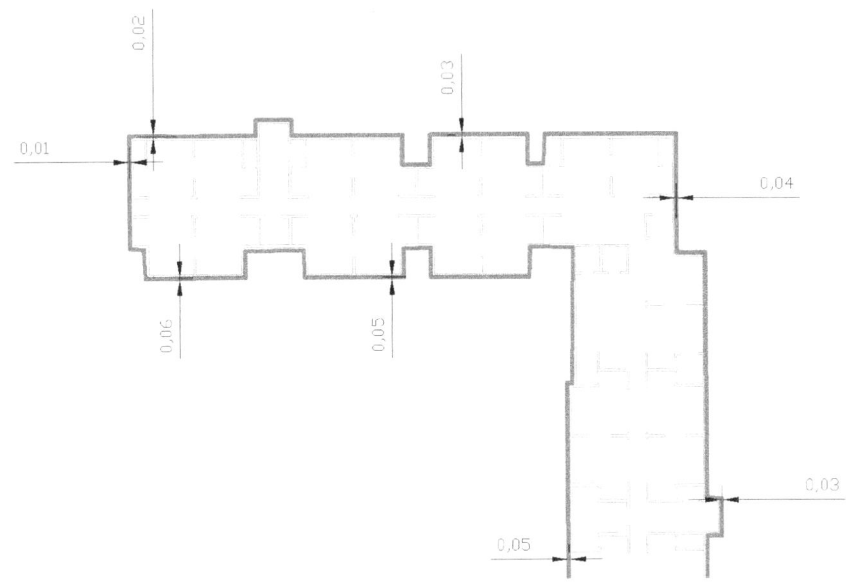

图 4　叠加对比结果

7　结束语

随着时代的进步，科技水平的飞速发展，GPS-RTK 技术在工程施工中的应用越来越广泛，其技术水平也越来越先进。GPS-RTK 技术具有不受时间、通视限制，单点定位不会产生误差累积，操作简单方便等特点，在工程施工前期红线、开槽线的放线以及地下建筑边角关系的校核中应用此技术，不但可以极大地减少测量人员的工作量，也可以在一定范围内提升测量过程及测量成果的精度，对工程进展产生了积极有效的影响。

北京建工

北京建工集团有限责任公司

北京建工集团有限责任公司成立于1953年，作为新中国成立最早的建筑企业之一， 房屋建筑工程施工总承包特级企业， 北京建工始终保持着中国建筑业的领先地位， 并逐步发展成为一家跨行业、跨所有制、跨地区、跨国发展的工程建设与综合服务集团，跻身全球前250家国际工程承包商、中国500强企业。

北京建工始终秉承工匠精神和“建德立业、工于品质” 的不懈追求， 在国家和首都城市建设中发挥着主力军的作用。在 “神州第一街” 长安街两侧， 北京建工打造了以天安门建筑群为代表的80%的现代建筑；在北京亚运会中， 北京建工承担了60%以上的建设任务； 在第二十九届奥运会中，北京建工奉献了29项场馆和配套项目； 在当前北京大兴国际机场、北京城市副中心、北京冬奥会、北京世园会等重大工程中， 在服务首都 “四个中心” 功能建设、京津冀协同发展、 长江经济带建设、 粤港澳大湾区建设以及“一带一路”建设等国家和首都重大战略中 ，北京建工不断打造更多精品工程！至今，出自北京建工之手的各类建筑累计超过2亿m^2, 所获各类奖项数量之多、级别之高，位居北京第一、 行业前列，其中69项工程荣获 “中国建设工程鲁班奖” ，40项工程荣获中国土木工程（詹天佑）大奖， 53项工程获中国国家优质工程称号；取得部市级以上重大科技成果300余项， 国家级工法58项。在20世纪50年代、80年代、90年代以及北京当代四次 “北京市十大建筑” 评选中， 共有22项工程出自北京建工集团之手；有8项工程当选 “新中国成立60周年百项经典暨精品工程” ；在中国 “百年百项杰出土木工程” 评选中，北京建工建设了其中7项。

天安门广场

人民大会堂

新机场旅客航站楼及综合换乘中心（指廊）工程

北京市工程咨询公司

北京市工程咨询公司是顺应国家投资体制改革，贯彻投资决策民主化、科学化而成立的综合性工程咨询机构。公司拥有工程咨询、工程招标代理、政府采购资格、工程造价咨询、工程监理、国家文物保护工程监理、信息系统工程监理、城乡规划编制、水文水资源调查评价资质、水资源论证资质、生产建设项目水土保持方案编制、工程设计等甲级资质/资信，并取得了国际认可的质量管理、环境管理、职业健康安全管理体系认证证书。经过 30 多年的发展，公司业务形成了贯穿项目建设全过程的业务链条。

北京北咨工程项目管理咨询有限公司是北京市工程咨询公司的全资子公司。公司致力于将国际上成功的项目管理方法与国内建设项目管理实践相结合，定位于为建设项目业主提供全过程的建设项目管理咨询服务。公司业务始终以“服务政府、服务社会”为中心、以良好的内外部资源和组织为平台、以研究策划、规划咨询、投资咨询、造价咨询、招标代理、能源与环境咨询、交通评价咨询、工程监理、信息化工程咨询业务等强大的综合咨询能力为支撑、为满足政府和社会各界客户对工程建设项目管理的专业化需求、提供项目建设全过程或分阶段的“管家式”专业咨询管理服务。

广联达科技股份有限公司

成立于1998年，2010年5月在A股上市，目前总市值413.11亿。提供以建设工程领域专业应用为核心基础支撑，以产业大数据、产业新金融等为增值服务的数字建筑平台服务商。广联达现拥有员工六千二百余人，在中国建立五十余家分子公司，先后在美国、英国、芬兰、瑞典、新加坡、马来西亚、印度尼西亚、印度等地设立子公司、办事处与研发中心，服务客户遍布全球一百多个国家。现在，广联达正在为实现每一个工程项目都接水、接电、接数字建筑平台的二次创业理想而努力，在这一过程中，广联达将作为建筑产业转型升级的核心引擎，助力“中国建造”建立全球核心竞争力！

7个研发机构

清华大学广联达BIM联合研究中心
上海交通大学BIM研究中心
上海研发中心、北京研发中心
西安研发中心、芬兰研发中心
美国硅谷研究中心

60余家分子公司

形成全球化布局
销售与服务网络覆盖中国全境，以美国子公司、芬兰子公司和英国子公司为核心辐射欧美国家;以新加坡子公司、中国香港子公司和马来西亚子公司的区域优势带动印度尼西亚、泰国等市场发展

690余个软件著作权

40+核心技术、58项专利
主要产品均具有自主知识产权及自主创新的软件架构，其中3D图像算法居国际领先水平，而且在针对项目全生命周期的BIM解决方案、云计算、大数据、物联网、移动应用，以及管理业务技术水平的方面，均有深厚积累

6000余名员工

具备高等教育学历的人员高达90%，其中云计算、大数据等技术专家近200人，图形、BIM等行业精英人员200余人

18万余家企业用户

其中工具及管理类产品直接使用者100余万，移动端应用产品直接使用者近千万

1400余所建筑院校信赖

旗下业务部门广联达工程教育，与全国1400+建筑类院校深度合作，围绕建设者全职业周期，助力建筑类院校专业建设与改革、联合开展实训课程与教材开发、提供网络培训+考试/认证+就业、移动教辅工具等一站式服务

广联达科技股份有限公司-工程教育事业部
Glodon Polytron Technologies Inc - Engineering Education Department
地址:中国·北京市海淀区西北旺东路10号院中关村软件园二期E13号楼
邮编:100193 邮箱:songyq-b@glodon.com
座机:010-56616505

官方微信公众号

公司简介 COMPANY INTRODUCTION

晨曦信息科技股份有限公司始创于1998年，旗下现有：天鳐（上海）信息科技有限公司、江西智算通信息科技有限公司、毕慕（福州）教育咨询有限公司、晨曦工坊（福州）信息科技有限公司等多家子公司。公司长期致力于建设行业信息化及应用软件的研制开发，是集软件开发、系统集成与教育、培训、咨询、服务为一体的国家级高新技术和创新型企业。

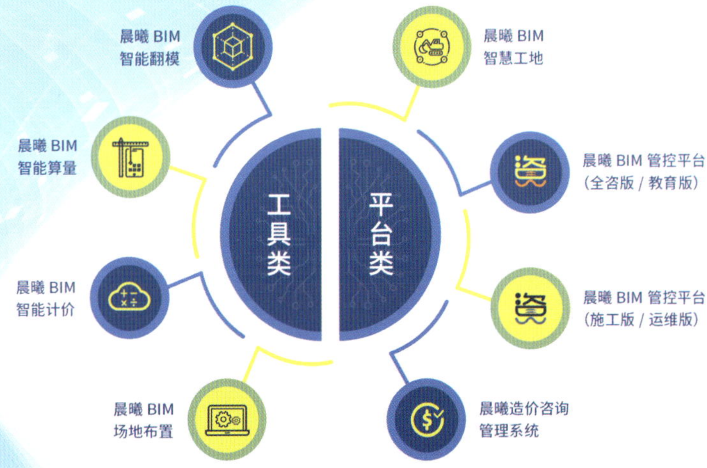

教育与培训 EDUCATION TRAINING

晨曦科技致力于研究市场的用人需求及院校的实践教学需求，不断优化合理教育理念，为合作院校在专业课程建设、师资培养、BIM人才培养中心建设、教材共建、合作办学、校企人才互聘、科研项目等方面提供丰富完善的实践教学体系，促进教育改革与行业发展的并进融合。

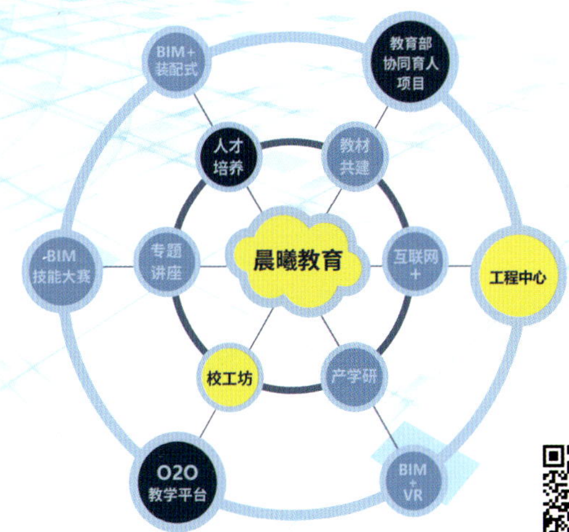

地址：福建省福州市软件园 G区1号楼5层-6层　电话：400-007-2310
地址：北京市丰台区诺德中心16号楼1013-1014

晨曦公众号二维码　晨曦官方微博二维码